过程测控系统与工程

肖中俊　编著

電子工業出版社
Publishing House of Electronics Industry
北京 · BEIJING

内容简介

本书是为了适应高等院校培养高水平应用型专业人才目标的需要而编写的。本书主要内容包括自动化及仪表、典型控制系统及应用、先进控制技术与理论三大部分。其中，自动化及仪表部分主要介绍了过程自动化基本知识，检测技术基础知识，检测仪表、执行仪表、控制仪表等的基本工作原理；典型控制系统及应用部分全面介绍了单回路控制、串级控制、比值控制、分程控制、前馈控制等系统和工程；先进控制技术与理论部分主要介绍了时滞过程控制系统、智能控制系统、集散控制系统等。同时，本书融入课程思政教学设计，提供可参考的德育、智育课程体系，以实现专业课程思政育人目标。本书免费提供电子课件等教学资源，读者可登录华信教育资源网（www.hxedu.com.cn）下载使用。

本书理论联系实际、内容丰富、化工案例特色鲜明、实用性强，可作为自动化、智能制造工程、工业智能、测控技术与仪器、化学工艺与工程等专业相关课程的教材，也可供相关专业的研究生及专业工程技术人员学习和参考。

图书在版编目（CIP）数据

过程测控系统与工程 / 肖中俊编著. —北京：电子工业出版社，2020.12

ISBN 978-7-121-34191-5

I. ①过… II. ①肖… III. ①过程控制－高等学校－教材 IV. ①TP273

中国版本图书馆 CIP 数据核字（2018）第 103050 号

责任编辑：靳　平
印　　刷：北京盛通商印快线网络科技有限公司
装　　订：北京盛通商印快线网络科技有限公司
出版发行：电子工业出版社
　　　　　北京市海淀区万寿路 173 信箱　　邮编：100036
开　　本：787×1092　1/16　印张：19.5　字数：590.3 千字
版　　次：2020 年 12 月第 1 版
印　　次：2023 年 7 月第 4 次印刷
定　　价：58.00 元

凡所购买电子工业出版社图书有缺损问题，请向购买书店调换。若书店售缺，请与本社发行部联系，联系及邮购电话：（010）88254888，88258888。

质量投诉请发邮件至 zlts@phei.com.cn，盗版侵权举报请发邮件至 dbqq@phei.com.cn。

本书咨询联系方式：qinshl@phei.com.cn。

前　言

过程控制通常指的是石油、化工、电力、冶金、建材、核能、轻工、医药、食品等工业生产中连续的或按照一定周期进行的生产过程自动控制，在自动化技术中占据非常重要的核心地位。

在我国产业升级与更新换代过程中，必须坚持走新型工业化的道路，加快新旧动能转换重大工程实施；必须以信息技术为引领，带动产业信息物理融合。其中，自动化是信息物理融合的“桥梁”。提高过程工业自动化水平，需要的是先进的控制技术、创新型的技术人才、智能的自动化装置和系统。因此，从事过程控制工程技术工作者应该学习和掌握过程工业自动化基本理论与知识，学会分析与研究过程工业自动化机理，设计与研发过程工业自动化系统与装置。为此，编著者根据多年来的教学经验与项目经验撰写了本书。本书主要内容如下。

(1) 过程自动化、检测及各型仪表：主要介绍了过程自动化基本知识、检测技术基本知识、仪表基本工作原理，并由浅入深地阐述了过程工业中各环节的工作原理，为后续控制系统整体学习打好基础。

(2) 典型控制系统：从应用的角度出发，全面介绍了单回路控制、串级控制、比值控制、分程控制、前馈控制等典型系统和工程。

(3) 先进控制技术与理论的探讨：重点讲述了当前研究的先进控制技术，主要包括时滞过程控制系统、智能控制系统、集散控制系统等。

(4) 结合课程特点与内容，以培养学生“知识、能力、素养”为目标，落实教育部《高等学校课程思政建设指导纲要》精神，通过知识、案例、项目等有机融入课程思政元素，形成特色德融课程。

全书共 10 章，由齐鲁工业大学(山东省科学院)肖中俊副教授编著。在本书的编写和出版过程中，得到了山东省流程工业智能优化制造工程技术研究中心、电子工业出版社的大力支持和帮助，部分研究生也付出了艰辛劳动。在此，对他们的真诚奉献表示衷心的感谢。

由于时间仓促，加上编著者水平有限，书中错误与疏漏之处在所难免，敬请读者批评指正。

编著者

目　　录

第 1 章　过程控制系统基本概念

1.1 概　　述

过程是指在工业生产或制造过程中，利用物理或化学的方法将原料加工成产品所经历的程序或阶段。根据生产过程是否具备连续性的特点，过程可分为连续过程和间歇过程。

借助自动控制技术对生产或制造过程的某个或某些物理量进行检测与调节，使其符合人们预期要求或工艺设备正常运行要求，这种行为方式称为过程控制(Process Control)。具体来说，通过对产品或生产工艺流程的物理量，如压力、流量、物位(液位)、温度和成分等进行检测、处理、控制与调节，以实现工艺要求的运行状态或结果，并达到装置与系统性能指标，从而保障产品达到预期的质量，同时满足安全、环保和经济的要求。

在生产设备上配备一些自动化装置，以代替操作人员的部分或全部直接劳动，使生产在不同程度上自动进行，这种用自动化装置来管理生产过程的方法，称为过程自动化。

当前，自动化技术的研究开发与应用水平是衡量一个国家发达程度的重要标志。

1.2 过程控制技术发展简况

随着工业革命的兴起，工业生产向着行业化、专业化的方向发展。在现代工业控制中，过程控制是一个历史较为久远的分支，并在 20 世纪 30 年代就已有应用。过程控制技术发展至今，在控制方式上经历了从人工控制到自动控制两个发展时期。在自动控制发展时期内，过程控制技术又经历了四个发展阶段：分散控制阶段、集中控制阶段、集散控制阶段和现场总线控制阶段。几十年来，工业过程控制技术取得了惊人的发展。无论是在大规模的结构复杂的工业生产过程中，还是在传统工业过程改造中，过程控制技术对于提高产品质量及节省能源等均起着十分重要的作用，其中尤以过程仪表的应用为核心。以过程控制中使用仪表的发展脉络来看，过程控制技术经历了基地式仪表、单元组合仪表、计算机直接数字控制、集散控制、现场总线和网络控制等几个时期，并可将它们大致划分为三个阶段。

1. 仪表控制阶段

这个阶段分为基地式仪表和单元组合仪表两个时期。

20 世纪 40 年代前是过程工业发展的初级阶段，大多生产流程是靠手工、凭经验完成的。到了 20 世纪 50 年代前后，笨重的基地式仪表开始应用于生产控制，并随设备就地分散安装，设备与设备之间基本相互独立，不同系统之间没有什么联系，其中测量与控制内容大多是常见热工参量的定值控制，其目的是要保证产品质量和数量的稳定。

到了 20 世纪 60 年代，随着电工、电子、仪表和控制技术的发展，相继出现了气动和电动单元组合仪表和巡回检测装置。将这些仪表与装置用于过程控制，实现了集中操作与管理，这对于提高生产效率、满足工业生产日益大型化和连续化的需要起到了较好的促进作用。

该时期的单元组合仪表之间的连接采用统一标准信号，这使得单元组合仪表组合灵活、通用性强。在单元组合仪表中，具体单元有测量变送单元、转换单元、运算单元、控制单元、执行单元和显示单元等；使用的仪表主要是DDZ-Ⅱ型仪表，气动仪表控制信号为0.02～0.1MPa气压信号，电动仪表控制信号为0～5V直流电压或0～10mA直流电流，后来又出现了DDZ-Ⅲ型仪表。单元组合仪表在控制方面以PID为主要控制规律，以单输入—单输出的单回路为主要结构形式。这一时期的特点是控制质量有较大提高，系统的稳定性也得到了加强，但各控制电路之间不关联或关联很少。

2．计算机控制阶段

这个阶段的过程控制包括计算机直接数字控制和集散控制两个时期。这两个时期在时间上是连续的，但在技术上有较大的跨越。

20世纪60年代后期和70年代初期，计算机技术开始在过程控制领域使用，出现了以计算机为核心的直接数字控制系统，即用计算机代替常规控制仪表，利用计算机强大的计算功能实现控制算法和程序控制。由于当时计算机在工业生产过程中的应用处在初期，计算机在硬件和软件方面不完善，再加上过程控制的复杂性，因此计算机直接数字控制的效果并不好，甚至出现过因计算机的故障而导致整个控制系统瘫痪的事例。

20世纪70年代中、后期开始，控制系统工程师分析了计算机集中控制失败的原因，提出了分散控制系统的概念，即集散控制系统(Distributed Control System，DCS)。集散控制系统在控制理念和方式上有了本质的进步。集散控制系统集控制技术、计算机技术、通信技术和显示技术于一身，按照纵向分层、横向分散的原则，将分布在生产范围内的各种控制装置、数据处理单元和操作管理设备连接在一起，实现各环节独立分布与运作、系统间协调工作、信息共享的功能，共同完成控制、决策和管理的任务。它具有组态方便、扩展容易、人—机交互、可靠性和性价比高等特点。

另外，可编程序控制器(Programmable Logic Controller，PLC)也开始进入过程控制领域。过程控制在控制方式和算法方面不仅有特殊而复杂的专门控制，如串级控制、比值控制、均匀控制、前馈—反馈控制、选择控制和解耦控制等，还引入了一些先进的控制策略，如自适应控制、神经网络控制、模糊推理控制和预测控制等。这对于提高产品质量和生产能力起到了积极的促进作用。

3．网络过程自动化阶段

进入20世纪80年代以后，集散控制系统进一步发展，同时出现了具有一定智能的仪表和执行机构。到20世纪80年代末、90年代初期，现场总线控制系统(Fieldbus Control System，FCS)问世。现场总线控制系统突破了集散控制系统采用通信专用网络的局限，采用公开化、标准化的网络协议，实现不同网络的互联互通。现场总线控制系统保留集散控制系统的分散布置特点，将集中控制功能彻底下放到现场，同时加强现场信息采集、数据计算和故障诊断等自治能力。现场总线控制系统的基层网络不仅连接现场检测与控制设备，而且沟通与上层网络的联系，进一步增强了生产现场的控制能力，提高了系统的灵活性和可靠性。现场总线控制系统主要由三部分组成：现场智能仪表、控制器和总线监督与组态计算机。典型的现场总线产品有Profibus总线、基金会现场总线(Foundation Fieldbus，FF)、LonWorks总线、CAN(Controller Area Network)总线和HART(Highway Addressable Remote Transducer)总线。

随着流程工业生产规模的扩大，对控制的要求越来越高，控制与管理的关系日益密切，管理与控制一体化的概念被提出，于是计算机集成过程系统(Computer Integrated Producing System，CIPS)应运而生。计算机集成过程系统以计算机和网络为主要手段，对企业的计划、经营、管理和生产进行全面综合，实现从原材料进库到产品出厂的全面自动化、生产管理的最优化，达到适应生产环境不确定性、市场需求多样性和变化性的目的。计算机集成过程系统由生产过程控制分系统、综合管理分系统和集成支持分系统等组成。从网络角度来说，计算机集成过程系统由信息网和控制网组成，按其结构从上到下可分为广域网、局域网和控制网，并通过网桥、路由器和网关互联形成。

如果将集散控制系统、现场总线控制系统和计算机集成过程系统关联起来，那么现场总线控制系统可看成集散控制系统向下开放的结果，而计算机集成过程系统可视为集散控制系统向上扩展的产物。

近年来，以太网及TCP/IP(Transmission Control Protocol/Internet Protocol)在自动化领域得到了应用，并逐渐发展为一种技术潮流——工业以太网。该技术针对生产制造业控制网络的数据传输，提供了以太网络标准。工业以太网具有较好的可操作性、实时性和安全性，较好地满足了工业过程现场对各种流程控制的需要。工业以太网对介质的访问采用载波监听多路访问/冲突检测协议，无须依靠控制中心就可进行数据发送，提高了响应速度和吞吐量，降低了冲突率。目前，Modbus/IP、Ethernet/IP、FF HSE(High Speed Ethernet)和Profinet工业以太网是自动化领域通常采用的。

在控制策略方面，随着一些高级控制算法相继问世，人们开始尝试性地将这些高级控制算法用到过程控制中来，并获得了较好的效果。这些高级控制算法主要包括预测控制、模糊逻辑控制、人工神经网络控制和专家系统等。在工业过程模型中，预测控制可以被实时在线滚动计算，并对不确定环境有适应能力。基于知识的智能处理方法可以有效地解决那些用传统控制手段难以解决的复杂问题，并可获得较好的控制品质和经济效益。

1.3 过程自动化技术的知识内容

过程自动化技术一般包括自动检测系统、自动保护系统、自动操纵及自动开/停车系统、自动控制系统等方面的知识内容。

1. 自动检测系统

利用各种检测仪表对主要工艺参数进行测量、指示或记录的系统，称为自动检测系统。该系统由检测仪表代替操作人员来对工艺参数进行观察与记录。检测仪表起到人眼的作用。

2. 自动保护系统

在生产过程中，当某些偶然因素导致工艺参数超出允许的变化范围而出现不正常情况时，就有可能引起事故的发生。为此，就要对工艺中某些关键参数设置自动信号连锁装置。一旦某些关键参数超限，在事故发生以前，自动保护系统即自动发出声光信号，警示操作人员，并采取处置措施。若工况已达到危险状况时，连锁系统立即自动采取紧急措施，打开安全阀或切断某些通路，必要时紧急停车处理，以防止事故发生与扩大。自动保护系统是生产过程中的一种安全装置。通过自动保护系统，能够快速自动地采取应急措施，保障生产系统安全。

3. 自动操纵及自动开/停车系统

自动操纵系统可以根据预先设定好的步骤，自动地对生产设备进行某种周期性的操作，可以极大地减轻操作工人重复性的体力劳动。

自动开/停车系统可以按照预先规定好的步骤，使生产自动运行或自动停止。

4. 自动控制系统

在生产过程中，工艺条件与状态不可能一成不变。特别是在化工领域中，大部分设备是连续性生产设备，各设备之间相互关联，一旦某个设备工艺条件发生变化，则其他设备的参数也会跟随着出现波动，偏离期望的工艺条件。因此，就要对生产过程中某些关键参数进行自动控制，使得这些关键参数在受到外界干扰影响时，能够自动回到期望的参数值范围内。

综上所述，自动检测系统只能完成测量与记录工艺参数的任务；自动保护系统一般只能提供在极限状态下的安全保护功能；自动操纵系统只能按照预先规定的步骤进行周期性操作；自动控制系统能够在干扰条件下对工艺参数进行自动调节，使工艺参数维持在规定的数值范围内，保障生产处于最佳工艺操作状态。

在常见的生产过程中，自动控制系统应用得最多，是自动化生产的核心部分。

1.4 过程控制系统的特点与分类

过程控制是自动化技术的重要组成部分，它在流程工业(Process Industry)生产中占有极其重要的地位。过程控制的主要任务是使整个生产过程安全、有序、节能、高效，确保产品性能稳定、质量可靠。

1.4.1 过程控制系统的特点

过程控制是一种在流程工业生产过程中，由人通过机器、设备或系统来主导的加工制造行为。过程控制系统除了具有一般自动化技术所具有的共性之外，还有与流程工艺息息相关的个性之处。由于过程控制系统涉及的行业众多(如轻工、纺织、建材、核能、石油、化工、制药、冶金等)，生产设备千差万别，作业现场错综复杂，因此不容易对其特点做出详尽的表述，这里仅就其主要方面做些提纲挈领性的归纳。

1. 被控对象比较复杂、控制难度大

因为生产过程大多伴随有物理反应、化学反应和生化反应，并且一般都有物质能量的转换和传递，所以生产过程一般比较复杂，往往伴随有高温、高压、易燃、易爆、易泄漏等过程风险。从控制的角度来说，这些都是比较复杂的系统，存在非线性、时变性、滞后性、不确定性和强耦合等现象。若采用传统的控制方式，控制难度大；若采用非传统的控制方式，控制代价大。

2. 被控过程的异样性和控制方式的多样性

由于各工业部门生产的产品不同，对其质量和数量要求不一，加上使用的设备和生产工艺过程迥异，所以生产过程是多样的。生产过程的多样性决定了控制方式的相异性。根据生产条件和对产品质量要求的不同，过程控制在结构上可以采用从仪表控制系统到工业网络控制系统，而在控制算法上可以采用从简单的PID控制到复杂的智能控制，形式多样、方法不一。另外，过程控制系统的可行性、可靠性、经济性和方便性都是设计方案时需要考虑的问题。

3. 被控过程变化慢、控制算法具有针对性

过程控制中的被控过程往往容积大、惯性大、耦合强、滞后久，所需调节时间长，系统响应缓慢，这就要求所选的控制方案要有较强的针对性。例如，对滞后时间较长的被控对象，一般选用Smith控制，而对参量多、相互之间牵制的被控过程，则首选解耦控制。

4. 定值控制是一种常用形式

对很多生产过程的控制并无特别要求，控制的目的仅使被控量达到预期的某个值，并且能够抵御任何可能发生的干扰，此时采用定值控制、PID控制即可。据统计，过程控制中大约有70%的控制算法选用简单的PID算法。

1.4.2 过程控制系统的分类

过程控制对象各种各样，控制手段形形色色，想要对过程控制系统进行分类并不是件容易的事情。按照不同的划分标准，过程控制系统类别的划分自然就会不同。例如，按是否采用计算机来分类，过程控制系统可分为常规仪表控制系统和计算机控制系统，其中计算机控制系统还可以细分为直接数字控制系统、集散控制系统(DCS)、现场总线控制系统(FCS)、计算机集成过程系统(CIPS)和工业以太网系统等；按被控参数来分类，过程控制系统可分为压力控制系统、流量控制系统、温度控制系统、液位控制系统等；按过程控制的结构特点来分类，过程控制系统可分为反馈控制系统、前馈—反馈复合控制系统等。不过，按设定值的不同来划分过程控制系统类别，其认同度比较高。

按设定值的不同来分类，过程控制系统主要分为定值控制系统、随动控制系统、程序控制系统三大类。

1. 定值控制系统

定值控制系统是最常见的一种控制系统。它要求系统的被控量按照固定不变的设定值运行或在设定值附近小范围内波动。在系统启动时，被控量向设定的期望值接近，稳定后，被控量与设定值一致或在设定值附近(有偏差)；在被控量受扰动时，系统试图抵御这种扰动，使被控量恢复到原来的设定值或在原来的设定值附近。

2. 随动控制系统

在过程控制中，设定值不一定总是一成不变的，有时会随着工艺的要求或外部环境的变化而发生变化，因而被控量也随之发生变化。被控量及时而准确地随设定值的变化而变化的控制系统称为随动控制系统。例如，在比值控制中，从动量(可视为一种被控量)会随着主动量(可视为一种设定值，由检测器获得)的变化而变化，从而维持主动量与从动量的比例不变，达到预期的工艺要求。

3. 程序控制系统

在过程控制中，有些产品的生产需要一定数量的加工工序、作业流程，并分阶段来实施完成，这时就用到程序控制了。程序控制是根据产品的加工工艺要求，对生产过程进行有先后次序的、有条件的作业。程序控制系统不同于定值控制系统和随动控制系统，但又可能包括它们，其中的步骤和流程可能更多、更复杂。程序控制系统在某个时间段或作业段内是一种控制系统，而在另一个时间段或作业段内可能是另一种控制系统。

1.5 过程控制系统的基本组成及表示形式

常见的过程控制系统如换热器温度控制系统、储水箱液位控制系统、工艺管道流量控制系统、容器压力控制系统及成分分析等，都是由参量检测元件、控制器、执行器及被控对象等环节构成的，如图 1-1 所示。

1.5.1 基本组成原理

过程控制系统基本组成框图如图 1-2 所示。

在图 1-2 中，$r(t)$ 为设定值，$y(t)$ 为被控量，$f(t)$ 为干扰量，$z(t)$ 为测量值(为电信号，反映 $y(t)$ 大小)，$e(t)$ 为偏差值。该过程控制系统由控制器、检测器、执行器和被控对象组成。控制器提供控制规律，即通过一定的控制算法获得操纵量(又称控制量)。控制量被输出至执行器，执行器完成相应的操作后，检测器对其中关键的参量进行测量，即对被控变量(简称被控量)进行检测，获取控制效果或状态，同时将此信息反馈给控制器，控制器比较预期的 $r(t)$ 和反馈的 $z(t)$，通过运算，决定下一步的控制量。这样周而复始地进行下去，直至被控量与预期的设定值一致或达到某种要求。

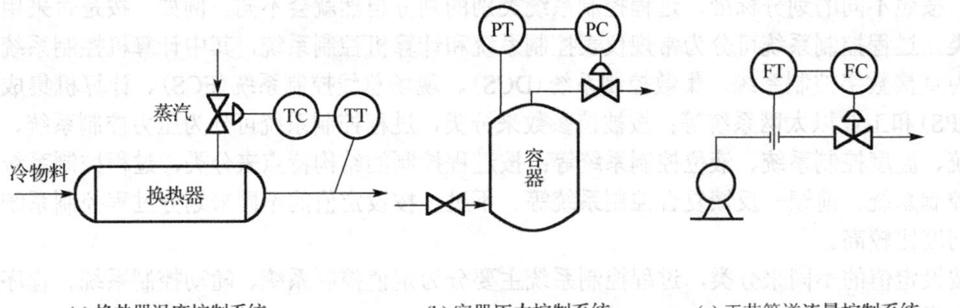

图 1-1　常见的过程控制系统构成

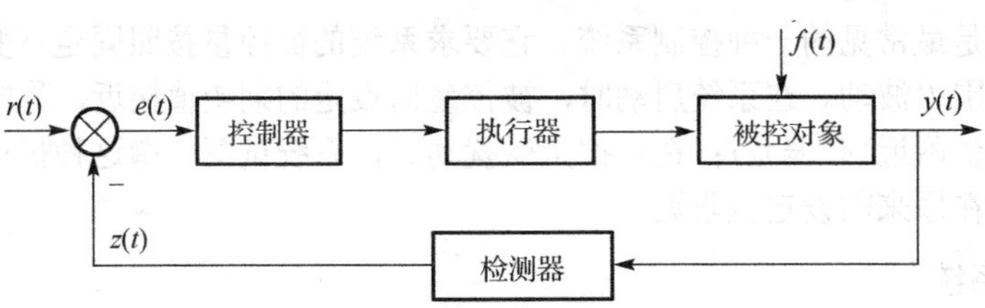

图 1-2　过程控制系统基本组成框图

其中，值得关注的有以下两个方面。

(1) 是否闭环的问题。对于控制系统来说，有开环/闭环之说，如果图 1-2 中的检测环节及信号没有反向连接到输入端，则表示为开环，对应的系统称为开环系统；如果图 1-2 中的检测环节及信号连接到输入端，则表示为闭环，对应的系统称为闭环系统。

(2) 正/负反馈的问题。如果反馈到输入端的检测信号取“−”，则表示为负反馈；如果反馈到输入端的检测信号取“+”，则表示为正反馈。

1．被控对象

被控对象是指生产过程中被控制的工艺设备、装置或流程，通常包括执行器(调节阀)及相关设备和装置，如锅炉、加热炉、分馏塔、反应釜等，储物的窑、炉、罐及相应的传输物料管道等。在过程控制中，一般将被控对象称为被控过程，简称过程。另外，广义被控过程除了前述的内容之外，还包括检测器。

被控过程往往是被控量的产生地，而被控量又是我们关心的物理变量。被控量表征或反映了部分或全部被控过程的状态，关系到产品的质量和数量。

2．检测器

检测器用来测量被控过程中要被掌握和控制的变量，通常称为被控量。检测器由传感器和变送器两部分组成。在实践中，生产厂家往往将传感器和变送器合并在一起，并统称检测器。传感器的功能是实现被测非电物理量到电量的转变。变送器的作用是将被转变的电信号进行加工调理，并调制为标准信号，如 0～10mA (Ⅱ型仪表) 或 4～20mA (Ⅲ型仪表)，并供输出之用。图 1-2 中被控量 $y(t)$ 经检测器后转变为电量 $z(t)$。

在一个生产过程或一个被控对象中，检测器测量被控量通常是直接测量的。但是有些场合，由于技术或其他原因，被控量不便被直接测量而获得，此时不得不通过测量与其有直接联系、单值关系的其他物理量来间接反映被控量，即间接测量。

实际上，有的被控对象仅含一个我们感兴趣的物理变量，即单变量；有的被控对象却包含两个及两个以上的物理变量，即多变量。多变量之间有的互相关联，有的关联不多，有的甚至没有关联。例如，管道中液体的温度、压力与流量之间，在口径不变的前提下，压力与流量关系紧密，而温度(尤其是变化范围不大时)与压力或流量的关联就不是那么紧密。

3. 控制器

从图 1-2 可以看出，控制器的输入量是偏差值，即设定值与反馈的测量值之差 $e(t)=r(t)-z(t)$。该差值经预先确定的算法，计算出需要输出的控制量，供执行器完成相应的操作，使被控过程中的被控量按期望的方向和大小变化。这里的设定值就是被控量最终要达到的稳态值。

控制器有正、反作用方式之别：当被控量增大时，控制器的控制量(又称输出量)也增大，称为控制器的正作用；相反，当被控量增大时，控制器的输出量减小，称为控制器的反作用。设计时到底是选正作用，还是选反作用，必须视实际情况而定。关于这一点，后面将具体介绍。

值得一提的是，当 $e(t)<0$ 时，将其称为负偏差，而当 $e(t)>0$ 时，将其称为正偏差。这正好与仪表厂校验控制器时规定的正、负偏差称谓相反，这在实际工作中应引起注意。

4. 执行器

执行器本应隶属被控过程的一部分，由于功能独特，作用重大，故将其单独列出。过程控制中的执行器包括两部分：一是执行机构，二是调节阀体。执行器有气动薄膜调节阀和电动调节阀两种。气动薄膜调节阀收到控制器的输出量(电信号)之后，必须经电/气转换器变换后，才能驱使阀门开/闭；电动调节阀收到控制器的输出量(电信号)之后，必须经伺服放大器放大电信号后，方能驱动阀门开/闭。

调节阀的输出特性决定于阀门本身的结构。有的调节阀的输出信号与输入信号呈线性关系，有的调节阀的输出信号与输入信号则呈对数或其他曲线关系。另外，气动阀门还有气开式和气闭式之分。当控制器的输出量增大时，气开式阀门开度也随之增大，而气闭式阀门开度却随之减小。在选择阀门时，必须要考虑生产过程的安全性和经济性。例如，在锅炉水位控制系统中，应选气闭式阀门。当气源增大时，气闭式阀门应关小；当气源减小时，气闭式阀门应开大；当气源切断时，气闭式阀门应全开，以保证锅炉筒内供水充足，避免发生烧干事故。

另外，近年来出现的变频器，在功能上可部分替代调节阀，同样可实现流量调节的目的，并且还有节省电能的特点。变频器正逐渐被广泛使用在过程控制系统的泵类和风机负载中。

1.5.2 控制系统框图表示方法

如图 1-2 所示，即为过程控制系统框图。框图是控制系统或系统中每个环节的功能与信号流的图解表示，是控制系统进行理论分析与设计的一种形式。框图主要由方框、信号线、比较点、引出点组成。其中，每个方框表示一个组成环节或部分，方框内可以填入时域函数、传递函数或文字描述。信号线表示信号的流向与环节之间的连接关系，用带箭头的直线表示。比较点表示两个或两个以上信号的比较运算，“+”表示信号相加，“−”表示信号相减。引出点表示信号引出，多个分支的引出线代表的数值与性质完全相同。框图的组成单元如图 1-3 所示。

采用传递函数形式表示的过程控制系统框图如图 1-4 所示。

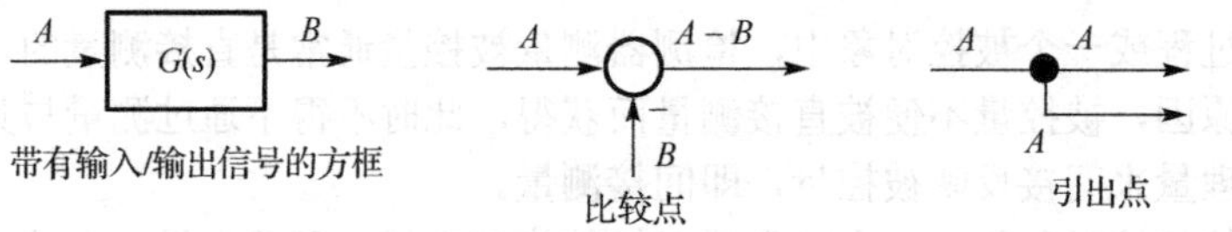

图 1-3　框图的组成单元

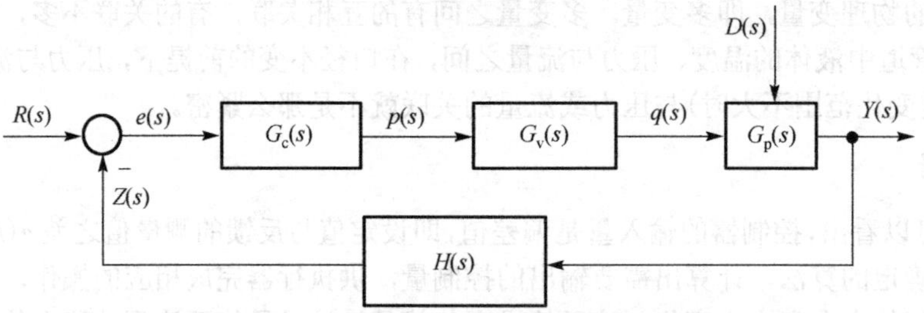

图 1-4　采用传递函数形式表示的过程控制系统框图

1.5.3　管道及仪表流程图

在工艺流程确定以后，工艺人员和自控设计人员应共同研究确定控制方案。控制方案的确定包括流程中各测量点的选择、控制系统的确定及有关自动信号、连锁保护系统的设计等。在控制方案确定以后，根据工艺设计给出的流程图，按其流程顺序标注出相应的测量点、控制点、控制系统及有关自动信号、连锁保护系统等，这便制成了工艺管道及控制流程图（Piping and Instrumentation Diagram, P&ID）。

在乙烯生产过程中，脱乙烷塔的工艺管道及控制流程图如图 1-5 所示。在绘制 P&ID 时，图中所采用的图例符号要按有关的技术规定进行。

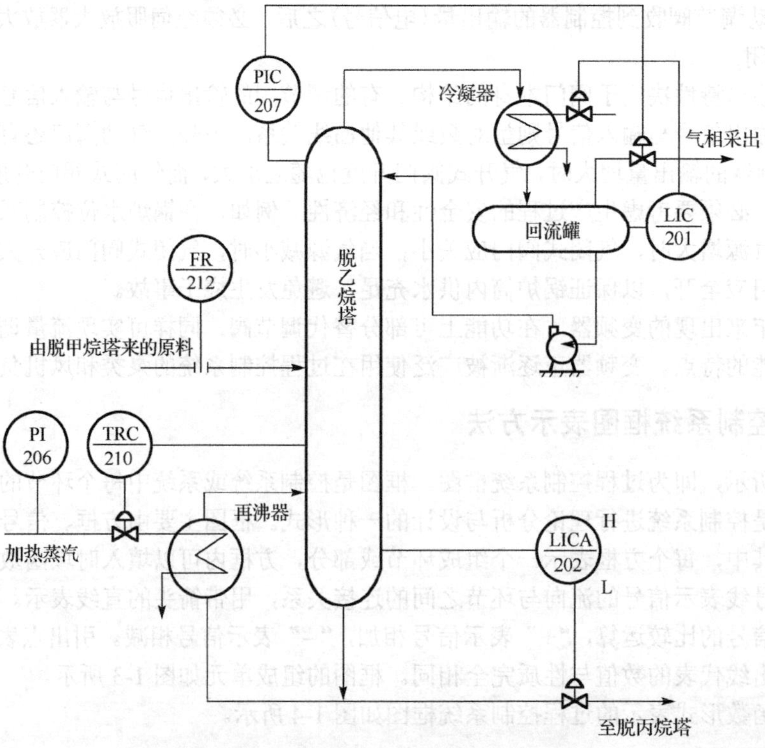

图 1-5　脱乙烷塔的工艺管道及控制流程图

下面结合图 1-5，对其中的一些常用的统一规定加以简单介绍。

1．图形符号

1)测量点(包括检出元件、取样点)

测量点是由工艺设备轮廓线或工艺管线引到仪表圆圈的连接线的起点，一般无特定的图形符号。

2)连接线

通用的仪表连接线均以细实线表示。连接线表示交叉点时，无须加实心点；连接线表示相接点时，须加实心点。在必要时，连接线可用加箭头的方式表示信号的方向，也可按气信号、电信号、导压毛细管等采用不同的表示方式加以区别。

3)仪表(包括检测仪表、显示仪表、控制仪表)的图形符号

仪表的图形符号是以细实线圆圈表示，这个圆圈的直径约为 10mm。不同的仪表安装位置的图形符号如表 1-1 所示。

表 1-1　不同的仪表安装位置的图形符号

序号	安装位置	图形符号	备注	序号	安装位置	图形符号	备注
1	就地安装仪表	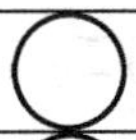		4	集中仪表盘后安装仪表		
		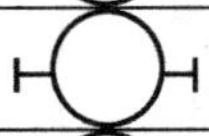	嵌在管道中				
2	集中仪表盘面安装仪表	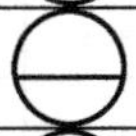		5	就地仪表盘后安装仪表		
3	就地仪表盘面安装仪表						

就地安装仪表：是指根据工艺操作需要而设置的仪表，如温度计、压力表、玻璃液位计。就地安装仪表可供操作人员巡回检查时及时了解工艺过程参数。所以，就地安装仪表是根据需要而随处安装的，如泵的出口就地压力表等。

集中仪表盘面安装仪表：是指在控制柜面板上安装的仪表，即在控制柜上直接开孔、安装的仪表。这类仪表一般为显示、控制类仪表。

就地仪表盘面安装仪表：是指就地集中显示的仪表。例如，压缩机组操作的现场仪表盘可供操作人员了解和掌握压缩机的总体运行情况并可及时指导、调整压缩机组的操作。

集中仪表盘后安装仪表：是指安装在控制柜里面添加的导轨或安装支架上的仪表。这类仪表一般为变送、编程类仪表。

就地仪表盘后安装仪表：是指安装在盘内的仪表。对这类仪表一般不用直接操作，或者说不用经常操作。有许多这类仪表没有任何指示功能。但要注意的是，这类仪表不是盘装仪表，大家常说的盘装仪表是指安装在盘面上的用于指示或操作的仪表。

盘面、台面安装仪表是指安装在操作人员正常使用时可接近的盘面、台面上的仪表。盘面、台面是由一个或几个安装仪表的屏、柜、台或架组成的构件，如室内的 DCS 操作台等。这类仪表即我们常说的远传类仪表。

辅助控制盘面和就地盘面安装仪表是指安装在辅助控制室盘面或现场设备附近或分区的仪表，如现场指示类的仪表。辅助控制室是与主控制室有仪表信号联系的控制室，如催化装置气压机、主风机控制室。

盘后、台内安装仪表是指安装在操作人员正常使用时不能接近仪表盘区域之内的仪表，如引入室内仪表控制间的报警器等。只有专业人员可以接近这类仪表，以对其进行操作、维护。

辅助控制室盘内和就地盘内安装仪表是指安装在辅助控制室控制盘内部和安装在现场设备附近或分区的仪表盘盘内的仪表。操作人员正常使用时不能接近这类仪表。这类仪表一般是指机组或专用设备配套的控制系统内部的仪表。

有些动力设备(如压缩机)配有现场就地操作盘，在就地操作盘上安装的仪表就是就地安装仪表。装在操作盘正面的仪表称为盘面安装。安装在操作盘背面的仪表称为盘后安装。集中仪表盘是指安装在控制室集中显示仪表的仪表控制柜的盘面。盘面安装和盘后安装的意思与就地操作盘的盘面安装和盘后安装的意思是一致的。

对于处理两个或两个以上被测量，具有相同或不同功能的复式仪表，可用两个相切的圆或分别用细实线圆与虚线圆相切表示。

2. 字母代号

在控制流程图中，用来表示仪表的小圆圈的上半圆内，一般写有两位(或两位以上)字母，第一位字母表示被测量，后继字母表示仪表的功能，常用的被测量和仪表功能的字母代号如表 1-2 所示。

表 1-2 被测量和仪表功能的字母代号

字母	第一位字母		后继字母	字母	第一位字母		后继字母
	被测量	修饰词	功能		被测量	修饰词	功能
A	分析		报警	P	压力		
C	电导率		控制	Q	数量	积分	累积
D	密度	差		R	放射性		记录
E	电压			S	速度	安全	开关
F	流量	比		T	温度		传送
I	电流		指示	V	黏度		阀
K	时间		自-手动	W	力		套管
L	物位			Y	供选用		继动器
M	水分			Z	位置		执行机构

注：“供选用的字母 Y”是指在个别设计中反复使用，而在本表内没有列入含意的字母。字母含意要在具体工程的设计图例中做出规定。

以图 1-5 来说明如何以字母代号来表示被测量和仪表功能的。例如，对于塔顶的压力控制系统中的 PIC-207，第一位字母 P 表示被测量为压力，第二位字母 I 表示具有指示功能，第三位 C 表示具有控制功能，因此 PIC 的组合就表示一台具有指示功能的压力控制器；后续的数字第一位表示流程工段号，后续位表示该工段内的仪表序号。同样，回流罐的液位控制系统中的 LIC-201 表示一台具有指示功能的液位控制器；在塔的下部的温度控制系统中的 TRC-210 表示一台具有记录功能的温度控制器。当一台仪表同时具有指示、记录功能时，只要标注字母“R”即可，不用标注字母“I”。因此，TRC 表示同时具有指示、记录功能。

同样，在进料管线上的 FR-212 表示同时具有指示、记录功能的流量仪表；在塔底的液位控制系统中的 LICA-202 表示一台具有指示、报警功能的液位控制器，其仪表圆圈外标有 H 和 L 字母，表示该仪表同时具有高、低限报警，当塔底的液位过高或过低时，该仪表会发出声、光报警信号。

1.6 过程控制系统的基本要义

按照图 1-2 所示，我们再详细分析过程控制系统中各部分环节的信号关系，如图 1-6 所示。

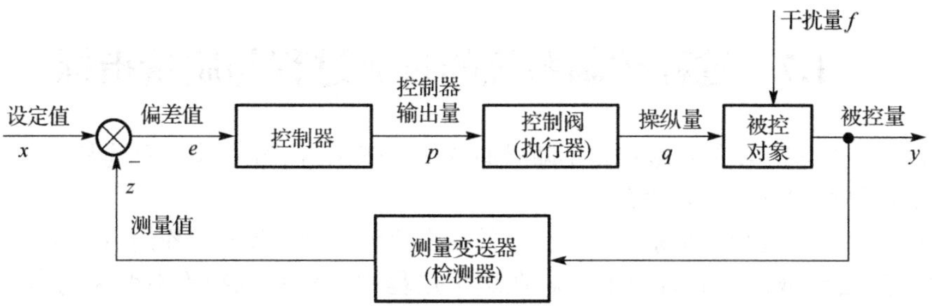

图 1-6　过程控制系统的结构

图 1-6 中，各部分环节及变量的定义如下。

设定值(x)：工艺上希望保持的被控量数值。

测量值(z)：被控量的实际测量数值，即仪表示值。

偏差值(e)：测量值与设定值之差(e=x–z)。

控制器：根据偏差值，按一定的数学运算规律输出控制信号的设备。

控制器输出量(p)：用以改变控制作用大小的参数。

控制阀(执行器)：与普通阀门的功能一样，并能自动地根据控制输出量来改变阀门的开度。

操纵量(q)：用以实现控制作用的参数，一般是执行器调节的物理量。

被控对象：被控制的设备。

被控量(y)：要求实施控制的参数。

干扰量(f)：引起被控量发生变化的参数。

测量变送器(检测器)：直接测量被控量，并转换成标准统一信号的仪表。

在这里，进行简化处理，我们把系统的输入量(设定值)、输出量(被控量)看成单值对应函数关系。每个环节都可以用数学模型来表征其输入—输出特性。这个数学模型可以是时域模型，也可以是拉普拉斯变换模型。若用时域模型，就是要寻找 $y(t)=f[x(t)]$ 的特性。其中，控制器特性 $p(t)=f_1[e(t)]$，控制阀特性 $q(t)=f_2[p(t)]$，被控对象特性 $y(t)=f_3[q(t)]$，测量变送器特性 $z(t)=f_4[y(t)]$。一旦系统确定后，后三个环节的特性即是固定的，只有控制器特性是可以改变的。这样，可以通过控制器特性整定，实现 $y(t)=f[x(t)]$ 这样一个一阶或多阶数学模型特性的期望目标。

我们可以将过程控制系统的结构进一步简化为广义对象过程控制系统模型，如图 1-7 所示。

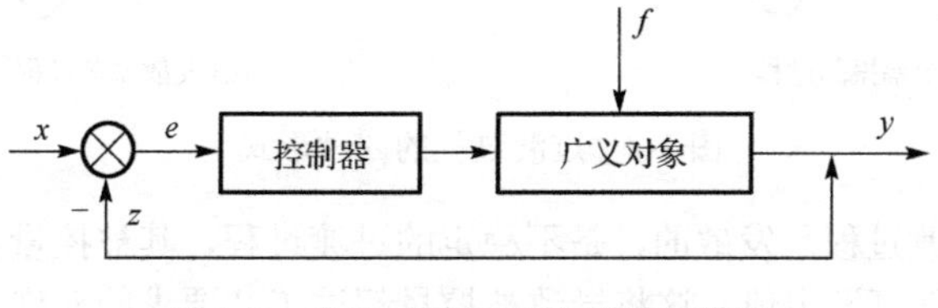

图 1-7　广义对象过程控制系统模型

其中，将控制阀(执行器)、被控对象、测量变送器合并成一个环节，称为广义对象，这样控制器的重要作用就凸显出来。我们可以通过调整控制器的参数，实现被控量 y 与设定值 x 一致。

若是采用拉普拉斯变换模型进行分析，即通过控制器的零极点配置，实施被拉对象特性的串/并联校正，实现被控对象特性的相频特性与幅频特性满足性能指标要求，而且与经典控制理论课程中相关控制理论对应起来，即说明了过程控制系统在本质上就是自动控制理论的具体应用。

1.7 过程控制系统的过渡过程与质量指标

在自动控制领域，我们把被控量不随时间变化而变化的平衡状态，称为静态；而把被控量随时间变化的不平衡状态，称为动态。

一个性能良好的过程控制系统在设定值发生变化或收到外界干扰作用后，被控量能平稳、快速、准确地趋近于或回复到设定值上。在这个过程中，该系统经静态变为动态，最后又回复到静态。

虽然对于不同的过程控制系统而言，其控制目的与技术要求可能不一样，有的甚至相差很大，但是对于各种过程控制系统所具有的性能、达到的水平和表现出来的特点，我们应该用规范的专业术语进行描述，用相同的技术标准进行评判。过程控制系统的质量指标或称为性能指标主要从稳定性(Stability)、准确性(Accuracy)和快速性(Rapidity)三个方面，用控制学科的性能指标来定量与定性描述过程控制系统性能。一个过程控制系统运行良好的首要条件是具有一定的稳定性，这是该系统正常工作的前提。准确性主要涉及的是控制精确度，包括动态最大偏差和稳态误差等指标。快速性主要表现在系统对设定或干扰信号的响应快慢，以及响应达到稳态的时间长短。所有这些性能都可以通过过程控制系统反映特定输入信号的过渡过程和稳态的一些特征值来表述。

1.7.1 稳定性描述

在一般情况下，过程控制系统在阶跃干扰信号作用下的过渡过程表现为以下四种形式，即非周期衰减过程、衰减振荡过程、等幅振荡过程、发散振荡过程，如图 1-8 所示。

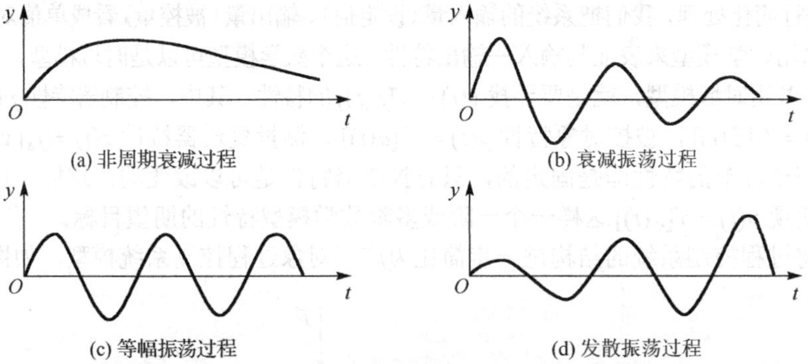

(a) 非周期衰减过程　(b) 衰减振荡过程

(c) 等幅振荡过程　(d) 发散振荡过程

图 1-8　过渡过程的四种形式

图 1-8(d)所示的过渡过程是发散的，是不稳定的过渡过程，其被控量在控制过程中不能够达到一个稳态值，且逐渐偏离设定值，这将导致被控量超过工艺要求的允许范围，严重时还可能导致事故发生。

图 1-8(a)和(b)所示的过渡过程都是衰减的，是稳定的过程，其被控量经过一段时间后，逐渐趋近于一个稳态值。非周期衰减过程变化较慢，被控量长时间偏离设定值。一般在控制中较少采用非周期衰减过程。衰减振荡过程变化较快，被控量达到一个稳态值的时间短，是期望的过渡过程。

图 1-8(c)所示的过渡过程属于临界稳定状态，一般认为是不稳定的过渡过程。除允许被控量在工艺要求的范围内振荡的情况之外，生产中一般不能采用等幅振荡过程。

1.7.2 阶跃响应型单项性能指标

过程控制系统的阶跃响应曲线如图 1-9 所示，其过渡过程属于衰减振荡过程。

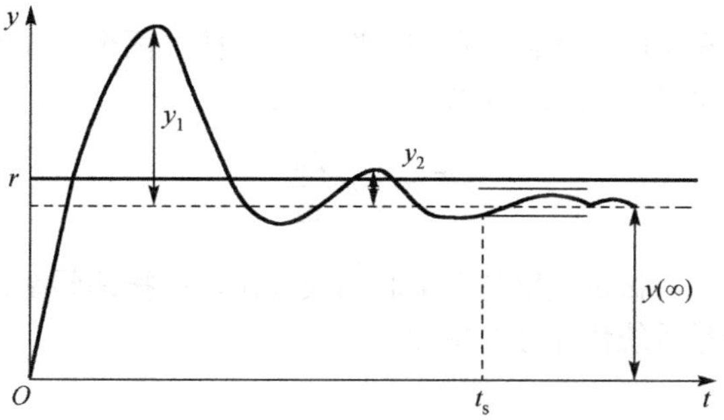

图 1-9 过程控制系统的阶跃响应曲线

1. 衰减比

衰减比是评判系统动态过程稳定性的一个动态指标，反映振荡的衰减程度。它是响应波形第一个波峰值与第二个波峰值之比，即

$$n = \frac{y_1}{y_2}$$

当 $n>1$ 时，表明系统的被控量正在衰减，n 越大，表示系统的被控量衰减得越厉害，系统稳定性越好。一般要求过程控制系统的衰减比 n 在 4～10 之间；当 $n=1$ 时，表明系统的被控量正在等幅振荡，系统为临界稳定状态；当 $n<1$ 时，表明系统的被控量正在发散，系统处在不稳定状态。

另外，还有一个称为衰减率的类似指标 φ，它是指经过一个周期后，系统的被控量波动幅度衰减的百分比，即

$$\varphi = \frac{y_1 - y_2}{y_1} \times 100\%$$

衰减率与衰减比的对应关系是：当 n 在 4～10 之间时，φ 在 75%～90%之间。

2. 最大偏差与超调量 σ

在阶跃响应中，被控量随时间的变化规律偏离设定值的最大幅度就是最大偏差，通常是响应的第一个波峰与设定值的距离。

最大偏差占响应曲线稳态值的百分比称为超调量，即

$$\sigma = \frac{y_1}{y_\infty} \times 100\%$$

显然，最大偏差与超调量之间具有相同的物理含义。它们的区别是：一个是绝对值，另一个是相对值。

3. 调节时间

调节时间又称过渡过程时间，是反映过程控制系统快速性的指标。从理论上说，响应过程从开始到达稳态值需要无限长的时间，显然用其衡量系统快速性是不现实的。所以，人们采用调节时

间作为衡量系统快速性的指标。调节时间是指响应过程从开始到进入稳态值的–5%～5%或–2%～2%范围且不再超越该范围的时间，用 t_s 表示。

4．振荡周期或频率

当系统的响应曲线有振荡时，其振荡周期一般表示为同向两个波峰或波谷之间的时间间隔，用 T 表示。振荡周期与振荡频率或振荡角频率的关系为

$$T=\frac{1}{f}=\frac{2\pi}{\omega}$$

在衰减率一定的前提下，振荡频率与调节时间成反比，即振荡频率越低，调节时间越长。所以，振荡频率也可作为衡量系统快速性的指标。

5．稳态误差

稳态误差又称余差，是系统的动态过渡过程结束之后，被控量与设定值之间的稳态偏差。

$$e(\infty)=y(\infty)-r$$

稳态误差反映了系统的静态准确性。

还有一些性能指标，如振荡次数等，在此不再一一赘述。

例 某换热器的温度控制系统在单位阶跃干扰信号作用下的过渡过程曲线如图 1-10 所示，设定值为 200℃，试分别求出最大偏差、余差、衰减比、振荡周期和过渡时间。

解 最大偏差=230–200=30（℃）；$e(\infty)$=205–200=5（℃）

第一个波峰值：y_1=230–205=25（℃）

第二个波峰值：y_2=210–205=5（℃）

衰减比：n=25÷5=5

振荡周期：T=20–5=15（min）

如取–2%～2%的误差带，则过渡时间为 22min。

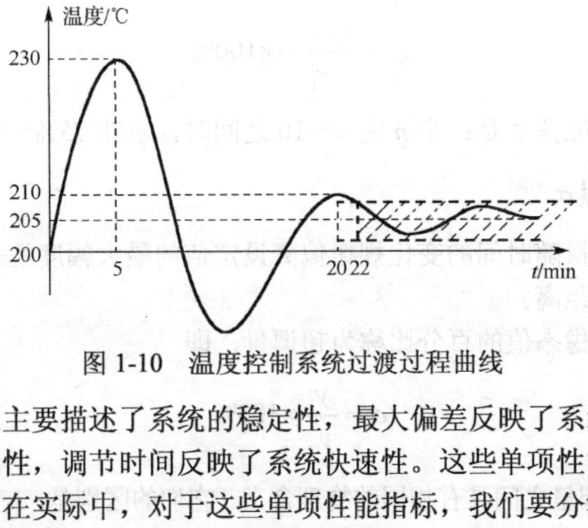

图 1-10 温度控制系统过渡过程曲线

从上例可知：衰减比主要描述了系统的稳定性，最大偏差反映了系统的动态准确性，稳态误差反映了系统的静态准确性，调节时间反映了系统快速性。这些单项性能指标概念明确，相互之间既有联系，又有矛盾。在实际中，对于这些单项性能指标，我们要分清主次、区别对待，既要确保重点指标满足系统控制要求，又要兼顾系统的经济性。

1.7.3 误差性能指标

上面介绍的阶跃响应型单项性能指标被广泛应用于工程整定计算与分析中。除此之外，以偏

差值 $e(t)$ 为基础的积分型综合性能指标常被用于分析系统动态响应性能，以及求取最优控制参数等。显然，希望偏差值随时间的推移变得越来越小，其积分值为最小。

1．绝对偏差值积分（IAE）： $J=\int_0^{\infty}|e(t)|\mathrm{d}t$

IAE 将不同时刻、不同幅值的偏差值等同看待，各项性能较为均匀，适用于评定定值控制系统。

2．偏差值平方积分（ISE）： $J=\int_0^{\infty}e^2(t)\mathrm{d}t$

ISE 对大的偏差值敏感。控制 ISE 的结果是最大偏差值变小，但过渡时间变长。ISE 适用于评定定值控制系统。

3．绝对偏差值与时间乘积（ITAE）： $J=\int_0^{\infty}t|e(t)|\mathrm{d}t$

ITAE 对初始偏差值不敏感，但对后期偏差值敏感。控制 ITAE 的结果是最大偏差值变大，但调节时间变短。ITAE 多用于评定随动系统。

4．偏差平方与时间乘积（ITSE）： $J=\int_0^{\infty}te^2(t)\mathrm{d}t$

ITSE 对大的偏差值敏感。控制 ITSE 的结果是最大偏差值变小，且调节时间变短。ITSE 多用于评定随动系统。

不同的积分公式对响应过程的评估侧重点不同。

对于一个过程控制系统，影响系统过渡过程品质的因素有很多。过渡过程品质的好坏与系统中各个环节都有不同程度的关系。在设计时，应对每个环节进行认真考虑。为了更好地分析和设计过程控制系统，提高过渡过程的品质指标，从第 2 章开始，将对组成过程控制系统的各个环节，按被控对象、测量变送器、控制器和执行器的顺序逐个讨论。只有在充分了解这些环节的作用和特性后，才能进一步研究和分析设计过程控制系统，提高系统的控制质量。

第 2 章　过程特性与建模

2.1　过程的特点及描述方法

过程控制系统由被控对象、测量变送器、控制器、执行器等组成。系统的控制质量与组成系统的每个环节都有着密切的关系。其中，由于控制、检测、执行等仪表的特性是可以人工改变的，因此，控制质量的优劣主要取决于生产工艺或被控对象，这就要求我们必须了解生产工艺或被控对象的过程特性，并建立有效的过程对象数学模型。

常见的过程控制系统中，被控对象可以是各类热交换器、精馏塔、储液罐、流体传送设备、反应器等。此外，在一些辅助系统中，被控对象也可以是气热源、空压机、电动机等。本章将主要介绍连续生产过程的对象特性分析。

实际中的被控过程是多种多样的，其特性也千差万别。有的被控过程简单明了，控制起来方便、快捷，有的被控过程错综复杂，控制起来困难、费时。究其原因，主要是由被控过程本身的工艺流程和实际设备引起的。也就是说，被控过程的设备与工艺要求决定了控制任务的难易程度，也决定了采用的控制方案、控制策略、装置和仪表等。

鉴于实际被控过程的多样性，要将每个具体的被控过程控制得恰到好处，并且达到过程控制系统的质量指标，就得引出一个称为过程特性分析的概念，以描述被控对象特性，并通过用数学的方法来描述被控过程的输入量与输出量之间的关系，建立被控过程的静态数学模型和动态数学模型。

模型(Model)就是把关于实际被控过程的本质的部分信息减缩成有用的描述形式。它用来描述被控过程的运动规律，是被控过程的一种客观写照或缩影，是分析被控过程和预报、控制过程特性的有力工具。对一个特定被控过程而言，模型一般不能考虑其所有因素。实际被控过程到底哪些因素是本质的，哪些因素是非本质的，要取决于所研究的问题。例如，为制订大型纸厂的生产管理计划，其模型就不必反映各生产装置的动态特性，但必须反映产品产量、销售和库存原料量等的变化情况。但是，为了实现各条纸机生产线的最佳运行，其模型就必须反映描述纸机生产线内部状态变化的、详细的生产过程动态特性。

2.2　过程的数学模型及其建立

2.2.1　过程的数学模型

在过程工业中，被控过程是指在生产过程中，各种为生产产品提供工艺服务的流程和生产设备。例如，化工过程中的反应器、精馏塔，热工过程的加热炉、锅炉、换热器，冶金过程中的炼钢炉、回转窑，甚至是流程工业过程中的储罐、工艺管道等。

数学模型则是数学理论与实际问题相结合的一门科学。它将现实问题归结为相应的数学问题，并在此基础上利用数学的概念、方法和理论进行深入的分析和研究，以定性和定量的方式获得普遍性的结论，为解决实际问题提供精确的数据或可靠的指导。

过程的数学模型就是用数学符号和表达式对生产工艺流程与设备中的物料平衡关系或能量传递关系进行定量描述，是作业过程在控制量和扰动量的作用下，其输出量变化的数学表达式。

数学模型分为静态数学模型和动态数学模型。静态数学模型是描述过程稳态时输入量与输出量的关系式。动态数学模型是描述输出量与输入量之间随时间变化的关系式。动态数学模型有两种表现形式，一是参量形式，如微分方程、差分方程、传递函数和状态方程等；二是非参量形式，如数据表格、曲线等。非参量形式的动态数学模型不便于控制和使用。参量形式的动态数学模型主要用于设计和分析控制系统、确定工艺设计和操作条件等。

一般来说，过程特性有线性与非线性、动态与静态、确定性与随机性、宏观与微观之分，故描述过程特性的数学模型也有这几种类型。过程的数学模型分类如图 2-1 所示。过程的数学模型与方程式如表 2-1 所示。

线性数学模型是用来描述线性过程的，满足叠加原理和均匀性。非线性数学模型是用来描述非线性过程的，一般不满足叠加原理。如果模型经过适当的数学变换可以将本来是非线性数学模型转变成线性数学模型，那么原模型称为本质线性数学模型，否则称为本质非线性数学模型。

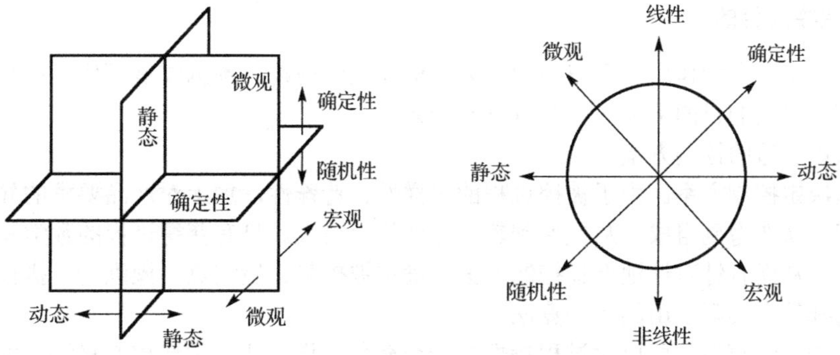

图 2-1　过程的数学模型分类

表 2-1　过程的数学模型与方程式

数 学 模 型	方 程 式
线 性	线性方程式
非线性	非线性方程式
动 态	含有时间变量的微分方程、差分方程、状态方程
静 态	联立方程组、含有空间微分变量的偏微分方程
随机性	随机方程式
确定性	各类方程式
宏 观	微分方程、差分方程、状态方程
微 观	联立方程式、积分方程式

在过程控制中，动态数学模型是用来描述过程处于过渡过程时的各状态变量之间的关系模型，一般都是时间的函数。静态数学模型则是动态数学模型处于稳态时的表现，或者说静态数学模型是用来描述过程处于稳态时（各状态变量的各阶导数均为 0）各状态变量之间关系的模型，一般不是时间的函数。

对于由确定性数学模型所描述的过程，当过程的状态确定之后，过程的输出响应是唯一确定的。对于由随机性数学模型所描述的过程，即使过程的状态确定了，过程的输出响应仍然是不确定的。

微观数学模型和宏观数学模型的差别是：前者研究事物内部微小单元的运动规律，一般用微分方程或差分方程来描述；后者研究事物的宏观现象，一般用联立方程或积分方程来描述。

总之，过程的数学模型分类是多种多样的，常见的还有按连续与离散、定常与时变、集中参数与分布参数等来区分的类型。

对于工业过程控制来说，实践中用得最多的还是集中参数数学模型，这是因为它简单易行，同时一般工业过程对用于控制的模型要求也不是很高(一些特殊要求的除外)。所以，下面的讨论将以集中参数、单输入-单输出的过程为主。

对于被控过程来说，通常有两个输入量，一个是来自控制器的、按设计者意愿对输出量施加影响的量，称为控制量，又称操作量；另一个是干扰量，它是一种由环境派生的、设计者不希望出现的量，它也能对输出量产生影响，但大多为负面的。过程的输出量通常是指被控量，即设计者着力约束的量。从控制量到输出量的路径称为控制通道，从干扰量到输出量的路径称为干扰通道。在一般情况下，这两个通道的起点和动态特性是不同的，但它们的终点是相同的。

2.2.2 过程建模的目的与基本原则

1. 过程建模的目的

数学模型在实践中的作用是多方面的，如分析和发现问题、预测发展变化、检验效果等。就过程控制而言，建模的目的主要体现在以下几个方面。

1)为了选用合适的控制方案

被控过程决定控制方案。由于被控过程的多样性、特殊性，加上对产品要求的异同性，过程控制系统之间，从选型到组成、从硬件到软件可能相差很大。只有获得过程的数学模型，才能掌握其具体情况，从而有针对性地选择控制方案，确定被控量、检测点、操纵量、执行器结构等。

2)为了选择符合实际应用的控制算法

了解过程的数学模型，可以对过程特性有一个充分认识，便于优选控制算法。例如，有的干扰量对过程控制系统性能影响很大，如果对干扰量的源头、强度和路径等有所了解，选用前馈—反馈复合控制系统，则可有效、及时地去除干扰量，同时维持过程控制系统的既定控制指标不变；对于大滞后过程，如果采用 PID 控制，就难以达到预期的控制效果。

3)为了整定控制器参数、优化控制性能

选定控制方案和算法之后，并不等于工作完成了，还要进行细化工作，使过程控制系统更加完美。通过数学模型的试验，可以进一步完善控制方案、优化控制器参数，使得过程控制系统的性能达到最佳状态。通过数学模型仿真获得预期结果后，将仿真试验中确定的数据和参数直接用于实际过程控制系统中，基本上可再现原预期效果。

4)为了进行过程控制系统的验证性仿真试验

出于成本和安全的原因，可以充分利用模拟仿真技术特别是计算机仿真技术，进行过程控制系统的验证性仿真试验。有些过程控制系统的试验可能成本太高或危险性太高，不便进行实际系统的试验和核实，如核电站、大型水电站、火力发电厂的过程控制系统等。这时，为了检验所选方案的可行性与合理性，可以改用数学模型代替实际系统，进行仿真模拟试验，这样也为优化设计和修改缺陷等提供了机会。

5)为了培养和训练操作人员和技术人员

可利用数学模型及其相关设备，对操作人员进行上岗前的培养和训练，使其熟练掌握操作要领和处置方法，为其能胜任即将开始的工作创造条件；可利用数学模型及相应的配套设施，进行诊断和排除过程控制系统中故障的演练，从而为保障系统正常运行培养人才。

6) 为了检测与诊断过程控制系统的故障

通过开发的数学模型，可以通过模拟式、虚拟式等多种软、硬件结合形式，及时发现过程控制系统可能出现的故障及其原因，并提供诊断报告，指出故障解决的正确途径。

2. 过程建模的基本原则

将一个实际过程抽象为控制用的数学模型，本身就要忽略很多因素，该模型仅仅是从动态特性方面对实际过程的一种近似数学描述，并且其表达形式必须有利于后续的处理与应用。因此，"突出本质，去繁就简"将是过程建模的基本原则。

事实上，过程的数学模型一般不超过三阶。虽然有些过程的数学模型的阶数越高，其数学模型就越准确，但高阶数学模型给实时控制带来的大计算量，也是一个很实际的问题。因此，过程建模一般针对的是线性系统，且多为或近似为一阶或二阶系统，有些还根据实际情况附加纯滞后环节。

2.2.3 过程建模的方法

过程建模的方法有三种：机理法建模、测试法建模和混合法建模。

1. 机理法建模

机理法建模就是根据被控过程的内在机理，通过静态与动态平衡或能量平衡关系，用数学推导的方法，获得过程的数学模型。

这类建模法可以通过解析方法，获取得到相应的物质平衡方程、能量平衡方程、动量平衡方程、相平衡方程，以及流体流动、传热、化学反应等基本规律运动方程、物性方程等。这些方程经相应的数学处理，成为有关输入量与输出量或状态的数学模型，其形式通常是微分方程、差分方程、传递函数、状态方程和输出方程等。

通过各种平衡关系建立起来的相关方程，通常包含输入量和输出量。相关变量的阶次和系数与数学模型的结构和参数相对应，并通常由被控过程的结构形式和运行方式来决定，而参数可通过计算或测量获得。

有时，数学模型过于复杂，可适当将其简化，如忽略次要因素、降低数学模型阶数，或者舍弃无足轻重的项式等。总之，这类建模要求对被控过程的机理十分清楚，能用相应的数学语言加以描述，反映动态过程实质。

实际上，在具体工作中，能用机理法建模的被控过程只有很小一部分，大部分被控过程由于结构、工艺或物理、化学和生物反应等方面的原因，目前无法用数学语言加以具体表述，更不能建立起各类相应的平衡方程或能量方程，此时可以考虑用测试法建模。

2. 测试法建模

测试法建模又称实验法建模，即从实验或生产过程中获得被控过程的输入量与输出量的数据，按系统辨识和参数估计的方法，建立被控过程的数学模型。

测试法建模通常是在人们对被控过程内部机理不很清楚的基础上，将过程看成一个"黑箱子"，设定已知的输入测试信号，并获取输出特性，通过这种实验测试的方法来建立数学模型。显然，这是不同于机理法建模的另一种形式。事实上，在生产过程中，很大一部分数学模型就是用这种方法建立的，其内容包括结构辨识和参数估计两部分。

面对一个并不很熟悉的被控过程，为了通过测试的方法获得它的动态特性，可以对过程施以变化的激励信号，如不同频率、不同幅度的信号，以便被测过程的各种动态特征被激活，并经输出信号表现出来。通过对激励和响应的研究，获得被测过程的动态结构与相关参数。通常用的激励信号有阶跃、脉冲、频率和伪随机等信号。

对过程控制而言，即使过程的数学模型是高阶的，一般也会根据实际被控情况，将其近似为一阶或二阶的动态数学模型，有些还要加入纯滞后环节。

3. 混合法建模

除了以上两种过程建模的方法以外，还有一种介于两者之间的过程建模的方法：混合法建模。

混合法建模有两种做法：一是先通过机理分析，确定数学模型的结构形式，然后通过实验数据确定数学模型中各相关参数的大小，两者合起来，构成了完整的数学模型；二是对于过程中比较熟悉的部分用机理法建模，对于过程中不熟悉的部分采用测试法建模，然后将两者合起来，构成整个过程的数学模型。

随着人们认识能力的逐步提高，以及计算机技术的应用与进步，很多过程的数学模型，特别是较复杂、大规模过程的数学模型，正借助计算机技术，通过混合建模方法来获得。

2.3 机理法建模

2.3.1 机理法建模思路

生产过程千差万别，但它们大多涉及罐、管道设备等。产品的生产与加工离不开物质的流动、状态的改变和能量的转化等过程。这些过程通过被控参数将物质运动、改变或转化的结果表现出来。这些被控参数通常是流量、压力、温度、物位、成分和酸碱度等。这些被控参数的合理性最终通过产品质量反映出来。所以，从物质的运动、状态的变化和能量的转化着手，考查被控过程的静、动态特点与变化规律，是机理法建模的出发点。

机理法建模的一般步骤如下。

(1) 全面了解生产的作业流程，以物质流、能量流、信号流为依据，弄清生产过程的工作机制，掌握有关量之间的相互关系。对于不同的生产过程，会使用不同的生产设备，并有着不同的生产程序，从而完成不同的生产任务。

(2) 根据过程建模的根本目的，确定有用的特性环节。要对过程建模的条件做出合理的假设，突显数学模型的重要方面，忽略次要因素。由于数学模型使用的目的不同，所以过程建模的侧重点会有所区别。例如，有的数学模型具有非线性特质，可将其进行一定程度的线性化；有的数学模型是分布参数的，可将其进行一定条件下的集中参数化。总之，在不违背主要原则的基础上，在一定范围内或一定程度上，将复杂问题简单化。

(3) 根据过程的内在机理，建立相应的方程式、方程组、向量组、向量矩阵，消除中间变量，获得输入量和输出量的数学表达式。根据过程中物料传输、状态改变或能量转化等引起的相关物理、化学和生物变化，按照相关定理和定律建立过程的稳态和动态平衡方程组，然后消去方程组中的中间变量，保留过程的输入量和输出量，这样得到的微分方程、差分方程、传递函数或状态空间表达式等，即为该过程的数学模型。

(4) 简化模型。由第(3)步获得的数学模型通常较为严谨而复杂，应用起来不大方便。在满足控制要求的前提下，尽量对数学模型进行简化处理。例如，通过降元法，可忽略数学模型的次要参数；通过降阶法，可实现用低阶数学模型近似原高阶数学模型等。

2.3.2 数学模型具体表达式

过程控制的具体对象可能是生产过程中的各种装置或设备，如换热器、反应器、精馏塔和造纸机等，它们内部所发生的物理和化学变化也各不相同，然而从控制的角度来看，它们在本质上有许多相似之处。几乎所有的过程控制对象都可近似地用线性时不变模型来描述，在连续域表示为有理传递函数加纯滞后的形式。这些对象可以分为三类：自衡过程、积分过程和不稳定过程。

1. 自衡过程

有自平衡能力过程是指在干扰量的作用下，过程的平衡状态被打破之后，过程不需要操作人员或设备的干预，仅依靠自身能力，就能逐渐重新达到平衡状态的过程；与此相反，在干扰量的作用下，过程的平衡状态被打破之后，仅依靠自身能力不能重新恢复平衡的过程，称为无自平衡能力过程，又称不稳定过程。

有自平衡能力过程又称自衡过程。自衡过程的数学模型可表示为

$$G_{\mathrm{P}}(s)=\frac{K}{(T_1s+1)(T_2s+1)\cdots(T_ns+1)}\mathrm{e}^{-Ls} \tag{2-1}$$

式中，K 为静态增益；L 为纯滞后时间；T_i（$i=1,2,\cdots,n$）为过程时间常数。在过程控制实践中，在一定条件下，可将自衡过程的数学模型简化成一阶惯性加纯滞后环节，即

$$G_{31}(s)=\frac{K}{Ts+1}\mathrm{e}^{-Ls} \tag{2-2}$$

PID 控制器常常通过式(2-2)进行参数整定。然而，Astrom 和 Haglund 指出式(2-2)并不具有普遍代表意义。在实际应用中，式(2-2)常常给人以误导。其中，原因之一是一般非积分工业过程的数学模型的阶跃响应曲线呈 S 形，而式(2-2)表示的数学模型的阶跃响应曲线不呈 S 形。具有 S 形阶跃响应曲线的低阶常用数学模型可分别表示为

$$G_{32}(s)=\frac{K}{(Ts+1)^2}\mathrm{e}^{-Ls} \tag{2-3}$$

$$G_4(s)=\frac{K}{(T_1s+1)(T_2s+1)}\mathrm{e}^{-Ls}，\quad T_1\neq T_2 \tag{2-4}$$

式(2-3)和式(2-4)具有二阶加纯滞后环节。通过对式(2-2)、式(2-3)、式(2-4)仿真表明，同式(2-2)相比，式(2-3)和式(2-4)能更好地逼近实际高阶过程。将式(2-3)和式(2-4)转换为

$$G_{\mathrm{S}}(s)=\frac{1}{as^2+bs+c}\mathrm{e}^{-Ls} \tag{2-5}$$

有人指出，式(2-5)的奈奎斯特图能在工程设计人员关心的中、低频段范围内很好地接近实际过程。因此，基于式(2-2)～式(2-5)进行控制器设计具有普遍的代表性。

需要指出的是，式(2-5)并不只代表式(2-3)和式(2-4)，还能代表时滞振荡过程（当 $b^2-4ac<0$ 时）和式(2-3)（当 $a=0$ 时）。

2. 积分过程

对于一些过程，当原有的物质能量平衡关系遭到破坏后，过程的输出量将以固定的速度一直变化下去，而且不会自动地在新的水平上恢复平衡，这种过程称为积分过程，其数学模型可表示为

$$G_P(s)=\frac{1}{Ts(T_1s+1)(T_2s+1)\cdots(T_ns+1)}e^{-Ls} \tag{2-6}$$

式中，T 为过程积分常数；L 为纯滞后时间；T_i（$i=1,2,\cdots,n$）为过程时间常数。将式(2-6)的简化成一阶过程的数学模型，即

$$G_I(s)=\frac{1}{Ts}e^{-Ls} \tag{2-7}$$

3. 不稳定过程

不稳定过程的数学模型可表示为

$$G_P(s)=\frac{K}{(T_0s-1)(T_1s+1)(T_2s+1)\cdots(T_ns+1)}e^{-Ls} \tag{2-8}$$

式中，K 为静态增益；L 为纯滞后时间；T_i（$i=0,1,\cdots,n$）为过程时间常数。将式(2-8)简化成一阶过程数学模型，即

$$G_I(s)=\frac{K}{Ts-1}e^{-Ls} \tag{2-9}$$

上述自衡过程、积分过程和不稳定过程的单位阶跃响应分别如图 2-2～图 2-4 所示。

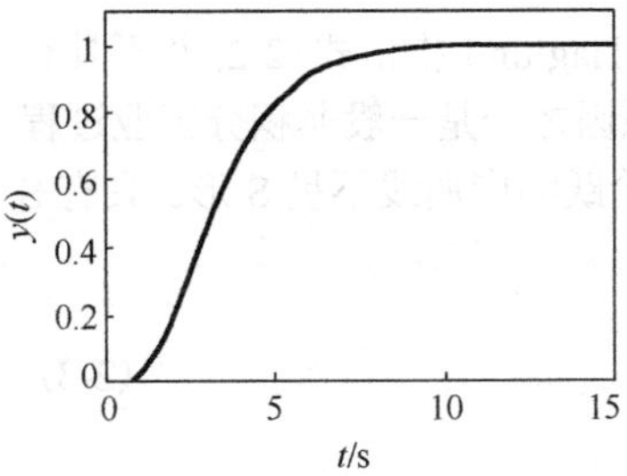

图2-2　自衡过程的单位阶跃响应

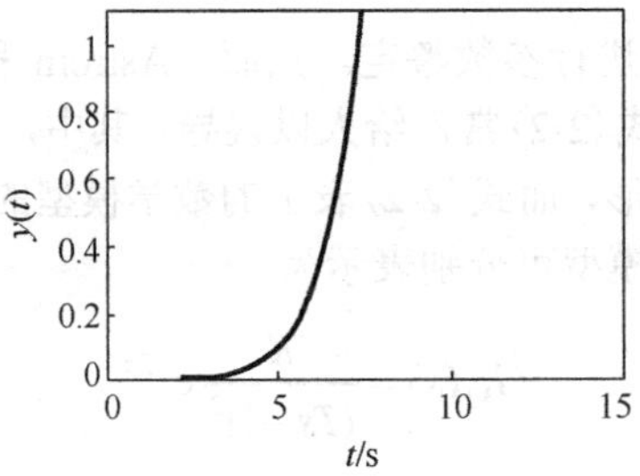

图2-3　积分过程的单位阶跃响应

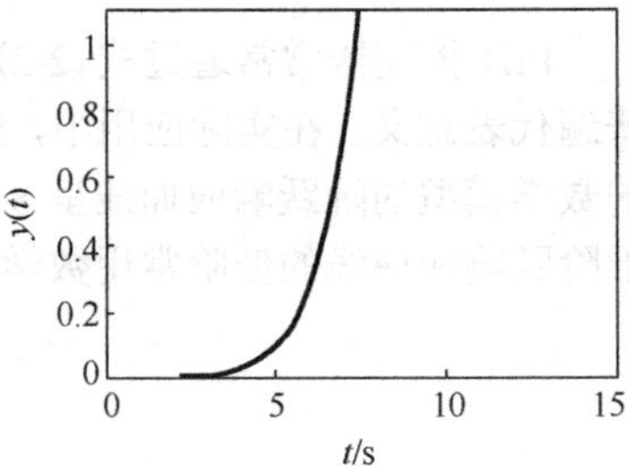

图2-4　不稳定过程的单位阶跃响应

2.3.3　一阶过程的数学模型

如图 2-3 所示，水经过阀门 1 不断地流入水槽，水槽内的水又通过阀门 2 不断流出。工艺上要求水槽的液位 h 保持一定数值。

这里，水槽是被控对象，液位 h 就是被控量。如果阀门 2 的开度保持不变，而阀门 1 的开度变化是引起液位变化的干扰因素。那么，这里所指的对象特性就是指当阀门 1 的开度变化时，液位 h 是如何变化的。在这种情况下，被控对象的输入量是流入水槽的流量 Q_1，被控对象的输出量是液位 h。下面推导表征 h 与 Q_1 之间关系的数学表达式。

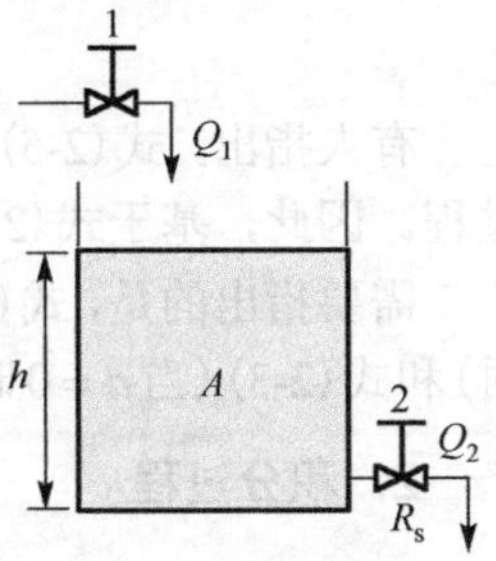

图 2-5　单容过程

在生产过程中，最基本的关系是物料平衡和能量平衡。当单位时间流入被控对象的物料(或能量)不等于流出的物料(或能量)时，表征被控对象的物料(或能量)蓄存量的参数就要随时间而变化，找出它们之间的关系，就能写出描述它们之间关系的微分方程。因此，列写微分方程的依据可表示为

物料蓄存量的变化率=单位时间流入被控对象的物料−单位时间内流出被控对象的物料

式中，物料也可以表示为能量。

设水槽的截面积为 A，当流入水槽的流量 Q_1 等于流出水槽的流量 Q_2 时，系统处于平衡状态，即静态，这时液位 h 保持不变。这个过程的静态方程：

$$Q_{01}=Q_{02}$$

假定某一时刻 Q_1 有了变化，不再等于 Q_2，于是 h 就变化了。h 的变化与 Q_1 的变化究竟有什么关系呢？这必须从水槽的物料平衡来考虑，找出 h 与 Q_1 的关系，这是推导表征 h 与 Q_1 关系的微分方程式的根据。

在某一时刻，t_1 到 t_2 这段时间 $(\mathrm{d}t)$ 内 Q_1 发生变化，$Q_1>Q_2$，这时流入水槽的水量为

$$\mathrm{d}V=(Q_1-Q_2)(t_2-t_1)=(Q_1-Q_2)\mathrm{d}t$$

水位从 h_1 上升到 h_2：

$$h_2-h_1=\mathrm{d}h=\frac{\mathrm{d}V}{A} \tag{2-10}$$

将 $\mathrm{d}V$ 代入式(2-10)得

$$(Q_1-Q_2)\mathrm{d}t=A\mathrm{d}h \tag{2-11}$$

式(2-11)就是微分方程式的一种形式。在式(2-11)中，不能直接看出 h 与 Q_1 关系。

因为在水槽出水阀 2 开度不变的情况下，随着 h 的变化，Q_2 也会变化。h 越大，Q_2 也会越大。即在式(2-11)中，Q_1，Q_2，h 都是时间的变量，如果消去中间变量 Q_2，就可以得出 h 与 Q_1 的关系式。

如果近似认为 Q_2 与 h 成正比，与出水阀的阻力成反比，即

$$Q_2=\frac{h}{R_\mathrm{s}} \tag{2-12}$$

式中，R_s 为出水阀的阻力。

将式(2-12)代入式(2-11)得

$$\left(Q_1-\frac{h}{R_\mathrm{s}}\right)\mathrm{d}t=A\mathrm{d}h$$

整理得

$$AR_\mathrm{s}\frac{\mathrm{d}h}{\mathrm{d}t}+h=R_\mathrm{s}Q_1$$

令 $T=AR_\mathrm{s}$，$K=R_\mathrm{s}$，可得

$$T\frac{\mathrm{d}h}{\mathrm{d}t}+h=KQ_1 \tag{2-13}$$

式中，T 为时间常数；K 为放大系数。

式(2-13)就是用来描述简单的被控对象特性的微分方程，是一阶常系数微分方程。

可以将式(2-13)拉普拉斯变换后，得到单容过程的传递函数为

$$W_0(\mathrm{s})=\frac{H(\mathrm{s})}{Q_1(\mathrm{s})}=\frac{K}{Ts+1} \tag{2-14}$$

单容过程的阶跃响应为

$$h = KQ_1\left(1-\mathrm{e}^{-\frac{t}{T}}\right) \tag{2-15}$$

单容过程有自平衡特性。从图 2-5 可知，单容过程初始状态是平衡、稳定的。进水阀开度为 x_0，流入水槽的流量 Q_{01} 与流出水箱的流量 Q_{02} 相等，水在水槽中的高度 h_0 维持不变。当进水阀有了Δx 的阶跃增大后，原平衡状态被打破，进水量增加了ΔQ_1，水位开始升高，直至$\Delta h(\infty)$，不断升高的水位对出水阀压力逐渐增大，从而出水量也增大ΔQ_2，直至与ΔQ_1相等为止，此时水槽水位在一个新的高度再次稳定下来。这一新平衡的再次建立是依靠单容水位过程自身能力实现的，所以称其具有自平衡特性。

结合以上过程的分析，可以讨论以下几个参数。

(1)放大系数 K：当 $t\to\infty$时，$K=\Delta h(\infty)/\Delta x$，即放大系数是输出量变化的新稳态值与输入量变化值之比。这说明放大系数与被控量的变化无直接关系，而与被控量的变化终点及输入量的变化幅度有关。它是一个静态特性参数。

在这个单容过程中，输入量为阀门开度，输出量为水槽液位高度，它们的量纲不一样，所以输入量与输出量可以不是同一个物理量。另外，本例中，放大系数实际上并不是一个常数，它会随负载的变化而变化，但在负载较小的变化下，可视为常数(尤其对于线性系统)。

(2)时间常数 T：反映过程受到阶跃信号作用后，被控量变化的快慢。本例中，当 $t=t_0$ 时，Δx 作用于系统，到达 $t=t_0+T$ 时，$\Delta h=0.632\Delta h(\infty)$，即被控量经过 T 后，到达稳态值的 63.2%。本例中，时间常数 $T=AR_s$。它属于动态参数。

(3)容量 A：是指被控对象储存能力的大小，又称容量系数。它与生产设备或传输管道储存物质或能量的能力有关。本例中，容量指的是水槽的横截面积。当流入容器的水与流出容器的水相等时，不会引起容量变化。只有流入量和流出量不等时，容量才变化。所以，容量是一个动态参数。本例中，A 出现在时间常数 T 中，它的大小影响着被控量的响应速度。从直观来看，容量越大，即水槽的横截面积越大，时间常数也越大，过程达到新平衡所需要的时间就越长。

(4)阻力 R_s：这里的阻力指的是流阻。流阻的含义为：使流出量增加 1 个标准流量单位，水位应升高的数值。当过程处于平衡状态时，即容器的流入量等于流出量的时候，流阻为 0/0，没有意义，只有当干扰量打破平衡时，阻力才起作用。

与阻力 R_s 相关的参数有放大系数 K 和时间常数 T。R_s 的减小或增大，对响应过程有较大影响。当 R_s 减小时，K 和 T 均减小，这就意味着出水阀(负载阀)开度增大，单位时间内流出的水变多，ΔQ_2 变大，加上稳态值 $h(\infty)=K\Delta x+h$ 变小，所以 $h(t)$ 很快可达到新稳态值，过渡过程时间缩短；与此相反，当 R_s 增大时，负载阀开度减小，h 要增高较多才能使ΔQ_2 相应增大，h 要经过较长的时间才能达到新的稳态值。一般希望 R_s 小些为好，此时时间常数较小，响应较快。

2.3.4 二阶过程的数学模型

如图 2-6 所示，由两个串联的单容被控对象(桶 1 和桶 2)组成的过程，称为双容过程(对象)。试建立双容过程在输入量(流入桶 1 的流量 F_1)变化时，输出量(桶 2 的液位 h_2)变化特性的数学模型。

由物料平衡规律可得

$$A_1\frac{\mathrm{d}h_1}{\mathrm{d}t} = F_1 - \frac{1}{R_1}h_1 \tag{2-16}$$

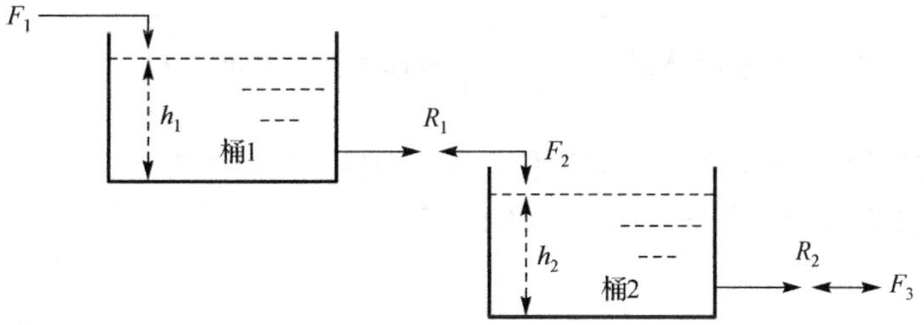

图 2-6　双容过程

$$A_2\frac{\mathrm{d}h_2}{\mathrm{d}t}=\frac{1}{R_1}h_1-F_3 \tag{2-17}$$

$$F_3=\frac{1}{R_2}h_2 \tag{2-18}$$

对式(2-17)和式(2-18)分别微分得

$$A_2\frac{\mathrm{d}_2h_2}{\mathrm{d}t}=\frac{1}{R}\frac{\mathrm{d}h_1}{\mathrm{d}t}-\frac{\mathrm{d}F_3}{\mathrm{d}t} \tag{2-19}$$

$$\frac{\mathrm{d}F_3}{\mathrm{d}t}=\frac{1}{R_2}\frac{\mathrm{d}h_2}{\mathrm{d}t} \tag{2-20}$$

联立式(2-19)和式(2-20)得

$$A_1R_1A_2\frac{\mathrm{d}^2h_2}{\mathrm{d}t^2}+A_1R_1\frac{\mathrm{d}F_3}{\mathrm{d}t}=F_1-A_2\frac{\mathrm{d}h_2}{\mathrm{d}t}-F_3 \tag{2-21}$$

整理得

$$A_1R_1A_2R_2\frac{\mathrm{d}^2h_2}{\mathrm{d}t^2}+(A_1R_1+R_2R_2)\frac{\mathrm{d}h_2}{\mathrm{d}t}+h_2=R_2F_1$$

或

$$T_{\mathrm{P1}}T_{\mathrm{P2}}\frac{\mathrm{d}^2h_2}{\mathrm{d}t}+(T_{\mathrm{P1}}+T_{\mathrm{P2}})\frac{\mathrm{d}h_2}{\mathrm{d}t}+h_2=K_{\mathrm{P}}F_1 \tag{2-22}$$

式中，$T_{\mathrm{P1}}=A_1R_1$，$T_{\mathrm{P2}}=A_2R_2$，均为时间常数；$K_{\mathrm{P}}=R_2$，为放大系数。

式(2-22)为图 2-6 所示双容过程的数学模型。由于其特性是用二阶微分方程表达的，因此将双容过程称为二阶过程(对象)。二阶过程的数学模型的典型表达式为

$$T_{\mathrm{P}}^2\frac{\mathrm{d}^2y}{\mathrm{d}t}+2\zeta T_{\mathrm{P}}\frac{\mathrm{d}y}{\mathrm{d}t}+y=K_{\mathrm{P}}x \tag{2-23}$$

式中，T_{P}为时间常数；K_{P}为放大系数；ζ为衰减因子(又称阻尼因子)。

若将式(2-23)进行拉普拉斯变换，可得

$$T_{\mathrm{P}}^2Y(s)s^2+2\zeta T_{\mathrm{P}}Y(s)s+Y(s)=K_{\mathrm{P}}X(s) \tag{2-24}$$

式(2-24)对应过程的传递函数为

$$G(s)=\frac{Y(s)}{X(s)}=\frac{K_{\mathrm{P}}}{T_{\mathrm{P}}^2s^2+2\zeta T_{\mathrm{P}}s+1} \tag{2-25}$$

设图 2-6 中流量F_1有一阶跃变化ΔF_1，则式(2-22)的解为

$$h_2(t) = K_P F_1 \left[1 - \frac{1}{T_{P1} - T_{P2}} (T_{P1} e^{t/T_{P1}} - T_{P2} e^{t/t_{p2}}) \right] \tag{2-26}$$

式(2-26)对应的特性曲线，即为二阶过程的特性曲线，如图 2-7 所示的曲线 2。从图 2-7 中可知，一阶过程的特性曲线为飞升曲线，而二阶过程的特性曲线为 S 形曲线。

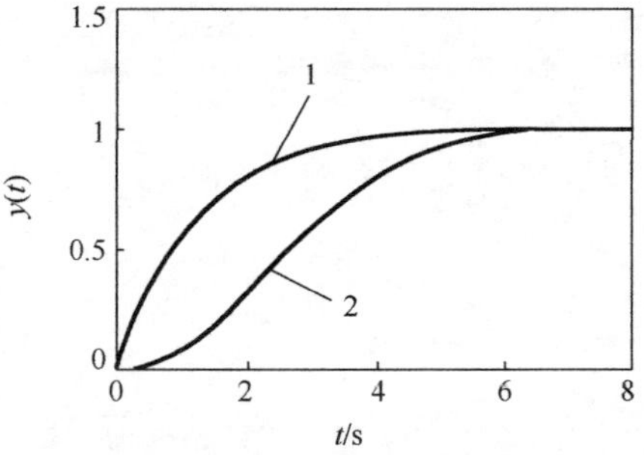

1—一阶过程(飞升曲线)；2—二阶过程(S 形曲线)

图 2-7　一阶过程和二阶过程的特性曲线

2.3.5　具有纯滞后特性过程的数学模型

对于有些过程，当其输入量发生变化时，其输出量不立即变化，即经过一段时间后才开始变化，这类过程称为具有纯滞后特性过程(对象)。从输入量发生变化到输出量发生变化之间的时间差称为纯滞后时间。下面通过机理分析法建立具有纯滞后特性过程的数学模型。

配(冲)浆过程如图 2-8 所示。设稀释白水的流量 F_2 和浓度 C_2 为固定值，而且成浆控制阀门到冲浆池有一段较长的管道。当输入的固形物总量发生变化时，要经过一段管道的输送才能到达冲浆池，即输出浆量的固形物总量(或浓度 C)要经过一段时间后，才会相应变化。这个过程的动态特性曲线如图 2-9 所示的曲线 2。

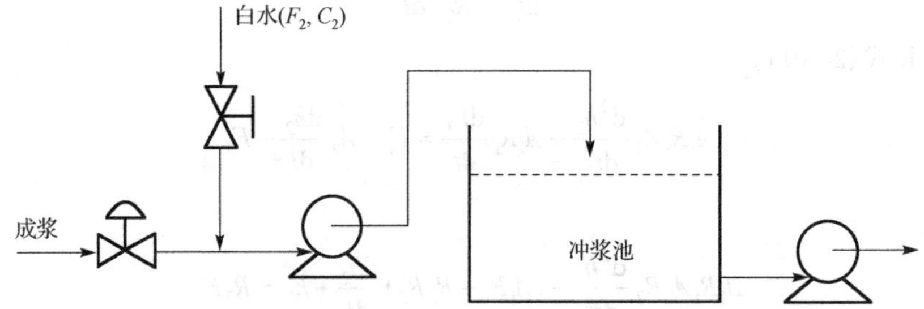

图 2-8　配(冲)浆过程

纯滞后时间与输送距离(管道长度) l 成正比，与浆流动速度成反比，即

$$\tau_0 = \frac{l}{v} \tag{2-27}$$

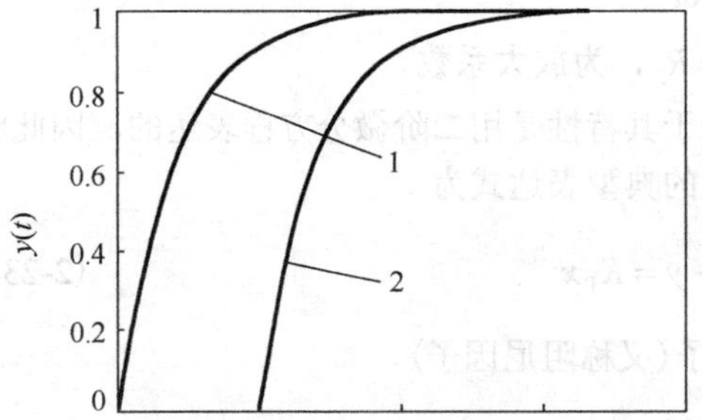

1—一阶无滞后过程；2—一阶纯滞后过程

图 2-9　一阶过程的特性曲线

如果调节阀靠近冲浆池，可近似认为 $l=0$，则 $\tau_0=0$，即无滞后，此时过程的动态特性曲线为飞升曲线，如图 2-9 所示的曲线 1。若有纯滞后，而冲浆池仍是一阶对象，则这个过程是带有纯滞后时间的一阶过程，即一阶纯滞后过程。

设无滞后时间时的过程输出量为 $C(t)$，纯滞后时间存在时的过程输出量可为 $C_0(t+\tau_0)$，则根据图 2-9，可得

$$\begin{cases} C(t) = C_0(t+\tau_0), & t > 0 \\ C(t) = C_0(t+\tau_0) = 0, & t \leqslant 0 \end{cases} \tag{2-28}$$

一阶纯滞后过程的数学模型为

$$T\frac{\mathrm{d}y(t+\tau_0)}{\mathrm{d}t}+y(t+\tau_0)=Kx(t) \tag{2-29}$$

二阶纯滞后过程的数学模型为

$$T_{\mathrm{P1}}T_{\mathrm{P2}}\frac{\mathrm{d}^2y(t+\tau_0)}{\mathrm{d}t^2}+(T_{\mathrm{P1}}+T_{\mathrm{P2}})\frac{\mathrm{d}y(t+\tau_0)}{\mathrm{d}t}+y(t+\tau_0)=Kx(t) \tag{2-30}$$

式中，$x(t)$ 为输入量在 t 时刻的值；$y(t+\tau_0)$ 为输出量在 $t+\tau_0$ 时刻的值。

2.3.6 高阶过程的数学模型

高阶过程是指可用高阶微分方程表示动态特性的过程或对象。例如，三槽串联过程如图 2-8 所示。若输入量为物料的流量 F_1，输出量为第三槽的液位 h_3，如同图 2-6 所示的双容过程，可以推导出三槽串联过程的数学模型为

$$T_{\mathrm{P1}}T_{\mathrm{P2}}T_{\mathrm{P3}}\frac{\mathrm{d}^3h_3}{\mathrm{d}t^3}+(T_{\mathrm{P1}}T_{\mathrm{P2}}+T_{\mathrm{P2}}T_{\mathrm{P3}}+T_{\mathrm{P1}}T_{\mathrm{P3}})\frac{\mathrm{d}^2h_3}{\mathrm{d}t^2}+(T_{\mathrm{P1}}+T_{\mathrm{P2}}+T_{\mathrm{P3}})\frac{\mathrm{d}h_3}{\mathrm{d}t}+h_3=K_{\mathrm{P}}F_1 \tag{2-31}$$

当输入量 F_1 发生阶跃变化时，高阶过程的特性曲线如图 2-11 所示。可以看出，高阶过程的特性曲线与二阶过程的特性曲线相似，即为 S 形曲线。

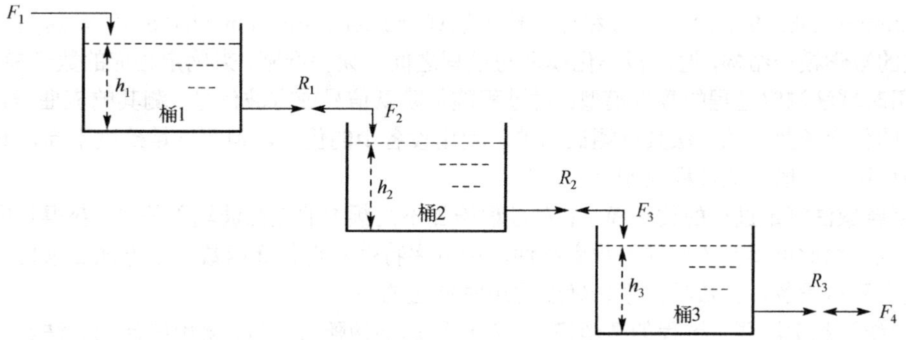

图 2-10 三槽串联过程

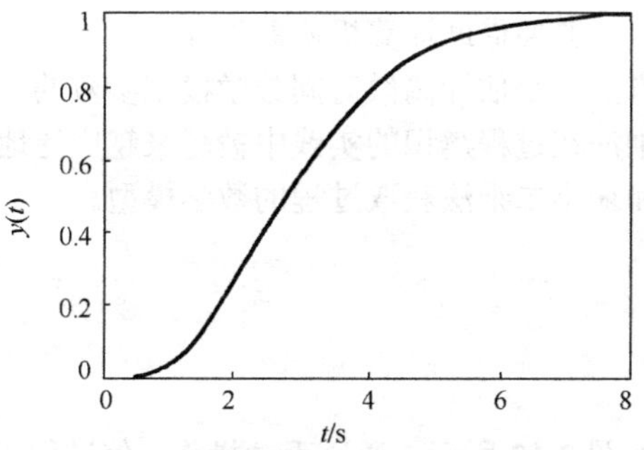

图 2-11 高阶过程的特性曲线

2.4 测试法建模

2.4.1 测试法建模思路

从学科角度来看，建立数学模型应该属于系统辨识（System Identification）与参数估计（Parametric

Estimation)的范畴。简单地说，系统辨识主要是指对被研究对象的结构进行判断，解决“是什么”的问题，如一阶惯性环节、二阶系统；而参数估计是指对支撑结构的参数进行估计，解决“是多少”的问题。

机理法建模虽然能够解决实际生产中一部分过程建模的问题。但是，还有很多生产过程由于工艺的复杂性、产品本身在加工中的变化性，如物理变化、化学变化等，使得我们对其工作机理并不清楚，更难以用数学和物理的方法加以具体描述，机理法建模此时在技术上遇到了极大的困难，人们不得不考虑用其他的方法建模。

与前述的机理法建模相比，测试法建模无须深入了解过程的工作机制。测试法建模通常的做法是，将其看成一个“黑箱”，通过从外部施加适当的输入信号，测得过程的输出信号，通过对这些输入和输出信号的处理和研究，获得其动态特性和数学模型。

因此，测试法建模的问题主要归纳为：施加何种输入信号才能最大限度地激励被控过程，使得动态特性得以充分表现，并通过输出信号显露出来？对于获得输出信号的数据或波形，通过什么方法和技术才能估算出适用于控制用的动态模型？下面就针对这两个问题，简单分析一下。

一般来说，数学模型有非参数模型(Nonparametric Model)和参数模型(Parametric Model)之分。建立非参数模型的方法通常有时域法(Time-domain Method)、频域法(Frequency-domain Method)和统计相关法(Statistical Correlation Method)等，这类方法无须事先确定数学模型结构，可用于广泛的被控过程。获得参数模型的方法主要有最小二乘法(Least Square Method)、极大似然法(Maximum Likelihood Method)和梯度校正法(Gradient Correction Method)等，这类方法必须假设一定的数学模型结构，通过极小化模型与过程之间的误差准则，来确定相应的数学模型参数。

(1)用时域法测定过程的数学模型：对过程施加阶跃信号或方波信号，测其响应曲线，并由此确定过程的传递函数。该方法具有测试简单、使用设备少的优点，但测试精确度不高，其获得的数学模型可用于一般工业过程控制。

(2)用频域法测定过程的数学模型：对过程施加不同频率的正弦波输入信号，获得相应的输出幅值与相位，由此可得到该过程的频率特性，由频率特性获得传递函数。该方法必须使用专门的频率发生和测试设备，其数学模型精确度比用时域法的高。

(3)用统计相关法测定过程的数学模型：对过程施加伪随机信号，采用统计相关法获得过程的动态特性。该方法的特点是：可在生产状态下施加随机信号，并测取相关数据，其数学模型精确度较高，但必须获得较多数据，并要借助计算机协助处理。

最小二乘法又称最小平方方法，是估计离散时间数学模型参数的一种常用方法。随着计算机技术在控制中的应用，最小二乘法在过程辨识的实践中被越来越广泛地采用。

本章主要讨论用时域法和最小二乘法获取过程的数学模型。

2.4.2 时域法

1. 阶跃响应测试法

过程的阶跃响应测试法如图 2-12 所示。通过手动操作，使过程工作在所需测试的负荷下，稳定运行一段时间后，快速改变过程的输入量，并用记录仪或数据采集系统同时记录过程输入量和输出量的变化曲线。经过一段时间后，过程进入新的稳态，测试就可结束，得到的记录曲线就是过程的阶跃响应。

在工业现场做这种测试有许多困难。为了得到相对准确的阶跃响应曲线，必须合理选择阶跃响应的幅度，并在相同条件下重复多次测试，直至得到两条基本相同的阶跃响应曲线，以消除偶然性干扰因素的影响。如果过程不允许长时间加阶跃信号，应改用矩形波作为输入信号。

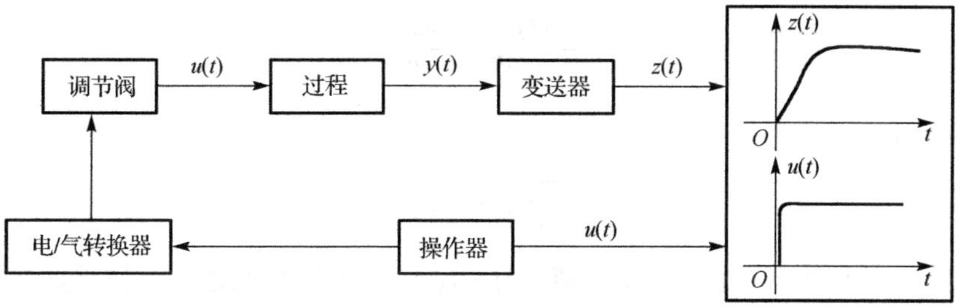

图 2-12　过程的阶跃响应测试法

利用阶跃响应曲线来确定典型工业工程传递函数的方法很多，常用的有近似法、半对数法、切线法、两点法和面积法等。

当阶跃响应曲线比较规则时，近似法、半对数法、切线法和两点法都能比较有效地导出传递函数。其中，最古老也是最有名的方法是 Kupfmuller 提出的，当对象能用一阶惯性加纯滞后(First Order Plus Dead Time，FOPDT)环节来描述时，参数(K, T, τ_0)可直接从阶跃响应曲线上求得。当阶跃响应曲线呈现不规则形状时，上述方法就不好用了，这时可采用面积法及 1980 年由 Rake 提出的频域响应法。频域响应法同面积法类似，也是利用拉普拉斯变换的极限定理，根据单位阶跃响应数据来求得过程的传递函数。

1)简单作图法

对于可用 FOPDT 环节来描述的过程，其数学模型参数可通过作图兼计算的方法得到。增益 K 可以由输入量和输出量的稳态值直接算出，T 可以通过作图法直接确定，如图 2-11 所示。

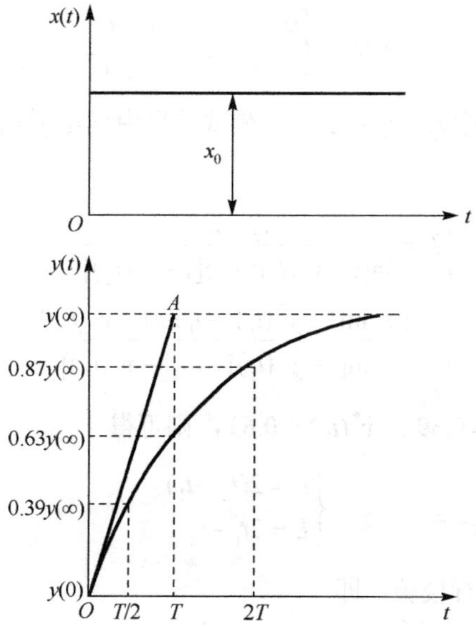

图 2-13　图示法求解一阶对象特性参数

静态放大系数 K 为

$$K=\frac{y(\infty)}{x_0}=\frac{y(\infty)-y(0)}{x_0} \tag{2-32}$$

当 t=0 时，有

$$\frac{\mathrm{d}y(t)}{\mathrm{d}t}\bigg|_{t=0}=\frac{kx_0}{T}$$

当 t=T 时，有

$$\frac{kx_0}{T}t=y(\infty) \tag{2-33}$$

过曲线起始点的切线与对象最大稳态值 $y(t)=y(\infty)$ 交点为 A，则过 A 点作垂直与横轴的垂线，与横轴相交的点所对应的时间即为 T。

若过程存在时滞，并用一阶过程进行模拟，则 T 与 τ 可以通过图 2-14 来求解。

在图 2-14 中，找到曲线拐点位置作切线，与横轴相交后，即可确定 T 与 τ 的值。

这种方法十分简单，并成功地应用于 PID 的参数整定；但它不能完美地拟合一条 S 形曲线，而且作图的随意性会降低对 T 和 τ 的拟合精确度。

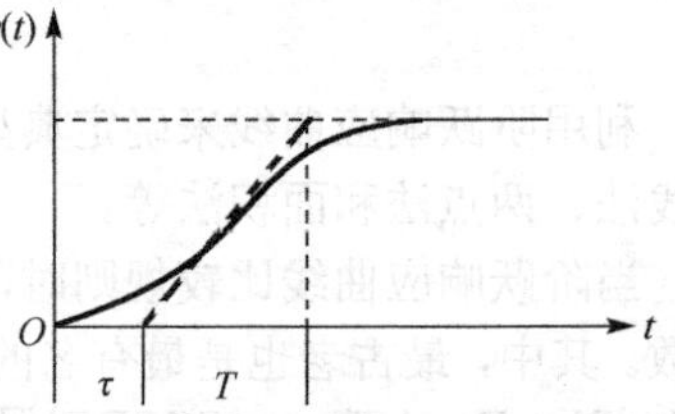

图 2-14　一阶滞后过程特性参数示意图

2) 两点法

所谓两点法，就是利用阶跃响应 $y(t)$ 上两个点的数据来计算模型参数的方法。为此，首先将 $y(t)$ 转换成无量纲的形式 $y^*(t)$，即 $y^*(t)=y(t)/y(\infty)$。其中，$y(\infty)$ 为 $y(t)$ 的稳态值。然后，在曲线上选定两点来计算模型参数。

对于 FOPDT 环节，相应的阶跃响应无量纲形式为

$$y^*(t)=\begin{cases}0 & t<L\\ 1-\mathrm{e}^{(t-L)/T} & t\geqslant L\end{cases} \tag{2-34}$$

选定两个时刻 t_1 和 t_2，其中 $t_2>t_1\geqslant L$，从测试结果中读出 $y^*(t_1)$ 和 $y^*(t_2)$，带入式(2-34)可以求得

$$\begin{cases}T=\dfrac{t_2-t_1}{\ln[1-y^*(t_1)]-\ln[1-y^*(t_2)]}\\ L=\dfrac{t_2\ln[1-y^*(t_1)]-t_1\ln[1-y^*(t_2)]}{\ln[1-y^*(t_1)]-\ln[1-y^*(t_2)]}\end{cases} \tag{2-35}$$

为了计算方便，取 $y^*(t_1)=0.39$，$y^*(t_2)=0.63$，则可得

$$\begin{cases}T=2(t_2-t_1)\\ L=2t_1-t_2\end{cases} \tag{2-36}$$

最后可取另外两个时刻进行校验，即

$$\begin{cases}t_3=0.8T+L & y^*(t_3)=0.55\\ t_4=2T+L & y^*(t_4)=0.87\end{cases} \tag{2-37}$$

两点法的特点是：单凭两个孤立点的数据进行拟合，而不顾及整个测试曲线的形态；此外，两个特定点的选择具有随意性，所得结果的可靠性也是值得怀疑的。

对于二阶加纯滞后(Second Order Plus Dead Time，SOPDT)环节，增益 K 仍然由输入量和输出量的稳态值确定；再根据阶跃响应曲线脱离起始的毫无变化的阶段且开始出现变化的时刻，就可以确定参数 τ。用传递函数：

$$G(s)=\frac{1}{(T_1s+1)(T_2s+1)},\quad T_1 \geqslant T_2 \tag{2-38}$$

去拟合已截去纯滞后部分并已化为无量纲形式的阶跃响应 $y^*(t)$ 。对应的阶跃响应为

$$y^*(t)=1-\frac{T_1}{T_1-T_2}\mathrm{e}^{-t/T_1}+\frac{T_2}{T_1-T_2}\mathrm{e}^{-t/T_2} \tag{2-39}$$

取 $y^*(t)$ 分别等于 0.4 和 0.8，并从曲线上定出 t_1 和 t_2 ，代入式(2-39)，联立求近似解得

$$T_1+T_2 \approx \frac{1}{2.16}(t_1+t_2) \tag{2-40}$$

$$\frac{T_1T_2}{(T_1+T_2)^2} \approx 1.74\frac{t_1}{t_2}-0.55 \tag{2-41}$$

对于用式(2-38)表示的二阶过程，应有 $0.32 < t_1/t_2 \leqslant 0.46$ 。当 $T_2=0$ 时，式(2-38)表示一阶过程，$t_1/t_2=0.32$ ；当 $T_2=T_1$ 时，$t_1/t_2=0.46$ ；当 $t_1/t_2>0.46$ 时，说明该响应曲线需要更高阶的传递函数才能拟合得更好，如令

$$G(s)=\frac{K}{(Ts+1)^n}\mathrm{e}^{-\tau s} \tag{2-42}$$

此时，仍根据 $y^*(t)$ 分别等于 0.4 和 0.8 来确定 t_1 和 t_2 ，然后再根据比值 t_1/t_2 ，利用表 2-2 查出 n 值，最后通过式 $nT \approx (t_1+t_2)/2.16$ 来计算式(2-42)中的 T。

表 2-2　高阶过程 $1/(Ts+1)^n$ 中阶次 n 与比值 t_1/t_2 的关系

n	t_1/t_2	n	t_1/t_2	n	t_1/t_2	n	t_1/t_2	n	t_1/t_2
1	0.32	4	0.58	7	0.67	10	0.71	13	—
2	0.46	5	0.62	8	0.685	11	—	14	0.75
3	0.53	6	0.65	9	—	12	0.735		

2. 脉冲响应测试法

脉冲响应是在输入理想脉冲信号作用下过程的输出响应。考虑到工程上实际输入理想脉冲信号是不可能的，因此通常输入矩形脉冲信号，如图 2-13 所示。

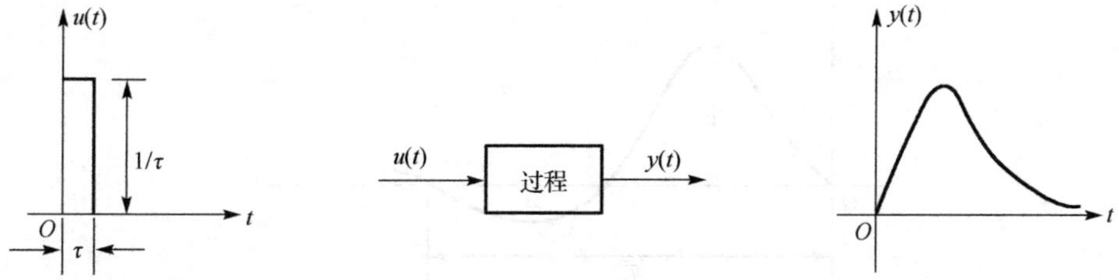

图 2-15　过程的输出响应

当矩形脉冲信号的宽度 τ 比过程的过渡时间小得多，且矩形脉冲信号的面积等于 1 时，过程的输出响应可近似为脉冲响应。

脉冲响应也可以直接由阶跃响应经差分处理后求得，即

$$g(k)=\frac{1}{T_s}[h(k)-h(k-1)] \tag{2-43}$$

式中，$h(k)$ 和 $g(k)$ 分别为阶跃响应和脉冲响应；T_s 为采样周期。

由脉冲响应确定传递函数的方法很多，如图解法、差分方程法和 Hankel 矩阵法等。对于一阶和二阶过程，可以直接通过图解和简单计算来确定。

1) 一阶过程

如果过程能用一阶传递函数 $G(s)=\dfrac{K}{Ts+1}$ 描述，则传递函数的参数 T 和 K 可以直接在脉冲响应曲线上确定，如图 2-14 所示。

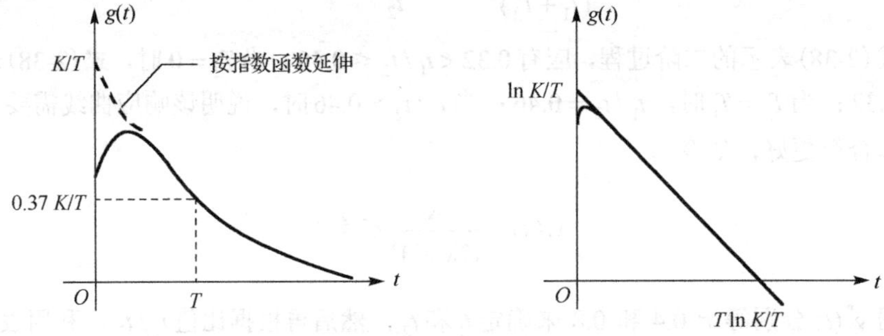

图 2-16　一阶过程的脉冲响应与传递函数的关系

2) 二阶过程

如果过程能用二阶传递函数 $G(s)=\dfrac{\omega_0^2}{s^2+2\zeta\omega_0 s+\omega_0^2}$，$(0<\zeta<1)$ 描述，则传递函数的参数 ζ 和 ω_0 也可以直接由脉冲响应曲线确定，如图 2-15 所示。

$$\begin{cases}\zeta=\ln(A^+/A^-)/\sqrt{\pi^2+[\ln(A^+/A^-)]^2}\\ \omega_0=2\pi/T_n\sqrt{1-\zeta^2}\end{cases} \tag{2-44}$$

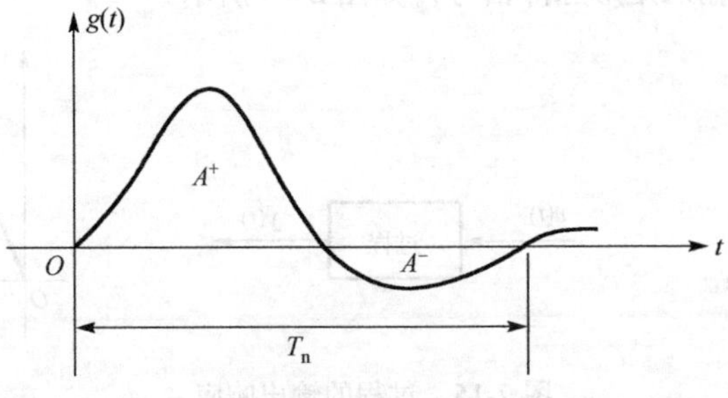

图 2-17　二阶过程的脉冲响应与传递函数的关系

对于高阶过程，可以通过差分方程法和 Hankel 矩阵法来求解参数，但这要涉及复杂的数学计算，这里限于篇幅，不再赘述。

2.5 基于最小二乘法的过程辨识

最小二乘法建模仍然是一种测试法建模。最小二乘法是系统辨识中的一种常用参数估计方法。它具有原理明了、算法简捷、收敛较快、相对容易理解的特点，因而被广泛用于参数估计之中。最小二乘法包括批处理最小二乘法、递推最小二乘法、渐消记忆最小二乘法和增广最小二乘法等。

2.5.1 离散时间系统模型

数学模型分为连续时间系统模型和离散时间系统模型。前面讨论的是连续时间系统模型。随着计算机的普及与应用，离散时间系统模型被越来越重视。最小二乘法采用的是离散时间系统模型。

最小二乘法的基本算法有两种形式：经典的一次完成算法和现代的递推算法。后者更适用于计算机在线辨识，而前者在理论研究方面却更为方便。

在动态系统中，系统的输出量是与系统当前和过去的输入量及过去的输出量有关。设被控对象是线性的，则其定常离散数学模型可表示为

$$y(k)+\sum_{i=1}^{n}a_i y(k-1)=\sum_{j=0}^{m}b_j u(k)+e(k) \tag{2-45}$$

式中，$u(k)$为被控对象输入量；$y(k)$为被控对象输出量；$e(k)$为测量噪声及建模误差。假定 $e(k)$为零均值白噪声，a_i 和 b_j $(i=1,2,\cdots,n;\ j=0,1,\cdots,m)$为待辨识的参数，$n$ 和 m 为已知系统阶次。

令样本数据向量为

$$\boldsymbol{\phi}_k=[-y(k-1),\cdots,-y(k-n),u(k),u(k-1),\cdots,u(k-m)]^{\mathrm{T}} \tag{2-46}$$

待辨识参数向量为

$$\boldsymbol{\theta}=[a_1,a_2,\cdots,a_n,b_0,b_1,\cdots,b_m]^{\mathrm{T}} \tag{2-47}$$

那么，式(2-46)可写为

$$\boldsymbol{y}(k)=\boldsymbol{\phi}_k^{\mathrm{T}}\boldsymbol{\theta}+e(k) \tag{2-48}$$

式(2-48)为向量形式的数学模型。

2.5.2 最小二乘问题的提法与求解

若采样数据样本长度为 N，并令

$$\boldsymbol{Y}_N=[y(1),y(2),\cdots,y(N)]^{\mathrm{T}} \tag{2-49}$$

$$\boldsymbol{\Phi}_N=[\boldsymbol{\phi}_1^{\mathrm{T}},\boldsymbol{\phi}_2^{\mathrm{T}},\cdots,\boldsymbol{\phi}_N^{\mathrm{T}}]^{\mathrm{T}} \tag{2-50}$$

取目标函数为残差平方和$\boldsymbol{J}(\boldsymbol{\theta})$，即

$$\boldsymbol{J}(\boldsymbol{\theta})=\sum_{k=1}^{N}[e(k)]^2=\sum_{k=1}^{N}[y(k)-\boldsymbol{\phi}_k^{\mathrm{T}}\boldsymbol{\theta}]^2=[\boldsymbol{Y}_N-\boldsymbol{\Phi}_N\boldsymbol{\theta}]^{\mathrm{T}}[\boldsymbol{Y}_N-\boldsymbol{\Phi}_N\boldsymbol{\theta}] \tag{2-51}$$

使$\boldsymbol{J}(\boldsymbol{\theta})$为最小值的$\boldsymbol{\theta}$估计值记作$\hat{\boldsymbol{\theta}}$，称为参数$\boldsymbol{\theta}$的最小二乘估计值。

上述概念表明，未知模型参数$\boldsymbol{\theta}$最可能的值是出现在实际观测值与计算值的累次误差的平方

和达到最小值的时候，所得到的这种模型输出曲线能最接近实际过程的输出曲线。

例 对于离散时间 SISO 过程，设作用于过程的输入序列为$\{u(1), u(2), \cdots, u(L)\}$，相应观测到的输出序列为$\{z(1), z(2), \cdots, z(L)\}$。选择下列模型：

$$z(k)+az(k-1)=bu(k-1)+e(k)$$

其中，a 和 b 为待辨识参数。将上式写成

$$z(k)=[-z(k-1) \quad u(k-1)]\begin{bmatrix}a\\b\end{bmatrix}+e(k)$$

取目标函数为$\boldsymbol{J}=\sum_{k=1}^{L}e^2(k)$。其中，$e(k)=z(k)+az(k-1)-bu(k-1)$。根据输入量和输出量数据，极小化$\boldsymbol{J}$，求使得$\boldsymbol{J}$为最小值的参数 a 和 b。这就是所谓的最小二乘辨识问题。

令式(2-51)中$\frac{\partial \boldsymbol{J}(\boldsymbol{\theta})}{\partial \boldsymbol{\theta}}=0$，可得$\frac{\partial \boldsymbol{J}(\boldsymbol{\theta})}{\partial \boldsymbol{\theta}}=\frac{\partial \boldsymbol{J}\{[\boldsymbol{Y}_N-\boldsymbol{\Phi}_N\boldsymbol{\theta}]^{\mathrm{T}}[\boldsymbol{Y}_N-\boldsymbol{\Phi}_N\boldsymbol{\theta}]\}}{\partial \boldsymbol{\theta}}=-2\boldsymbol{\Phi}_N^{\mathrm{T}}[\boldsymbol{Y}_N-\boldsymbol{\Phi}_N\hat{\boldsymbol{\theta}}]=0$，则

$$\hat{\boldsymbol{\theta}}=(\boldsymbol{\Phi}_N^{\mathrm{T}}\boldsymbol{\Phi}_N)^{-1}\boldsymbol{\Phi}_N^{\mathrm{T}}\boldsymbol{Y}_N \tag{2-52}$$

式中，$\hat{\boldsymbol{\theta}}$ 为参数$\boldsymbol{\theta}$的最小二乘估计值。由于每次完成一次估计需要的样本数据为 $N(n+m+1)$个，其运算量大，一般只用于离线估计。为了实现在线估计，必须用到递推最小二乘法。

2.5.3 递推最小二乘法

引入新数据 $\boldsymbol{y}(N+1)$，根据式(2-52)可得

$$\hat{\boldsymbol{\theta}}_{N+1}=(\boldsymbol{\Phi}_{N+1}^{\mathrm{T}}\boldsymbol{\Phi}_{N+1})^{-1}\boldsymbol{\Phi}_{N+1}^{\mathrm{T}}\boldsymbol{Y}_{N+1} \tag{2-53}$$

式中，$\boldsymbol{\Phi}_{N+1}=\begin{bmatrix}\boldsymbol{\Phi}_N\\ \boldsymbol{\phi}_{N+1}^{\mathrm{T}}\end{bmatrix}$；$\boldsymbol{Y}_{N+1}=\begin{bmatrix}\boldsymbol{Y}_N\\ \boldsymbol{y}(N+1)\end{bmatrix}$。令$\boldsymbol{P}_N=(\boldsymbol{\Phi}_N^{\mathrm{T}}\boldsymbol{\Phi}_N)^{-1}$，则

$$\begin{aligned}\boldsymbol{P}_{N+1}&=(\boldsymbol{\Phi}_{N+1}^{\mathrm{T}}\boldsymbol{\Phi}_{N+1})^{-1}=\left(\begin{bmatrix}\boldsymbol{\Phi}_N^{\mathrm{T}} & \boldsymbol{\phi}_{N+1}\end{bmatrix}\begin{bmatrix}\boldsymbol{\Phi}_N\\ \boldsymbol{\phi}_{N+1}^{\mathrm{T}}\end{bmatrix}\right)^{-1}=(\boldsymbol{\Phi}_N^{\mathrm{T}}\boldsymbol{\Phi}_N+\boldsymbol{\phi}_{N+1}\boldsymbol{\Phi}_{N+1}^{\mathrm{T}})^{-1}\\&=(\boldsymbol{P}_N^{-1}+\boldsymbol{\phi}_{N+1}\boldsymbol{\phi}_{N+1}^{\mathrm{T}})^{-1}=\boldsymbol{P}_N-\frac{\boldsymbol{P}_N\boldsymbol{\phi}_{N+1}\boldsymbol{\phi}_{N+1}^{\mathrm{T}}\boldsymbol{P}_N}{1+\boldsymbol{\phi}_{N+1}^{\mathrm{T}}\boldsymbol{P}_N\boldsymbol{\phi}_{N+1}}\end{aligned} \tag{2-54}$$

$$\begin{aligned}\hat{\boldsymbol{\theta}}_{N+1}&=(\boldsymbol{\Phi}_{N+1}^{\mathrm{T}}\boldsymbol{\Phi}_{N+1})^{-1}\boldsymbol{\Phi}_{N+1}^{\mathrm{T}}\boldsymbol{Y}_{N+1}=\boldsymbol{P}_{N+1}\boldsymbol{\Phi}_{N+1}^{\mathrm{T}}\boldsymbol{Y}_{N+1}=\boldsymbol{P}_{N+1}[\boldsymbol{\Phi}_N^{\mathrm{T}}\boldsymbol{Y}_N+\boldsymbol{\phi}_{N+1}\boldsymbol{y}(N+1)]\\&=\left[\boldsymbol{P}_N-\frac{\boldsymbol{P}_N\boldsymbol{\phi}_{N+1}\boldsymbol{\phi}_{N+1}^{\mathrm{T}}\boldsymbol{P}_N}{1+\boldsymbol{\phi}_{N+1}^{\mathrm{T}}\boldsymbol{P}_N\boldsymbol{\phi}_{N+1}}\right][\boldsymbol{\Phi}_N^{\mathrm{T}}\boldsymbol{Y}_N+\boldsymbol{\phi}_{N+1}\boldsymbol{y}(N+1)]\\&=\hat{\boldsymbol{\theta}}_N+\boldsymbol{P}_N\boldsymbol{\phi}_{N+1}\boldsymbol{y}(N+1)-\frac{\boldsymbol{P}_N\boldsymbol{\phi}_{N+1}\boldsymbol{\phi}_{N+1}^{\mathrm{T}}\hat{\boldsymbol{\theta}}_N}{1+\boldsymbol{\phi}_{N+1}^{\mathrm{T}}\boldsymbol{P}_N\boldsymbol{\phi}_{N+1}}-\frac{\boldsymbol{P}_N\boldsymbol{\phi}_{N+1}\boldsymbol{\phi}_{N+1}^{\mathrm{T}}\boldsymbol{P}_N}{1+\boldsymbol{\phi}_{N+1}^{\mathrm{T}}\boldsymbol{P}_N\boldsymbol{\phi}_{N+1}}\boldsymbol{\phi}_{N+1}\boldsymbol{y}(N+1)\end{aligned} \tag{2-55}$$

因为，有

$$\begin{aligned}\boldsymbol{P}_N\boldsymbol{\phi}_{N+1}\boldsymbol{y}(N+1)&=\boldsymbol{P}_N\boldsymbol{\phi}_{N+1}[1+\boldsymbol{\phi}_{N+1}^{\mathrm{T}}\boldsymbol{P}_N\boldsymbol{\phi}_{N+1}]^{-1}[1+\boldsymbol{\phi}_{N+1}^{\mathrm{T}}\boldsymbol{P}_N\boldsymbol{\phi}_{N+1}]\boldsymbol{y}(N+1)\\&=\boldsymbol{P}_N\boldsymbol{\phi}_{N+1}[1+\boldsymbol{\phi}_{N+1}^{\mathrm{T}}\boldsymbol{P}_N\boldsymbol{\phi}_{N+1}]^{-1}\boldsymbol{\phi}_{N+1}^{\mathrm{T}}\boldsymbol{P}_N\boldsymbol{\phi}_{N+1}\boldsymbol{y}(N+1)+\boldsymbol{P}_N\boldsymbol{\phi}_{N+1}[1+\boldsymbol{\phi}_{N+1}^{\mathrm{T}}\boldsymbol{P}_N\boldsymbol{\phi}_{N+1}]^{-1}\boldsymbol{y}(N+1)\end{aligned} \tag{2-56}$$

将式(2-56)代入式(2-55)得

$$\hat{\boldsymbol{\theta}}_{N+1}=\hat{\boldsymbol{\theta}}_N+\frac{\boldsymbol{P}_N\boldsymbol{\phi}_{N+1}}{1+\boldsymbol{\phi}_{N+1}^{\mathrm{T}}\boldsymbol{P}_N\boldsymbol{\phi}_{N+1}}[\boldsymbol{y}(N+1)-\boldsymbol{\phi}_{N+1}^{\mathrm{T}}\hat{\boldsymbol{\theta}}_N] \tag{2-57}$$

式(2-55)及式(2-57)即为递推最小二乘算式。

同最小二乘法相比，递推最小二乘法的优点表现为以下两个方面。

(1)利用递推最小二乘法计算 $\hat{\boldsymbol{\theta}}_{N+1}$ 和 $\boldsymbol{P}_{N+1}$ 时，只要已知 $\hat{\boldsymbol{\theta}}_N$ 和 $\boldsymbol{P}_N$ (前估计值)，以及 $\boldsymbol{\phi}_N$ (历史数据)和新观测值 $\boldsymbol{y}(N+1)$ (现实采样)即可。如果将 $\boldsymbol{\Phi}_N$ 换成 $\boldsymbol{P}_N$，就可节约大量存储单元，并可减少运算量。

(2)直观意义明确。如果 $\hat{\boldsymbol{y}}(N+1)=\boldsymbol{\phi}_{N+1}^{\mathrm{T}}\hat{\boldsymbol{\theta}}$ 表示预报值，那么 $\boldsymbol{y}(N+1)-\hat{\boldsymbol{y}}(N+1)=e(N+1)$ 表示预报误差。这表明，新的参数估计值 $\hat{\boldsymbol{\theta}}_{N+1}$ 是根据预报偏差来对原估计值 $\hat{\boldsymbol{\theta}}_N$ 进行修正，修正的幅度大小是按最小二乘准则来确定。

无论是最小二乘法还是递推最小二乘法，都具有两方面的缺点：当模型噪声为有色噪声时，最小二乘参数估计不是无偏估计；随着数据的增长，递推最小二乘法将出现所谓的“数据饱和”现象。

为了克服最小二乘法和递推最小二乘法的上述缺点，产生了多种改进型最小二乘法，如适应最小二乘法、偏差补偿最小二乘法、增广最小二乘法、广义最小二乘法、二步最小二乘法和多级最小二乘法等。就基本思想而言，这些方法和最小二乘法没有什么根本的区别，但具体做法上却各有特点，在此不再赘述。

2.6 过程特性的参数分析

当过程的输入量变化后，其输出量究竟是如何变化的？这就是下面要研究的问题。显然，过程的输出量的变化情况与其输入量的形式有关。为了使问题简单化，下面假定过程的输入量是具有一定幅度的阶跃信号。

前面已经讲过，过程特性可以采用一阶或多阶过程的数学模型来描述。但是为了研究的方便，在实际工作中，常用一阶惯性加纯滞后(FOPDT)环节来近似模拟过程特性，其关键的三个物理量分别为放大系数 K、时间常数 T、滞后时间 τ，这些物理量称为过程的特性参数。

1. 放大系数 K

对于图 2-5 所示的单容过程，当流入流量 Q_1 有一定阶跃变化后，液位 h 也将有相应的变化，但最后会稳定在某一个数值上。如果将 Q_1 的变化看成过程的输入量，而液位 h 的变化看成过程的输出量，那么在过程稳定状态时，一定的输入量就对应着一定的输出量，这种特性称为过程的静态特性。

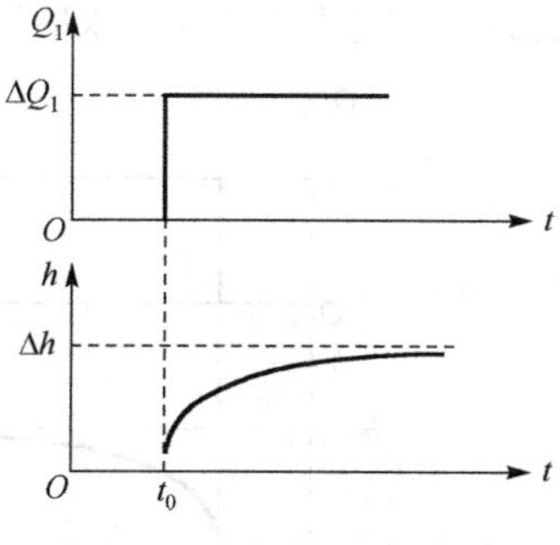

图 2-18 输入输出变化曲线

假定 Q_1 的变化量为 ΔQ_1，h 的变化量为 Δh，在一定的 ΔQ_1 下，h 的变化情况如图 2-18 所示。

在过程重新稳定后，一定的 ΔQ_1 对应着一定的 Δh。令 K 等于 Δh 与 ΔQ_1 之比，即

$$K=\frac{\Delta h}{\Delta Q_1} \quad 或 \quad \Delta h=K\Delta Q_1 \tag{2-58}$$

K在数值上等于过程重新稳定后的输出变化量与输入变化量之比。它的意义也可以被理解为：如有一定的输入变化量 ΔQ_1，通过过程就被放大了 K 倍而变为输出变化量 Δh，则将 K 称为过程的放大系数。

过程的放大系数 K 越大，表示在过程的输入量有一定变化时，对输出量的影响就越大。在工艺生产中，常会发现有的阀门对生产的影响很大，开度稍有变化就会引起输出量大幅度的变化；有的阀门则相反，开度的变化对生产的影响很小。这就说明在一个设备上，各种量的变化对输出量的影响是不一样的。也就是说，各种量与输出量之间的放大系数有大有小。放大系数越大，被控变量对这个量的变化就越灵敏。

为了理解放大系数 K 的物理意义，我们结合图 2-5 所示的单容过程，来进一步说明。我们前面推导出了描述单容过程特性的微分方程式：

$$T\frac{\mathrm{d}h}{\mathrm{d}t}+h=KQ_1$$

解得

$$h=KQ_1(1-\mathrm{e}^{-\frac{t}{T}})$$

假定 Q_1 为阶跃信号，$t<0$ 时，$Q_1=0$；$t\geqslant0$ 时，$Q_1=A$。

根据 h 的函数表达式，可以画出 h-t 曲线，如图 2-19 所示。

从图 2-19 可以看出，过程受到阶跃信号作用后，被控量发生变化。当 $t\to\infty$时，被控量不再变化而达到了新的稳态值 $h(\infty)=KA$ 或 $K=h(\infty)/A$。这就是说，K 是过程受到阶跃信号作用后，被控量新的稳定值与所加的输入量之比，即过程的放大系数。K 表示过程受到输入信号作用后，重新达到平衡状态时的性能，是不随时间而变的，所以是过程的静态性能。

2．时间常数 T

在大量的生产过程中发现，有的过程受到干扰后，被控量变化很快，能迅速达到稳定值；有的过程受到干扰后，惯性很大，被控量要经很长时间才能达到新的稳态值。

不同水槽截面积的 h-t 曲线如图 2-20 所示。截面积大的水槽与截面积小的水槽相比，当进口流量改变同样一个数值时，截面积小的水槽液位变化要快一些，并能迅速地趋向新的稳态值；而截面积大的水槽惰性大，水槽的液位变化慢，要经过很长时间才能稳定。

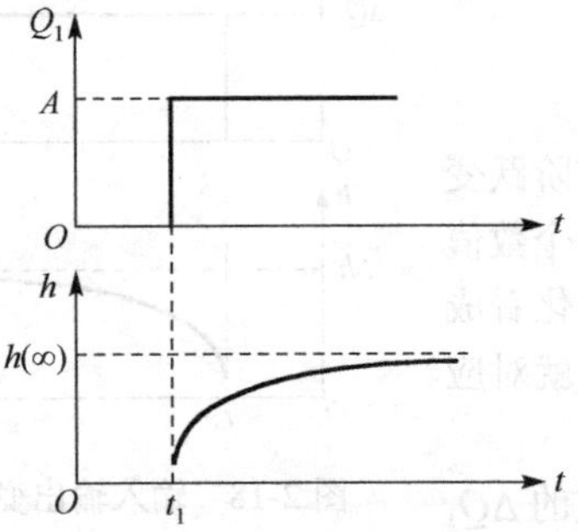

图 2-19　h-t 曲线

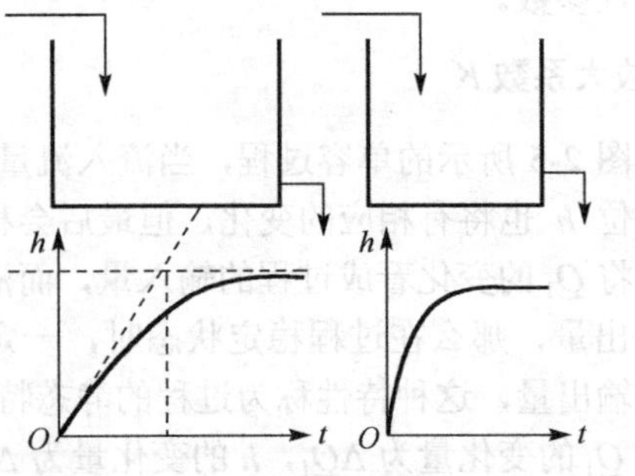

图 2-20　不同水槽截面积的 h-t 曲线

在自动化领域中，往往用时间常数 T 来表示过程特性。时间常数 T 越大，表示过程受到干扰信号作用后，被控量变化得越慢，到达新的稳定值所需的时间越长。

下面我们以单容过程为例，来进一步说明时间常数的物理意义。在通常情况下，

$h(T)=0.632h(\infty)$。这就是说，当过程受到阶跃信号作用后，输出达到新的稳态值的63.2%所需的时间，就是时间常数 T。在实际工作中，常用这种方法求取时间常数。显然，T 越大，被控量变化就越慢，达到新的稳定值所需时间也越大。

从图 2-20 来看，曲线在起始点的切线斜率为 $h(\infty)/T$，这条切线在新的稳定值 $h(\infty)$ 上截得的一段时间正好等于 T。

因此，时间常数 T 的物理意义可以理解为：当过程受到阶跃信号作用后，被控量如果保持初始速度变化，达到新的稳态值所需的时间就是时间常数。

实际上，被控量的变化速度是越来越小的。所以，被控量达到新的稳态值所需要的时间要比 T 长得多，从理论上说，需要无限长的时间才能达到稳态值。在通常情况下，$h(2T)=0.865h(\infty)$，$h(3T)=0.95h(\infty)$，$h(4T)=0.982h(\infty)$。这就是说，加入输入信号后，经过 $3T$，液位已经达到了稳态值的 95%，这时可以近似地认为动态过程基本结束。

由此可见，时间常数越小，输出量变化得越快，达到新的稳态值所需的时间也越短。所以，时间常数 T 是一个动态参数。

3. 滞后时间 τ

滞后时间是指当过程的输入量变化后，到控制发生作用时所用的时间。它主要包括纯滞后时间与容量滞后时间。纯滞后时间又称传递滞后时间，容量滞后时间又称过渡滞后时间。

纯滞后时间 τ_0 和容量滞后时间 τ_h 尽管本质不同，但实际上很难区分。当两者同时存在时，常把两者合起来统称滞后时间 τ。滞后时间的表示如图 2-21 所示。

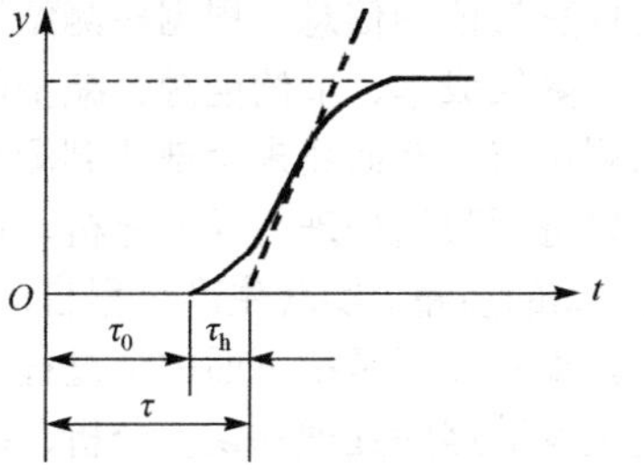

图 2-21　滞后时间的表示

第 3 章　检测技术及仪表

3.1 概　述

在工业生产过程中，为了实现产品的生产工艺正常运行、指导生产操作、指示生产状态、保证生产安全、保证产品质量和实现生产过程自动化，准确而及时地检测出生产过程中的各个有关参数(如温度、压力、流量及物位等)是一项必不可少的工作。用来检测这些参数的技术工具称为检测仪表。用来将这些参数转换为一定的便于传送的信号(如电信号或气压信号)的仪表通常称为传感器。本章将主要介绍基本的检测技术知识，有关温度、压力、流量、物位等参数的检测方法，以及检测仪表和相应的传感器或变送器。

3.1.1　检测的概念

所谓过程检测是指在生产过程中，为及时掌握生产情况和监视、控制生产过程，而对其中一些变量进行的定性检查和定量测量。

检测的目的是为了获取各过程变量值的信息。根据检测结果可对影响过程状况的变量进行自动调节或操纵，以达到提高质量、降低成本、节约能源、减少污染和安全生产等目的。

通过测量可以得到被测量的测量值，然而还未全部达到测量目的。为了准确地获取表征对象特征的定量信息，还要对实验结果进行数据处理与误差分析、估计结果的可靠性等，以便为保证安全生产、提高经济效益、保证产品的质量、实现生产过程自动化及科学研究等提供可靠的数据。对于检测技术，其意义更加广泛。检测技术是指下面的全过程：按照被测对象的特点，选用合适的测量仪器与实验方法，通过测量及数据的处理和误差分析，准确得到被测量的测量值，并为提高测量精确度，改进测量方法及测量仪器，为生产过程的自动化等提供可靠的依据。

检测技术涉及的内容非常广泛，包括被检测信息的获取、转换、显示及测量数据的处理等技术。随着科学技术的不断进步，特别是随着微电子技术、计算机技术等高新科技的发展及新材料、新工艺的不断涌现，检测技术也在不断发展，已经成为一门实用性和综合性很强的新兴学科。

检测仪表作为人类认识客观世界的重要手段和工具，其应用领域十分广泛，工业过程是其最重要的应用领域之一。工业过程检测具有如下特点。

1. 被测对象形态多样

被测对象有气态、液态、固态物质及其混合体，也有具有特殊性质(如强腐蚀、强辐射、高温、高压、深冷、真空、高黏度、高速运动等)的物质。

2. 被测参数性质多样

被测参数有温度、压力、流量、液位等热工量，也有各种机械量、电工量、化学量、生物量，还有某些工业过程要求检测的特殊物理量(如纸浆的打浆度、浓度、白度、硬度、得率、黑液波美度等)。

3．被测量的变化范围宽

例如，被测温度可以是 1 000℃以上的高温，也可以是 0℃以下的低温甚至超低温。

4．检测方式多种多样

检测方式既有离线检测，又有在线检测；既有单参数检测，又有多参数同时检测；还有每隔一段时间对不同参数的巡回检测等。

5．检测环境比较恶劣

在工业生产过程中，存在着许多不利于检测的影响因素，如电源电压波动，温度、压力变化，以及在工作现场存在水汽、烟雾、粉尘、辐射、震动等。因此，要求检测仪表具有较强的抗干扰能力和相应的防护措施。

针对工业过程检测的上述特点，要求检测仪表不但具有良好的静态特性和动态特性，而且要对不同的被测对象和测量要求采用不同的测量原理和测量手段。为了适应工业过程对检测技术提出的新要求，有各式各样的新型仪表(如带有微处理器的智能仪表)不断涌现出来。

3.1.2 测量的单位

数值为 1 的某量，称为该量的测量单位或计量单位。由于测量单位是人为定义的，它带有任意性、地区性与习惯性等。例如，质量的单位就有公斤、市斤、磅、克、盎司、克拉等；长度的单位就有米、市尺、英尺、海里、码等。这些单位还是不够科学和严格的。单位制的混乱和不统一，不仅在世界各国，而且在一个国家内部都是存在的，它给人们的生活、生产及科学技术的发展等带来了极大的不便和困难，因此测量单位必须予以统一。同时，随着生产和科学技术的发展，对测量精确度的要求越来越高，因此，也必须提高测量单位的准确性与科学性。1993 年，由国家技术监督局颁布的《国际单位制及其应用》的国家强制性标准采用国际标准 ISO1000《国际单位制(SI)》(1991 年第 6 版)，如表 3-1 所示。计量单位种类庞杂，数量繁多，这里不做赘述。

表 3-1 SI 基本单位

量的名称	单位名称	单位符号
长度	米	m
质量	千克(公斤)	kg
时间	秒	s
电流	安[培]	A
热力学温度	开[尔文]	K
物质的量	摩[尔]	mol
发光强度	坎[德拉]	cd

3.2 检测仪表的分类与组成

检测仪表是能确定所感受的被测量大小的仪表。它可以是传感器、变送器和自身兼有检出元件和显示装置的仪表。

传感器件是能接受被测量信息，并按一定规律将其转换成同种或别种性质的输出变量的仪表。输出信号为标准信号的传感器称为变送器。所谓标准信号，是指变化范围的上、下限已经标准化的信号(例如，电流信号为 4～20mA DC，气压信号为 20～100kPa 等)。

检测仪表可按下述方法进行分类。

(1) 按被测量分类，检测仪表可分为温度检测仪表、压力检测仪表、流量检测仪表、物位检测仪表、机械量检测仪表及过程分析仪表等。

(2) 按测量原理分类，检测仪表可分为电容式、电磁式、压电式、光电式、超声波式、核辐射式检测仪表等。

(3) 按输出信号分类，检测仪表可分为输出模拟信号的模拟式仪表、输出数字信号的数字式仪表，以及输出开关信号的检测开关(如振动式物位开关、接近开关)等。

(4) 按结构和功能特点分类，例如，按测量结果是否就地显示，检测仪表可分为测量与显示功能集于一身的一体化仪表和将测量结果转换为标准输出信号并远传至控制室集中显示的单元组合仪表；按仪表是否含有微处理器，检测仪表可分为不带有微处理器的常规仪表和以微处理器为核心的微机化仪表。微机化仪表的集成度越来越高，功能也越来越强，有的已具有一定的人工智能，常称为智能化仪表。

目前，有的仪表供应商又推出了“虚拟仪器”的概念。虚拟仪器是指在标准计算机的基础上加一组软件或(和)硬件，使用者操作这台计算机，即可充分利用最新的计算机技术来实现和扩展传统仪表的功能。这套以软件为主体的系统能够享用普通计算机的各种计算、显示和通信功能。在基本硬件确定之后，虚拟仪器就可以通过改变软件的方法来适应不同的需求，实现不同的功能。虚拟仪器彻底打破了传统仪表只能由生产厂家定义其功能，而用户无法改变其功能的局面。用户可以通过软件的改变来更新自己的仪表或检测系统的功能，改变传统仪表功能单一或有些功能用不上的缺陷，从而节省开发、维护专用检测系统的费用，减少开发专用检测系统的时间。

不同类型检测仪表的构成方式不尽相同，其组成环节也不完全一样。通常，检测仪表由原始敏感环节(传感器或检出元件)、变量转换与控制环节、数据传输环节、显示环节、数据处理环节等组成。检测仪表内各组成环节，可以构成一个开环测量系统，也可以构成闭环测量系统。开环测量系统是由一系列环节串联而成的，其特点是信号只沿着从输入到输出的一个方向(正向)流动，如图 3-1 所示。

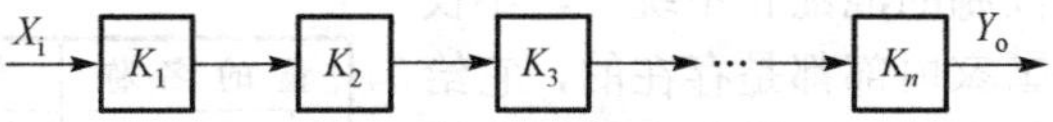

图 3-1　开环测量系统的构成方式

一般较常见的检测仪表大多为开环测量系统。例如，如图 3-2 所示的温度检测系统，以被测温度为输入信号，以毫伏计指针的偏移作为输出信号的响应，信号在该系统内仅沿着正向流动。闭环测量系统的构成方式如图 3-3 所示，其特点是除了信号传输的正向通路外，还有一个反馈回路。在采用零值法进行测量的自动平衡式显示仪表中，各组成环节即构成一个闭环测量系统。

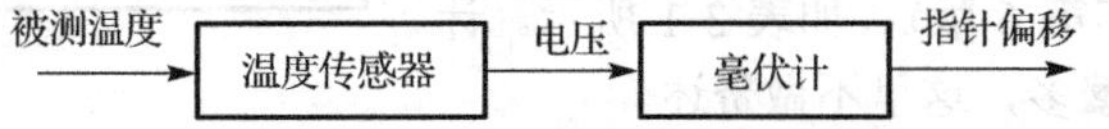

图 3-2　温度检测系统示例

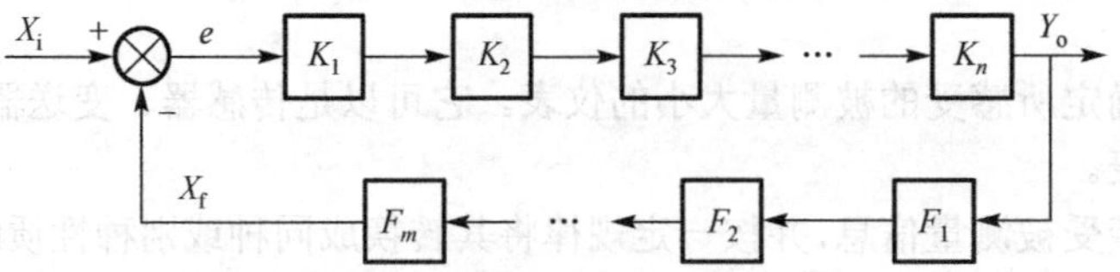

图 3-3　闭环测量系统的构成方式

3.3　检测仪表的品质指标

根据工业过程检测的特点和需要，对检测仪表的品质有多种要求。下面就将介绍检测仪表较常用的品质指标。

1. 灵敏度

灵敏度是指检测仪表在到达稳态后，其输出量(Y)的增量与输入量(X)的增量之比，即

$$K = \frac{\Delta Y}{\Delta X} \tag{3-1}$$

式中，K 为灵敏度；ΔY 为输出量(Y)的增量；ΔX 为输入量(X)的增量。

对于带有指针和刻度盘的检测仪表，灵敏度也可直观地被理解为单位输入量所引起的指针偏转角度或位移量。

检测仪表的灵敏度如图 3-4 所示。当检测仪表具有线性特性时，其灵敏度 K 为一个常数，如图 3-4(a)所示。反之，当检测仪表具有非线性特性时，其灵敏度将随着输入量的变化而改变，如图 3-4(b)所示。

2. 线性度

在通常情况下，总是希望检测仪表具有线性特性，即其特性曲线最好为直线。但是，在对检测仪表进行校准时常常发现，那些理论上应具有线性特性的检测仪表，由于受各种因素的影响，其实际特性曲线往往偏离了理论上的规定特性曲线(直线)。在检测技术中，采用线性度这个概念来描述检测仪表的校准曲线与规定直线之间的吻合程度，如图 3-5 所示。校准曲线与规定直线之间最大偏差的绝对值称为线性度误差，其线性度可表示为 $L = \frac{|Y_{o1} - Y_{o2}|}{Y_{max}}$。

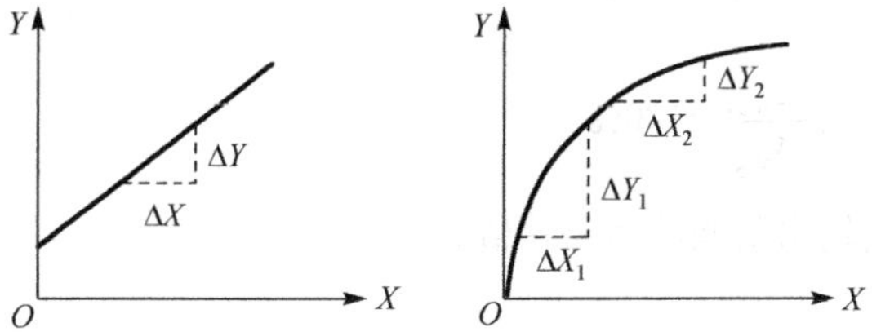

(a) 线性检测仪表　　(b) 非线性检测仪表

图 3-4　检测仪表的灵敏度

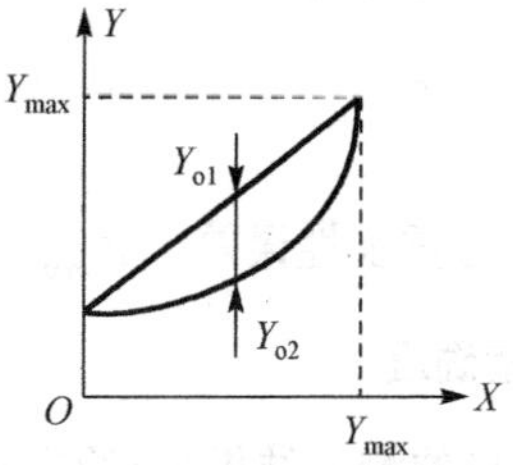

图 3-5　检测仪表的线性度

3. 分辨率

分辨率反映检测仪表能检测出被测量的最小变化的能力，又称分辨能力。当输入量从某个任意值(非零值)缓慢增加，直至可以观测到输出量的变化为止时的输入量的增量即为检测仪表的分辨率。分辨率可以用绝对值也可以用满刻度的百分比来表示。例如，某位移传感器的分辨率为 0.001mm，某指针式检测仪表的分辨率为 0.01%F.S(F.S 表示满量程)等。

数字式检测仪表的分辨率是指数字显示器的最末位连续数字间隔所代表的被测量值。例如，某光栅式位移传感器与 100 细分的光栅数显表相配时的分辨率为 0.000 1mm，与 20 细分的光栅数显表相配时的分辨率为 0.000 5mm 等。

4. 回差

在外界条件不变的情况下，当输入量上升(从小到大)和下降(从大到小)时，检测仪表对于同一个输入值所给出的两个相应输出平均值间(若无其他规定，则指全测量范围内)的最大差值即为回差，如图 3-6 所示。回差包括滞环和死区，通常表示为

$$\delta = \frac{\Delta_{max}}{Y_{F.S}} \times 100\% \tag{3-2}$$

式中，δ 为回差；Δ_{max} 为正、反向输出平均值间的最大差值；$Y_{F.S}$ 为检测仪表的满量程输出值。

回差是由于检测仪表内有吸收能量的元件(如弹性元件、磁化元件等)、机械结构中的间隙及运动系统的摩擦等原因造成的。

5．重复性

在相同工作条件下，对同一个输入值按同一个方向连续多次测量时，所得输出值之间的相互一致程度称为重复性，如图 3-7 所示。检测仪表的重复性用全测量范围内的各输入值所测得的最大重复性误差来确定。所谓重复性误差，是指对在全测量范围内的相同工作条件下，从同一个方向对同一个输入值进行多次连续测量所得输出值的两个极限值之间的代数差或均方根误差。

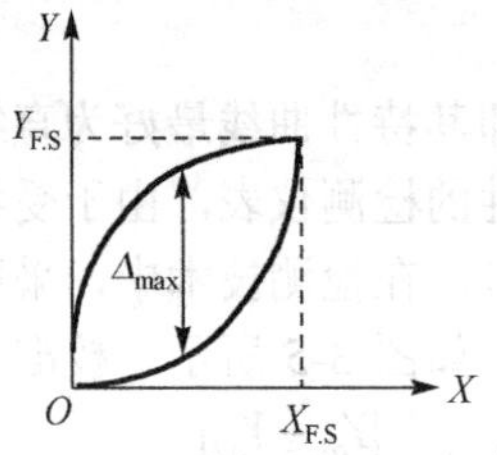

图 3-6　仪表的回差

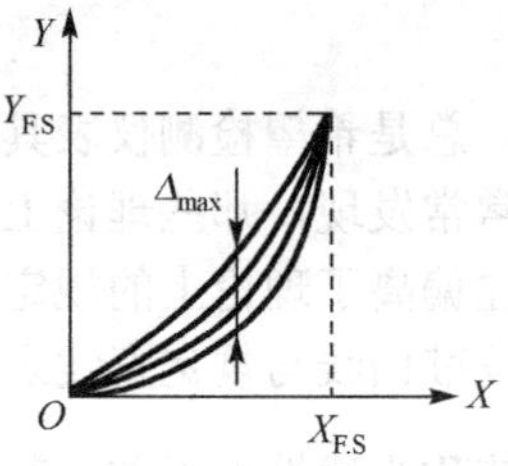

图 3-7　仪表的重复性

重复性误差通常表示为

$$\delta_c = \pm\frac{\Delta_{max}}{Y_{F.S}} \times 100\% \tag{3-3}$$

式中，δ_c 为重复性误差；Δ_{max} 为某个方向输出值间的最大差值。

6．精确度

被测量的测量结果与(约定)真值间的一致程度称为精确度。检测仪表按精确度高低划分成若干精确度等级，如表 3-2 所示。根据测量要求，选择适当的精确度等级，是检测仪表选用的重要环节。

表 3-2　工业常见检测仪表精确度等级

精确度等级	0.1	0.2	0.5	1.0	1.5	2.0	2.5	5.0
允许误差/%	0.1	0.2	0.5	1.0	1.5	2.0	2.5	5.0
引用误差/%	不大于 0.1	不大于 0.2	不大于 0.5	不大于 1.0	不大于 1.5	不大于 2.0	不大于 2.5	不大于 5.0

7．长期稳定性

长期稳定性是检测仪表在规定时间(一般为较长时间)内保持不超过允许误差范围的能力。

8．动态特性

动态特性是指被测量随时间迅速变化时，检测仪表输出值追随被测量变化的特性。它可以用微分方程和传递函数来描述。但通常以典型输入信号(阶跃信号、正弦信号等)所产生的相应输出响应(阶跃响应、频率响应等)来表示。

3.4 测量误差

3.4.1 测量误差的意义

人类为了认识自然与改造自然，就要不断地对自然界的现象进行测量和研究，在工程上就要对各种工程参数进行测量和研究。由于测量方法和检测设备的不完善，周围环境的影响及人们认识能力所限等，测量值和真值之间会存在一定的差异，在数值上即表现为测量误差。随着科学技术的日益发展、人们认识能力的增长和水平的提高，虽可将测量误差控制得越来越小，但始终不能完全消除它。测量误差存在的必然性和普遍性已被实践所证实。为了充分认识并进而减小或消除测量误差，必须对测量过程中始终存在的测量误差进行充分研究。其意义归纳起来有：①正确认识测量误差的性质，分析测量误差产生的原因，以便消除或减小它；②正确处理数据，合理计算所得结果，以便在一定条件下，得到更接近于真值的数据；③正确组成检测系统，合理设计检测系统或选用测量仪表，选择正确的检测方法，以便在最经济的条件下，得到最理想的测量结果。

3.4.2 测量误差的定义

测量误差是测量值与真值之差，反映了测量质量的好坏。

自然界中的一切物体都是处于永恒的运动中，而被测量真值的确定是假定在一定的时间内，实际上不变的被测量的真正大小，所以真值具有时间和空间的含义。真值可定义为在某个时刻和某个位置或状态下，某个量的效应体现的客观值或实际值。

一般来说，真值是未知的，因此测量误差也是未知的。有些情况真值是可以知道的。真值可知的情况有以下几种。

(1)理论真值。例如，平面三角形三个内角之和恒为180°。

(2)计量学约定值。例如，国际计量大会决定：长度单位米(m)是光在真空中(1/299 792 458)s内所经路径的长度；质量单位千克(kg)是铂铱合金的国际千克原器(标准砝码)质量；时间单位秒(s)是铯133原子基态的两个超精细能级之间跃迁所对应的辐射的9 192 631 770个周期所持续的时间；电流单位安培(A)是一个恒定电流强度，即在真空中，可忽略截面积的两根相距1m的无限长的平行圆直导线内通以这个电流，在这两根导线之间每米长度上产生的作用力等于 2×10^{-7}N；热力学单位开尔文(K)是水三相点热力学温度的1/273.16；发光强度单位坎德拉(cd)是一个光源在设定方向上的发光强度，该光源发出频率为 540×10^{12}Hz的单色辐射，且在此方向上的辐射强度为(1/683)W/sr。物质的量单位摩尔(mol)是一个物系的物质的量，该物质中所包含的结构粒子数与0.012kg碳12的原子数目相等。

凡满足以上条件复现出的量值都是真值。

(3)标准器相对真值。当高一级标准仪器的测量误差是低一级标准仪器或普通仪器的测量误差的1/3～1/10时，即可认为前者的示值是后者的真值。在实际测量中，以无系统误差情况下足够多次测量所获一列测量结果的算术平均值作为真值。

测量值是所用检测系统或仪表检测被测量的显示值。

3.4.3 测量误差的分类

在测量过程中，测量误差按其产生的原因不同，可以分为以下三类。

1. 系统误差

在相同条件下，多次测量同一个被测参数时，测量误差的大小与符号均保持不变或在条件变化时按某个确定规律变化，此时的测量误差称为系统误差。它是由测量过程中检测仪表使用不当或测量时外界条件变化等原因引起的。

必须指出的是，单纯地增加测量次数是无法减少系统误差对测量结果的影响的，但在找出产生系统误差的原因之后，便可通过对测量结果引入适当的修正值而加以消除。系统误差决定测量结果的准确性。

2．随机误差

在相同条件下，对某一个参数进行重复测量时，测量误差的大小与符号均不固定且无一定规律，此时的测量误差称为随机误差。产生随机误差的原因很复杂，它是由许多微小变化的复杂因素共同作用的结果所致的。

对单次测量来说，随机误差是没有任何规律的，既不可被预测，也无法被控制，但对于一系列重复测量结果来说，它的分布服从统计规律。因此，可以取多次测量结果的算术平均值作为最终的测量结果，以算术平均值均方根误差的2～3倍作为随机误差的置信区间，相应的概率作为置信概率，便可减小随机误差对测量结果的影响。随机误差决定测量结果的精密度。

3．疏忽误差

测量结果显著偏离被测量的实际值所对应的测量误差称为疏忽误差。它是由于测量人员在读取或记录测量数据时的疏忽大意所造成的。带有疏忽误差的测量结果毫无意义，因此应加强测量人员的责任感，避免产生疏忽误差。

3.4.4 测量误差的表示

测量误差的表示方法有多种，其含义、用途各异，下面分别叙述如下。

1．绝对误差

被测量的测量值 x 与其真值 L 之间的代数差 Δ，称为绝对误差，即

$$\pm\Delta = x - L \tag{3-4}$$

绝对误差一般只适用于标准量具或标准检测仪表的校准。在标准量具或标准检测仪表的校准工作中，实际使用的是修正值。修正值与绝对误差的大小相等、符号相反。实际上，真值等于测量值加上修正值，即真值=测量值＋修正值。

采用绝对误差表示测量误差，不能确切地说明测量质量的好坏。

2．相对误差

绝对误差与被测量的真值之比，称为相对误差。因测量值与真值很接近，工程上常用测量值代替真值来计算相对误差，其定义为

$$\delta = \frac{\Delta}{L} \approx \frac{\Delta}{x} \tag{3-5}$$

式中，δ 为相对误差。相对误差在实际应用中常用百分数表示，即

$$\delta = \frac{\Delta}{L} \times 100\% \approx \frac{\Delta}{x} \times 100\% \tag{3-6}$$

相对误差可以用来表示测量精确度的高低。

例如，测量温度的绝对误差为±1℃，水的沸点温度真值为100℃，测量的相对误差为

$$\delta = \frac{1}{100} \times 100\% = 1\% \tag{3-7}$$

3. 引用误差

检测仪表指示值的绝对误差 $\varDelta$ 与检测仪表量程 B 的比值，称为检测仪表指示值的引用误差。引用误差常以百分数表示，又称相对百分误差，记为

$$\delta_{\mathrm{m}} = \frac{\varDelta}{B} \times 100\% \tag{3-8}$$

4. 检测仪表的允许误差

检测仪表的允许误差采用检测仪表指示值的最大引用误差来表述：

$$\delta_{\mathrm{mm}} = \pm \frac{\varDelta_{\max}}{B} \times 100\%$$

最大引用误差又称满度引用误差，其中 $\varDelta_{\max}$ 为绝对误差最大值。满度引用误差由于引入了检测仪表量程，所以能很好地表示检测仪表性能的好坏。满度引用误差越小，检测仪表的精确度越高；满度引用误差越大，检测仪表的精确度越低。

5. 检测仪表的精确度等级

我国电工检测仪表中，检测仪表的精确度等级是按照满度引用误差来分级的。我们将满度引用误差中的“±”“%”去掉，便可以用来确定检测仪表的精确度等级。检测仪表常用的精确度等级(精确度等级)有 0.005,0.02,0.05,0.1,0.2,0.5,1.0,1.5,2.5,5.0 等。如某检测仪表的允许误差为±2.5%，则该检测仪表的精确度等级符合 2.5 级；若某量程为 100V 的电压检测仪表的精确度等级为 1.0 级，则检测仪表的允许误差不超过±1.0V。

3.4.5 准确度、精密度和精确度

准确度又称正确度，反映了测量结果中的系统误差大小程度。系统误差越小，则测量的准确度越高，说明测量结果偏离真值的程度越小。

精密度反映了测量结果中的随机误差大小程度。随机误差越小，则测量的精密度越高，说明各次测量结果的重复性越好。

准确度和精密度是两个不同的概念，使用时不得混淆。准确度与精密度的区别如图 3-8 所示，圆心代表被测量的真值，符号×表示各次测量结果。

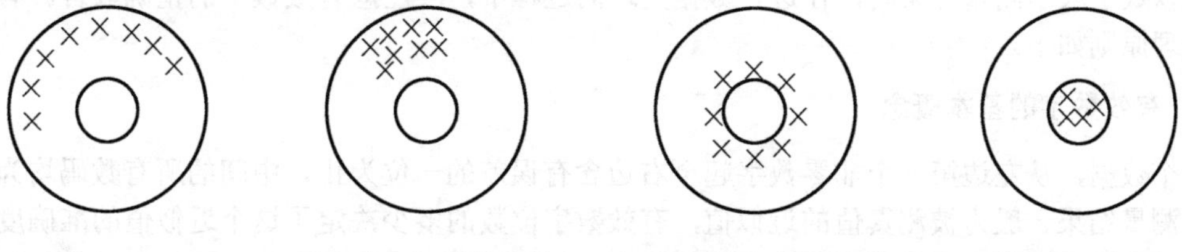

(a) 低准确度、低精密度　(b) 低准确度、高精密度　(c) 高准确度、低精密度　(d) 高准确度、高精密度

图 3-8　准确度与精密度的区别

由图 3-8 可见，精密度高的测量不一定具有高准确度。因此，只有消除了系统误差之后，才可能获得准确的测量结果。一个既“精密”又“准确”的测量称为“精确”测量，并用精确度来描述。

精确度所反映的是被测量的测量结果与(约定)真值间的一致程度。精确度高，说明系统误差与随机误差都小。

3.5 测量的数据处理

3.5.1 测量结果的表示方法

一般测量结果的表示方法是在观测值或多次观测结果的算术平均值后加上相应的误差限。同一个测量如果采用不同的置信概率 P_C，测量结果的误差限也不同。因此，应该在相同的置信水平 α下，来比较测量的精确度。为此，测量结果的表达式通常都具有确定的概率意义。下面介绍几种常用的测量结果的表示方法，这几种方法都是以系统误差已被消除为前提条件的。

1. 单次测量结果的表示方法

如果已知测量仪表的标准偏差σ，做一次测量，测得值为 X，则通常将被测量 X_0 的大小表示为

$$X_0 = X \pm \sigma \tag{3-9}$$

式(3-9)表明被测量 X_0 的估计值为 X，当取置信概率 P_C=68.3%时，测量误差不超出$\pm\sigma$ 。为更明确地表达测量结果的概率意义，式(3-9)应写成下面更完整的形式：

$$X_0 = X \pm \sigma \quad (\text{置信概率 } P_C\text{=68.3\%})$$

2. n 次测量结果的表示方法

当用 n 次等精确度测量的算术平均值 $\overline{X}$ 作为测量结果时，其表达式为

$$X_0 = \overline{X} + C\sigma_{\overline{X}} \tag{3-10}$$

式中，$\sigma_{\overline{X}}$ 为算术平均值的标准偏差，其值为$\sigma/\sqrt{n}$；C 为置信系数，可根据所要求的置信概率 P_C及测量次数 n 而定。

在一般情况下，当极限误差取为 $3\sigma_{\overline{X}}$ (即置信系数 C=3)时，为了使置信概率 P_C>0.99，应有 n>14，故一般测量次数 n 最好不低于 10。测量次数少于 14 次，若仍用 $3\sigma_{\overline{X}}$ 作为极限误差，则对应的置信概率 P_C 为 0.98～0.8。

3.5.2 有效数字的处理原则

当以数字表示测量结果时，在进行数据处理的过程中，应注意有效数字的正确取舍。有效数字的处理原则如下。

1. 有效数字的基本概念

一个数据，从左边第一个非零数字起至右边含有误差的一位为止，中间的所有数码均为有效数字。测量结果一般为被测真值的近似值，有效数字位数的多少决定了这个近似值的准确度。

在有些数据中会出现前面或后面为零的情况。例如，25μm 也可写成 0.025mm，后一种写法前面的两个零显然是由于单位改变而出现的，不是有效数字。又如，25.0μm，小数点后面的一个零应认为是有效数字。为避免混淆，通常将后面带零的数据中不作为有效数字的零，表示为 10 的幂的形式；而作为有效数字的零，则不可表示为 10 的幂的形式。例如，2.5×10^2mm 为两位有效数字，而 250mm 为 3 位有效数字。

2. 数据舍入规则

对测量结果中多余的有效数字，在进行数据处理时不能简单地采取四舍五入的方法，这时的数据舍入规则为“4 舍 6 入 5 看右”。若保留 n 位有效数字，当第 n+1 位数字大于 5 时则“入”；当第 n+1 位数字小于 5 时则“舍”；当第 n+1 位数字恰好等于 5 时，如果这个 5 之后还有数字则“入”，如果 5 之后无数字或为零则分两种情况：第 n 位为奇数时则“入”，第 n 位为偶数则“舍”。

例如，若要求把有效数字保留到小数点后第二位，则原数据与舍/入后的数据如表 3-3 所示。

表 3-3　原数据与舍/入后的数据

原数据	舍/入后的数据
14.326	14.33
67.8412	67.84
48.4853	48.49
6.735	6.74
3.2450	3.24

3. 有效数字的运算规则

(1) 参加运算的常数，如 π、e 等数值，有效数字的位数可以不受限制，需要几位就取几位。

(2) 加/减运算：在不超过 10 个数据相加/减时，要把小数位数多的数据进行舍入处理，使其比小数位数最少的数据只多一位小数；计算结果应保留的小数位数要与原数据中有效数字位数最少的数据相同。

(3) 乘/除运算：在两个数据相乘/除时，要把有效数字多的数据进行舍入处理，使其比有效数字少的数据只多一位有效数字；计算结果应保留的有效数字位数要与原数据中有效数字位数最少的数据相同。

(4) 乘方及开方运算：运算结果应比原数据多保留一位有效数字。

(5) 对数运算：取对数前、后的有效数字位数应相等。

(6) 当多个数据取算术平均值时，由于误差相互抵消的结果，所得算术平均值的有效数字位数可增加一位。

3.5.3　异常测量值的判别与舍弃

在测量过程中，有时会在一系列测量值中混有残差绝对值特别大的异常测量值。这种异常测量值如果是由于测量过程中出现粗差而造成的“坏值”，则应将其剔除不用，否则将会明显歪曲测量结果。然而，有时异常测量值的出现，可能会客观地反映了测量过程中的某种随机波动特性。因此，对异常测量值不应为了追求数据的一致性而将其轻易舍去。为了科学地判别粗差，正确地舍弃坏值，必须建立异常测量值的判别标准。

通常采用统计判别法对异常测量值加以判别。统计判别法有许多种，其具体方法在此不做赘述。

3.6　压力检测及其仪表

在工业生产中，压力是指由气体或液体均匀垂直地作用于单位面积上的力，是工业生产过程中重要的操作参数之一。特别是在化工、炼油等生产过程中，经常会遇到压力和真空度的测量，其中包括比大气压力高很多的高压、超高压和比大气压力低很多的真空度的测量。例如，高压聚乙烯要在 150MPa 或更高压力下进行聚合；氢气和氮气合成氨气时，要在 15MPa 或 32MPa 的压力下进行反应；而炼油厂减压蒸馏，则要在比大气压低很多的真空下进行。如果压力不符合要求，不仅会影响生产效率，降低产品质量，有时还会造成严重的生产事故。此外，压力测量的意义还不局限于它自身，有些其他参数的测量，如物位、流量等往往是通过测量压力或差压来进行的，即测出了压力或差压，便可确定物位或流量。

3.6.1 压力的有关概念

1．压力单位

由于压力是指均匀垂直地作用在单位面积上的力，故可表示为

$$p=\frac{F}{S} \tag{3-11}$$

式中，p 为压力；F 为垂直作用力；S 为受力面积。

根据国际单位制(SI)规定，压力的单位为帕斯卡，简称帕(Pa)，帕与牛顿每平方米的关系为

$$1\text{Pa}=1\text{N/m}^2 \tag{3-12}$$

帕所表示的压力较小，工程上经常使用兆帕(MPa)。帕与兆帕之间的关系为

$$1\text{MPa}=1\times10^6\text{Pa} \tag{3-13}$$

过去使用的压力单位比较多，根据 1984 年 2 月 27 日国务院“关于在我国统一实行法定计量单位的命令”的规定，这些单位将不再被使用。通过表 3-4，可以使大家了解国际单位制中的压力单位(Pa 或 MPa)与过去的单位之间的关系。

表 3-4 压力单位换算表

单位	帕(Pa)	巴(bar)	工程大气压力 (kgf/cm^2)	标准大气压力 (atm)	毫米水柱 (mmH_2O)	毫米汞柱 (mmHg)	磅力/平方英寸 ($1bf/in^2$)
帕(Pa)	1	1×10^{-5}	$1.019\,716\times10^{-5}$	$0.986\,923\,6\times10^{-5}$	$1.019\,716\times10^{-1}$	$0.750\,06\times10^{-2}$	$1.450\,442\times10^{-4}$
巴(bar)	1×10^{-5}	1	1.019 716	0.986 923 6	$1.019\,716\times10^{4}$	$0.750\,06\times10^{3}$	$1.450\,442\times10$
工程大气压力 (kgf/cm^2)	$0.980\,665\times10^{5}$	0.980 665	1	0.967 84	1×10^{4}	$0.735\,56\times10^{3}$	$1.422\,4\times10$
标准大气压力 (atm)	$1.013\,25\times10^{5}$	1.013 25	1.033 23	1	$1.033\,23\times10^{4}$	0.76×10^{3}	$1.469\,6\times10$
毫米水柱 (mmH_2O)	$0.980\,665\times10$	$0.980\,665\times10^{-4}$	1×10^{-4}	$0.967\,84\times10^{-4}$	1	$0.735\,56\times10^{-1}$	$1.422\,4\times10^{-3}$
毫米汞柱 (mmHg)	$1.333\,224\times10^{2}$	$1.333\,224\times10^{-3}$	$1.359\,51\times10^{-3}$	$1.315\,8\times10^{-3}$	$1.359\,51\times10$	1	$1.933\,8\times10^{-2}$
磅力/平方英寸 ($1bf/in^2$)	$0.689\,49\times10^{4}$	$0.689\,49\times10^{-1}$	$0.703\,07\times10^{-1}$	$0.680\,5\times10^{-1}$	$0.703\,07\times10^{3}$	$0.517\,15\times10^{2}$	1

2．压力的几种表示方法

在压力检测中，通常有绝对压力、表压力、负压或真空度等几种表示方法，并且有相应的测量仪表。各种压力表示法之间的关系如图 3-9 所示。

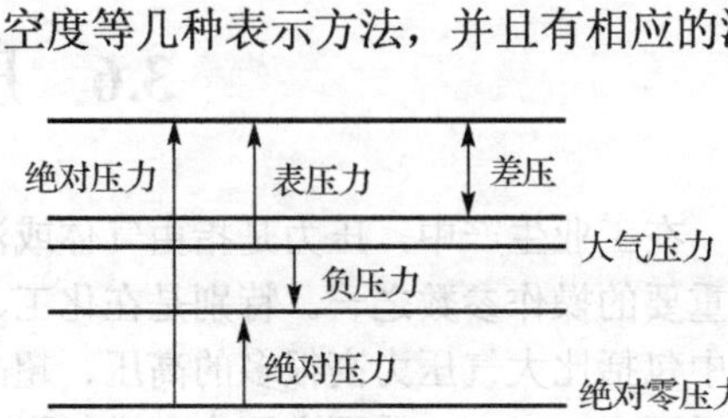

图 3-9 各种压力表示法之间的关系

(1)绝对压力：是指介质作用在容器表面上的实际压力，用符号 P_i 表示。

(2)大气压力：是指由表面空气柱重量形成的压力，它随地理纬度、海拔高度及气象条件而变化，用符号 P_d 表示。

(3)表压力：是指高于大气压力的绝对压力与大气压力之差，用符号 P_b 表示，即

$$P_b=P_i-P_d \tag{3-14}$$

(4)真空度：是指大气压力与低于大气压力的绝对压力之差，用符号 P_z 表示，即

$$P_z=P_d-P_i \tag{3-15}$$

(5)差压：是指设备中两处的压力之差。在生产过程中，有时直接以差压作为工艺参数，差压测量还可以作为流量和物位测量的间接手段。

3. 常用测压仪表

测量压力或真空度的仪表很多，按照其转换原理的不同，大致可分为以下四大类。

(1)液柱式压力计：是指根据流体静力学原理，将被测压力转换成液柱高度来进行测量的仪表。按其结构形式的不同，有U形管压力计、单管压力计和斜管压力计等。这类压力计结构简单、使用方便，但其精确度受工作液的毛细管作用、密度及视差等因素的影响，测量范围较窄，一般用来测量较低压力、真空度或压力差。

(2)弹性式压力计：是指将被测压力转换成弹性元件变形的位移来进行测量的仪表，如弹簧管压力计、波纹管压力计及膜式压力计等。

(3)电气式压力计：是指通过机械和电气元件将被测压力转换成电量(如电压、电流、频率等)来进行测量的仪表，如各种压力传感器和压力变送器。

(4)活塞式压力计：是指根据水压机液体传送压力的原理，将被测压力转换成活塞上所加平衡砝码的质量来进行测量的仪表。它的测量精确度很高，允许误差可为0.05%～0.02%，但其结构较复杂，价格较贵。它一般作为标准型压力测量仪器来检验其他类型的压力计。

3.6.2 电气式压力计

电气式压力计是一种能将压力转换成电信号，并将该电信号进行传输及显示的仪表。这种仪表的测量范围较广，分别可测 7×10^{-5}Pa 至 5×10^{2}MPa 的压力，允许误差可至0.2%。电气式压力计由于可以远距离传送信号，所以在工业生产过程中可以实现压力自动控制和报警。

电气式压力计一般由压力传感器、测量电路和信号处理装置所组成。常用的信号处理装置有指示仪、记录仪控制器、微处理机等。

压力传感器的作用是把压力信号检测出来，并转换成电信号来进行输出。当输出的电信号能够被进一步变换为标准信号时，压力传感器又称压力变送器。

下面简单介绍霍尔片式压力传感器、应变片式压力传感器、压阻式压力传感器、力矩平衡式压力传感器，电容式差压/压力变送器。

1. 霍尔片式压力传感器

霍尔片式压力传感器是根据霍尔效应制成的。它通过霍尔元件将由压力所引起的弹性元件的位移转换成霍尔电势，从而实现压力的测量。

霍尔片(霍尔元件)是用半导体(如锗)材料制成的薄片。如图3-10所示，在霍尔片的 Z 轴方向加一个磁感应强度为 B 的恒定磁场，在 Y 轴方向加一个外电场(接入直流稳压电源)，便有恒定电流沿 Y 轴方向通过。电子在霍尔片中运动(电子逆 Y 轴方向运动)时，由于受电磁力的作用，而使电子的运动轨道发生偏移，造成霍尔片的一个端面上有电子积累，另一个端面上正电荷过剩，于是在霍尔片的 X 轴方向上出现电位差，这个电位差称为霍尔电势，这样一种物理现象就称为霍尔效应。

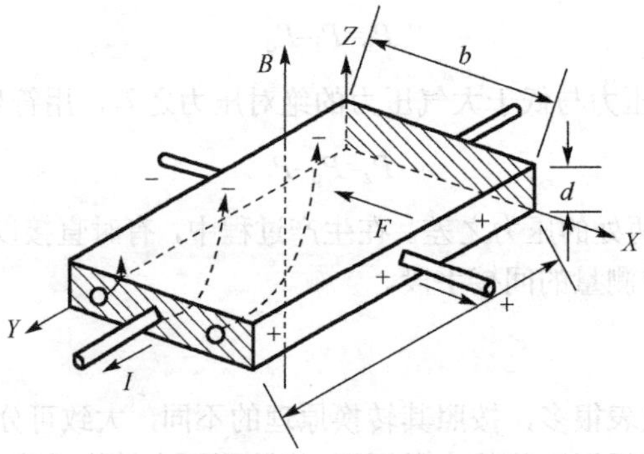

图 3-10　霍尔效应的原理

霍尔电势的大小与霍尔片材料、通过的电流(一般称为控制电流)、磁感应强度及霍尔片几何形状等因素有关，可表示为

$$U_H = R_H BI \tag{3-16}$$

式中，U_H为霍尔电势；R_H为霍尔常数，与霍尔片材料、几何形状有关；B为磁感应强度；I为通过的电流。

由式(3-16)可知，霍尔电势与磁感应强度和电流成正比。提高B和I可增大霍尔电势U_H，但两者都有一定限度，一般I为3～20mA，B约为几千高斯，所得的霍尔电势U_H约为几十毫伏数量级。

必须指出，导体也有霍尔效应，而且导体的霍尔电势远比半导体的霍尔电势小得多。

如果选定了霍尔元件，并使通过的电流保持恒定，则在非均匀磁场中，霍尔元件所处的位置不同，所受到的磁感应强度也将不同，这样就可得到与位移成比例的霍尔电势，实现位移—电势的线性转换。

如图 3-11 所示，将霍尔片与弹簧管配合，就组成了霍尔片式弹簧管压力传感器。被测压力由弹簧管的固定端引入，弹簧管的自由端与霍尔片连接，在霍尔片的上、下方垂直安放两对磁极，使霍尔片处于两对磁极形成的非均匀磁场中。霍尔片的四个端面引出四根导线，其中与磁钢相平行的两根导线和直流稳压电源连接，另两根导线用来输出信号。

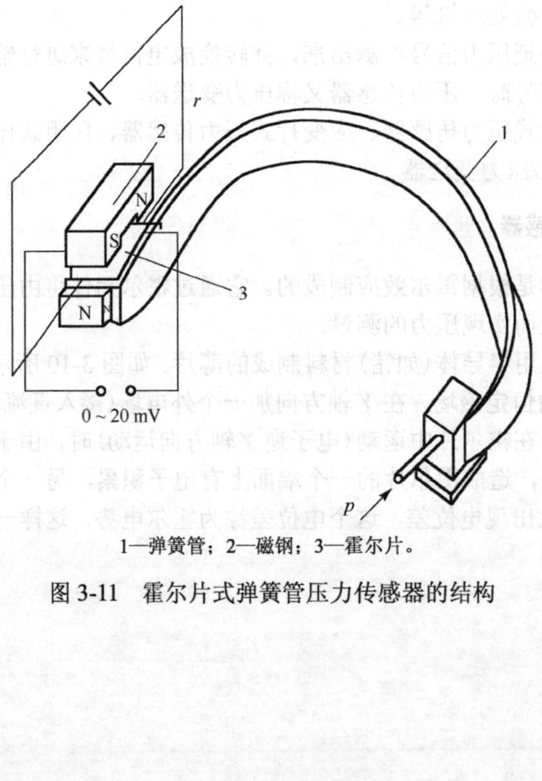

1—弹簧管；2—磁钢；3—霍尔片。

图 3-11　霍尔片式弹簧管压力传感器的结构

如图 3-12 所示，由于磁极极靴具有特殊的几何形状，因而磁极极靴间的磁感应强度 B 形成线性不均匀的分布。

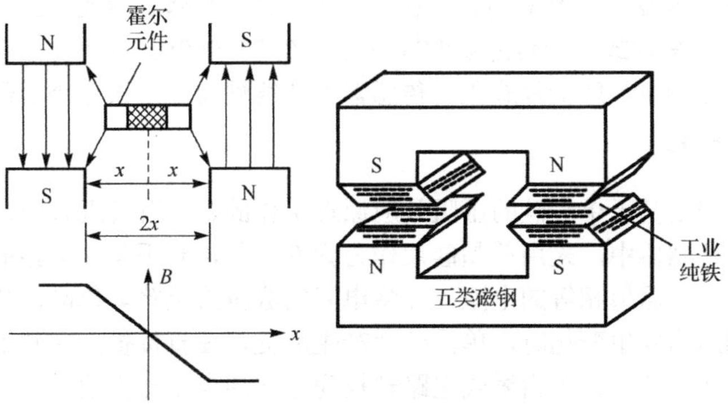

图 3-12　磁极极靴间的磁感应强度

当被测压力引入后，在被测压力作用下，弹簧管自由端产生位移，因而改变了霍尔片在非均匀磁场中的位置，使所产生的霍尔电势与被测压力成比例。利用这个电势即可实现远距离显示和自动控制。

2. 应变片式压力传感器

应变片式压力传感器是基于电阻应变效应原理工作的。电阻应变片有金属应变片(金属丝或金属箔)和半导体应变片两类。被测压力使电阻应变片产生应变。当电阻应变片产生压缩应变时，其电阻值减小；当电阻应变片产生拉伸应变时，其电阻值增加。电阻应变片电阻值的变化通过桥式电路转换为相应的毫伏级电压输出信号，再用毫伏计或其他记录仪表显示出该电压输出信号对应的被测压力，从而组成应变片式压力计(应变片式压力传感器)。

应变片式压力传感器的原理如图 3-13 所示。应变筒的上端与外壳固定在一起，应变筒的下端与不锈钢的密封膜片紧密接触，两片康铜丝应变片 R_1 和 R_2 用特殊胶合剂贴紧在应变筒的外壁。R_1 是沿应变筒轴向贴放的，作为测量片；R_2 是沿应变筒径向贴放的，作为温度补偿片。电阻应变片与应变筒筒体之间不发生相对滑动，并且保持电气绝缘。当被测压力 p 作用于密封膜片，应变筒因轴向受压而变形时，沿应变筒轴向贴放的电阻应变片 R_1 也将产生轴向压缩应变ε_1，于是 R_1 的电阻值变小；而沿应变筒径向贴放的电阻应变片 R_2，由于本身受到横向压缩将引起纵向拉伸应变ε_2，于是 R_2 的电阻值变大。由于ε_2 比ε_1 要小，故实际上 R_1 的电阻值减少量将比 R_2 的电阻值增大量大。

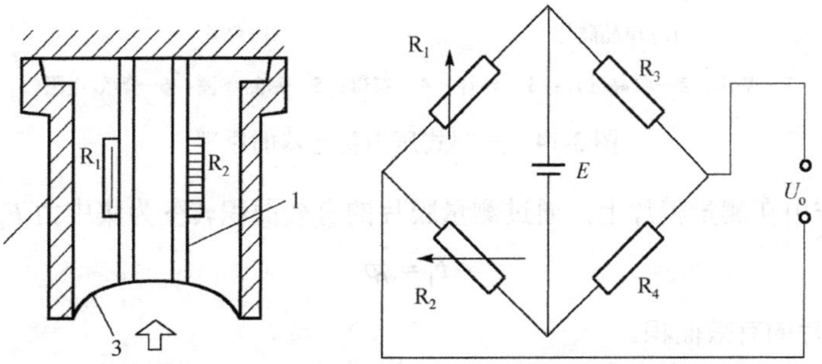

(a) 测量筒　　(b) 测量电路

1—应变筒；2—外壳；3—密封膜片。

图 3-13　应变片式压力传感器的原理

电阻应变片 R_1 和 R_2 与两个固定电阻 R_3 和 R_4 组成桥式电路，如图 3-13(b)所示。R_1 和 R_2 的电阻值变化使桥式电路失去平衡，从而获得不平衡电压 ΔU 作为传感器的输出信号。在桥式电路的供给直流稳压电源电压最大为 10V 时，可获得最大 ΔU 为 5mV。应变片式压力传感器的被测压力可达 25MPa。由于应变片式压力传感器的固有频率在 25 000Hz 以上，故有较好的动态性能，适用于快速变化的压力测量。应变片式压力传感器的非线性及滞后误差小于额定压力的 1%。

3．压阻式压力传感器

压阻式压力传感器是基于单晶硅的压阻效应原理工作的。压阻式压力传感器的原理如图 3-14 所示。在压阻式压力传感器中，采用单晶硅片作为弹性元件，利用集成电路的工艺，在单晶硅片的特定方向上扩散一组电阻值相等的电阻，并将电阻接成桥式电路。单晶硅片被置于压阻式压力传感器腔内。当被测压力发生变化时，单晶硅片产生应变，使直接扩散在其上面的电阻的电阻值产生与被测压力成比例的变化，再由桥式电路转换为相应的电压输出信号。

压阻式压力传感器具有精确度高、工作可靠、迟滞小、尺寸小、质量小、结构简单等特点，可以适应恶劣的工作环境，便于实现显示的数字化。压阻式压力传感器不仅可以用来测量压力，若将其稍加改变，还可以用来测量差压、高度、速度、加速度等参数。

4．力矩平衡式压力变送器

力矩平衡式压力变送器是一种典型的自平衡检测仪表。它利用负反馈的工作原理克服元件材料、加工工艺等不利因素的影响，使其具有较高的测量精确度(一般为 0.5 级)、工作稳定可靠、线性好、不灵敏区小等优点。下面以 DDZ-Ⅲ型电动力矩平衡式压力变送器为例加以介绍。

DDZ-Ⅲ型电动力矩平衡式压力变送器的供电电压为 24V DC，其输出电流为 4～20mA DC。它属于两线制、本质安型仪表。DDZ-Ⅲ型电动力矩平衡压力变送器的结构如图 3-15 所示。

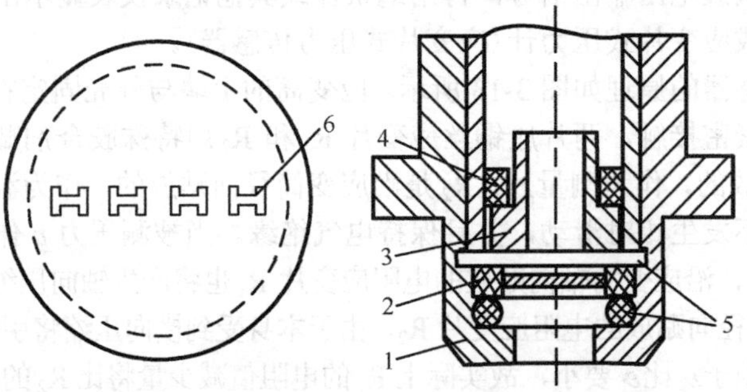

(a) 单晶硅片　　(b) 结构

1—基座；2—单晶硅片；3—导环；4—螺母；5—密封垫圈；6—等效电阻。

图 3-14　压阻式压力传感器的原理

被测压力 p 作用在测量膜片上，通过测量膜片的有效面积转变为集中力 F_i，即

$$F_i = fp \tag{3-17}$$

式中，f 为测量膜片的有效面积。

集中力 F_i 作用在主杠杆的下端，使主杠杆以轴封膜片为支点偏转，并将集中力 F_i 转换为对矢量机构的作用力 F_1。矢量机构以量程调整螺钉为轴，将水平向右的力 F_1 分解成连杆向上的力 F_2 和矢量角 θ 方向的力 F_3(消耗在支点上)。分力 F_2 使副杠杆以 O_2 为支点逆时针转动，并使与副杠

杆刚性连接的检测片(衔铁)靠近差动变压器，以改变差动变压器一次、二次绕组的磁耦合，从而使差动变压器二次绕组的输出电压改变。这个输出电压经放大器放大后转变为直流电流 I_o，此电流流过反馈动圈时，产生电磁反馈力 F_f。将 F_f 施加于副杠杆的下端，使副杠杆以 O_2 为支点顺时针转动。当反馈力矩与在 F_2 作用下副杠杆的驱动力矩互相平衡时，放大器产生一个确定的对应输出电流 I_o。I_o 与被测压力 p 成正比。

该变送器是按力矩平衡原理工作的。根据主、副杠杆的平衡条件可以推导出被测压力 p 与输出电流 I_o 的关系。

当主杠杆平衡时，有

$$F_i l_1 = F_1 l_2 \tag{3-18}$$

式中，l_1 为 F_i 到支点 O_1 的距离；l_2 为 F_1 到支点 O_1 的距离。

将式(3-17)代入式(3-18)得

$$F_1 = \frac{l_1}{l_2} fp = K_1 p \tag{3-19}$$

式中，$K_1 = \frac{l_1}{l_2} f$ 为比例系数。

矢量机构将 F_1 分解为 F_2 与 F_3，有

$$F_2 = F_1 \tan\theta = K_1 \tan\theta \tag{3-20}$$

再来考虑副杠杆的平衡条件。若不考虑调零弹簧在副杠杆上形成的恒定力矩时，电磁反馈力矩应与 F_2 对副杠杆的驱动力矩相平衡，即

$$F_2 l_3 = F_f l_4 \tag{3-21}$$

式中，l_3 为 F_2 到支点 O_2 的距离；l_4 为 F_f 到支点 O_2 的距离。

电磁反馈力 F_f 的大小与通过反馈动圈的直流电流 I_o 成正比，即

$$F_f = K_2 I_o \tag{3-22}$$

式中，K_2 为比例系数。

将式(3-22)代入式(3-21)，得

$$F_2 = \frac{l_4}{l_3} K_2 I_o = K_3 I_o \tag{3-23}$$

式中，$K_3 = \frac{l_4}{l_3} K_2$。

联立式(3-20)与式(3-23)，得

$$I_o = Kp\tan\theta \tag{3-24}$$

式中，$K = \frac{K_1}{K_3}$ 为转换比例系数。

当该变送器的结构及电磁特性确定后，K 为常数。式(3-24)说明当矢量机构的矢量角 θ 确定后，该变送器的输出电流 I_o 与输入压力 p 呈对应关系。

如图 3-15 所示，调节量程调整螺钉，可改变矢量机构的矢量角 θ，从而能连续改变两杠杆间的传动比，也就是能调整该变送器的量程。通常，矢量角 θ 可以从 4° 调整到 15°，$\tan\theta$ 相应变大了约 4 倍，因而相应的量程也扩大了 4 倍。调节调零弹簧的张力，可起到调整零点的作用。

如果将该变送器的测压弹性元件稍加改变，就可以用来连续测量差压或绝对压力，如图 3-16 所示。DDZ-Ⅲ型电动力矩平衡差压变送器与DDZ-Ⅲ型电动力矩平衡压力变送器的工作原理基本上是一样的。

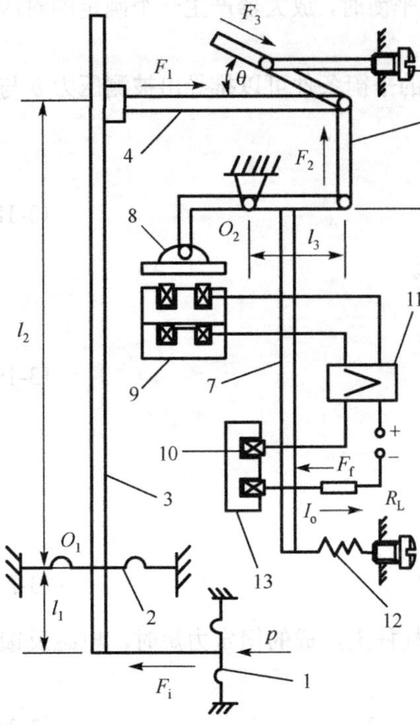

1—测量膜片；2—轴封膜片；3—主杠杆；4—矢量机构；
5—量程调整螺钉；6—连杆；7—副杠杆；
8—检测片(衔铁)；9—差动变压器；10—反馈动圈；
11—放大器；12—调零弹簧；13—永久磁钢。

图 3-15　DDZ-Ⅲ型电动力矩平衡压力变送器的结构

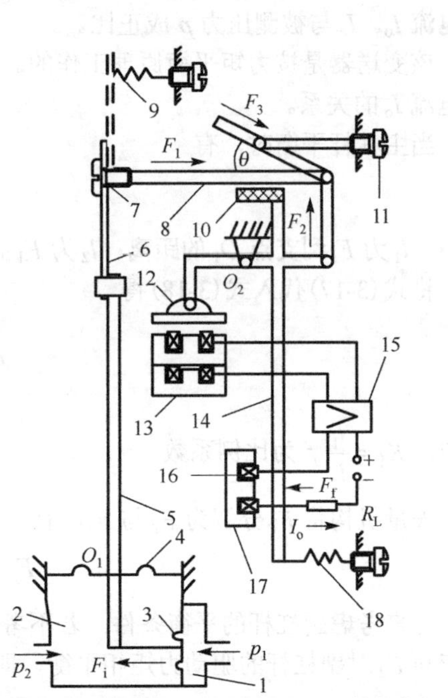

1—高压室；2—低压室；3—测量膜片；4—轴封膜片；
5—主杠杆；6—过载保护簧片；7—静压调整螺钉；
8—矢量机构；9—零点迁移弹簧；10—平衡锤；
11—量程调整螺钉；12—检测片(衔铁)；
13—差动变压器；14—副杠杆；15—放大器；
16—反馈动圈；17—永久磁钢；18—调零弹簧。

图 3-16　DDZ-Ⅲ型电动力矩平衡差压变送器的结构

5．电容式差压/压力变送器

20 世纪 70 年代初，由美国最先投放市场的电容式差压/压力变送器是一种开环检测仪表。这种电容式差压/压力变送器具有结构简单、过载能力强、可靠性好、测量精确度高、体积小、质量小、使用方便等一系列优点，目前已成为最受欢迎的差压/压力变送器。电容式差压/压力变送器的输出信号是标准的 4～20mA 直流信号。

电容式差压/压力变送器先将被测压力的变化转换为电容的变化，然后测量电容的变化。

在工业生产过程中，电容式差压变送器的应用数量多于电容式压力变送器，因此下面以电容式差压变送器为例进行介绍。其实，两者的原理和结构基本上是相同的。

电容式差压变送器测量元件的结构如图 3-17 所示。将左右对称的不锈钢底座的外侧加工成环状波纹沟槽，并焊上波纹隔离膜片。基座内侧有玻璃层，基座和玻璃层中央有孔道相通。玻璃层内表面磨成凹球面，球面上镀有金属膜，此金属膜层有导线通往外部，构成电容的左右固定极板。在两个固定极板之间是弹性材料制成的测量膜片。该测量膜片作为电容的中央动极板。在测量膜片两侧的空腔中充满硅油。

当被测压力 p_1 和 p_2 被分别加于左、右两侧的隔离膜片时，产生的压差通过硅油被传递到测量膜片上，使得测量膜片向压力小的一侧弯曲变形，引起中央动极板与两边固定极板间的距离发生变化，从而两电极的电容不再相等，一个电容增大、另一个电容减小。电容的变化量通过引线传至测量电路。在测量电路将这个电容的变化量转换为一个 4～20mA 直流信号。

下面以 1151 系列电容式差压变送器为例简单介绍其转换原理。电容式变送器的原理如图 3-18 所示。

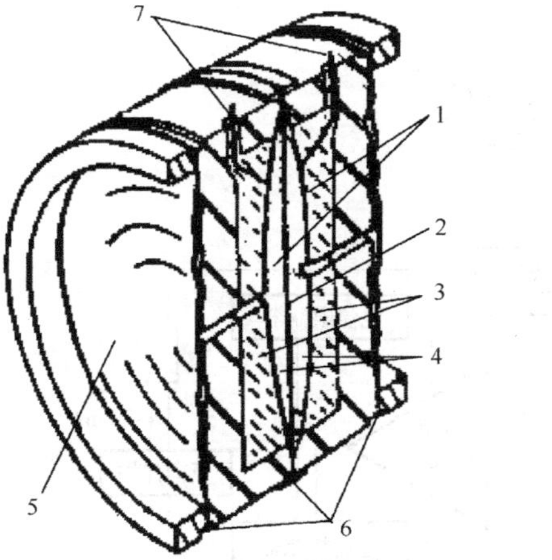

1—固定极板；2—测量膜片；3—玻璃层；4—硅油；
5—隔离膜片；6—焊接密封；7—引出线。

图 3-17　电容式差压变送器测量元件的结构

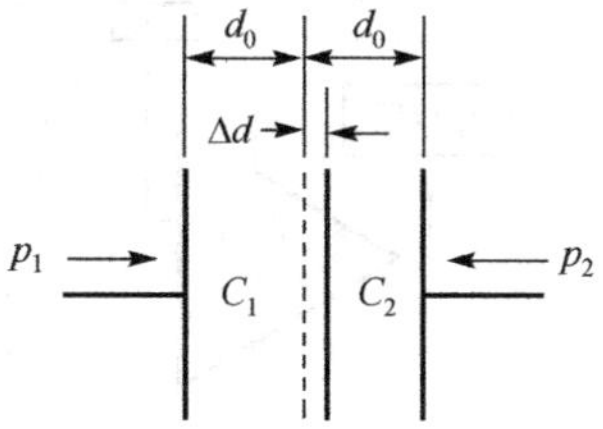

图 3-18　电容式变送器的原理

假设测量膜片在差压 Δp 的作用下移动距离为 Δd，由于 Δd 很小，可近似认为 Δp 与 Δd 成比例变化，即

$$\Delta d = K_1\Delta p = K_1(p_1 - p_2) \tag{3-25}$$

式中，K_1 为比例系数。

这样中央动极板(测量膜片)与左、右固定极板间距离由原来的 d_0 变为 $d_0+\Delta d$ 和 $d_0-\Delta d$，根据平板电容原理，有

$$C_{10} = C_{20} = \frac{\varepsilon A}{d_0} \tag{3-26}$$

式中，ε为介电常数；A 为极板面积。

当 $p_1>p_2$ 时，中间极板向右移动 Δd，此时左边电容的极板间距增加 Δd，而右边电容的极板间距则减少 Δd，各自的电容分别为

$$C_1 = \frac{\varepsilon A}{d_0 + \Delta d} \tag{3-27}$$

$$C_2 = \frac{\varepsilon A}{d_0 - \Delta d} \tag{3-28}$$

由式(3-27)和式(3-28)可得出差压 Δp 与差动电容 C_1、C_2 的关系为

$$\frac{C_2 - C_1}{C_2 + C_1} = \frac{\Delta d}{d_0} = \frac{\varepsilon A}{d_0}K_1\Delta p = K_2\Delta p \tag{3-29}$$

式中，$K_2 = K_1\dfrac{\varepsilon A}{d_0}$ 是一个常数。

由式(3-29)可知，C_1, C_2与Δp成正比。因此，利用转换电路就可将(C_2-C_1)与(C_2-C_1)的比值转换为电压量或电流量。

1511 系列电容式差压变送器转换电路的功能模块结构如图 3-19 所示。其中，解调器、振荡器和电流放大器的作用是将电容比$\dfrac{C_2-C_1}{C_2+C_1}$的变化按比例转变为测量电流I_s，于是此线性关系可表示为

$$I_s = K_3 \frac{C_2-C_1}{C_2+C_1} \tag{3-30}$$

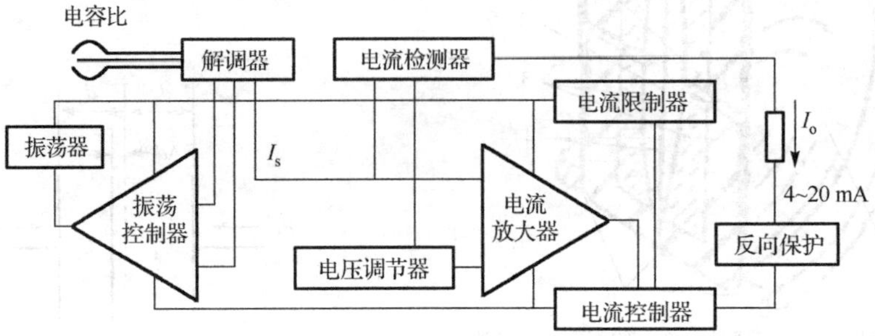

图 3-19　1151 系列电容式差压变送器转换电路的功能模块结构

随后将测量电流I_s送入电流放大器，经过调零、零点迁移、量程迁移、阻尼调整、输出限流等处理后，最终转换为 4～20mA 输出电流I_o，即$I_o = K_4 I_s$。可见，电容式差压变送器的整机输出电流I_o与输入差压Δp之间具有良好的线性关系。

电容式差压变送器的结构还可以有效地保护测量膜片。当差压过大并超过允许测量范围时，测量膜片将平滑地贴靠在玻璃凹球面上，因此不易被损坏，而且测量膜片过载后的恢复特性很好，这样大大提高了其过载承受能力。与电动力矩平衡差压变送器相比，电容式差式变送器没有杠杆传动机构，因而尺寸紧凑，密封性与抗震性好，测量精确度相应提高(可达 0.2 级)。

3.6.3　智能型差压/压力变送器

随着微处理器的广泛应用，微处理器的性能不断提高，其成本大幅度降低，使其在各个领域中的应用十分普遍。智能型差压/压力变送器就是在普通差压/压力变送器的基础上增加了微处理器而形成的智能检测仪表。例如，用带有温度补偿的电容式差压/压力变送器与微处理器相结合，构成精确度为 0.1 级的智能型差压/压力变送器，其时间常数在 0～36s 之间可调，通过手操器(通信器)，可对 1500m 之内的现场变送器进行工作参数的设定、量程调整、零点调整及向变送器写入信息数据。智能型差压/压力变送器与手操器如图 3-20 所示。

智能型差压/压力变送器的特点是：可进行远程通信，利用手操器可对现场变送器进行各种运行参数的选择和标定；通过编制各种程序，使变送器具有自修正、自补偿、自诊断及错误方式报警等多种功能，因而提高了变送器的精确度，简化了对变送器调整、校准与维护过程，促使变送器与计算机、控制系统直接对话。

下面以美国费希尔-罗斯蒙特公司的 3051C 智能型差压变送器为例，对其工作原理进行简单介绍。

3051C 智能型差压变送器包括变送器和 275 型手操器。变送器由传感膜头和电子线路板组成。3051C 智能型差压变送器的原理如图 3-21 所示。

智能型压差变送器除具有普通差压变送器的功能之外，还具有以下特点。

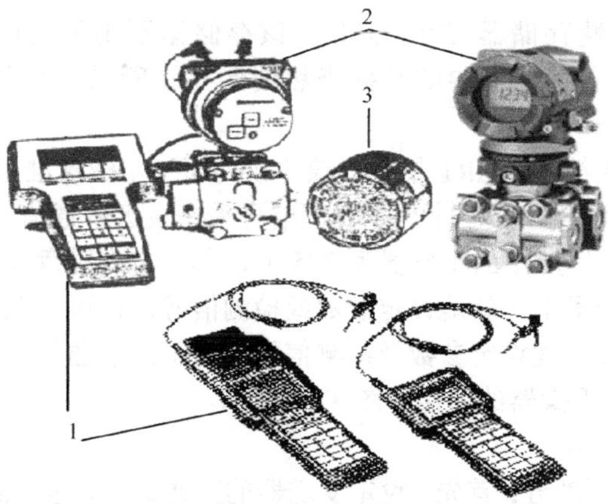

1—HART(BT200)手操器；2—变送器；3—盖。

图 3-20　智能型差压/压力变送器与手操器

(1)组态功能使得该变送器使用起来更加灵活方便。组态功能包括组态线性化、更换工程单位、增加阻尼(滤波)、程序调零、调量程等功能。

(2)设有自动调零、自动调量程按钮。加入起始压力后，按下自动调零按钮 5s，就可实现调零；加入满量程压力后，按下自动调量程按钮 5s，就可实现调量程。

(3)为了调校组态方便，配有遥控接口。该接口可以挂在变送器(两线制)的两根信号线上(不分极性)，利用键控相移技术(一种信号调制方法)将高频信号叠加到 4～20mA 直流信号上，从而实现与变送器的通信，同时不影响 4～20mA 直流信号的接收(当计算机高速采样时可能会有影响)。

(4)具备自诊断功能，能自动检查变送器回路系统故障。

被测介质压力通过电容传感器转换为与之成正比的差动电容信号。传感膜头还同时进行温度的测量，用于补偿温度变化的影响。上述电容和温度信号通过 A/D 转换器转换为数字信号后，输入电子线路板。

在工厂的特性化过程中，所有的传感器都经受了整个工作范围内的压力与温度循环测试。根据测试数据所得到的修正系数，都被储存在传感膜头内存中，从而可保证变送器在运行过程中能精确地进行信号修正。

电子线路板接收来自传感部分的数字输入信号和修正系数，然后对信号加以修正与线性化。电子线路板的输出部分将数字信号转换为 4～20mA 直流信号，并与手操器进行通信。

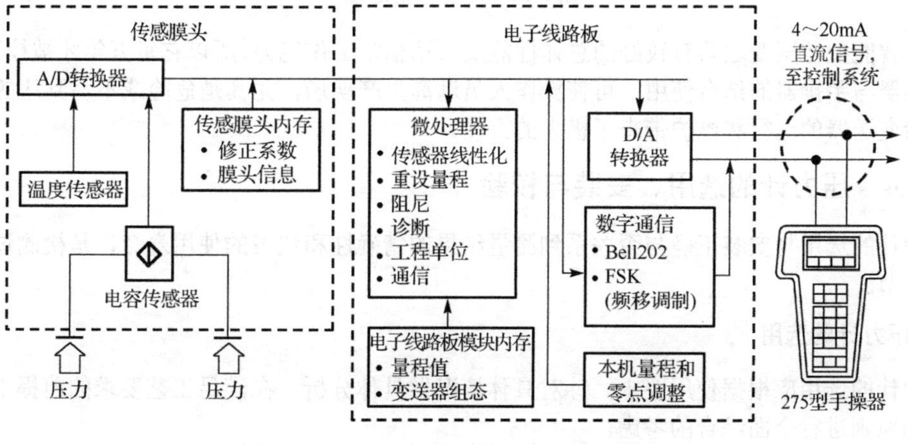

图 3-21　3051C 智能型差压变送器的原理

变送器内装有非易失性存储器(E^2PROM)。该存储器不用另装电池就可长期保存组态数据。当遇到意外停电时，该存储器中的数据仍然被保存。所以，恢复供电之后，变送器能立即工作。

变送器的数字通信格式符合 HART 协议。该协议使用了工业标准 Bell202 频移调制(FSK)技术，即通过在 4～20mA 直流输出信号上叠加高频信号来完成远程通信。

3051C 智能型差压变送器所用的手操器为 275 型，其上带有键盘及液晶显示器。该手操器可以接在现场变送器的信号端子上，就地设定参数或检测信号，也可以在远离现场的控制室中接在某个变送器的信号线上进行远程设定参数及检测信号。为了便于通信，变送器的信号回路必须有不小于 250Ω 的负载电阻。手操器的连接如图 3-22 所示。

手操器能够实现下列功能。

(1) 组态。组态可分为两部分：首先，设定变送器的工作参数，包括测量范围、阻尼时间常数、工程单位等；其次，可向变送器输入信息性数据，以便对变送器进行识别与物理描述，包括给变送器指定工位号、描述符等。

(2) 测量范围的变更。当要更改测量范围时，无须到现场调整变送器。

(3) 变送器的校准。变送器的校准包括零点和量程的校准。

(4) 自诊断。3051C 智能型差压变送器可进行连续自诊断。当出现问题时，变送器将激活用户选定的模拟输出报警功能；手操器可以询问变送器，确定问题所在；变送器向手操器输出特定的信息，以识别问题。

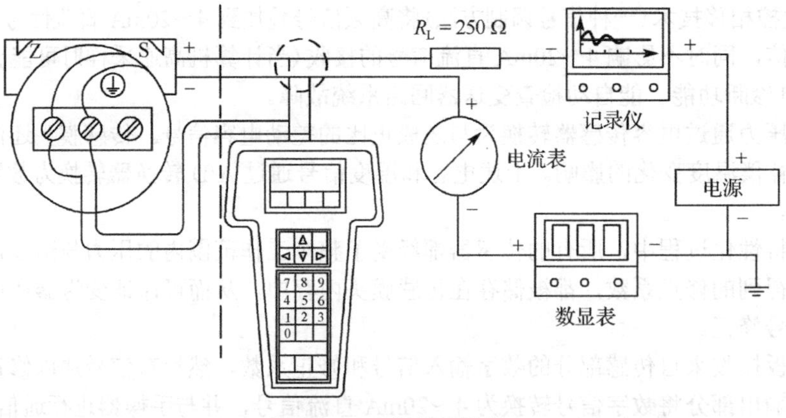

图 3-22 手操器的连接

由于智能型差压变送器有较好的总体性能及长期稳定工作能力，所以它每五年才被校验一次。由于变送器与手操器的结合使用，可使操作人员远离生产现场，尤其是危险或不易到达的地方，这样就给变送器的运行和维护带来了极大的方便。

3.6.4 压力计的选用、安装与校验

压力计的选用与安装正确与否关系到测量结果的精确性和仪表的使用寿命，是检测过程十分重要的环节。

1. 压力计的选用

压力计的选用应根据使用要求，针对具体情况做具体分析，在满足工艺要求的前提下，应本着节约的原则进行全面综合的考虑。

1) 压力计类型的选用

压力计类型的选用必须满足工艺要求。例如，测量结果是否要被远传、自动记录；被测介质的性质(如被测介质的温度、黏度、腐蚀性、脏污程度、是否易燃易爆等)和现场环境条件(如湿度、温度、磁场强度、振动等)是否对压力计提出特殊要求等。因此，根据工艺要求正确地选用压力计类型是保证压力计正常工作及安全生产的重要前提。

例如，普通压力计弹簧管的材料多采用铜合金(高压的采用合金钢)，而氨用压力计弹簧管的材料却采用碳钢且不允许采用铜合金。因为氨对铜的腐油性极强，所以普通压力计用于氨压力测量时很快就被损坏了。

氧气压力计与普通压力计在结构和材质方面可以完全一样，只是氧用压力计在使用时要禁油。因为油进入氧气系统易引起爆炸，所以氧气压力计在校验时，不能像普通压力计那样采用变压器油作为工作介质，而且氧气压力计在存放中要严格避免接触油污。如果必须采用现有的带油污的压力计测量氧气压力时，使用前必须将其用四氯化碳反复清洗，直到其无油污为止。

2) 压力计测量范围的确定

为了保证弹性元件能在弹性变形的安全范围内可靠工作，在选择压力计量程时，必须根据被测压力的大小和压力变化的快慢，留有足够的余地。因此，压力计的上限值应该高于工艺生产中可能的最大压力值。根据《化工自控设计技术规定》，在测量稳定压力时，最大工作压力不应超过测量上限值的 2/3；在测量脉动压力时，最大工作压力不应超过测量上限值的 1/2；在测量高压时，最大工作压力不应超过测量上限值的 3/5。一般被测压力的最小值应不低于测量上限值的 1/3，从而保证压力计的输出量与输入量之间的线性关系，提高压力计测量结果的精确度和灵敏度。

根据被测参数的最大值和最小值计算出测量上、下限值后，不能以此数值直接作为压力计的测量范围。我们在选用压力计的标尺上限值时，应在国家规定的标准系列中选取。我国的压力计测量范围标准系列有：–0.1～0.06MPa, 0.15MPa, 0～1MPa, 1.6MPa, 2.5MPa, 4MPa, 6MPa, 10×10^{n}MPa (其中，n 为自然整数，可为正、负值)。

例 就地测量某储气罐压力，气罐的最大压力为 0.5MPa，要求最大测量误差不大于 0.02MPa，请选择压力计的测量范围。

解 一般可选用弹簧管式压力计。因为被测压力的变化较为平稳，所以最大被测压力不应超过压力计测量上限值的 2/3，即

$$p=\frac{0.5}{2/3}=0.75\ (\mathrm{MPa})$$

因为在我国的压力计测量范围标准系列中无 0.75MPa，我们应该选大于而且接近于 0.75MPa 的值，因此所选压力计的测量范围为 0～1MPa。

3) 压力计精确度等级的选取

根据工艺生产允许的最大绝对误差和选定的压力计量程，计算出压力计允许的最大引用误差 $\delta_{\max}$，在国家规定的精确度等级中确定压力计的精确度。一般来说，所选用的压力计越精密，则压力计的测量结果越精确、可靠，但不能认为选用的压力计精确度越高越好。因为越精密的压力计，一般价格越贵，操作和维护越费事，因此在满足工艺要求的前提下，应尽可能选用精确度等级较低、价廉耐用的压力计。

下面通过一个例子来说明压力计的选用。

例 某台往复式压缩机的出口压力范围为 25～28MPa，试选用一台压力计对该出口压力进行测量，测量误差不得大于 1MPa，工艺上要求就地观察，能实现在超出测量上、下限值时的报警功能，并指出其型号、精确度等级与测量范围。

解 由于往复式压缩机的出口压力波动较大，所以选择压力计的上限值为

$$p_1 = p_{max} \times 2 = 28 \times 2 = 56\ (\text{MPa})$$

根据就地显示及能进行超出测量上、下限值时的报警功能，可选用 YX-150（Y—压力；X—电接点；型号后面的数字表示表面直径尺寸，单位为 mm）型电接点压力计，其测量范围为 0～60MPa。

由于(25/60)>(1/3)，故被测压力的最小值不低于满量程的 1/3，这是允许的。

另外，根据测量误差的要求，可算得允许误差为

$$\frac{1}{60} \times 100\% = 1.67\%$$

所以，精确度等级为 1.5 级的压力计完全可以满足这个误差要求。

至此，可以确定，选择的压力计为 YX-150 型电接点压力计，其测量范围为 0～60MPa，其精确度等级为 1.5 级。

2．压力计的安装

压力计的安装正确与否，直接影响到测量结果的准确性和压力计的使用寿命。

1）测压点的选择

所选择的测压点（又称取压点）应能反映被测压力的真实大小。为此必须注意以下几点。

(1) 要选在被测介质直线流动的管路部分，不要选在管路拐弯、分叉、死角或其他易形成旋涡的地方。

(2) 当测量流动介质的压力时，应使取压点与流动方向垂直，导压管内端面与生产设备连接处的内壁应保持光滑，不应有凸出物或毛刺。

(3) 当测量液体压力时，取压点应在管道下部，使导压管内不积存气体；当测量气体压力时，取压点应在管道上方，使导压管内不积存液体。

2）导压管敷设

(1) 导压管粗细要合适，一般内径为 6～10mm，长度应尽可能短，最长不得超过 50m，以减少压力指示的迟缓。当导压管的长度超过 50m 时，应选用能远距离传送的压力计。

(2) 当导压管水平安装时，应保证其有 1/10～1/20 的倾斜度，以利于积存于其中之液体（或气体）的排出。

(3) 当被测介质易冷凝或冻结时，必须加设保温伴热管路。

(4) 取压口到压力计之间应装有切断阀，以备检修压力计时使用。切断阀应装设在靠近取压口的地方。

3）压力计的安装

(1) 压力计应安装在易观察和检修的地方。

(2) 安装地点应力求避免震动和高温影响。

(3) 当测量蒸汽压力时，应加装凝液管，以防止高温蒸汽直接与测压元件接触，如图 3-23(a) 所示；当测量有腐蚀性介质的压力时，应加装有中性介质的隔离罐。图 3-23(b) 表示了在被测介质密度 ρ_2 大于和小于隔离液密度 ρ_1 的两种情况下压力计的安装。

总之，针对被测介质的不同性质（高温、低温、腐蚀、脏污、结晶、沉淀、黏稠等），要采取相应的防热、防腐、防冻、防堵等措施。

(4) 当被测压力较小，而压力计与取压口又不在同一个高度时，如图 3-23(c) 所示，对由此高度而引起的测量误差应按 $\Delta p = \pm H\rho g$（H 为高度差，ρ 为导压管中介质的密度，g 为重力加速度）进行修正。

(5)应根据被测压力的高低和被测介质的性质，在压力计的连接处选择适当的材料作为密封垫片，以防泄漏。一般当被测介质的温度低于 80℃及被测压力低于 2MPa 时，使用牛皮或橡胶垫片；当被测介质的温度低于 450℃及被测压力低于 5MPa 时，使用石棉或铝垫片；当被测介质的温度高于 450℃及被测压力高于 5MPa 时，使用退火紫铜或铝垫片。当测量氧气时，不能使用浸油垫片和有机化合物垫片；当测量乙炔、氨介质压力时，不能使用铜垫片。

(6)为安全起见，测量高压的压力计除选用有通气孔的外，安装时其表壳应向墙壁或无人通过之处，以防意外发生。

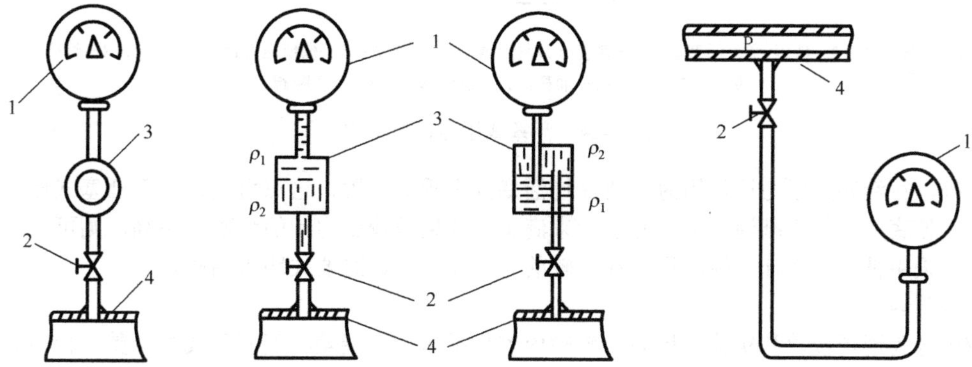

(a) 测量蒸汽　(b) 测量有腐蚀性介质　(c) 压力计位于设备之下

1—压力计；2—切断阀门；3—凝液管；4—取压容器。

图 3-23　压力计的安装

3. 压力计的校验

压力计在长期的使用中，因弹性元件疲劳、传动机构磨损及化学腐蚀等会造成测量误差。所以有必要对压力计定期进行校验，新压力计在安装使用前也应被校验，以便恰当地估计压力计指示值的可靠程度。

1)校验原理

校验工作是将被校压力计与标准压力计处在相同条件下的比较过程。标准压力计的选择原则是：当被校压力计的允许绝对误差为$\alpha_{允}$时，标准压力计的允许绝对误差不得超过$\alpha_{允}$的 1/3(最好不超过$\alpha_{允}$的 1/5)。这样可以认为标准压力计的读数就是真实值。另外，为防止标准压力计超程损坏，标准压力计的测量范围应比被校压力计的大一档次。如果比较结果表明被校压力计的精确度等级高于其标明的等级，则被校压力计是合格的；否则，应检修、更换或降级使用被校压力计。

2)校验仪器——活塞式压力计

活塞式压力计的结构如图 3-24 所示。在一个密闭的容器内，充满变压器油或蓖麻油(工作液)。转动手轮使活塞向前推进，对工作液产生一个压力。这个压力在密闭的容器内向各个方向传递，进入被校压力计和标准器的压力都是相等的。因此，利用比较的方法便可得出被校压力计的绝对误差。标准器由活塞和砝码构成。活塞的有效面积和活塞杆、砝码的质量都是已知的。这样，标准器的标准压力值就可根据压力的定义准确地计算出来。活塞式压力计的精确度有 0.05 级、0.2 级等。高精确度的活塞式压力计可用来校验弹簧管压力计、变送器等。在校验时，为了减少活塞与活塞之间静摩擦力的影响，用手轻轻拨转手轮，使活塞旋转。

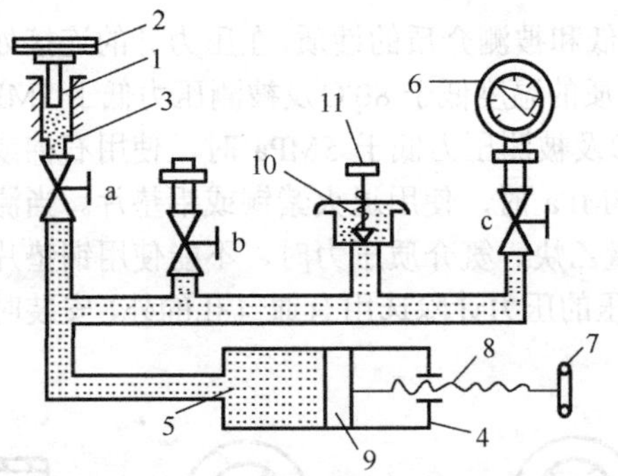

1—测量活塞；2—砝码；3—活塞筒；4—螺旋压力发生器；5—工作液；6—被校压力计；7—手轮；8—丝杆；9—工作活塞；10—油杯；11—进油阀；a, b, c—切断阀。

图 3-24　活塞式压力计的结构

另外，在活塞式压力计使用时，要保持活塞处于垂直位置，这点可通过调整活塞式压力计底座螺钉，使底座上的水准泡处于中心位置来满足。如果被校压力计的精确度不高，则可不用砝码校验，而采用被校压力计与标准压力计比较的方法校验，这时要关闭进油阀。

3) 校验内容

校验分为现场校验和实验室校验。校验内容包括指示值误差、变差和线性调整。校验具体步骤是：首先在被校压力计量程范围内均匀地确定几个被校点(一般为 5～6 个，一定要有测量的下限值和上限值)，然后由小到大(上行程)逐点比较标准压力计的指示值，直到上限值，再推进一点点，使指针稍超过上限值，之后进行由大到小(下行程)的校验。这样反复 2～3 次，最后依各项技术指标的定义进行计算、确定被校压力计是否合格。

3.7　流量检测及流量仪表

在化工、石油、造纸等生产过程中，为了正确、有效地进行生产操作和控制，经常要测量生产过程中各种介质(液体、气体和蒸汽等)的流量，以便为生产操作和控制提供依据。同时，为了进行经济核算，经常要知道在一段时间(一班、一天等)内流过的介质总量。所以，介质流量是控制生产过程达到优质高产、安全生产及进行经济核算所必需的一个重要参数。随着自动化水平的不断提高，流量测量和控制已由原来的保证稳定运行朝着最优化控制过渡。这样流量仪表更是成为不可缺少的检测仪表之一。

3.7.1　流量的定义与单位

一般所讲的流量是指流经管道(或设备)某一个有效截面的流体数量。随着测量工艺要求不同，流量又可分为瞬时流量和累积流量。

1. 瞬时流量

瞬时流量是指单位时间内流经某一个有效截面的流体数量。它可以分别用体积流量和质量流量来表示。

(1) 体积流量：单位时间内流经某一个有效截面的流体体积，可用 Q 表示为

$$Q = vA \tag{3-31}$$

式中，v 为某一个有效截面处的平均流速；A 为流体通过的有效截面积。

体积流量常用的单位有立方米每小时(m^3/h)、升每小时(L/h)、升每分(L/min)等

(2)质量流量：单位时间内流经某一个有效截面的流体质量，常用 M 表示。若流体的密度是 ρ，则体积流量与质量流量之间的关系为

$$M = Q\rho = vA\rho \tag{3-32}$$

质量流量常用的单位有吨每小时(t/h)、千克每小时(kg/h)、千克每秒(kg/s)等。

2. 累积流量(总量)

累积流量是指在某段时间内流经某一个有效截面的流体数量的总和，可以用体积和质量来表示为

$$Q_{\Sigma} = \int_0^t Q\mathrm{d}t\ ; \qquad M_{\Sigma} = \int_0^t M\mathrm{d}t \tag{3-33}$$

式中，t 为时间。

累积流量常用的单位分别有立方米(m^3)、升(L)、吨(t)、千克(kg)等。

测量瞬时流量的仪表一般称为流量计；测量累积流量的仪表常称为计量表。然而，两者并不是截然划分的，在流量计上配以累积机构，也可以读出总量。

3. 流量测量仪表的分类

测量流量的方法很多，其测量原理和所应用的仪表结构形式各不相同。目前，有许多流量测量仪表的分类方法，本书仅举一种大致的分类方法，简介如下。

(1)速度式流量计：这是一种以测量流体在管道内的流速作为测量依据来计算流量的仪表，如差压式流量计、转子流量计、电磁流量计、涡轮流量计、堰式流量计等。

(2)容积式流量计：这是一种以单位时间内所排出的流体的固定容积的数目作为测量依据来计算流量的仪表，如椭圆齿轮流量计、活塞式流量计等。

(3)质量流量计：这是一种以测量流体流过的质量为依据来计算流量的仪表。质量流量计分为直接式和间接式两种。直接式质量流量计是直接测量质量流量的，如质量热式、角动量式、陀螺式和科里奥利力式等质量流量计。间接式质量流量计是用密度与容积流量经过运算求得质量流量的。质量流量计具有测量精确度不受流体的温度、压力、黏度等变化影响的优点，是一种发展中的流量测量仪表。

3.7.2 差压式流量计

差压式(又称节流式)流量计是基于流体流动的节流原理，利用流体流经节流装置时产生的压力差而实现流量测量的。差压式流量计是目前生产中测量流量非常成熟和常用的仪表之一。通常，差压式流量计由能将被测流量转换成压力差信号的节流装置和能将此压力差转换成对应的流量值显示出来的差压计及显示仪表所组成。在单元组合仪表中，由节流装置产生的压力差信号，经常通过差压变送器转换成相应的标准信号(电的或气的)，以供显示、记录或控制用。

1. 节流现象与流量基本方程式

1)节流现象

流体在有节流装置的管道中流动时，在节流装置前后的管壁处，流体的静压力产生差异的现象称为节流现象。

节流装置包括节流件和取压装置。节流件是能使管道中的流体产生局部收缩的元件。应用最广泛的节流件是孔板，其次是喷嘴、文丘里管等。下面以孔板为例来说明节流现象。

具有一定能量的流体才可能在管道中形成流动状态。流动流体的能量有两种形式，即动能和静压能。流体由于有流动速度而具有动能，又由于有压力而具有静压能。这两种形式的能量在一定的条件下可以互相转化。但是，根据能量守恒定律，流体所具有的静压能和动能，再加上克服流动阻力的能量损失，在没有外加能量的情况下，其总和是不变的。孔板装置及压力、流速分布图如图 3-25 所示。流体在管道截面Ⅰ前，以一定的流速 v_1 流动，此时静压力为 p_1'。在接近节流装置时，由于遇到节流装置的阻挡，使靠近管壁处的流体受到节流装置的阻挡作用最大，因而使一部分动能转换成静压能，从而出现了节流装置入口端面靠近管壁处的流体静压力升高的现象，并且此静压力比管道中心处的压力要大，即在节流装置入口端面处产生一个径向压力差。这个径向压力差使流体产生径向附加速度，从而使靠近管壁处的流体质点的流向向管道中心轴线倾斜，形成了流束的收缩运动。由于惯性作用，流束的截面积并不在孔板的孔处达到最小，而是经过孔板后仍继续收缩，到截面Ⅱ处达到最小，这时流速最大，达到 v_2。随后流束的截面积又逐渐扩大，至截面Ⅲ后完全复原，流速便降低到原来的数值，即 $v_3=v_1$。

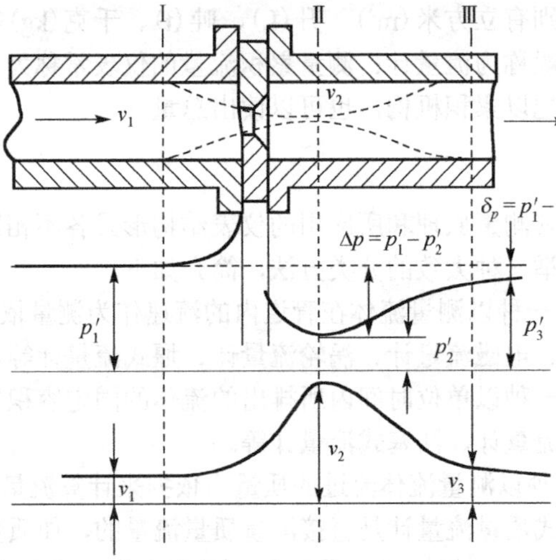

图 3-25　孔板装置及压力、流速分布图

由于节流装置造成流束的局部收缩，使流体的流速发生变化，即动能发生变化。与此同时，表征流体静压能的静压力也要变化。在Ⅰ截面处，流体具有静压力 p_1'。当流体到达Ⅱ截面处时，流速增加到最大值，静压力就降低到最小值 p_2'。而后流体的静压力又随着流束的恢复而逐渐恢复。由于在孔板端面处，流通面积突然缩小与扩大，使流体形成局部涡流，这要消耗一部分能量，同时流体流经孔板时，要克服摩擦力，所以流体的静压力不能恢复到原来的数值 p_1'，而是产生了压力损失 $\delta_p = p_1' - p_3'$。

节流装置前流体压力较高，此压力称为正压，常以“+”作为标志；节流装置后流体压力较低，此压力称为负压(注意不要与真空混淆)，常以“-”作为标志。节流装置前后压力差的大小与流量有关。管道中流动的流体流量越大，在节流装置前后产生的压力差也越大。我们只要测出孔板前后两侧压力差的大小，即可表示出流量的大小，这就是节流装置测量流量的基本原理。

值得注意的是，要准确地测量出截面Ⅰ与截面Ⅱ处的静压力 p_1'、p_2' 是有困难的。这是因为产生最低静压力 p_2' 的截面Ⅱ的位置会随着流速的不同而改变，而且事先根本无法确定该位置。实际上，流体在节流装置前后的压力变化是通过在孔板前后的管壁上选择两个固定的取压点来测量的。因而，所测得的压差与流量之间的关系与取压点及取压方法的选择是紧密相关的。

2) 流量基本方程式

流量基本方程式是阐明流量与压力差之间定量关系的基本流量公式。它是根据流体力学中的伯努利微分方程和连续性方程推导而得的，即

$$Q = \alpha\varepsilon F_0\sqrt{\frac{2}{\rho}\Delta p} \tag{3-34}$$

$$M = \alpha\varepsilon F_0\sqrt{2\rho\Delta p} \tag{3-35}$$

式中，α 为流量系数，它与节流装置的结构形式、取压方法、孔口截面积与管道截面积之比 m、雷诺数、孔口边缘锐度、管壁粗糙度等因素有关；ε为膨胀校正系数，它与孔板前后压力的相对变化量、介质的等熵指数、孔口截面积与管道截面积之比等因素有关，但对不可压缩的液体来说，常取ε=1；F_0 为节流装置的开孔截面积；Δp 为节流装置前后实际测得的压力差；ρ为节流装置前的流体密度。

由流量基本方程式可以看出，要知道流量与压力差的确切关系，关键在于α的取值。α是一个受许多因素影响的综合性参数，对于标准节流装置，可从有关手册中查出其值；对于非标准节流装置，要通过实验方法确定其值。所以，在进行节流装置的设计计算时，要针对特定条件，选择一个α值来计算。计算结果只能应用在一定条件下。一旦条件改变(如节流装置类型、尺寸、取压方法、工艺条件等的改变)，就不能随意套用条件改变前的计算结果，必须另行计算才行。例如，按小负荷情况下计算的孔板，用来测量大负荷时流体的流量，就会引起较大的误差，必须加以必要的修正。

由流量基本方程式还可以看出，流量与差压 Δp 的平方根成正比。所以，当用这种流量计测量流量时，如果不加开方器，则流量标尺刻度是不均匀的，即流量标尺起始部分的刻度很密，后面部分的刻度逐渐变疏。因此，在用差压法测量流量时，被测流量值不应接近于仪表的下限值，否则测量误差将会很大。

2. 标准节流装置

1) 标准节流元件

国内外已把最常用的节流装置孔板、喷嘴、文丘里管等标准化，并将该节流装置称为标准节流装置。对节流装置标准化的具体内容包括节流装置的结构、尺寸、加工要求、取压方法、使用条件等。例如，标准孔板对尺寸、公差、表面粗糙度等都有详细规定。孔板的断面如图 3-26 所示。其中，d/D 应在 0.2～0.8 之间；最小孔应不小于 12.5mm；直孔部分的厚度 h=(0.005～0.02)D；总厚度 H<0.05D；锥面的斜角 α=30°～45° 等。

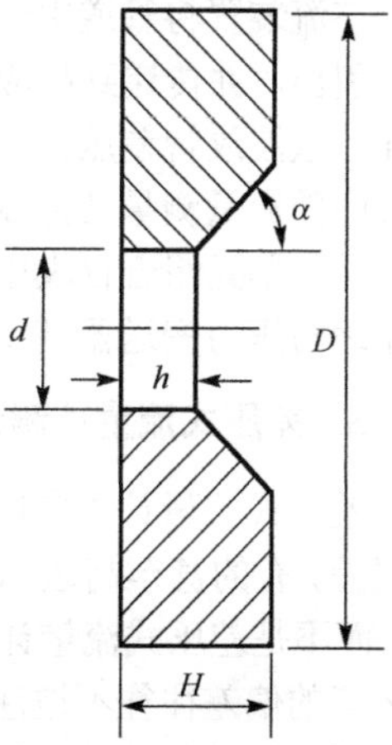

图 3-26　孔板的断面

2) 取压方法

由基本流量方程式可知，节流元件前后的压力差 p_1-p_2 是计算流量的关键数据，因此对节流装置的取压方法相当重要。我国规定的标准节流装置取压方法有两种，即角接取压法和法兰取压法。标准孔板采用角接取压法和法兰取压法。标准喷嘴采用角接取压法。

所谓角接取压法，就是在孔板(或喷嘴)前后两端面与管壁的夹角处测量压力。角接取压法可以通过环室或单独钻孔结构来实现。环室结构如图 3-27(a)所示，它是在管道的直线段处，利用左右对称的环室将孔板夹在中间，环室与孔板端面间留有狭窄的缝隙，再由导压管将环室内的压力 p_1 和 p_2 引出。单独钻孔结构则是在前后夹紧环上直接钻孔将压力引出，如图 3-27(b)所示。对于孔板，环室结构适用工作压力即管道中流体的压力在 6.4MPa 以下，管道直径 D 在 50～520mm 之间的情况；而单独钻孔结构适用工作压力在 2.5MPa 以下，D 在 50～1000mm 之间的情况。

采用环室结构能得到较好的测量精确度，但环室结构加工制造和安装的要求严格。当由于加工和现场安装条件的限制，环室结构达不到预定的要求时，仍难保证测量精确度。所以，在现场使用时，为了加工和安装方便，有时不用环室结构而用单独钻孔结构，特别是对于大口径管道。

标准孔板应用广泛，具有结构简单、安装方便的特点，适用于大流量的测量。

孔板最大的缺点是流体经过孔板后压力损失大。当工艺管道上不允许有较大的压力损失时，便不宜采用孔板。标准喷嘴和标准文丘里管的压力损失较孔板的小，但其结构比较复杂，不易加工。实际上，在一般场合下，仍多采用孔板作为节流装置。

标准节流装置仅适用于测量管道直径大于 50mm，雷诺数在 10^4～10^5 以上的流体，而且流体应当清洁，并完全充满管道。此外，为保证流体在节流装置前后为稳定的流动状态，在节流装置的上、下游必须配置一定长度的直管道。

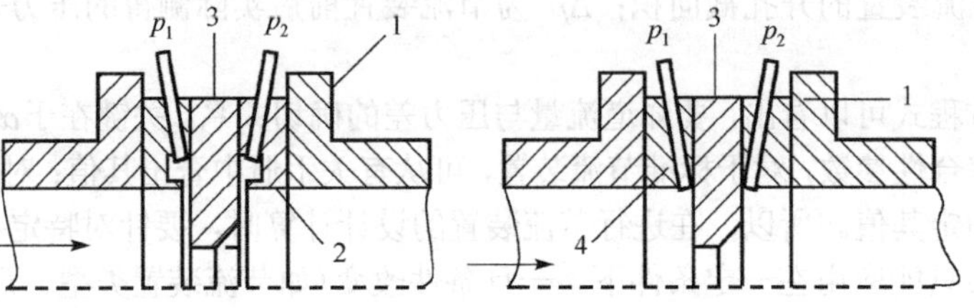

(a) 环室结构　　(b) 单独钻孔结构

1—管道法兰；2—环室；3—孔板；4—夹紧环。

图 3-27　角接取压法

节流装置将管道中流体流量的大小转换为相应的压力差大小，但这个压力差信号还必须由导压管引出，并传递到相应的差压计，以便显示出流量的数值。差压计有很多种类型，如 U 形管差压计、双波纹管差压计、膜盒式差压计等，但这些仪表均为就地指示型仪表。事实上，工业生产过程中的流量测量及控制多半采用差压变送器，将压力差信号转换为统一的标准信号，以利于远传，并与单元组合仪表中的其他单元相连接，这样便于集中显示及控制。差压变送器的结构和工作原理与压力变送器基本上是一样的。

3．差压式流量计测量误差

差压式流量计的应用非常广泛。但是，在实际应用现场，差压式流量计往往具有比较大的测量误差，有的甚至高达 10%～20%(应当指出，造成这么大的误差实际上完全是由于使用不当引起的，而不是差压式流量计本身的测量误差)。在只要求流量相对值的场合下，对流量指示值与真实值之间的偏差往往不被注意，但是事实上测量误差却是客观存在的。因此，不仅要注意合理的选型、准确的设计计算和加工制造，更要注意正确的安装、维护和符合的使用条件等，才能保证差压式流量计有足够的测量精确度。

下面列举一些造成差压式流量计测量误差的原因，以便在应用中能加以注意，并予以适当解决。

1) 被测流体工作状态的变动

在实际使用中，如果被测流体的工作状态(温度、压力、湿度等)及相应的流体重度、黏度、雷诺数等参数数值在设计计算时有所变动，则会造成原来由差压计算得到的流量值与实际的流量值之间有较大的误差。为了消除这种误差，必须按新的工艺条件重新计算流量值，或者将所测的流量值加以必要的修正。

2) 节流装置的安装不正确

节流装置的安装不正确也是引起差压式流量计测量误差的重要原因之一。在安装节流装置时，特别要注意节流装置的安装方向。一般地说，节流装置露出部分所标注的“+”号一侧，应当是流体的入口方向。当用孔板作为节流装置时，应使流体从孔板入口的一侧流入。

另外，除了必须按相应的规程正确安装节流装置外，还要在使用中保持节流装置的清洁。如果在节流装置处有沉淀、结焦、堵塞等现象，则会引起较大的测量误差，必须及时对其清洗。

3)孔板入口边缘的磨损

节流装置使用日久，或者节流装置被化学腐蚀，或者是在被测介质中夹杂固体颗粒等机械物的情况，都会造成节流装置的几何形状和尺寸的变化。对于使用广泛的孔板来说，它的入口边缘的尖锐度会由于其入口边缘受到冲击、磨损和腐蚀而变钝。这样，在相等数量的流体经过孔板时所产生的压力差 Δp 将变小，从而引起差压变送器指示值偏低。故应注意检查、维修孔板，必要时应换用新的孔板。

4)导压管的安装不正确，或者导压管有堵塞、渗漏现象

要正确安装导压管，以防止导压管出现堵塞与渗漏现象，否则会引起较大的测量误差。对于不同的被测介质，导压管的安装要求也有不同，其具体情况如下。

(1)当测量液体流量时，应该使两根导压管内都充满同样的液体而无气泡，以使两根导压管内的液体密度相等。这样，由两根导压管内液柱所附加在差压变送器正、负压室的压力可以互相抵消。为了使导压管内没有气泡，必须做到以下几点。

① 取压点应该位于节流装置的下半部，与水平线夹角α应为 0°～45°，如图 3-28 所示。

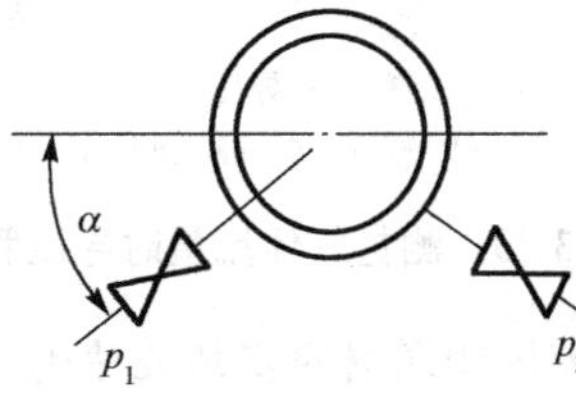

图 3-28　取压点的位置

② 最好使导压管垂直向下，不行的话，还可将导压管下倾一定的坡度(至少 1/20～1/10)，使气泡易于排出，如图 3-29(a)所示。

③ 在导压管的管路中，应有排气的装置。如果差压变送器只能装在节流装置之上时，则必须加装贮气罐，如图 3-29(b)所示。这样，即使导压管中有少量气泡，也对差压 Δp 的测量没有影响。

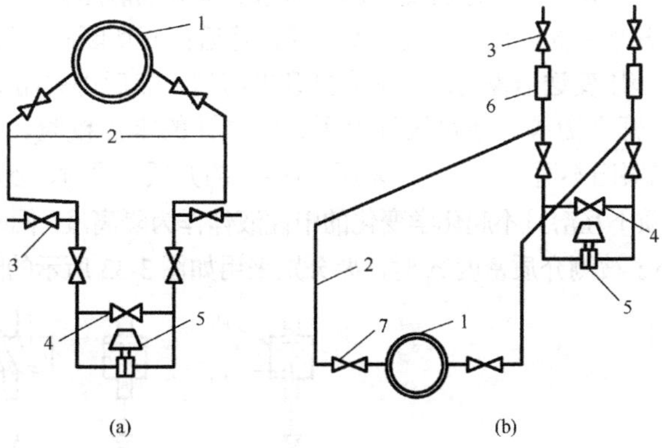

1—节流装置；2—导压管；3—放空阀；4—平衡阀；5—差压变送器；6—贮气罐；7—切断阀。

图 3-29　测量液体流量时导压管的安装

(2)当测量气体流量时，上述的这些基本原则仍然适用。尽管在导压管的连接方式上有些不同，仍要保持两根导压管内流体的密度相等。为此，必须使导压管内不积聚气体中可能夹带的液体，其具体措施如下。

① 取压点应在节流装置的上半部。

② 导压管最好要垂直向上，至少应向上倾斜一定的坡度，以使导压管中不滞留液体。

③ 如果将差压变送器装在节流装置之下，则必须加装贮液罐和排放阀，如图 3-30 所示。

(3) 当测量蒸汽流量时，要实现上述的基本原则，必须解决蒸汽冷凝液的等液位问题，以消除冷凝液液位的高低对测量精确度的影响。测量蒸汽流量时的连接图如图 3-31 所示。取压点从节流装置的水平位置接出，并分别安装凝液罐。这样，两根导压管内都充满了冷凝液，而且液位一样高，从而实现了压力差 Δp 的准确测量。自凝液罐至差压变送器的接法与测量液体流量时的相同。

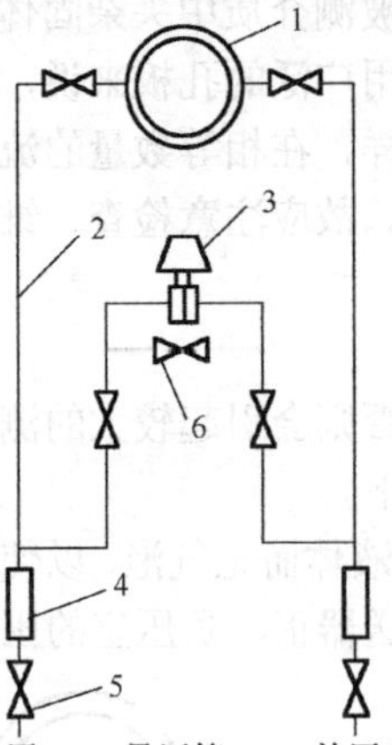

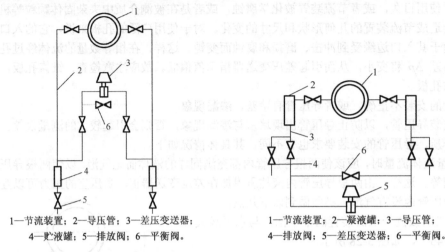

1—节流装置；2—导压管；3—差压变送器；
4—贮液罐；5—排放阀；6—平衡阀。

图 3-30　测量气体流量时导压管的安装

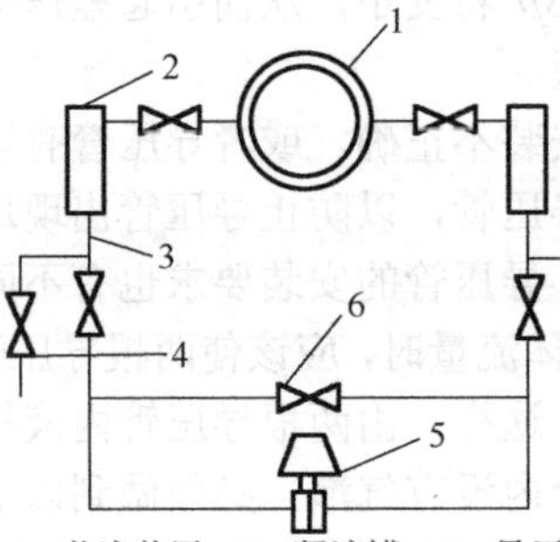

1—节流装置；2—凝液罐；3—导压管；
4—排放阀；5—差压变送器；6—平衡阀。

图 3-31　测量蒸汽流量时导压管的安装

5) 差压变送器的安装或使用不正确

差压变送器的安装或使用不正确也会引起测量误差。由导压管接至差压变送器前，必须安装切断阀和平衡阀，构成三阀组，如图 3-32 所示。差压变送器是用来测量压力差 Δp 的，但如果两个切断阀不能同时开/闭，就会造成差压变送器单向受到很大的静压力，有时会使差压式流量计产生附加误差，严重时会损坏差压式流量计。为了防止差压变送器单向承受很大的静压力，必须正确使用平衡阀。在启用差压变送器时，应先开平衡阀，使正、负压室连通，然后打开切断阀，最后关闭平衡阀，即可将差压变送器投入运行。当差压变送器停用时，应先打开平衡阀，然后再关闭切断阀。

当关闭切断阀时，打开平衡阀，便可进行差压式流量计的零点校验。

当测量腐蚀性(或因易凝固不适宜直接进入差压变送器)的介质流量时，必须采取隔离措施。最常用的方法是用某种与被测介质不互溶且不起化学变化的中性液体作为隔离液，同时起传递压力的作用。当隔离液的密度 ρ_1' 大于或小于被测介质密度 ρ_1 时，要分别采用如图 3-33 所示的隔离罐的两种形式。

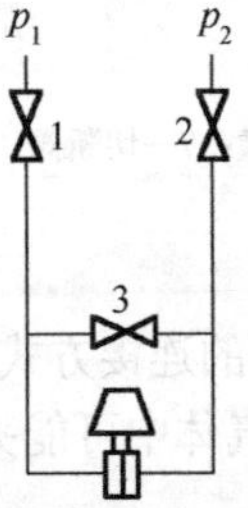

1, 2—切断阀；3—平衡阀。

图 3-32　三阀组的安装

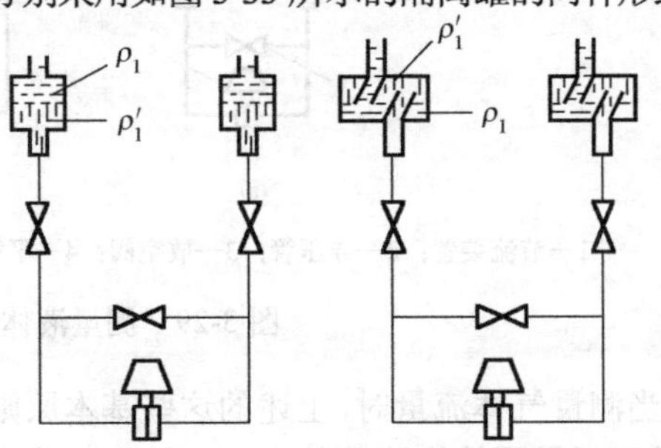

(a) $\rho_1 < \rho_1'$　　(b) $\rho_1 > \rho_1'$

图 3-33　隔离罐的两种形式

3.7.3 浮子流量计

在工业生产中，经常遇到小流量的测量，其流体的流速低，这就要求测量仪表有较高的灵敏度，才能保证一定的精确度。差压式流量计对管径小于 50mm、低雷诺数的流体的测量精确度是不高的。而浮子流量计则特别适宜于测量管径在 50mm 以下的管道流量，测量的流量可小到每小时几升。

1. 基本原理

浮子流量计(又称转子流量计)与前面所讲的差压式流量计在原理上是不相同的。差压式流量计是在节流面积(如孔板流通面积)不变的条件下，以压力差变化来反映流量的大小。而浮子流量计却是以压力差不变，利用节流面积的变化来测量流量大小的，即浮子流量计采用的是恒压力差、变节流面积的流量测量方法。

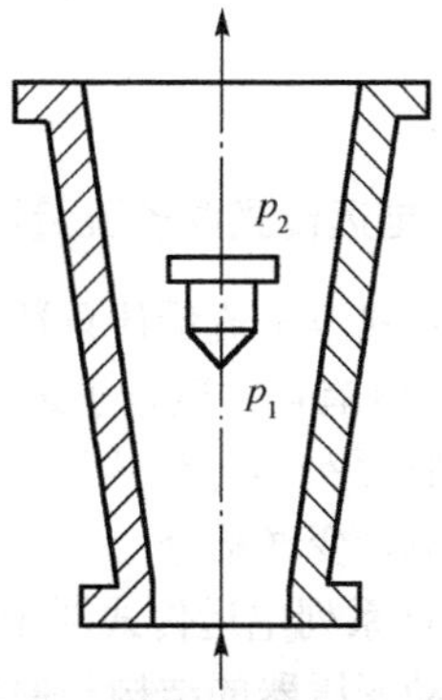

图 3-34 指示式浮子流量计的原理

指示式浮子流量计的原理如图 3-34 所示。它基本上由两个部分组成，一个是由下往上逐渐扩大的锥形管(通常用玻璃制成，锥度为 40′～3°)；另一个是放在锥形管内可自由运动的浮子。当指示式浮子流量计工作时，被测流体(气体或液体)由锥形管下端进入，沿着锥形管向上运动，流过浮子与锥形管之间的环隙，再从锥形管上端流出。当流体流过锥形管时，位于锥形管中的浮子受到向上的一个力，使浮子浮起。当这个力正好等于浸没在流体里的浮子重力(即等于浮子重量减去流体对浮子的浮力)时，则作用在浮子上的上下两个力达到平衡，此时浮子就停浮在一定的高度上。假如被测流体的流量突然由小变大时，作用在浮子上的向上的力就加大。因为浮子在流体中受的重力是不变的，即作用在浮子上的向下的力是不变的，所以浮子就上升。由于浮子在锥形管中位置的升高，造成浮子与锥形管间的环隙增大，即流通面积增大。随着环隙的增大，流过此环隙的流体流速变慢，因而，流体作用在浮子上的向上的力也就变小。当流体作用在浮子上的力再次等于浮子在流体中的重力时，浮子又稳定在一个新的高度上。这样，浮子在锥形管中的平衡位置的高低与被测介质的流量大小相对应。如果在锥形管外沿其高度刻上对应的流量值，那么根据浮子平衡位置的高低就可以直接读出流量的大小。这就是浮子流量计测量流量的基本原理。

在浮子流量计中，浮子的平衡条件为

$$V(\rho_t-\rho_f)g=(p_1-p_2)A \tag{3-36}$$

式中，V 为浮子的体积；ρ_t 为浮子材料的密度；ρ_f 为被测流体的密度；p_1, p_2 分别为浮子前后流体的压力；A 为浮子的最大横截面积；g 为重力加速度。

由于在测量过程中，V, ρ_t, ρ_f, A, g 均为常数，所以由式(3-36)可知，p_1-p_2 也应为常数。这就是说，在浮子流量计中，流体的压力差是固定不变的。

由式(3-36)，可得

$$\Delta p=p_1-p_2=\frac{V(\rho_t-\rho_f)g}{A} \tag{3-37}$$

在 Δp 一定的情况下，流过浮子流量计的流量与浮子、锥形管之间的环隙面积 F_0 有关。由于锥形管是由下往上逐渐扩大的，所以 F_0 与浮子浮起的高度有关。这样，根据浮子浮起的高度就可以判断被测介质的流量大小，即

$$M=\varphi h\sqrt{2\rho_f\Delta p} \tag{3-38}$$

或

$$Q=\varphi h\sqrt{\frac{2}{\rho_f}\Delta p} \tag{3-39}$$

式中，φ 为仪表常数；h 为浮子浮起的高度。

将式(3-37)分别代入式(3-38)和式(3-39)，可得

$$M=\varphi h\sqrt{\frac{2gV(\rho_t-\rho_f)\rho_f}{A}} \tag{3-40}$$

$$Q=\varphi h\sqrt{\frac{2gV(\rho_t-\rho_f)}{\rho_f A}} \tag{3-41}$$

2. 电远传式浮子流量计

指示式浮子流量计只适用于就地指示。电远传式浮子流量计可以将反映流量大小的浮子高度 h 转换为电信号，适合于远传，并进行显示或记录。

LZD 系列电远传式浮子流量计主要由流量变送部分及电动显示部分组成。

1) 流量变送部分

LZD 系列电远传式浮子流量计是用差动变压器进行流量变送的。

差动变压器的结构与原理如图 3-35 所示。它由铁芯、绕组及骨架组成。绕组、骨架分成长度相等的两段，一次绕组均匀地密绕在骨架的内层，并使两段绕组同向串联相接；二次绕组分别均匀地密绕在两段骨架的外层，并将两段绕组反向串联相接。

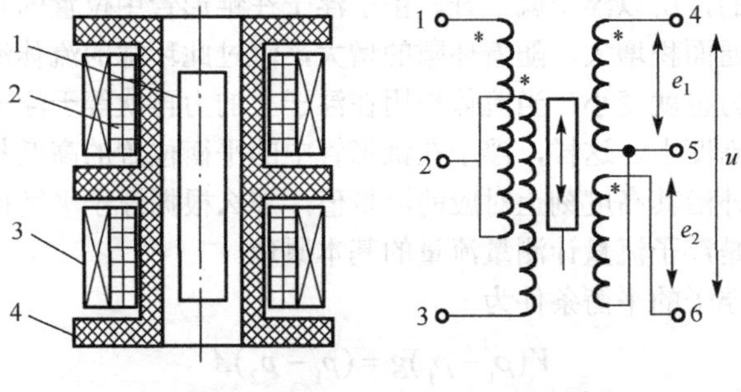

1—铁芯；2—一次绕组；3—二次绕组；4—骨架。

图 3-35　差动变压器的结构及原理

当铁芯处在差动变压器两段绕组的中间位置时，一次绕组激励的磁力线穿过上、下两段二次绕组的数目相同，因而两段匝数相等的二次绕组中产生的感应电势 e_1 和 e_2 相等。由于两段二次绕组是反向串联的，所以 e_1 和 e_2 相互抵消，从而输出端 4 和 6 之间总电势为零，即

$$u=e_1-e_2=0$$

当铁芯向上移动时，由于铁芯改变了两段绕组中一、二次侧的耦合情况，使磁力线通过上段绕组的数目增加，通过下段绕组的磁力线数目减少，因而上段二次绕组产生的感应电势比下段二次绕组产生的感应电势大，即 $e_1>e_2$，于是输出端 4 和 6 之间总电势 $u=e_1-e_2>0$。当铁芯向下移动时，

情况正好相反，即输出端 4 和 6 之间总电势 $u=e_1-e_2<0$。无论哪种情况，都把这个输出总电势称为不平衡电势，它的大小和相位由铁芯相对于绕组中心移动的距离和方向来决定。

若将浮子流量计的浮子与差动变压器的铁芯连接起来，使浮子随流量变化的运动带动铁芯一起运动，那么，就可以将流量的大小转换成输出感应电势的大小，这就是电远传浮子流量计的转换原理。

2）电动显示部分

LZD 系列电远传浮子流量计的原理如图 3-36 所示。当被测介质流量变化时，引起浮子停浮的高度发生变化；浮子通过连杆带动发送的差动变压器 T_1 中的铁芯上下移动。当流量增加时，铁芯向上移动，变压器 T_1 的二次绕组输出一个不平衡电势。该电势进入放大器，放大后的信号一方面控制可逆电动机带动显示机构动作；另一方面控制凸轮带动接收的差动变压器 T_2 中的铁芯向上移动，使 T_2 的二次绕组也产生一个不平衡电势。由于 T_1 和 T_2 的二次绕组是反向串联的，因此由 T_2 产生的不平衡电势去抵消 T_1 产生的不平衡电势，一直到进入放大器的电势为零后，T_2 中的铁芯便停留在相应的位置上，这时显示机构的指示值便可以表示被测流量的大小了。

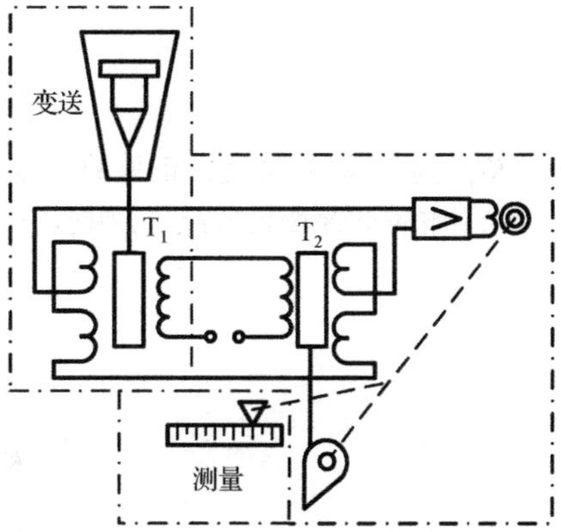

图 3-36　LZD 系列电远传浮子流量计的原理

3．浮子流量计流量刻度修正

浮子流量计是一种非标准化仪表，在大多数情况下，其流量刻度是以实际被测介质进行标定的。但仪表厂为了便于成批生产，浮子流量计流量刻度是在工业基准状态（20℃，0.101 33MPa）下以水或空气进行标定的，即浮子流量计的流量刻度（在工业基准状态下），在测量液体时代表水的流量值，在测量气体时代表空气的流量值。所以，在实际使用时，如果被测介质的密度和工作状态不同，必须对浮子流量计的流量刻度按照实际被测介质的密度、温度、压力等参数的具体情况进行修正。

1）液体流量测量时的修正

测量液体的浮子流量计流量刻度是制造厂在常温（20℃）下以水进行标定的，根据式（3-41）可写为

$$Q_0 = \varphi h\sqrt{\frac{2gV(\rho_t - \rho_w)}{\rho_w A}} \tag{3-42}$$

式中，Q_0 为以水标定时的流量；ρ_w 为水的密度。

如果使用时被测介质不是水，则必须对浮子流量计进行修正或重新标定。对一般液体介质来说，当温度和压力改变时，对密度影响不大。如果被测介质的黏度与水的黏度相差不大（不超过 0.03Pa·s），可近似认为 φ 是常数，则有

$$Q_f = \varphi h\sqrt{\frac{2gV(\rho_t - \rho_f)}{\rho_f A}} \tag{3-43}$$

式中，Q_f 表示密度为 ρ_f 的被测介质实际流量。

式（3-42）与式（3-43）相除，整理后得

$$Q_0=\sqrt{\frac{(\rho_t-\rho_w)\rho_f}{(\rho_t-\rho_f)\rho_w}}\cdot Q_f=K_Q Q_f \tag{3-44}$$

$$K_Q=\sqrt{\frac{(\rho_t-\rho_w)\rho_f}{(\rho_t-\rho_f)\rho_w}} \tag{3-45}$$

式中，K_Q为体积流量密度修正系数。

同理，可导出质量流量的修正公式为

$$Q_0=\sqrt{\frac{\rho_f-\rho_w}{(\rho_t-\rho_f)\rho_f\rho_w}}\cdot M_f=K_M M_f \tag{3-46}$$

$$K_M=\sqrt{\frac{\rho_f-\rho_w}{(\rho_t-\rho_f)\rho_f\rho_w}} \tag{3-47}$$

式中，K_M为质量流量密度修正系数；M_f为流过仪表的被测介质的实际质量流量。

当采用耐酸不锈钢作为浮子材料时，ρ_t=7.9g/cm^3，水的密度ρ_w=1g/cm^3，代入式(3-45)与式(3-47)得

$$K_Q=\sqrt{\frac{6.9\rho_f}{7.9-\rho_f}} \tag{3-48}$$

$$K_M=\sqrt{\frac{6.9}{(7.9-\rho_f)\rho_f}} \tag{3-49}$$

当介质密度ρ_f变化时，密度修正系数如表 3-5 所示。

表 3-5 密度修正系数

ρ_f	K_Q	K_M	ρ_f	K_Q	K_M	ρ_f	K_Q	K_M
0.40	0.670	1.516	0.95	0.971	1.022	1.50	1.272	0.847
0.45	0.646	1.435	1.00	1.000	1.000	1.55	1.297	0.837
0.50	0.683	1.365	1.05	1.028	0.979	1.60	1.323	0.827
0.55	0.719	1.307	1.10	1.056	0.960	1.65	1.351	0.818
0.60	0.754	1.256	1.15	1.084	0.943	1.70	1.376	0.809
0.65	0.787	1.211	1.20	1.111	0.927	1.75	1.401	0.800
0.70	0.819	1.170	1.25	1.139	0.911	1.80	1.427	0.792
0.75	0.851	1.134	1.30	1.165	0.897	1.85	1.453	0.785
0.80	0.882	1.102	1.35	1.193	0.884	1.90	1.477	0.778
0.85	0.912	1.073	1.40	1.220	0.872	1.95	1.504	0.771
0.90	0.944	1.046	1.45	1.245	0.859	2.00	1.529	0.764

下面举例说明上述修正公式的应用。

例 现用一只以水标定的浮子流量计来测量苯的流量，已知浮子材料为不锈钢，ρ_t=7.9g/cm^3，苯的密度ρ_f=0.83g/cm^3。试问：浮子流量计读数为 3.6L/s 时，苯的实际流量是多少？

解 由式(3-48)计算或由表 3-5 可查得

$$K_Q=0.9$$

将此值代入式(3-44)，得

$$Q_f = \frac{1}{K_Q} Q_0 = \frac{1}{0.9} \times 3.6 = 4 \text{ (L/s)}$$

即苯的实际流量为 4L/s。

2）气体流量测量时的修正

气体介质流量除了受被测介质的密度影响以外，还受被测介质的工作压力和温度的影响，因此对浮子流量计的流量指示值均须按照被测介质的密度、工作压力和温度进行修正。

测量气体的浮子流量计的流量刻度是制造厂在工业基准状态（293K，0.101 33MPa）下以空气进行标定的。对于非空气介质在不同于上述工业基准状态下测量时，要对浮子流量计的流量指示值进行修正。

当已知仪表显示刻度为 Q_0，要计算实际的工作介质流量时，可按下式修正为

$$Q_1 = \sqrt{\frac{\rho_0}{\rho_1}} \cdot \sqrt{\frac{p_1}{p_0}} \cdot \sqrt{\frac{T_0}{T_1}} \cdot Q_0 = \frac{1}{K_\rho} \cdot \frac{1}{K_p} \cdot \frac{1}{K_T} \cdot Q_0 \tag{3-50}$$

式中，Q_1 为被测介质的流量（m^3/h）；ρ_1 为被测介质在标准状态下的密度（kg/m^3）；ρ_0 为校验用介质空气在标准状态下的密度（$1.293kg/m^3$）；p_1 为被测介质的绝对压力（MPa）；p_0 为工业基准状态时的绝对压力（0.101 33MPa）；T_0 为工业基准状态时的绝对温度（293K）；T_1 为被测介质的绝对温度（K）；Q_0 为按标准状态刻度的显示流量值（m^3/h）；K_ρ为密度修正系数；K_p 为压力修正系数；K_T 为温度修正系数。

值得注意的是，由式（3-50）计算得到的 Q_1 是被测介质在单位时间（小时）内流过浮子流量计的标准状态下的容积流量（标准立方米），而不是被测介质在实际工作状态下的容积流量。这是因为测量气体流量时，一般使用标准立方米来计量，而不使用实际工作状态下的容积流量来计量。

下面用具体例子来说明式（3-50）的应用。

例 某厂用浮子流量计来测量温度为 27℃、表压为 0.16MPa 的空气流量，问浮子流量计读数为 $38m^3/h$ 时，空气的实际流量是多少？

解 已知 $Q_0=38m^3/h$，$p_1=(0.16+0.101\ 33)\text{MPa}=0.261\ 33\text{MPa}$，$T_1=(27+273)\text{K}=300\text{K}$，$T_0=293\text{K}$，$p_0=0.101\ 33\text{MPa}$，$\rho_1=\rho_0=1.293kg/m^3$。

将上列数据代入式（3-50），可得

$$Q_1 = \sqrt{\frac{1.293}{1.293}} \times \sqrt{\frac{0.26133}{0.10133}} \times \sqrt{\frac{293}{300}} \times 38 \approx 60.3 \text{ (m}^3\text{/h)}$$

即这时空气的流量约为 $60.3m^3/h$。

3）蒸汽流量测量时的换算

浮子流量计用来测量蒸汽流量时，若将蒸汽流量换算为水流量，可按式（3-46）计算。若浮子材料为不锈钢，$\rho_t=7.9g/cm^3$，则有

$$Q_0 = \sqrt{\frac{\rho_t - \rho_w}{(\rho_t - \rho_f)\rho_f \rho_w}} \cdot M_f = \sqrt{\frac{7.9-1}{7.9-\rho_f}} \cdot \sqrt{\frac{1000}{\rho_f}} M_f \tag{3-51}$$

当$\rho_f << \rho_t$时，可算得

$$Q_0 = 29.56\sqrt{\frac{1}{\rho_f}} \cdot M_f \tag{3-52}$$

式中，Q_0 为水流量（L/h）；ρ_f 为蒸汽密度（kg/m^3）；M_f 为蒸汽流量（kg/h）。

由式(3-52)可以看出，若已知某饱和蒸汽(温度不超过 200℃)流量值时，可按式(3-52)将其换算成相应的水流量值，然后按浮子流量计规格选择合适口径的仪表。

3.7.4 椭圆齿轮流量计

椭圆齿轮流量计属于容积式流量计的一种。它对被测流体的黏度变化不敏感，特别适合测量高黏度的流体(如重油、聚乙烯醇、树脂等)，甚至糊状物的流量。

1．工作原理

椭圆齿轮流量计的工作原理如图 3-37 所示。它的测量部分由两个相互啮合的椭圆齿轮 A 和 B、轴及壳体组成。椭圆齿轮与壳体之间形成测量室。

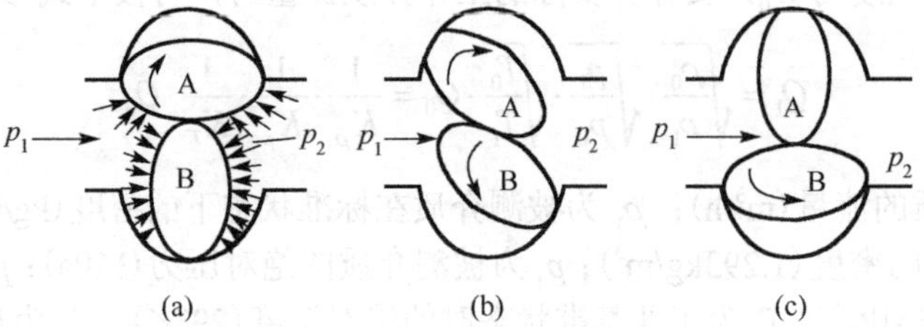

图 3-37　椭圆齿轮流量计的工作原理

当流体流过椭圆齿轮流量计时，由于要克服阻力将会引起阻力损失，从而使进口侧压力 p_1 大于出口侧压力 p_2，p_1 和 p_2 作用在椭圆齿轮的合力矩使其连续转动。在如图 3-37(a)所示的位置时，由于 $p_1 > p_2$，p_1 和 p_2 作用在 A 上的合力矩使其顺时针方向转动。这时，A 为主动轮，B 为从动轮。在如图 3-37(b)所示的中间位置时，根据力的分析可知，此时 A 与 B 均为主动轮。当继续转至如图 3-37(c)所示的位置时，在 p_1 和 p_2 作用在 A 上的合力矩为零，作用在 B 上的合力矩使 B 逆时针方向转动，并把已吸入的半月形测量室内的介质从出口排出，这时 B 为主动轮，A 为从动轮，与图 3-37(a)的情况刚好相反。如此往复循环，A 和 B 互相交替地由一个带动另一个转动，并把被测介质以半月形测量室容积为单位一次一次地由进口排至出口。显然，图 3-37 仅仅表示了椭圆齿轮转动了 1/4 周的情况，而其所排出的被测介质的体积为一个半月形测量室容积。所以，椭圆齿轮每转一周所排出的被测介质的体积为半月形测量室容积的 4 倍。故通过椭圆齿轮流量计的体积流量 Q 为

$$Q = 4nV_0 \tag{3-53}$$

式中，n 为椭圆齿轮的转度；V_0 为半月形测量室容积，容积的计算可参考相关手册。

由式(3-53)可知，在椭圆齿轮流量计的半月形测量室容积 V_0 已知的条件下，只要测出椭圆齿轮的转速 n，便可知道被测介质的流量。

椭圆齿轮流量计的流量信号(即转速 n)的显示有就地显示和远传显示两种。配以一定的传动机构及积算机构，就可记录或指示被测介质的总量。就地显示是将椭圆齿轮流量计某个齿轮的转动通过磁耦合方式、经一套减速齿轮传动，传递给仪表指针及积算机构，以指示被测流体的体积流量和累积流量。远传显示可采用脉冲信号形式传送。

椭圆齿轮流量计适合于中、小流量测量，测量范围为 3L/h～540m^3/h，口径为 10～250mm。

2．使用特点

由于椭圆齿轮流量计是基于容积式测量原理的，与流体的黏度等性质无关。因此，它特别适用于高黏度介质的流量测量。椭圆齿轮流量计具有测量精确度较高、压力损失较小、安装使用较

方便的特点。但是，在使用时要特别注意被测介质中不能含有固体颗粒，更不能夹杂机械物，否则会引起齿轮磨损甚至损坏。为此，椭圆齿轮流量计的入口端必须加装过滤器。另外，椭圆齿轮流量计的使用温度有一定范围，如果其使用温度过高，就有使椭圆齿轮发生卡死的可能。

由于椭圆齿轮流量计的结构复杂，加工制造较为困难，因而成本较高。如果因椭圆齿轮流量计使用不当或使用时间过久而发生泄漏现象，就会引起较大的测量误差。

3.7.5 涡轮流量计

在流体流动的管道内，安装一个可以自由转动的叶轮，当流体通过叶轮时，流体的动能使叶轮旋转。流体的流速越高，动能就越大，叶轮转速也就越高。在规定的流量范围和一定的流体黏度下，转速与流速呈线性关系。因此，只要测出叶轮的转速或转数，就可确定流过管道的流体流量或总量。日常生活中使用的某些自来水表、油量计等，都是利用这种原理制成的，这种仪表称为速度式仪表。涡轮流量计正是利用相同的原理，在结构上加以改进后制成的。

涡轮流量计的结构如图 3-38 所示。涡轮流量计主要由下列几部分组成。

(1) 涡轮是用高磁导系数的不锈钢材料制成的，叶轮芯上装有螺旋形叶片，流体作用于叶片上使之转动。

(2) 导流器是用以稳定流体的流向和支承叶轮的。

(3) 磁电感应转换器由线圈和磁钢组成，用以将叶轮的转速转换成相应的电信号，以供给前置放大器进行放大之用。

(4) 整个涡轮流量计安装在外壳上，外壳由非导磁的不锈钢制成，两端与流体管道相连接。

涡轮流量计的工作过程：当流体通过涡轮叶片与管道之间的间隙时，由于叶片前后的差压产生的力推动叶片，使涡轮旋转。在涡轮旋转的同时，高磁导性的涡轮就周期性地扫过磁钢，使磁路的磁阻发生周期性的变化，线圈中的磁通量也跟着发生周期性的变化，线圈中便感应出交流电信号。交流电信号的频率与涡轮的转速成正比，即与流量成正比。这个电信号经前置放大器放大后，送往电子计数器或电子频率计，以累积或指示流量。

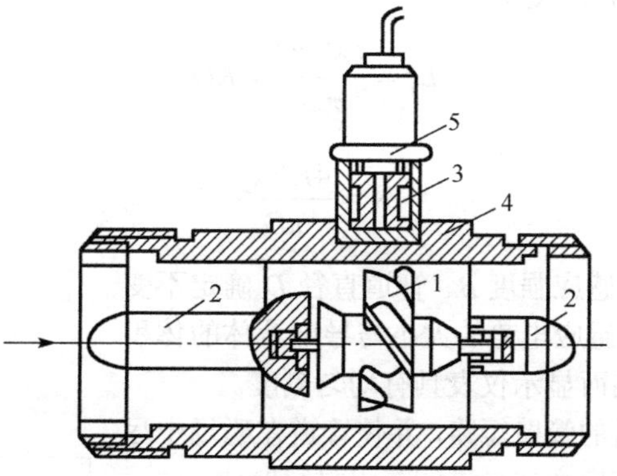

1—涡轮；2—导流器；3—磁电感应转换器；4—外壳；5—前置放大器。

图 3-38 涡轮流量计的结构

涡轮流量计安装方便，磁电感应转换器与叶片间无须密封和齿轮传动机构，因而涡轮流量计测量精确度高，可耐高压，静压可达 50MPa。由于涡轮流量计是基于磁电感应转换原理的，故其反应快，可测量脉动流量。涡轮流量计输出信号为电频率信号，便于远传且不受干扰。

涡轮流量计的涡轮容易磨损，被测介质中不应带机械杂质，否则会影响涡轮流量计测量精确度甚至损坏机件。因此，一般涡轮流量计应加装过滤器。在安装涡轮流量计时，必须保证其前后有一定的直管段，以使流向比较稳定。一般入口直管段的长度取管道内径的10倍以上，出口直管段的长度取管道内径的5倍以上。

3.7.6 电磁流量计

当被测介质是具有导电性的液体介质时，可以应用电磁感应的方法来测量被测介质的流量。电磁流量计的特点是能够测量酸、碱、盐溶液及含有固体颗粒(例如泥浆)或纤维液体的流量。

电磁流量计通常由变送器和转换器两部分组成。被测介质的流量经变送器变换成感应电势后，再经转换器转换成统一标准信号(4～20mA)输出，以便进行指示、记录或与电动单元组合仪表配套使用。

1. 电磁流量计的工作原理

电磁流量计原理如图 3-39 所示。在一段用非导磁材料制成的管道外面，安装有一对磁极 N和 S，用以产生磁场。当导电液体流过管道时，因流体切割磁力线而产生了感应电势(根据发电机原理)。此感应电势由与磁极成垂直方向的两个电极引出。当磁感应强度不变，管道直径一定时，这个感应电势的大小仅与导电液体的液速有关，而与其他因素无关。将这个感应电势经过放大、转换、传送给显示仪表，就能在显示仪表上读出流量来。

感应电势的方向由右手定则判断，其大小为

$$E_x = K'BDv \tag{3-54}$$

式中，E_x为感应电势；K'为比例系数；B 为磁感应强度；D 为管道直径，即垂直切割磁力线的导体长度；v 为导电液体的流速垂直于磁力线方向。

导电液体的体积流量 Q 与流速 v 的关系为

$$Q = \frac{1}{4}\pi D^2 v \tag{3-55}$$

将式(3-55)代入式(3-54)，便得

$$E_x = \frac{4K'BQ}{\pi D} = KQ \tag{3-56}$$

其中

$$K = \frac{4K'BQ}{\pi D} \tag{3-57}$$

K 称为仪表常数，在磁感应强度 B、管道直径 D 确定不变后，K 就是一个常数，这时感应电势的大小与导电液体的体积流量之间具有线性关系，因而显示仪表具有均匀刻度。

为了避免磁力线被管道的管壁短路，并使管道在磁场中尽可能地降低涡流损耗，管道应由非导磁的高阻材料制成。

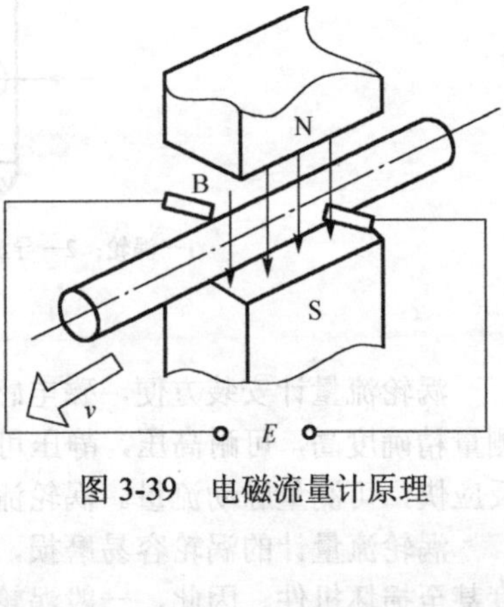

图 3-39 电磁流量计原理

2. 电磁流量计的特点

(1) 当管道内无可动部件或突出于管道内部的部件时，电磁流量计几乎没有压力损失，也不会发生堵塞现象，并可以测量含有颗粒、悬浮物等液体的流量，如纸浆、矿浆和煤粉浆的流量，这是电磁流量计的突出特点。由于电磁流量计的衬里和电极是防腐的，可以用来测量腐蚀性介质的流量。

(2) 电磁流量计输出电流与导电液体的流量间具有线性关系，并且不受导电液体的物理性质（温度、压力、黏度）影响，特别是不受黏度的影响，这是一般流量计所达不到的。

(3) 电磁流量计的测量范围很宽，精确度为 1%～1.5%。

(4) 电磁流量计无机械惯性、反应灵敏，可以测量脉动流量。

3．电磁流量计的局限性和不足之处

(1) 工作温度和工作压力。电磁流量计的最高工作温度取决于管道及衬里的材料发生膨胀、形变和质变的温度，因具体仪表而有所不同，一般低于 120℃。最高工作压力取决于管道强度、电极部分的密封情况及法兰的规格，一般为 1.6×10^5～2.5×10^5Pa，由于管壁太厚会增加涡流损失，所以管道应做得较薄。

(2) 被测介质的电导率。被测介质必须具有一定的导电性能。一般要求被测介质导电率为 10^{-4}～10^{-1}s/cm，最低不小于 50μs/cm，因此，电磁流量计不能测量气体、蒸汽和石油制品等非导电流体的流量。从理论上讲，凡是导电介质相对于磁场流动，都会产生感应电势。实际上，电极间内阻的增加，要受到传输线的分布电容、放大器的输入阻抗及测量精确度的限制。

(3) 导电液体的流速和流速分布。电磁流量计也是速度式仪表，其产生的感应电势与导电液体的平均流速成比例。这个平均流速是以导电液体各点流速对称于管道中心的条件下求出的。因此，导电液体在管道中流动时，其截面上导电液体各点流速分布情况对仪表示值有很大的影响。对一般工业上常用的圆形管道点电极的变送器来说，如果破坏了导电液体各点流速相对于管道中心的对称分布，电磁流量计就不能正常工作。因此，在电磁流量计的前后必须有足够长的直管段，以消除各种局部阻力对导电液体各点流速分布对称性的影响。

导电液体的流速下限一般为 50cm/s。由于存在零点漂移，在导电液体的流速为零时，并不一定没有输出电流，因此在导电液体处于低流速时应注意检查仪表的零点。由于电磁流量计的总增益是有一定限度的，因而为了得到一定的输出信号，导电液体的流速下限是有一定限度的。

4．电磁流量计的使用注意事项

(1) 变送器要安装在无论何时测量都能充满液体的管道处，以防止测量时管道内没有液体而电磁流量计指针不在零点所引起的错觉。电磁流量计最好垂直安装，以便减小液体流过时在电极上产生气泡而造成的误差，如图 3-40 所示。

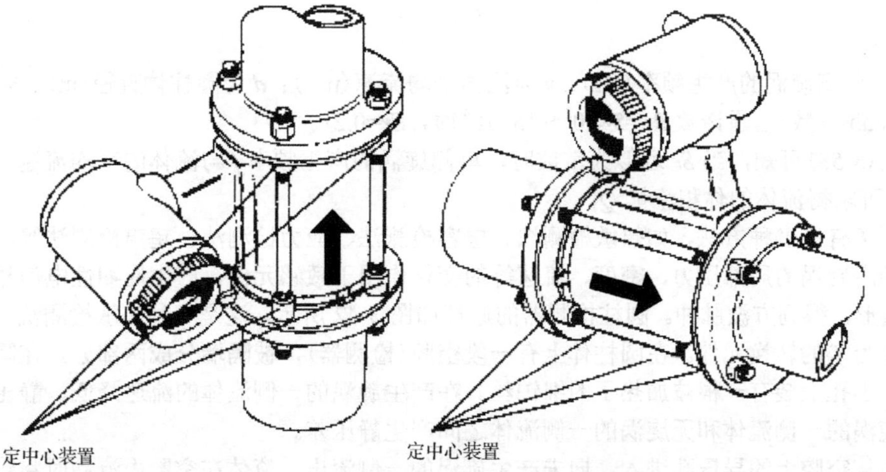

(a) 垂直安装　　(b) 水平安装

图 3-40　电磁流量计的安装图

(2) 电磁流量计的信号比较微弱，在满量程时只有 2.5～8mV，在流量很小时仅有几 μV，外界略有干扰就能影响测量的精确度。因此，变送器的外壳、屏蔽线、测量管道及变送器两端的管道都要接地，并且要求单独设置接地点，绝对不要连接在电机、电器等公用的地线或上、下水管道上。转换部分已通过电缆线接地，切勿再进行接地，以免因地电位的不同而引入干扰。

(3) 变送器的安装地点要远离一切磁源(如大功率电机、变压器等)，且不能有震动。

(4) 变送器和二次仪表必须使用电源的同一根相线，否则检测信号和反馈信号会出现 120° 相位差，使电磁流量计不能正常工作。

实践证明，即使变送器接地良好，当变送器附近的电力设备有较强的漏地电流，或在安装变送器的管道上存在较大的杂散电流，或进行电焊，都将引起干扰电势的增加，进而影响电磁流量计正常运行。

此外，如果变送器使用日久而在管道内壁沉积垢层，就会影响电磁流量计测量精确度。如果垢层电阻过小，将导致电极短路，表现为流量信号愈来愈小，甚至骤然下降，测量线路中电极短路。除此以外，管道内绝缘衬里被破坏，或是变送器长期在酸、碱、盐雾较浓的场所工作，使用一段时期后，信号插座被腐蚀，绝缘被破坏，都将造成电极短路。所以，电磁流量计在使用中必须注意维护。

3.7.7 涡街流量计

涡街流量计又称旋涡流量计，可以用来测量各种管道中的液体、气体和蒸汽的流量，是目前工业控制、能源计量及节能管理中常用的新型流量仪表。

1. 工作原理

涡街流量计是利用有规则的旋涡剥离现象来测量流体流量的仪表。在流体中，垂直插入一个非流线型的柱状物(圆柱或三角柱)作为旋涡发生体，如图 3-41 所示。当雷诺数达到一定的数值时，会在柱状物的下游处产生两列平行状且上下交替出现的旋涡。因为这些旋涡有如街道旁的路灯，故有“涡街”之称。因此现象首先被卡曼(Karman)发现，故又称“卡曼涡街”。当两列旋涡之间的距离 h 和同列的两旋涡之间的距离 L 之比等于 0.281 时，则所产生的卡曼涡街是稳定的。

由圆柱体形成的卡曼涡街，其单侧旋涡的产生频率为

$$f = Sr \cdot \frac{v}{d} \tag{3-58}$$

式中，f 为单侧旋涡的产生频率(Hz)；v 为流体平均流速(m/s)；d 为圆柱体直径(m)；Sr 为斯特劳哈尔(Strouhal)数(当雷诺数 $Re=5\times10^2$～15×10^4 时，$Sr=0.2$)。

由式(3-58)可知，当 Sr 近似为常数时，单侧旋涡的产生频率 f 与流体的平均流速 v 成正比，测得 f 即可求得流体的体积流量 Q。

检测 f 有许多种方法，如热敏检测法、电容检测法、应力检测法、超声检测法等，这些方法无非是利用旋涡的局部压力、密度、流速等的变化作用于敏感元件，产生周期性电信号，再将其放大、整形，得到方波脉冲。圆柱检测器的原理如图 3-42 所示，这是一种热敏检测法。它采用铂电阻丝作为 f 的转换元件。在圆柱体上有一段空腔(检测器)，被隔墙分成两部分。在隔墙中央有一小孔，小孔上装有一根被加热了的细铂丝。在产生旋涡的一侧流体的流速降低、静压升高，于是在有旋涡的一侧流体和无旋涡的一侧流体之间产生静压差。

流体从空腔上的导压孔进入，向未产生旋涡的一侧流出。流体在空腔内流动时将铂丝上的热量带走，铂丝温度下降，导致其电阻值减小。由于旋涡是交替地出现在柱状物的两侧，所以铂热

电阻丝电阻值的变化也是交替的，且电阻值变化的频率与旋涡的产生频率相对应，故可通过测量铂丝电阻值变化的频率来推算流量。

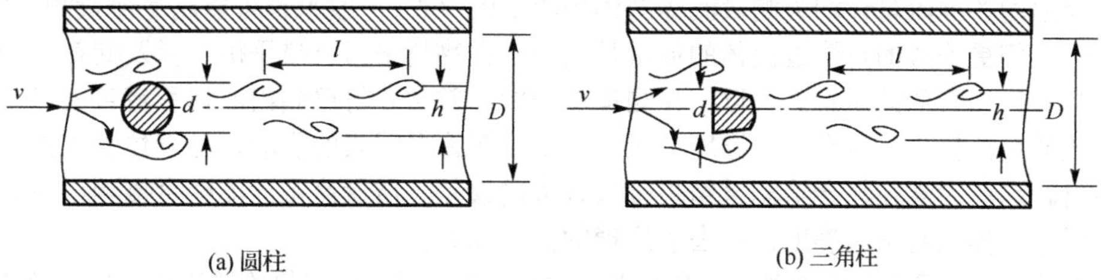

图 3-41　卡曼涡街

采用一个不平衡电桥，将铂丝电阻值的变化频率进行转换、放大和整形，再变换成 4～20mA 直流电流信号输出，以供显示、累积流量或进行自动控制。

2．涡街流量计的选用

涡街流量计结构简单，无可动部件，维护容易，使用寿命长，压力损失小，适用多种流体进行容积计量，例如，液体包括工业用水、排水、高温液体、化学液体、石油产品；气体包括天然气、城市煤气、压缩空气等各种气体，以及饱和蒸汽和过热蒸汽等。涡街流量计特别适用于大口径管道流量的检测。

由于涡街流量计的计量精确度不受流体压力、黏度、密度等影响，因而其测量精确度高，可为±(0.5%～1%)，测量范围宽广。

如果被测流体是液体，可以根据被测液体的密度和黏度，查表确定涡街流量计各种口径对应的最大和最小流量。如果被测流体是气体和蒸汽，可以根据被测气体和蒸汽的压力和温度，查表确定涡街流量计各口径对应的最小和最小流量。

涡街流量计有水平和垂直两种安装方式。

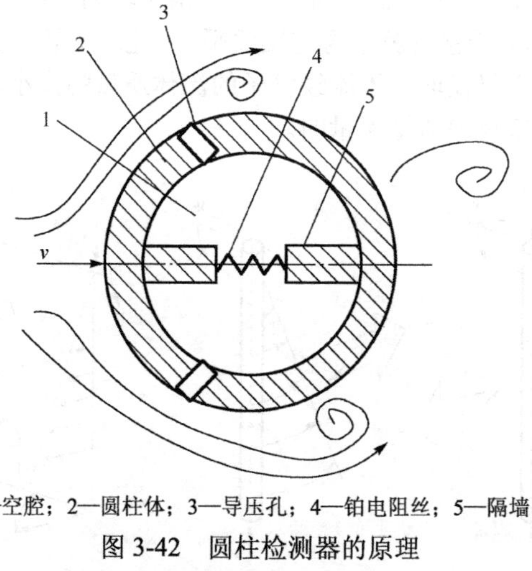

1—空腔；2—圆柱体；3—导压孔；4—铂电阻丝；5—隔墙。

图 3-42　圆柱检测器的原理

由于速度式测量仪表的测量精确度受管道内流体流速分布规律变化的影响较大，因此要求在流量计进/出口都安装直管段。这个直管段一般在进口端有 15D(管道口径)的长度，在出口端有 5D 的长度。如果进口端前有弯管头且是圆弧形的，则直管段长度应增加到 23D 以上，如果弯管头是直角形的，则进口端前直管段长度甚至要求达到 40D 以上。

3.7.8 质量流量计

前面介绍的各种流量计均为测量流体的体积流量的仪表，一般来说可以满足流量测量的要求。但是，有时人们更关心的是流过流体的质量是多少。在物料平衡、热平衡，以及储存、经济核算等应用中都要知道介质的质量。所以，在测量工作中，常常要将已测出的体积流量乘以介质的密度，换算成质量流量。介质密度受温度、压力、黏度等许多因素的影响，且气体受这些因素的影响尤为突出。这些因素往往会给测量结果带来较大的误差。质量流量计能够直接测出质量流量，这就能从根本上提高测量精确度，省去了烦琐的换算和修正。

质量流量计大致可分为两大类：一类是直接式质量流量计，即直接检测流体的质量流量；另一类是间接式或推导式质量流量计，这类流量计是通过体积流量计和密度计的组合来测量流体的质量流量。

1. 直接式质量流量计

直接式质量流量计的形式很多，有量热式、角动量式、差压式及科氏力式等。下面介绍其中的科氏力流量变送器。

如图 3-43(a)所示，当一根管子绕着轴线旋转时，让一个质点通过这根管子向外端流动，质点的线速度由零逐渐加大，即质点被赋予能量，随之产生的反作用力 F_c(即惯性力)将使这根管子的旋转速度减缓。

相反，让一个质点从外端通过这根管子向原点流动，即质点的线速度由大逐渐减小趋向于零。也就是说，质点的能量被释放出来，随之而产生的反作用力 F_c 将使这根管子的旋转速度加快。

这种能使旋转着的管子的旋转速度发生减缓或加快的力 F_c 就称为科里奥利(Coriolis)力，简称科氏力。

通过实验演示可以证明科氏力的作用。将绕着同一根轴线以同相位旋转的两根相同的管子外端用同样的管子连接起来，如图 3-43(b)所示。当管子内没有流体流过时，连接管与轴线是平行的，而当管子内有流体流过时，由于科氏力的作用，两根旋转的管子发生相位差(质点流出侧的相位领先于质点流入侧的相位)，连接管就不再与轴线平行。总之，管子的相位差大小取决于管子变形的大小，而管子变形的大小仅仅取决于流经管子的流体质量的大小。这就是科氏力质量流量计的原理，它正是利用相位差来反映质量流量的。

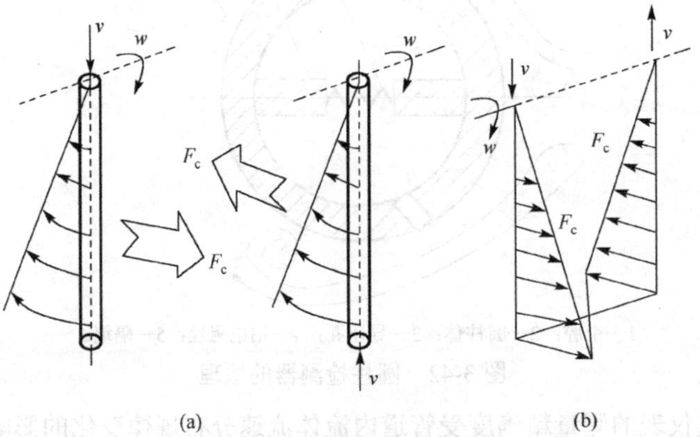

图 3-43 科氏力作用原理

不断旋转着的管子只能在实验室里做模型，而不能用于实际生产现场。在实际应用中，是将管子的圆周运动轨迹切割下一段圆弧，使管子在圆弧里反复摆动，即将单向旋转运动变成双向振动，则连接管在没有流量时为平行振动，而在有流量时就变成反复扭动。要实现管子振动是非常方便的，即用激磁电流进行激励。而在管子两端利用电磁感应分别取得正弦信号 1 和 2，两个正弦信号相位差的大小就直接反映出质量流量的大小，如图 3-44 所示。

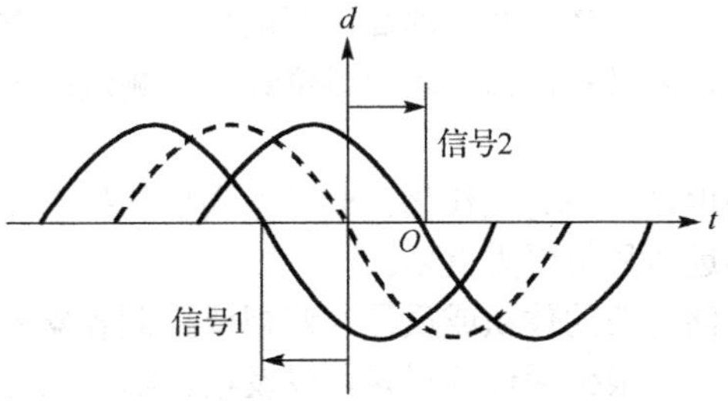

图 3-44　管子两端的信号示意图

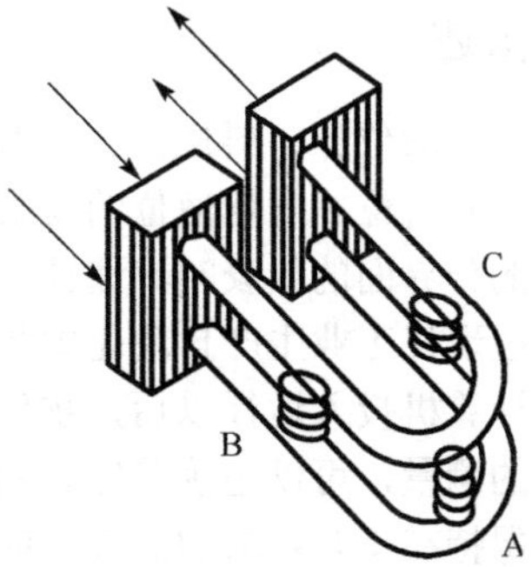

图 3-45　双管弯管型科氏力流量计

利用科氏力构成的质量流量计其形式有直管、弯管、单管、双管之分。双管弯管型科氏力流量计如图 3-45 所示。两根金属 U 形管与被测管路由连通器相接，流体按箭头方向分为两路通过。在 A、B、C 三处各有一组压电换能器，其中 A 处利用逆压电效应，B 和 C 处利用正压电效应。A 处在外加交流电压下产生交变力，使两个 U 形管彼此一开一合地振动，B 和 C 处分别检测这两个 U 形管的振动幅度。B 处为进口侧，C 处为出口侧。根据出口侧相位领先于进口侧相位的规律，C 处的交变电信号领先于 B 处的一定的相位差，此相位差的大小与质量流量成正比。若将这两个交流信号相位差经过电路进一步转换成直流 4～20mA 的标准信号，就成为质量流量变送器。

2．间接式质量流量计

这类仪表由测量体积流量的仪表与测量密度的仪表配合，再通过运算器将这两个仪表的测量结果加以适当运算，间接得出质量流量。

测量体积流量的仪表可采用涡轮流量计、电磁流量计、容积式流量计和旋涡流量计等。如图 3-46 所示，涡轮流量计的输出信号 y 正比于 Q，密度计的输出信号 x 正比于 ρ，再通过运算器进行乘法运算，即得质量流量为

$$xy = K\rho Q \tag{3-59}$$

式中，K 为系数。

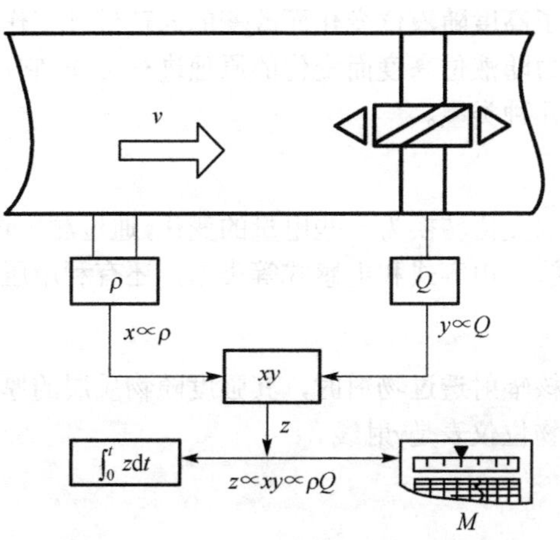

图 3-46　涡轮流量计与密度计配合

3.8 物位检测及仪表

3.8.1 概述

物位仪表包括液位计、料位计、界面计。在容器中，液体介质的高度叫液位，固体或颗粒状物质的堆积高度叫料位。测量液位的仪表叫液位计，测量料位的仪表叫料位计，而测量两种密度不同液体介质的分界面的仪表叫界面计。

物位检测在现代工业生产自动化中具有重要的地位。随着现代化工业设备规模的扩大和集中管理，特别是计算机投入运行以后，物位的测量和远传显得更为重要。

通过物位的测量，可以正确获知容器设备中所储物质的体积或质量；监视或控制容器内的介质物位，使它保持在工艺要求的高度，或对它的上、下限位置进行报警，以及根据物位来连续监视或控制容器中流入与流出物料的平衡。所以，一般测量物位有两个目的：一是对物位测量的绝对值要求非常准确，借以确定容器或储存库中的原料、辅料、半成品或成品的数量；二是对物位测量的相对值要求非常准确，要能迅速正确反映某一特定水准面上的物料相对变化，用以连续控制生产工艺过程，即利用物位仪表进行监视和控制。

物位检测与生产安全的关系十分密切。例如，合成氨生产中铜洗塔塔底的液位控制，如果塔底液位过高，精炼气就会带液，导致合成塔触媒中毒；反之，如果液位过低，就会失去液封作用，发生高压气冲入再生系统，造成严重事故。

工业生产中对物位仪表的要求多种多样，主要有精确度、量程、经济和安全可靠等方面的要求。其中，首要的要求是安全可靠。物位仪表的种类很多，按其工作原理主要有以下几种类型。

1. 直读式物位仪表

直读式物位仪表主要有玻璃管液位计、玻璃板液位计等。

2. 差压式物位仪表

差压式物位仪表可分为压力式和差压式，利用液柱或物料堆积对某固定点产生压力的原理进行工作。

3. 浮力式物位仪表

浮力式物位仪表利用浮子高度随液位变化而改变的原理进行工作，或者利用液体对浸沉于液体中的浮子(又称沉筒)的浮力随液位高度而变化的原理进行工作。它可分为浮子带钢丝绳(或钢带)式、浮球带杠杆式和沉筒式几种类型。

4. 电磁式物位仪表

电磁式物位仪表将物位的变化转换为一些电量的变化，通过测出这些电量的变化来测知物位。它可以分为电阻式(即电极式)、电容式和电感式等类型，还有利用压磁效应工作的物位仪表。

5. 核辐射式物位仪表

核辐射式物位仪表利用核辐射透过物料时，其强度随物质层的厚度而变化的原理进行工作。目前，应用较多的核辐射式物位仪表是γ射线。

6. 声波式物位仪表

声波式物位仪表利用物位的变化引起声阻抗的变化、声波的遮断和声波反射距离的不同，测出这些变化来测知物位。声波式物位仪表可以根据它的工作原理分为声波遮断式、反射式和阻尼式几种类型。

7．光学式物位仪表

光子式物位仪表利用物位对光波的遮断和反射原理进行工作。它利用的光源可以有普通白炽灯光或激光等。

此外，还有一些其他类型的物位仪表。下面重点介绍差压液位变送器，并简单介绍几种其他类型的物位仪表。

3.8.2 差压液位变送器

利用差压或压力液位变送器可以很方便地测量液位，且能输出标准的电流或气压信号。有关变送器的原理及结构已在前述章节中做了介绍，此处只着重讨论其应用。

1．工作原理

差压式液位变送器利用当容器内的液位改变时，由液柱产生的静压也相应变化的原理进行工作，如图 3-47 所示。

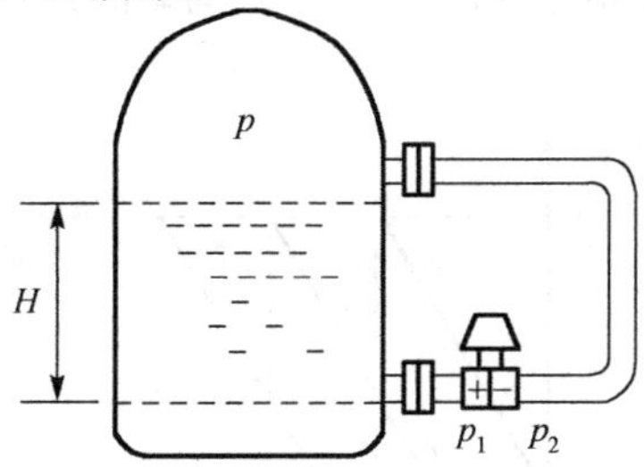

图 3-47　差压液位变送器的工作原理

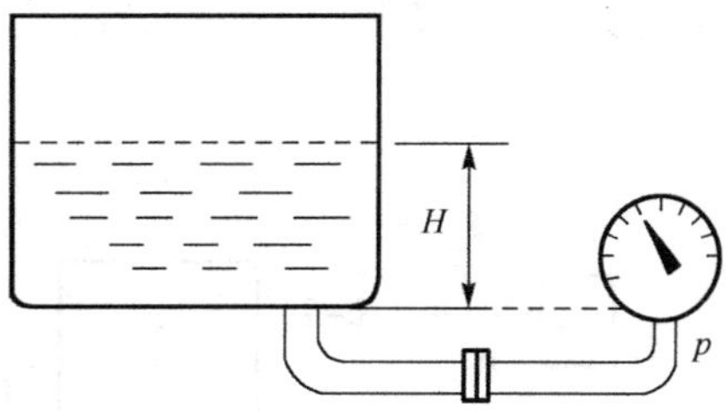

图 3-48　压力表式液位计示意图

将差压液位变送器的一端连接液相，另一端连接气相。设容器上部空间为干燥气体，其压力为 p，则

$$p_1 = p + H\rho g \tag{3-60}$$

$$p_2 = p \tag{3-61}$$

因此，可得

$$\Delta p = p_1 - p_2 = H\rho g$$

式中，H 为液位高度；ρ为介质密度；g 为重力加速度；p_1、p_2 分别为差压液位变送器正、负压室的压力。

通常，被测介质的密度是已知的。差压液位变送器测得的差压与液位高度成正比，这样就把测量液位高度转换为测量差压的问题了。

当被测容器敞口时，即气相压力为大气压，只要将差压液位变送器的负压室通大气即可。若不用远传信号，也可以在容器底部安装压力表，如图 3-48 所示，根据压力 p 与液位 H 成正比，可直接在压力表上按液位进行刻度。

2．零点迁移问题

在使用差压液位变送器测量液位时，一般来说，其压差 Δp 与液位高度 H 之间有如下关系：

$$\Delta p = H\rho g \tag{3-62}$$

这就属于一般的“无迁移”情况。当 H=0 时，作用在正、负压室的压力是相等的。

在实际应用中，往往 H 与 Δp 之间的对应关系不那么简单。如图 3-49 所示，为防止容器内液体和气体进入变送器而造成管道堵塞或腐蚀，并保持负压室的液柱高度恒定，在变送器正、负压室与取压点之间分别装有隔离罐，并充以隔离液。若被测介质密度为ρ_1，隔离液密度为ρ_2（通常$\rho_2>\rho_1$），这时正、负压室的压力分别为

$$p_1 = h_1\rho_2 g + H\rho_1 g + p_0 \tag{3-63}$$

$$p_2 = h_2\rho_2 g + p_0 \tag{3-64}$$

正、负压室间的压差为

$$p_1 - p_2 = H\rho_1 g + h_1\rho_2 g - h_2\rho_2 g$$

即

$$\Delta p = H\rho_1 g - (h_2 - h_1)\rho_2 g \tag{3-65}$$

式中，Δp 为变送器正、负压室的压差；H 为被测液位的高度；h_1 为正压室隔离罐液位到变送器的高度；h_2 为负压室隔离罐液位到变送器的高度。

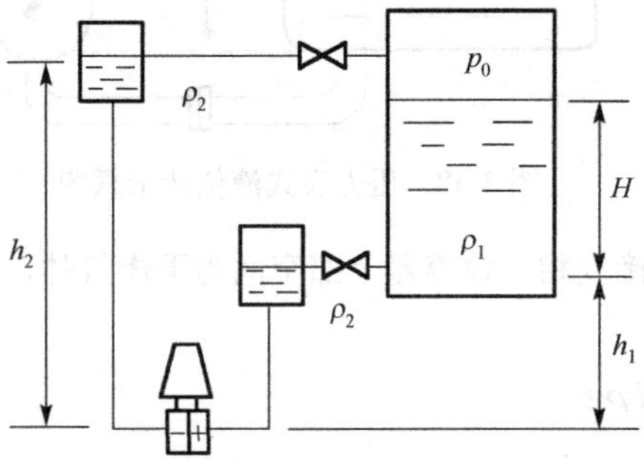

图 3-49　负迁移示意图

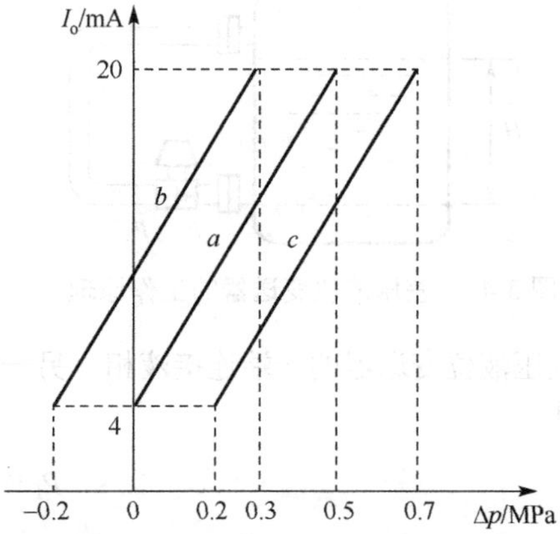

图 3-50　零点迁移示意图

将式(3-65)与式(3-62)相比较，就知道这时压差减少了$(h_2-h_1)\rho_2 g$一项。也就是说，当 H=0 时，$\Delta p=-(h_2-h_1)\rho_2 g$，对比无迁移情况，相当于在负压室多了一项压力，其固定数值为$(h_2-h_1)\rho_2 g$。假定采用的是 DDZ—Ⅲ型差压液位变送器，其输出范围为 4～20mA 的电流信号。在无迁移时，H=0, Δp=0，这时差压液位变送器的输出电流为 4mA；$H=H_{max}$；$\Delta p=\Delta p_{max}$，这时差压液位变送器的输出电流为 20mA。在有迁移时，根据式(3-65)可知，由于有固定差压的存在，当 H=0 时，差压液位变送器的输入压差小于 0，其输出电流必定小于 4mA；当 $H=H_{max}$ 时，差压液位变送器的输入压差小于 Δp_{max}，其输出电流必定小于 20mA。为了使差压液位变送器的输出电流能正确反映出液位的数值，也就是使液位的零值与满量程能与差压液位变送器输出电流的上、下限值相对应，必须设法抵消固定压差$(h_2-h_1)\rho_2 g$的作用，使得当 H=0 时，变送器的输出电流仍然回到 4mA，而当 $H=H_{max}$ 时，差压液位变送器的输出电流能为 20mA。采用零点迁移的办法就能够达到此目的，即调整差压液位变送器上的迁移弹簧，以抵消固定压差$(h_2-h_1)\rho_2 g$的作用。

迁移弹簧能改变差压液位变送器的零点。迁移和调零都是使差压液位变送器输出电流的起始

值与被测量起始点相对应，只不过零点调整量通常较小，而零点迁移量则比较大。

同时，迁移弹簧还能改变差压液位变送器测量范围的上、下限，相当于测量范围的平移，且不改变量程的大小。例如，某差压液位变送器的测量范围为 0～0.5MPa，当压差由 0 变化到 0.5MPa 时，且变送器的输出电流将由 4mA 变化到 20mA，这是无迁移的情况，如图 3-50 中曲线 a 所示。当有迁移时，假定固定压差为 $(h_2-h_1)\rho_2 g=0.2\text{MPa}$，那么当 $H=0$ 时，根据式(3-65)可得 $\Delta p=-(h_2-h_1)\rho_2 g=-0.2\text{MPa}$，这时差压液位变送器的输出电流应为 4mA；当 H 为最大值时，$\Delta p=H\rho_1 g-(h_2-h_1)\rho_2 g=0.3\text{MPa}$，这时差压液位变送器的输出电流应为 20mA，如图 3-50 中曲线 b 所示。也就是说，Δp 从–0.2MPa 到 0.3MPa 变化时，差压液位变送器的输出电流应从 4mA 变化到 20mA。它维持原来的量程(0.5MPa)大小不变，只是向负方向迁移了一个固定压差值［$(h_2-h_1)\rho_2 g=0.2\text{MPa}$］，这种情况就称为负迁移。

由于工作条件的不同，有时会出现正迁移的情况，如图 3-51 所示。经过分析可以知道，当 $H=0$ 时，正压室多了一项附加压力 $h\rho g$。或者说，当 $H=0$ 时，$\Delta p=h\rho g$，这时差压液位变送器的输出电流应为 4mA。画出此时差压液位变送器的输出电流和输入压差之间的关系，就如图 3-50 中曲线 c 所示。

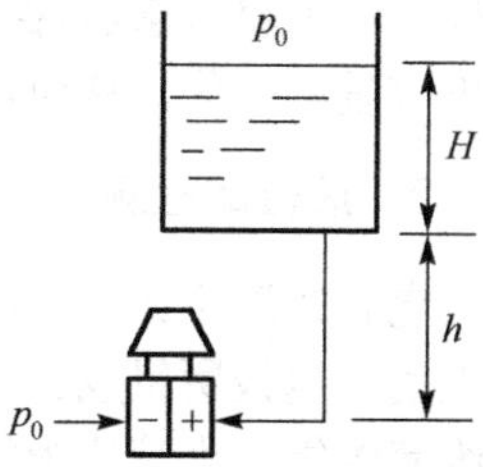

图 3-51　正迁移示意图

3. 用法兰式差压变送器测量液位

为了解决测量具有腐蚀性或含有结晶颗粒及黏度大、易凝固等液体液位时引压管道被腐蚀、被堵塞的问题，应使用在导压管入口处加用于隔离的金属膜盒的法兰式差压变送器，如图 3-52 所示。作为敏感元件的法兰式测量头(金属膜盒)，经毛细管与变送器的测量室相通。在金属膜盒、毛细管和测量室所组成的封闭系统内充有硅油，作为传压介质，并使被测介质不进入毛细管与变送器，以免堵塞毛细管与变送器。

法兰式差压变送器按其结构形式又分为单法兰式及双法兰式两种。容器与变送器间只需一个法兰式测量头的称为单法兰差压变送器。对于上端和大气隔绝的闭口容器，因上部空间压力与大气压力多半不等，必须采用两个法兰式测量头分别将液相和气相压力导至变送器，如图 3-53 所示，这就是双法兰式差压变送器。

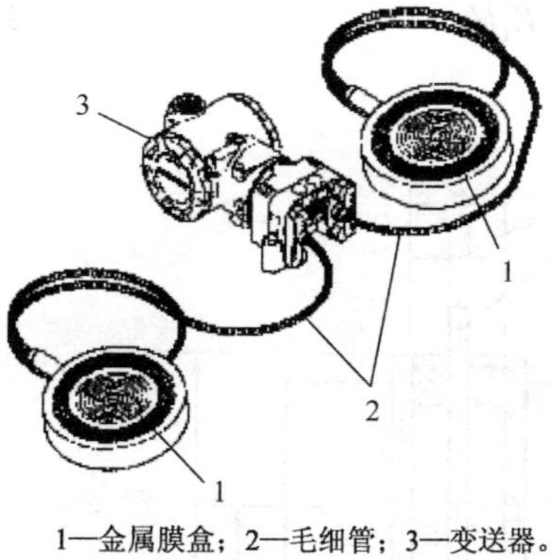

1—金属膜盒；2—毛细管；3—变送器。

图 3-52　双法兰式差压变送器的组成

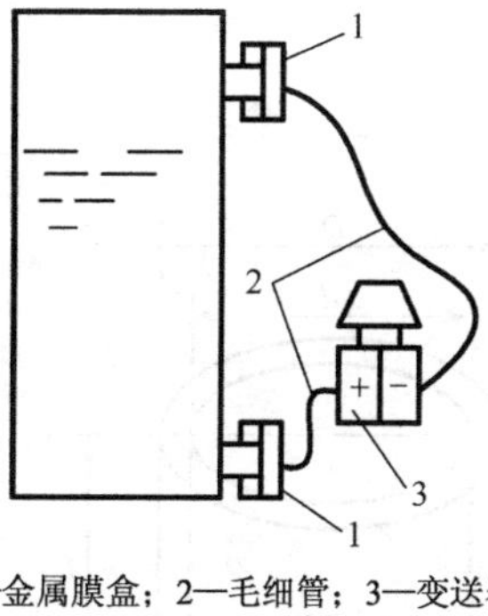

1—金属膜盒；2—毛细管；3—变送器。

图 3-53　双法兰式差压变送器示意图

3.8.3　电容式物位传感器

1. 测量原理

在电容器的极板之间充以不同介质时，电容器的电容量大小也会有所不同。因此，可通过测量电容量的变化来检测液位、料位和两种不同液体的分界面。

如图 3-54 所示，在由两个同轴圆筒(内电极、外电极)组成的电容器的两圆筒间，充以介电系数为ε的介质，两圆筒间的电容量为

$$C=\frac{2\pi\varepsilon L}{\ln\frac{D}{d}} \tag{3-66}$$

式中，L 为圆筒(极板)的长度；d、D 分别为内电极的外径和外电极的内径；ε为介质的介电常数。

所以，当 D 和 d 一定时，电容量 C 的大小与极板的长度 L、介质的介电常数ε的乘积成比例。这样，将电容传感器(探头)插入被测物料中，电极浸入物料中的深度随物位高低变化，必然引起其电容量的变化，从而可检测出物位。

2．液位的检测

电容式液位计示意图如图 3-55 所示。电容式液位计由内电极和一个与它相绝缘的同轴金属套筒做的外电极所组成。外电极上开了很多流通小孔，从而使介质能流进电极之间。内、外电极用绝缘套绝缘。当液位为零时，调整电容式液位计的零点(或在某一起始液位将其调零即可)，其零点的电容量为

$$C_0=\frac{2\pi\varepsilon_0 L}{\ln\frac{D}{d}} \tag{3-67}$$

式中，ε_0 为空气介电系数；d、D 分别为内电极的外径和外电极的内径。

当液位上升为 H 时，电容量变为

$$C=\frac{2\pi\varepsilon H}{\ln\frac{D}{d}}+\frac{2\pi\varepsilon_0(L-H)}{\ln\frac{D}{d}} \tag{3-68}$$

电容量的变化为

$$C_{\mathrm{X}}=C-C_0=\frac{2\pi(\varepsilon-\varepsilon_0)H}{\ln\frac{D}{d}}=K_{\mathrm{i}}H \tag{3-69}$$

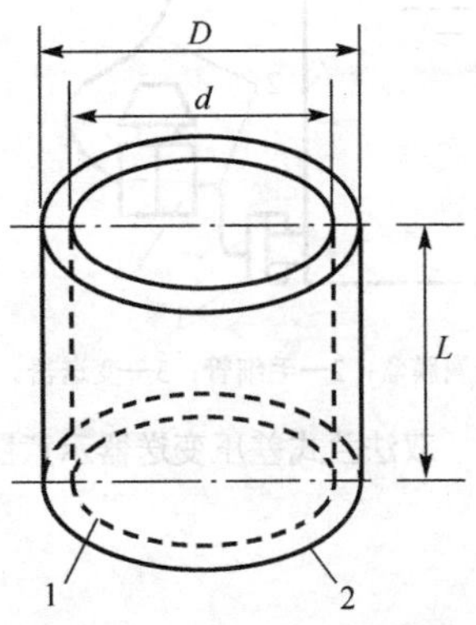

1—内电极；2—外电极。

图 3-54　电容器的组成

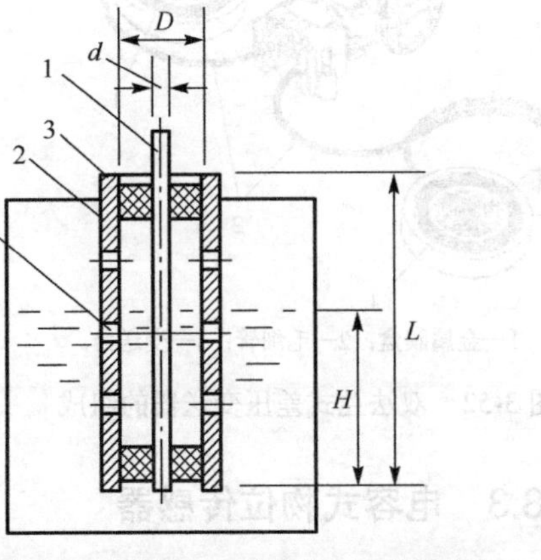

1—内电极；2—外电极；3—绝缘套；4—流通小孔。

图 3-55　电容式液位计示意图

因此，电容量的变化与液位高度 H 成正比。式(3-69)中的 K_i 为比例系数。K_i 中包含 $(\varepsilon-\varepsilon_0)$。也就是说，电容式液位计是利用被测介质的介电系数 ε 与空气介电系数 ε_0 不等的原理工作的。$(\varepsilon-\varepsilon_0)$ 值越大，电容式液位计越灵敏。D/d 实际上与电容器两极间的距离有关，D 与 d 越接近，即两极间距离越小，电容式液位计灵敏度越高。

3．料位的检测

用电容物位计可以测量固体块状、颗粒状及粉状的料位。

固体间磨损较大，容易"滞留"，可用金属棒及容器壁组成电容器的两极来测量非导电固体料位。

电容物位计示意图如图 3-56 所示。电容物位计的电容量变化与料位升降的关系为

$$C_X = \frac{2\pi(\varepsilon-\varepsilon_0)H}{\ln\frac{D}{d}} \tag{3-70}$$

式中，D、d 分别为容器的内径和金属棒的外径；ε、ε_0 分别为物料和空气的介电系数。

电容物位计的传感部分结构简单、使用方便，但其电容量变化不大。如果电容物位计要实现精确测量，就要借助于较复杂的电子线路才行。此外，当介质浓度、温度变化时，其介电系数要发生变化，从而要及时调整电容物位计，以达到预想的测量目的。

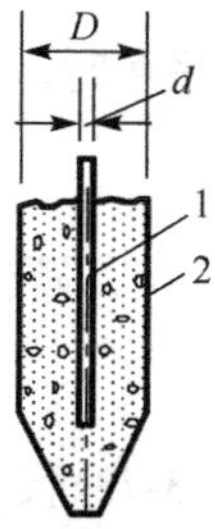

1—金属棒(内电极)；2—容器壁。

图 3-56　电容物位计示意图

3.8.4　核辐射物位计

当放射性同位素的核辐射线射入一定厚度的介质时，一部分粒子因克服阻力与碰撞而使其动能被消耗、吸收；另一部分粒子则透过介质。核辐射线强度会随着通过介质层厚度的增加而减弱，且呈指数规律衰减，即

$$I = I_0 e^{-\mu H} \tag{3-71}$$

式中，μ 为介质对核辐射线的吸收系数；H 为介质层的厚度；I 为通过介质后的核辐射线强度；I_0 为放射源射出的核辐射线强度。

不同介质吸收核辐射线的能力是不一样的。一般说来，固体吸收核辐射线的能力最强，液体次之，气体则最弱。当放射源已经选定，被测的介质不变时，则 I_0 与 μ 都是常数。根据式(3-71)，只要测定通过介质后核辐射线强度 I，介质层的厚度 H 就知道了。介质层的厚度，在这里指的是液位或料位的高度，这就是核辐射线检测物位法。

核辐射物位计示意图如图 3-57 所示。接收器用来检测通过介质后的核辐射线强度 I，再配以显示仪表就可以指示物位的高低了。

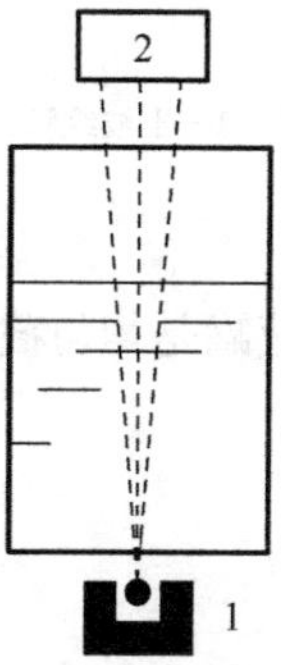

1—放射源；2—接收器。

图 3-57　核辐射物位计示意图

这种物位仪表由于核辐射线的突出特点，能够透过钢板等各种物质，因而可以完全不接触被测物质，适用于高温、强腐蚀、剧毒、有爆炸性、有黏滞性、易结晶或沸腾状态的介质的物位测量，还可以测量高温融熔金属的液位。由于核辐射线的特性不受温度、湿度、压力、电磁场等影响，所以可在高温、烟雾、尘埃、强光及强电磁场等环境下工作。由于核辐射线对人体有害，它的剂量要加以严格控制，所以核辐射物位计的使用范围受到一定限制。

3.8.5 称重式液罐计量仪

在石油、化工生产中，有许多大型液罐，由于高度与直径都很大，即使液罐内液体的液位变化 1～2mm，其质量也会发生几百公斤到几吨的变化，所以对其液位的测量要求很精确。同时，液体(如油品)的密度会随温度发生较大的变化，而大型液罐由于体积很大，各处温度很不均匀，即使液罐内的液位(即体积)被测得很准，也反映不了液罐中真实的液体质量。利用称重式液罐计量仪，就可以测量这种大型液罐内液体的质量。

称重式液罐计量计示意图如图 3-58 所示。罐顶压力 p_1 与罐底压力 p_2 分别引至下波纹管和上波纹管。两个波纹管的有效面积 A 相等，将差压引入两个波纹管，产生总的作用力，作用于杠杆系统，使杠杆失去平衡，于是通过发讯器、控制器接通可逆电机线路，使可逆电机旋转，并通过丝杠带动砝码移动，直至由砝码作用于杠杆的力矩与测量力(由压差引起)作用于杠杆的力矩平衡时，可逆电机才停止转动。下面推导在杠杆系统平衡时，砝码离支点的距离与液罐内液体的质量之间的关系。

杠杆平衡时，有

$$(p_2 - p_1)AL_1 = MgL_2 \tag{3-72}$$

式中，M 为砝码质量；g 为重力加速度；L_1、L_2 为杠杆臂长；A 为纹波管的有效面积。

由于

$$p_2 - p_1 = H\rho g \tag{3-73}$$

将式(3-73)代入式(3-72)，得

$$L_2 = \frac{AL_1}{M}\rho H = K\rho H \tag{3-74}$$

式中，ρ为被测液体的密度；K 为仪表常数。

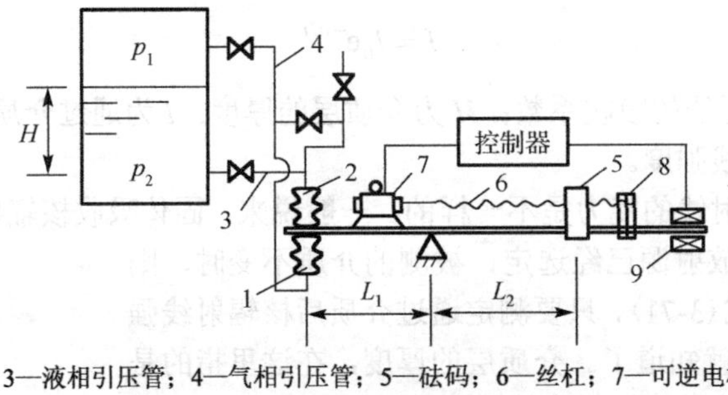

1—下波纹管；2—上波纹管；3—液相引压管；4—气相引压管；5—砝码；6—丝杠；7—可逆电机；8—编码盘；9—发讯器。

图 3-58 称重式液罐计量计示意图

如果液罐是均匀截面的，其横截面积为 A_1，于是液罐内液体的质量 M_0 为

$$M_0 = \rho HA_1 \tag{3-75}$$

即

$$\rho H = \frac{M_0}{A_1} \tag{3-76}$$

将式(3-76)代入式(3-74)，得

$$L_2 = K\frac{M_0}{A_1} \tag{3-77}$$

如果液罐的横截面积 A_1 为常数，则可得

$$L_2 = K_i M_0 \tag{3-78}$$

其中

$$K_i = \frac{K}{A_1} = \frac{AL_1}{A_1 M} \tag{3-79}$$

由此可见，砝码离支点的距离与液罐内液体的质量成正比，而与液体的密度无关。

由于砝码移动距离与丝杠转动圈数成比例。丝杠转动时，经减速带动编码盘转动，因此编码盘的位置与砝码位置是对应的，编码盘发出编码信号到显示仪表，经译码和逻辑运算后以数字的方式显示出来。

由于称重式液罐计量仪是按天平平衡原理工作的，因此具有很高的精确度和灵敏度。当液罐内液体受成分、温度等影响，其密度变化时，并不影响称重式液罐计量仪的测量精确度。该仪表可以用数字直接显示，并便于与计算机联机使用，以进行数据处理或控制。

3.9　温度检测及仪表

温度是表征物体冷热程度的物理量，是各种工业生产和科学实验中最普遍而重要的操作参数。除此之外，温度在现代化的农业和医学中也是不可缺少的参数。

在化工生产中，温度的测量与控制有着重要的作用。众所周知，任何一种化工生产都会伴随着物质的物理和化学性质的改变，从而产生能量的交换和转化。其中，最普遍的交换形式是热交换形式。因此，化工生产的各种工艺过程都是在一定的温度下进行的。例如，在精馏塔的精馏过程中，必须按照工艺要求，将精馏塔的进料温度、塔顶温度和塔釜温度分别控制在一定数值上。又如，在用 N_2 和 H_2 生产合成 NH_3 的反应过程中，在触媒存在的条件下，要求反应温度是 500℃，否则产品不合格，严重时还会发生事故。因此，温度的测量与控制是保证化学反应过程正常进行与安全运行的重要环节。

3.9.1　温度检测方法及仪表

温度不能被直接测量。只能借助于冷热不同物体之间的热交换，以及物体的某些物理性质随冷热程度不同而变化的特性间接测量温度。

任意两个冷热程度不同的物体相接触，必然要发生热交换现象，即热量将由受热程度高的物体传到受热程度低的物体，直到两物体的冷热程度完全一致，即达到热平衡状态为止。利用这一原理，就可以选择某个物体同被测物体相接触，并进行热交换，当两者达到热平衡状态时，选择物体与被测物体温度相等。于是，可以通过测量选择物体的某个物理量(如液体的体积、导体的电量等)，便可以定量地给出被测物体的温度数值。以上就是接触测温法。也可以利用热辐射原理来进行非接触测温。

温度测量范围甚广，有的处于接近绝对零度的低温，有的处于摄氏几千度的高温。这样宽的测量范围，要用各种不同的测温方法和测温仪表。按使用的测量范围，常把测量 600℃以上的测温仪表叫高温计，把测量 600℃以下的测温仪表叫温度计。按用途，测温仪表可分为标准仪表、实用仪表。按工作原理，测温仪表则分为膨胀式温度计、压力式温度计、热电偶温度计、热电阻温度计和辐射式高温计。按测量方式，测温仪表则可分为接触式与非接触式两大类。接触式测温仪表的测温元件直接与被测物体接触，这样可以使被测物体与测温元件进行充分热交换，而达到

测温目的；非接触式测温仪表的测温元件与被测物体不相接触，通过辐射或对流实现热交换来达到测温的目的。温度检测方法及仪表分类如表 3-6 所示。

表 3-6　温度检测方法及仪表分类

测量方式	温度计种类			测温范围/℃
接触式	膨胀式温度计	液体膨胀式	有机液体	−100～100
			水银	−50～600
		固体膨胀式	双金属片	−80～600
	压力式温度计	液体型	水银	0～650
			甲醛	150
			二甲苯	400
		气体型		500
		蒸气型		150
	热电阻温度计	铂热电阻		−200～500
		铜热电阻		−50～100
		特殊热电阻		−200～700
		半导体热敏电阻		
	热电偶温度计	铂铑-铂		1 600 以下
		镍铬-镍硅		1 000 以下
		镍铬-考铜		600 以下
非接触式	光电式高温计			800～6 000
	辐射式高温计			100～800 100～2 000
	比色式高温计			800～2 000

下面简单介绍几种常用温度计和高温计。

1. 膨胀式温度计

膨胀式温度计是基于物体受热时体积膨胀的性质而制成的。玻璃管温度计属于液体膨胀式温度计，双金属温度计属于固体膨胀式温度计。

双金属温度计中的感温元件是用两片线膨胀系数不同的金属片叠焊在一起而制成的。双金属片受热后，由于两金属片的膨胀长度不同而产生弯曲，如图 3-59 所示，温度越高产生的线膨胀长度差就越大，因而引起弯曲的角度就越大。双金属温度计就是基于这个原理制成的。双金属温度计是用双金属片制成螺旋形感温元件，外加金属保护套管，当温度变化时，螺旋的自由端便围绕着中心轴旋转，同时带动指针在刻度盘上指示出相应的温度数值。

一种双金属温度信号器示意图如图 3-60 所示。当温度变化时，双金属片产生弯曲，且触点与调节螺钉相接触，使电路接通，信号灯便发亮。如果该信号器以继电器代替信号灯，便可以用来控制热源(如电热丝)而成为两位式温度控制器。该信号器温度的控制范围可通过改变调节螺母与双金属片之间的距离来调整。若该信号器以电铃代替信号灯，便可以作为另一种双金属温度信号报警器。

2. 压力式温度计

应用压力随温度的变化来测温的仪表叫压力式温度计。它是根据在封闭系统中的液体、气体或低沸点液体的饱和蒸汽受热后体积膨胀或压力变化这一原理而制成的，并用压力表来测量这种变化，从而测得温度。

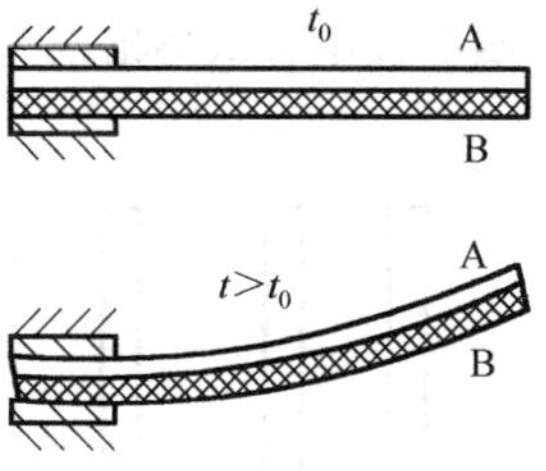

图 3-59　双金属片

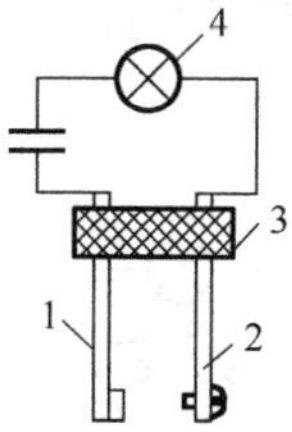

1—双金属片；2—调节螺母；3—绝缘子；4—信号灯。

图 3-60　一种双金属温度信号器示意图

压力式温度计的结构如图 3-61 所示。它主要由以下三部分组成。

(1)温包。它是直接与被测物体相接触来感受温度变化的元件。它应具有高的强度、小的膨胀系数、高的热导率及抗腐蚀等性能。根据被测物体的不同，温包可用铜合金、钢或不锈钢来制造。

(2)毛细管。它是用铜或钢等材料冷拉成的无缝圆管，可传递压力的变化。其外径为 1.2～5mm，内径为 0.15～0.5mm。如果它的直径越小、长度越长，则其传递压力的滞后现象就越严重，也就是说，压力式温度计对被测温度的反应越迟钝。然而，毛细管在同样的长度下越细，则压力式温度计的测量精确度就越高。毛细管容易被破坏、折断，因此必须被加以保护。对于不经常弯曲的毛细管，可用金属软管作为其保护套管。

(3)弹簧管(或盘簧管)。它是一般压力表用的弹性元件。

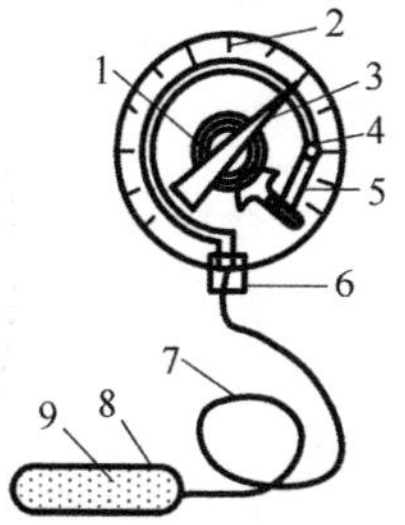

1—传动机构；2—刻度盘；3—指针；
4—弹簧管；5—连杆；6—接头；
7—毛细管；8—温包；9—工作物质。

图 3-61　压力式温度计的结构

3．辐射式高温计

辐射式高温计是基于物体热辐射作用来测量温度的仪表。目前，它已被广泛地用来测量高于 800℃的温度。

3.9.2　热电偶温度计

在化工生产中，使用最多的是利用热电偶和热电阻这两种感温元件来测量温度。

热电偶温度计是以热电效应为基础的测温仪表。热电偶温度计结构简单，测量范围宽，使用方便，测温准确、可靠，信号便于远传、自动记录和集中控制，因而在工业生产中应用极为普遍。

热电偶温度计由三部分组成：热电偶(感温元件)；测量仪表(动圈仪表或电位差计)；连接热电偶和测量仪表的导线(补偿导线)。热电偶温度计测温系统示意图如图 3-62 所示。

1．热电偶

热电偶是工业上最常用的一种测温元件。它由两种不同材料的导体 A 和 B 焊接而成，如图 3-63 所示。焊接的一端插入被测物体中，以感受被测温度，称为热电偶的工作端或热端；焊接的另一端与导线连接，称为冷端或自由端(参比端)。导体 A、B 称为热电极。

1)热电现象及测温原理

先用一个简单的实验，来建立对热电偶热电现象的感性认识。取两根不同材料的金属导线 A 和 B，将其两端焊在一起，这样就组成了一个闭合回路。如果将其一端加热，就是使其接点 1 处的温度 t 高于接点 2 处的温度 t_0，那么在此闭合回路中就有热电势产生，如图 3-64(a)所示。如果在此回路中串接一只直流毫伏计(将金属导线 B 断开接入毫伏计，或者在两根金属导线的 t_0 接头处断开接入毫伏计均可)，如图 3-64(b)、(c)所示。可见，毫伏计中有电势指示，这种现象就称为热电现象。

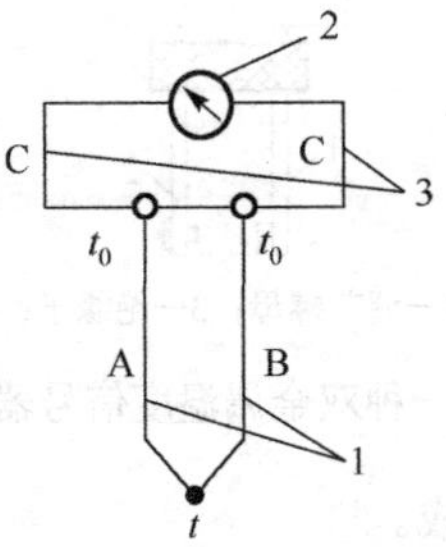

1—热电偶；2—测量仪表；3—导线。

图 3-62 热电偶温度计测温系统示意图

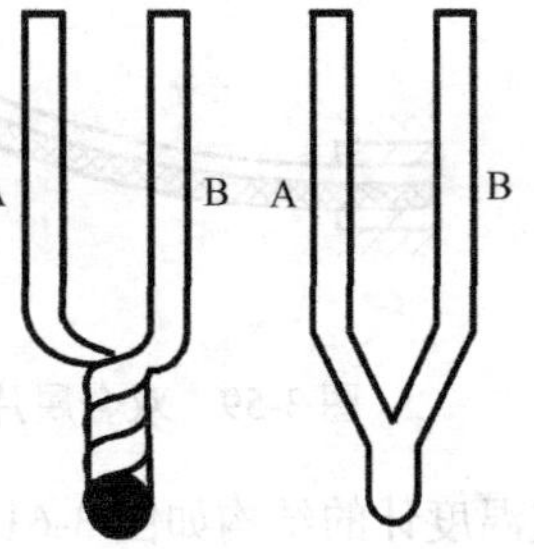

图 3-63 热电偶示意图

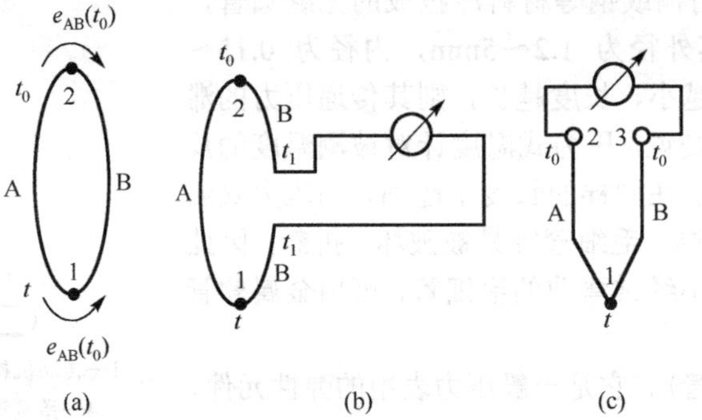

图 3-64 热电现象

下面分析产生热电势的原因。从物理学中知道，两种不同的金属，它们的自由电子密度是不同的。也就是说，两种金属中每单位体积内的自由电子数是不同的。假设金属 A 中的自由电子密度大于金属 B 中的自由电子密度，按古典电子理论，金属 A 的电子密度大，其压强也大。正因为这样，当两种金属相接触时，在两种金属的交界处，从 A 扩散到 B 的电子多于从 B 扩散到 A 的电子。原来自由电子处于金属 A 这个统一体时，该统一体是呈中性不带电的，当自由电子越过接触面迁移后，金属 A 就因失去电子而带正电，金属 B 则因得到电子而带负电。这种扩散迁移是不会无限制进行的。迁移的结果就在两金属的接触面两侧形成了一个偶电层。这个偶电层的电场方向由 A 指向 B，它的作用是阻碍自由电子的进一步扩散。这就是说，由于电子密度的不平衡而引起扩散运动，扩散的结果产生了静电场，这个静电场的存在又成为扩散运动的阻力，这两者是互相对立的。开始的时候，扩散运动占优势，随着扩散的进行，静电场的作用就加强，反而使电子沿反方向运动。

当扩散进行到一定程度时，压强差的作用与静电场的作用相互抵消，扩散运动与反扩散运动建立了暂时的平衡。图 3-65(a)表示两金属接触面上将发生方向相反、大小不等的电子流，使金属 B 逐渐积聚过剩电子，并引起逐渐增大的由 A 指向 B 的静电场及电势差 e_{AB}。图 3-65(b)表示电子流达到动平衡时的情况。这时的接触电势差仅和两金属的材料及接触点的温度有关。温度越高，金属中的自由电子就越活跃，由 A 迁移到 B 的自由电子就越多，致使接触面处所产生的电场强度也增加，因而接触电势也增高。在热电偶材料确定后，这个电势的大小只与温度有关，故称为热电势，记作 $e_{AB}(t)$，注脚 A 表示正极金属，注脚 B 表示负极金属，如果下标次序改为 BA，则 e 前面的符号也应相应的改变，即 $e_{AB}(t)=-e_{BA}(t)$。

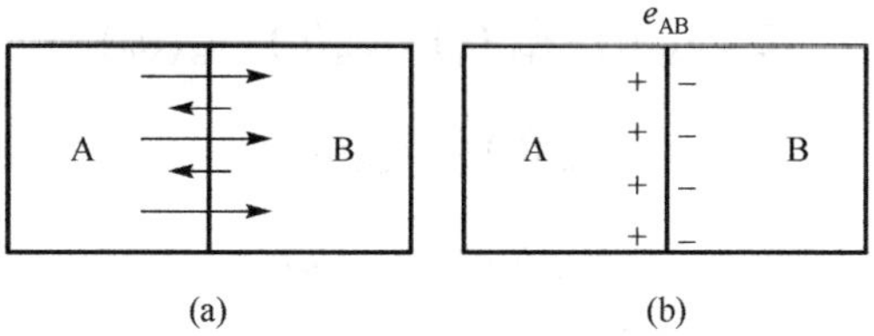

图 3-65　接触电势的形成过程

若把导体的另一端也闭合，形成闭合回路，则在两接点处就形成了两个方向相反的热电势，如图 3-66 所示。

图 3-66(a)表示两种金属的接点温度不同，设 $t>t_0$。由于两种金属的接点温度不同，就产生了两个大小不等、方向相反的热电势 $e_{AB}(t)$ 和 $e_{BA}(t_0)$。值得注意的是，对于同一种金属 A(或 B)，由于其两端温度不同，自由电子具有的动能不同，也会产生一个相应的电动势 $e_A(t,t_0)$ 和 $e_B(t,t_0)$，这个电动势称为温差电势。但由于温差电势远小于接触电势，因此常常把它忽略不计。这样，就可以用图 3-66(b)作为图 3-66(a)的等效电路，R_1、R_2 为热偶丝的等效电阻，在此闭合回路中总的热电势 $E(t,t_0)$ 应为

$$E(t,t_0)=e_{AB}(t)-e_{AB}(t_0)$$

或

$$E(t,t_0)=e_{AB}(t)+e_{BA}(t_0) \tag{3-80}$$

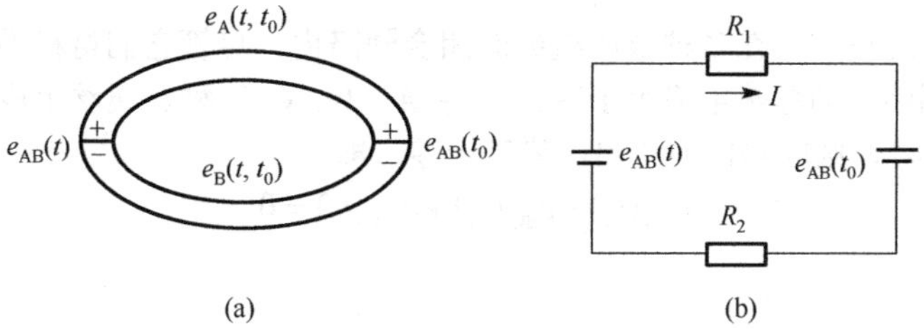

图 3-66　热电偶原理

也就是说，热电势 $E(t,t_0)$ 等于热电偶两个接点热电势的代数和。当 A、B 材料固定后，热电势是接点温度 t 和 t_0 的函数之差。如果一端温度 t_0 保持不变，即 $e_{AB}(t_0)$ 为常数，则热电势 $E(t,t_0)$ 就成了温度 t 的单值函数，而和热电偶的长短及直径无关。这样，只要测出热电势的大小，就能判断测温点温度的高低，这就是利用热电现象来测温的原理。

由以上分析可见，如果组成热电偶回路的两种导体材料相同，则无论两个接点温度如何，闭合回路的总热电势为零；如果热电偶两个接点温度相同，即使两种导体材料不同，闭合回路的总热电势也为零；热电偶产生的热电势除了与两个接点处的温度有关外，还与热电极的材料有关。也就是说，不同热电极材料制成的热电偶在相同温度下产生的热电势是不同的。

2)插入第三种导线的问题

利用热电偶测量温度时，必须要用某些仪表来测量热电势的数值，如图 3-67 所示。测量仪表往往要远离测温点，这就要接入连接导线 C，这样就在 A、B 所组成的热电偶回路中加入了第三种导线，而第三种导线的接入又构成了新的接点，如图 3-67(a)中点 3 和点 4、图 3-67(b)中的点 2 和点 3。这样引入第三种导线会不会影响热电偶的热电势呢？下面就来分析一下。

首先，如图 3-67(a)所示，点 3、点 4 温度相同(t_1)，故总热电势 E_t 为

$$E_t = e_{AB}(t) + e_{BC}(t_1) + e_{CB}(t_1) + e_{BA}(t_0) \tag{3-81}$$

因为

$$e_{BC}(t_1) = -e_{CB}(t_1) \tag{3-82}$$

$$e_{BA}(t_0) = -e_{AB}(t_0) \tag{3-83}$$

将式(3-82)、式(3-83)代入式(3-81)，得

$$E_t = e_{AB}(t) - e_{AB}(t_0) \tag{3-84}$$

可见，总热电势与没有接入第三种导线的热电势一样。

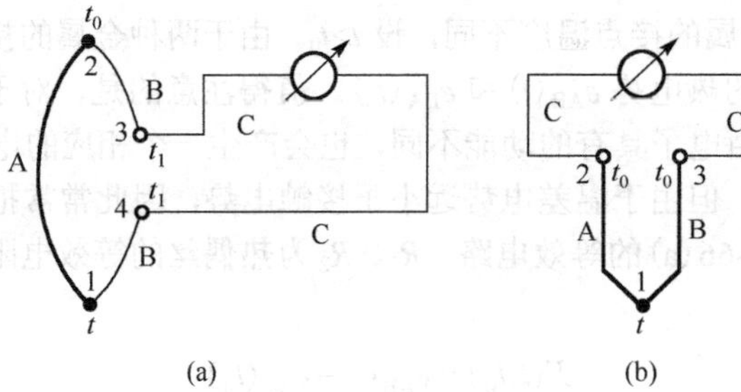

图 3-67　热电偶测温系统

再来分析图 3-67(b)，2、3 接点温度相同且等于 t_0，那么总热电势 E_t 为

$$E_t = e_{AB}(t) + e_{BC}(t_0) + e_{CA}(t_0) \tag{3-85}$$

根据能量守恒原理可知，在多种金属组成的闭合回路内，尽管它们材料不同，只要各接点温度相等，则此闭合回路内的总热电势等于零。若将 A、B、C 三种金属丝组成一个闭合回路，各接点温度相同(都为 t_0)，则回路内的总热电势等于零，即

$$e_{AB}(t_0) + e_{BC}(t_0) + e_{CA}(t_0) = 0$$

则

$$-e_{AB}(t_0) = e_{BC}(t_0) + e_{CA}(t_0) \tag{3-86}$$

将(3-86)式代入式(3-85)，得

$$E_t = e_{AB}(t) - e_{AB}(t_0) \tag{3-87}$$

可见，总热电势也与没有接入第三种导线的热电势一样。

这就说明，在热电偶回路中接入第三种金属导线对原热电偶所产生的热电势并无影响，不过必须保证引入线两端的温度相同。同理，如果热电偶回路中串入更多种导线，只要引入线两端温度相同，也不影响热电偶所产生的热电势。

3) 常用热电偶的种类

理论上任意两种金属材料都可以组成热电偶。但实际情况并非如此，对它们还必须进行严格的选择。在工业上，热电极材料应满足以下要求。

(1) 温度每增加 1℃时所能产生的热电势要大，而且热电势与温度应尽可能呈线性关系。

(2) 物理稳定性要高，即在测温范围内其热电性质不随时间而变化，以保证与其配套使用的温度计测量的准确性。

(3) 化学稳定性要高，即在高温下不被氧化和腐蚀。

(4) 材料组织要均匀，要有韧性，便于加工成丝。

(5) 复现性好(用同种成分材料制成的热电偶，其热电特性均相同的性质称为复现性)，这样便

于成批生产，而且在应用上也可保证良好的互换性。

但是，要全面满足以上要求是有困难的。目前，在国际上被公认的比较好的热电极材料只有几种，这些材料是经过精选而且标准化了的，它们分别被应用在各温度范围内，测量效果良好。

现把工业上最常用的(已标准化)几种热电偶介绍如下。

(1)铂铑$_{30}$-铂铑$_{6}$热电偶(又称双铂铑热电偶)。此种热电偶(分度号为B)以铂铑$_{30}$丝为正极，铂铑$_{6}$丝为负极；其测量范围为300～1 600℃，短期可测1 800℃。其热电特性在高温下更为稳定，可在氧化性和中性介质中被使用。它产生的热电势小、价格贵，在低温时热电势极小。因此，当它的冷端温度在40℃以下时，一般可无须对其进行冷端温度修正。

(2)铂铑$_{10}$-铂热电偶。此种热电偶(分度号为S)以铂铑$_{10}$丝为正极，纯铂丝为负极；测量范围为−20～1 300℃，在良好的使用环境下可短期测量1 600℃；可在氧化性或中被性介质中被使用。其优点是：耐高温，不易氧化；有较好的化学稳定性；具有较高测量精确度，可用于精密温度测量和作为基准热电偶。

(3)镍铬-镍硅(镍铬-镍铝)热电偶。此种热电偶(分度号为K)以镍铬为正极，镍硅(镍铝)为负极；测量范围为−50～1 000℃，短期可测量1 200℃；可在氧化性和中性介质中被使用，在500℃以下低温范围内，也可在还原性介质中被使用。此种热电偶热电势大，线性好，测温范围较宽，造价低，因而其应用很广。

镍铬-镍铝热电偶与镍铬-镍硅热电偶的热电特性几乎完全一致。但是，镍铝合金在高温下易氧化变质，引起热电特性变化。镍硅合金在抗氧化及热电势稳定性方面都比镍铝合金好。目前，我国基本上已用镍铬-镍硅热电偶取代了镍铬-镍铝热电偶。

(4)镍铬-考铜热电偶。此种热电偶(分度号为 XK)以镍铬为正极，考铜为负极；可在还原性或中性介质中被使用；测量范围为−50～600℃，短期可测 800℃；此种热电偶的热电势较大，比镍铬-镍硅热电偶高一倍左右；价格便宜。其缺点是：测温上限不高；在不少情况下不能使用；另外，考铜合金易氧化变质，由于材料的质地坚硬而不易得到均匀的线径。此种热电偶将被国际所淘汰。国内用镍铬-铜镍(分度号为E)热电偶取代此种热电偶。

各种热电偶热电势与温度的一一对应关系均可从标准数据表中查到，这种表称为热电偶的分度表。

此外，用于各种特殊用途的热电偶还很多，如红外线接收热电偶、用于2000℃高温测量的钨铼热电偶、用于超低温测量的镍铬-金铁热电偶、非金属热电偶等。

工业热电偶分类及性能如表3-7所示。

表3-7　工业热电偶分类及性能

名　称	分度号	热电极材料		测量范围/℃	适用气氛①	稳定性
		正极	负极			
铂铑$_{30}$-铂铑$_{6}$	B	铂铑$_{30}$	铂铑$_{6}$	200～1 800	O、N	小于1 500℃，优；大于1 500℃，良
铂铑$_{13}$-铂	R	铂铑$_{13}$	铂	−40～1 600	O、N	小于1 400℃，优；大于1 400℃，良
铂铑$_{10}$-铂	S	铂铑$_{10}$	铂			
镍铬-镍硅(铝)	K	镍铬	镍硅(铝)	−270～1 300	O、N	中等
镍铬硅-镍硅	N	镍铬硅	镍硅	−270～1 260	O、N、R	良
镍铬-康铜	E	镍铬	康铜	−270～1 000	O、N	中等
铁-康铜	J	铁	康铜	−40～760	O、N、R、V	小于500℃，良；大于1 400℃，差
铜-康铜	T	铜	康铜	−270～350	O、N、R、V	−170～200℃，优
钨铼$_{3}$-钨铼$_{25}$	WRe_3-Re_{25}	钨铼$_{3}$	钨铼$_{25}$	0～2 300	N、R、V	中等
钨铼$_{5}$-钨铼$_{26}$	WRe_5-Re_{26}	钨铼$_{5}$	钨铼$_{26}$			

① O为氧化气氛，N为中性气氛，R为还原气氛，V为真空。

4）热电偶的结构

热电偶广泛应用在各种条件下的温度测量。根据它的用途和安装位置不同，各种热电偶的外形是极不相同的。热电偶按结构可分为普通型、铠装型、表面型和快速型四种形式。

(1)普通型热电偶。它主要由热电极、瓷绝缘套管、保护套管和接线盒等主要部分组成，如图 3-68 所示。

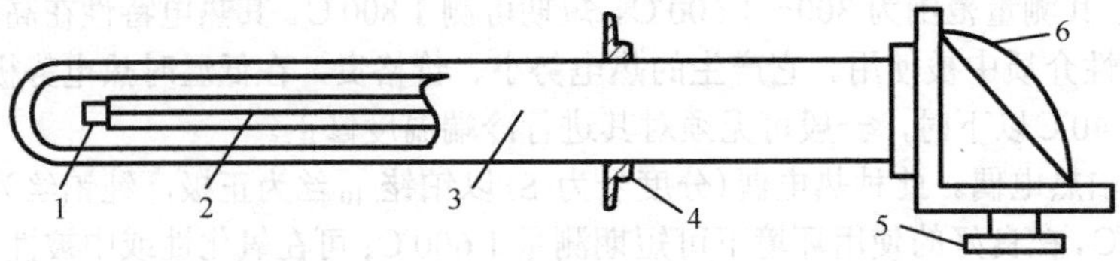

1—热电极；2—瓷绝缘套管；3 保护套管；4—安装固定件；5—引线口；6—接线盒。

图 3-68　普通热电偶的结构

热电极是组成热电偶的两根热偶丝。正、负热电极材料如表 3-7 所示，热电极的直径由材料的价格、机械强度、电导率、热电偶的用途和测量范围等决定。贵金属的热电极大多采用直径为 0.3～0.65mm 的细丝，普通金属的热电极丝的直径一般为 0.5～3.2mm。热电极的长度由安装条件及插入深度而定，一般为 350～2 000mm。

瓷绝缘套管（又称绝缘子）用于防止两根热电极短路。其材料的选用由使用温度范围而定。它的结构通常有单孔管、双孔管及四孔管等形式。

保护套管是套在热电极、绝缘子的外边，其作用是保护热电极不受化学腐蚀和机械损伤。保护套管材料的选择一般根据测温范围、插入深度及测温的时间常数等因素来决定。对保护套管材料的要求是：耐高温、耐腐蚀、能承受温度的剧变、有良好的气密性和具有高的热导系数。其结构一般有螺纹式和法兰式两种。

接线盒是供热电极和补偿导线连接之用的。它通常用铝合金制成，一般分为普通式和密封式两种。为了防止灰尘和有害气体进入热电偶保护套管内，接线盒的出线孔和盖子均用垫片和垫圈加以密封。在接线盒内，用于连接热电极和补偿导线的螺钉必须被固紧，以免产生较大的接触电阻而影响测量的准确度。

(2)铠装型热电偶。它由金属套管、绝缘材料（氧化镁粉）、热电偶丝一起经过复合拉伸成型，然后将端部热电偶丝焊接成光滑球状结构。它的工作端有露头型、接壳型、绝缘型三种。它的外径为 1～8mm，还可小到 0.2mm，长度可为 50m。

铠装型热电偶具有反应速度快、使用方便、可弯曲、气密性好、耐震、耐高压等优点，是目前使用较多并正在推广的一种结构。

(3)表面型热电偶。它通常是利用真空镀膜法，将两种热电极材料蒸镀在绝缘基底上的薄膜热电偶，是专门用来测量物体表面温度的一种特殊热电偶。其特点是：反应速度极快，热惯性极小。

(4)快速型热电偶。它是测量高温熔融物体的专用热电偶。整个快速型热电偶的尺寸很小，又将其称为消耗式热电偶。

热电偶的结构形式可根据它的用途和安装位置来确定。在选择热电偶时，要注意三个方面的问题：热电极的材料；保护套管的结构，材料及耐压强度；保护套管的插入深度。

2．补偿导线的选用

由热电偶测温原理可知，只有当热电偶冷端温度保持不变时，热电势才是被测温度的单值函数。在实际应用中，由于热电偶的工作端（热端）与冷端离得很近，而且冷端又暴露在空间，容易受到周围环境温度波动的影响，因而难以保持冷端温度恒定。为了使热电偶的冷端温度保持恒定，当然可以把热电偶做得很长，使冷端远离工作端，但是，这样做要多消耗许多贵重的金属材料，很不经济。解决这个问题的方法是采用一种专用导线，将热电偶的冷端延伸出来，如图 3-69 所示。这种专用导线称为“补偿导线”。补偿导线也是由两种不同性质的金属材料制成的，在一定温度范围内(0～100℃)与所连接的热电偶具有相同的热电特性，其材料又是廉价金属。不同热电偶所用的补偿导线也不同，对于镍铬-考铜等一类用廉价金属制成的热电偶，则可用其本身材料作为补偿导线。

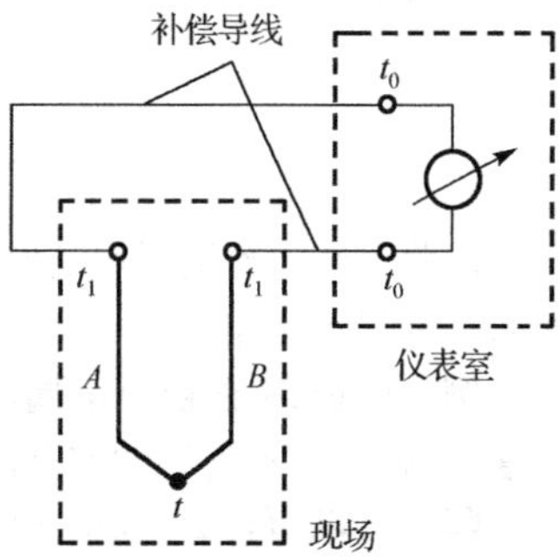

图 3-69　补偿导线接线图

在使用热电偶补偿导线时，要注意型号相配，极性不能接错，热电偶与补偿导线连接端所处的温度不应超过 100℃。常用热电偶的补偿导线如表 3-8 所示。

表 3-8　常用热电偶的补偿导线

配用热电偶类型	代号	色标		允许误差/%			
		正极	负极	100℃		200℃	
				A 级	B 级	A 级	B 级
S，R	SC	红	绿	3	5	5	
K	KC		蓝	1.5	2.5	—	
	KX		黑	1.5	2.5	1.5	2.5
N	NC		浅灰	1.5	2.5	—	
	NX		深灰	1.5	2.5	1.5	2.5
E	EX		棕	1.5	2.5	1.5	2.5
J	JX		紫	1.5	2.5	1.5	2.5
T	TX		白	0.5	1.0	0.5	1.0

3．冷端温度的补偿

采用补偿导线后，把热电偶的冷端从温度较高和不稳定的地方延伸到温度较低和比较稳定的操作室内，但冷端温度还不是 0℃。工业上常用的各种热电偶的温度-热电势关系曲线是在冷端温度保持为 0℃的情况下得到的，与它配套使用的仪表也是根据这一关系曲线进行刻度的。由于操作室的温度往往高于 0℃，而且是不恒定的，这时热电偶所产生的热电势必然偏小，且测量值也随着冷端温度变化而变化，这样测量结果就会产生误差。因此，在应用热电偶测温时，只有将冷端温度保持为 0℃或进行一定的修正后，才能得出准确的测量结果，这就称为热电偶的冷端温度补偿，一般采用下述几种方法。

1) 保持冷端温度为 0℃的方法

保持冷端温度为 0℃的方法如图 3-70 所示。把热电偶的两个冷端分别插入盛有绝缘油的试管中，然后放入装有冰水混合物的容器中，这种方法多数用在实验室中。

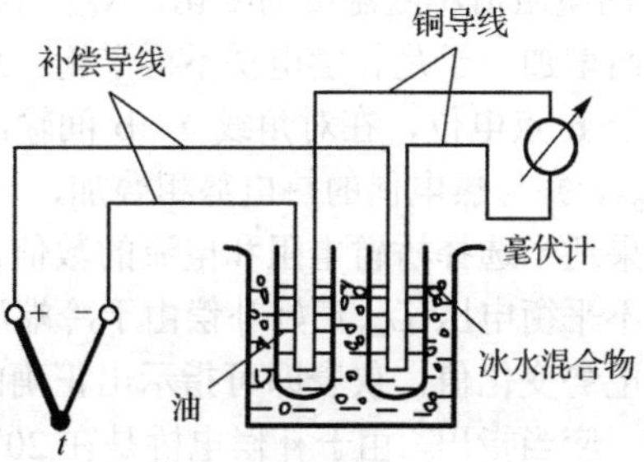

图 3-70　保持冷端温度为 0℃的方法

2) 冷端温度修正方法

在实际生产中，冷端温度往往不是 0℃，而是某个温度 t_1，这就引起测量误差。因此，必须对冷端温度进行修正。

例如，某个设备的实际温度为 t，其冷端温度为 t_1，

这时测得的热电势为 $E(t, t_1)$。为求得实际温度 t，可利用下式进行修正，即

$$E(t,0)=E(t,t_1)+E(t_1,0)$$

$$E(t,t_1)=E(t,0)-E(t_1,0)$$

由此可知，冷端温度的修正方法是把测得的热电势 $E(t, t_1)$，加上热端为室温 t_1、冷端为 0℃时的热电偶的热电势 $E(t_1, 0)$，才能得到实际温度下的热电势 $E(t, 0)$。

例 用镍铬-铜镍热电偶测量某加热炉的温度。测得的热电势 $E(t, t_1)$=66 982μV，而冷端的温度 t_1=30℃，求被测的实际温度。

解 可以查得 $E(30,0)=1801\mu V$，则有

$$E(t,0)=E(t,30)+E(30,0)=66\,982\mu V+1\,801\mu V=68\,783\mu V$$

可查得 68 783μV 对应的温度为 900℃。

值得注意的是，由于热电偶所产生的热电势与温度之间的关系都是非线性的（当然各种热电偶的非线性程度不同），因此在自由端的温度不为零时，将所测得热电势对应的温度值加上自由端的温度，并不等于实际的被测温度。在上例中，测得的热电势为 66 982μV，可查得对应温度为 876.6℃，如果再加上自由端温度 30℃，则为 906.6℃，这与实际被测温度有一定误差。其实际热电势与温度之间的非线性程度越严重，则误差就越大。

应当指出，用计算的方法来修正冷端温度，是指冷端温度内恒定值时对测温的影响。该方法只适用于实验室或临时测温，在连续测量中显然是不实用的。

3）校正仪表零点法

一般仪表未工作时指针应指在零位上（机械零点）。若采用热电偶为测温元件时，要使仪表测温时的指示值不偏低。可预先将仪表指针调整到相当于室温的数值上（这是因为将补偿导线一直引入显示仪表的输入端，这时仪表的输入接线端子所处的室温就是该热电偶的冷端温度）。此法比较简单，故在工业上也经常被应用。但必须明确指出，这种方法由于室温也在经常变化，所以只能在要求不太高的测温场合下应用。

4）补偿电桥法

补偿电桥法是利用不平衡电桥产生的电势，来补偿热电偶因冷端温度变化而引起的热电势变化值，如图 3-71 所示。不平衡电桥（又称补偿电桥或冷端温度补偿器）由 R_1、R_2、R_3（锰钢丝绕制）和 R_{Cu}（铜丝绕制）四个桥臂和电源所组成，串联在热电偶测量回路中。为了使热电偶的冷端与电阻 R_{Cu} 感受相同的温度，所以必须把 R_{Cu} 与热电偶的冷端放在一起。补偿电桥通常在 20℃时处于平衡，即 $R_1=R_2=R_3=R_{Cu}^{20}$，此时，对角线 a、b 两点电位相等，即 U_{ab}=0，补偿电桥对仪表的读数无影响。当周围环境高于 20℃时，热电偶因自由端温度升高而使热电势减弱。与此同时，补偿电桥中 R_1、R_2、R_3 的电阻值不随温度而变化，R_{Cu} 的电阻值却随温度增加而增加，于是补偿电桥不再平衡。这时，使 a 点电位高于 b 点电位，在对角线 a、b 间输出一个不平衡电压 U_{ab}，并与热电偶的热电势相叠加，一起送入测量仪表。如果适当选择桥臂电阻和电流的数值，可以使电桥产生的不平衡电压 U_{ab} 正好补偿由于冷端温度变化而引起的热电势变化值，仪表即可指示出正确的温度值。

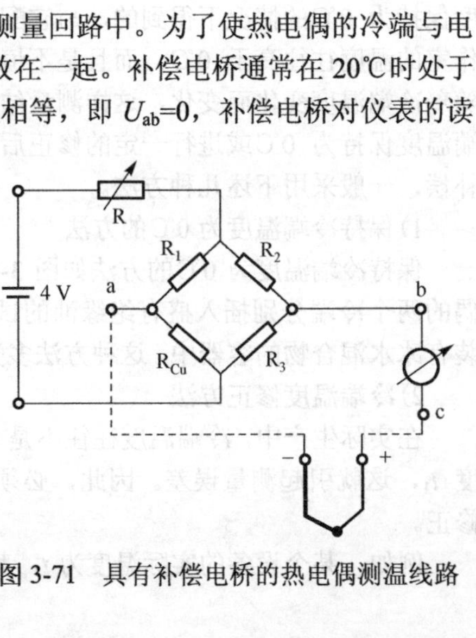

图 3-71 具有补偿电桥的热电偶测温线路

应当指出，由于补偿电桥是在 20℃时平衡的，所以采用这种补偿电桥时须把仪表的机械零位预先调到

20℃处。如果补偿电桥是在 0℃时平衡设计的，则仪表零位应调在 0℃处。

5) 热电偶补偿法

在实际生产中，为了节省补偿导线和投资费用，常用多支热电偶配用一台测温仪表。补偿热电偶连接线路如图 3-72 所示。

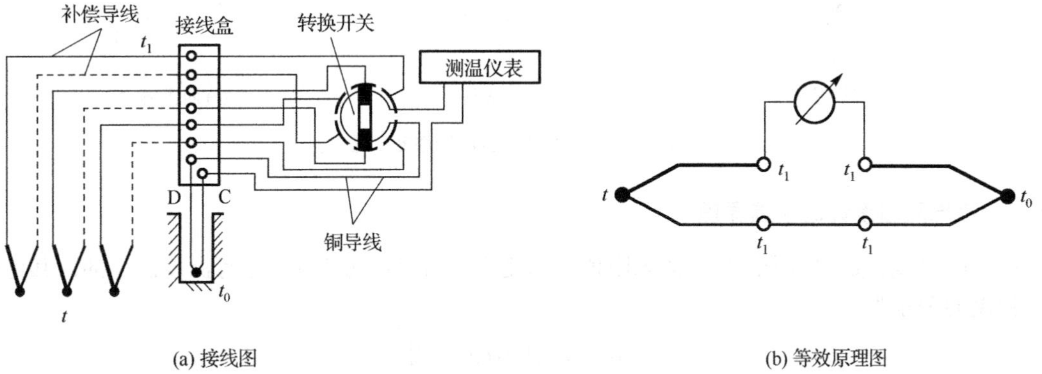

图 3-72　补偿热电偶连接线路

转换开关用来实现多点间歇测量；C、D 是补偿热电偶，它的热电极材料可以与测量热电偶相同，也可以是测量热电偶的补偿导线。设置补偿热电偶是为了使多支热电偶的冷端温度保持恒定。为达到此目的，将一支补偿热电偶的工作端插入 2～3m 的地下或放在其他恒温器中，使其温度恒定为 t_0，而它的冷端与多支热电偶冷端都接在温度为 t_1 的同一个接线盒中。这时，测温仪表的指示值则为 $E(t,\ t_0)$ 所对应的温度，而不受接线盒所处温度 t_1 变化的影响。

3.9.3　热电阻温度计

由于热电偶温度计一般适用于测量 500℃以上的较高温度。对于在 500℃以下的中、低温，利用热电偶温度计进行测量就不一定合适。首先，在中、低温区域，热电偶输出的热电势很小(几十至几百微伏)，这样小的热电势，对电位差计的放大器和抗干扰措施要求很高，其次，在较低的温度区域，热电偶冷端温度的变化和环境温度的变化所引起的相对误差就显得非常突出，而且不易得到完全补偿。所以，在中、低温区域，一般使用热电阻温度计来进行温度的测量较为适宜。

热电阻温度计由热电阻(感温元件)、显示仪表(不平衡电桥或平衡电桥)及连接导线组成。值得注意的是，工业用的热电阻温度计安装在测量现场，其引线电阻对测量结果有较大影响。热电阻温度计的接线方式有二线制、三线制和四线制三种，如图 3-73 所示。

二线制接线方式是在热电阻两端各连一根导线，这种接线方式简单、费用低，但是引线电阻随环境温度的变化会带来附加误差。只有当引线电阻 r 与元件电阻 R 满足 $2r/R \leqslant 10^{-3}$ 时，引线电阻的影响才可以被忽略。

三线制接线方式是在热电阻的一端连接两根导线，另一端连接一根导线。当热电阻与测量电桥配用时，分别将引线接入两个桥臂，可以较好地消除引线电阻的影响，提高测量精确度，工业热电阻温度计测温多用此种接线方式。

四线制接线方式是在热电阻两端各连两根导线，其中两根引线为热电阻提供恒流源，在热电阻上产生的压降通过另外两根引线接入电势测量仪表进行测量。当电势测量端的电流很小时，可以完全消除引线电阻的影响。这种接线方式主要用于高精确度的温度测量。

热电阻是热电阻温度计的感温(敏感)元件，是这种温度计的最主要部分，是一种金属导体。

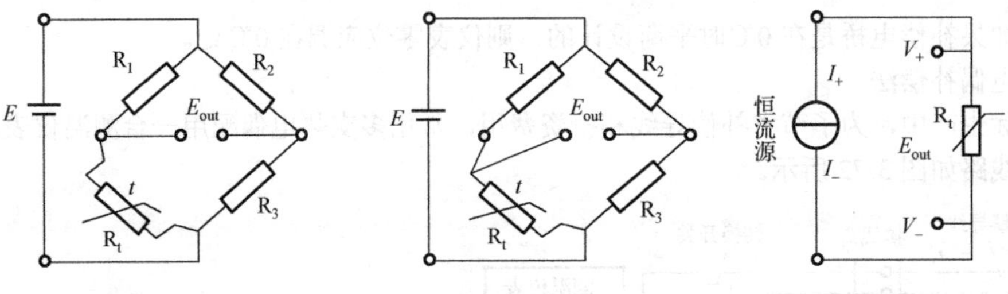

图 3-73　热电阻温度计的接线方式

1. 热电阻温度计的测温原理

热电阻温度计是利用金属导体的电阻值随温度变化而变化的特性来进行温度测量的。其电阻值与温度的关系为

$$R_t = R_{t_0}[1+\alpha(t-t_0)] \tag{3-88}$$

$$\Delta R_t = \alpha R_{t_0} \cdot \Delta t \tag{3-89}$$

式中，R_t为温度为t时的电阻值；R_{t_0}为温度为t_0(通常为0℃)时的电阻值；α为电阻温度系数；Δt为温度的变化值；ΔR_t为电阻值的变化量。

可见，由于温度的变化，导致了金属导体电阻的变化。这样只要设法测出电阻值的变化，就可达到温度测量的目的。

由以上可知，热电阻温度计与热电偶温度计的测量原理是不相同的。热电阻温度计是把温度的变化通过测温元件(热电阻)转换为电阻值的变化来测量温度的；热电偶温度计则把温度的变化通过测温元件(热电偶)转化为热电势的变化来测量温度的。

热电阻温度计适用于测量−200～500℃范围内液体、气体、蒸汽及固体表面的温度。它与热电偶温度计一样，也是有远传、自动记录和实现多点测量等优点。另外，热电阻温度计的输出信号大，测量准确。

2. 工业用的热电阻

虽然大多数金属导体的电阻值随温度的变化而变化，但是它们并不都能作为热电阻来使用。作为热电阻的材料一般要求是：电阻温度系数、电阻率要大；热容量要小；在整个测温范围内，应具有稳定的物理、化学性质和良好的复现性；电阻值随温度的变化关系最好呈线性。

实际上，热电阻材料要完全符合上述要求是有困难的。根据具体情况，目前应用最广泛的热电阻材料是铂和铜。

1) 铂热电阻(WZP 型)

金属铂易于提纯，而且在氧化性介质中，甚至在高温下，其物理、化学性质都非常稳定，但在还原性介质中，特别是在高温下很容易被污染，使铂丝变脆，并改变了其电阻与温度间的关系。

在−200～850℃的温度范围内，铂热电阻与温度的关系为

在 $t \geqslant 0$℃时
$$R_t = R_0(1+At+Bt^2) \tag{3-90}$$

在 $t < 0$℃时
$$R_t = R_0[1+At+Bt^2+Ct^3(t-100)] \tag{3-91}$$

式中，R_t为温度为t时的电阻值；R_0为温度为0℃时的电阻值；A=3.908 3×10^{-3}℃$^{-1}$；B=−5.775×10^{-7}℃$^{-2}$；C=−4.183×10^{-12}℃$^{-4}$；A、B、C均由实验求得。

在使用中，为消除环境温度的影响，铂热电阻至测量仪表(电桥)的连接导线往往采用三线制接线方式。要确定 R_t-t 的关系时，首先要确定 R_0 的大小，不同的 R_0，则 R_t-t 的关系也不同。这种 R_t-t 的关系称为分度表，用分度号表示。

铂热电阻的纯度常以 R_{100}/R_0 (R_{100}、R_0 称为名义电阻) 来表示。R_0 代表示 0℃时铂电阻的电阻值，R_{100} 代表 100℃时铂电阻的电阻值。铂热电阻的纯度越高，R_{100}/R_0 也越大。作为基准仪器的铂热电阻，R_{100}/R_0 不得小于 1.392 5。一般工业用的铂热电阻温度计对铂电阻纯度的要求是：R_{100}/R_0 不得小于 1.385。

工业用的铂热电阻有两种，一种是 R_0=10Ω，对应的分度号为 Pt10；另一种是 R_0=100Ω，对应的分度号为 Pt100。

2) 铜热电阻(WZC 型)

金属铜易加工提纯，价格便宜；它的电阻温度系数很大，且电阻与温度呈线性关系；在测温范围为-40～150℃内，具有很好的稳定性。其缺点是温度超过 150℃后易被氧化，氧化后失去良好的线性特性；另外，由于铜的电阻率小(一般为 0.017Ω·mm²/m)，为了要绕得一定的电阻值，铜电阻丝必须较细，长度也要较长，这样就使得铜热电阻体积较大，机械强度也降低。

在-40～150℃的范围内，铜热电阻与温度的关系是线性的，即

$$R_t = R_0[1+\alpha(t-t_0)] \tag{3-92}$$

式中，α 为铜热电阻温度系数(4.25×10^{-3}/℃)。

工业用的铜热电阻有两种，一种是 R_0=50Ω，对应的分度号为 Cu50；另一种是 R_0=100Ω，对应的分度号为 Cu100。铜电阻的 R_{100}/R_0=1.428。

3．热电阻的结构

按结构热电阻分为普通型热电阻、铠装热电阻和薄膜热电阻三种。

1) 普通型热电阻

普通型热电阻主要由电阻体、保护套管和接线盒等主要部件组成，如图 3-74 所示。其中，保护套管和接线盒与热电偶的基本相同。下面就介绍一下电阻体的结构。

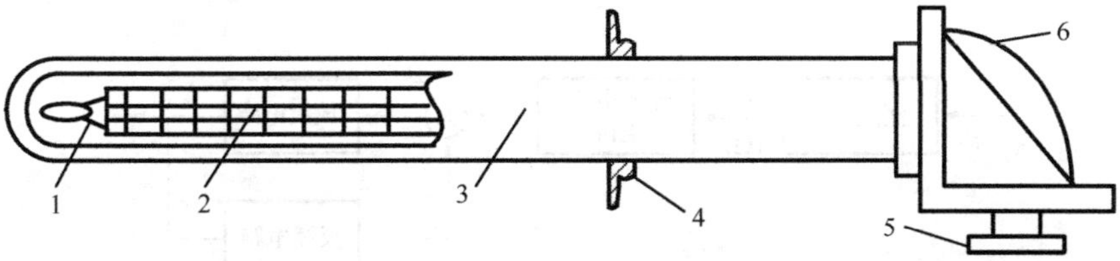

1—电阻体；2—瓷绝缘套管；3—保护套管；4—安装固定件；5—引线口；6—接线盒。

图 3-74　热电阻的结构

将电阻丝绕制(采用双线无感绕法)在具有一定形状的支架上，这个整体便称为电阻体。电阻体要求做得体积小，而且受热膨胀时，电阻丝应该不产生附加应力。目前，用来绕制电阻丝的支架一般有三种构造形式：平板形(如图 3-75 所示)、圆柱形和螺旋形。一般地说，平板支架作为铂电阻体的支架，圆柱形支架作为铜电阻体的支架，而螺旋形支架是作为标准或实验室用的铂电阻体的支架。

2) 铠装热电阻

铠装热电阻是将电阻体预先拉制成型并与绝缘材料和保护套管连成一体。这种热电阻体积小、抗震性强、可弯曲、热惯性小、使用寿命长。

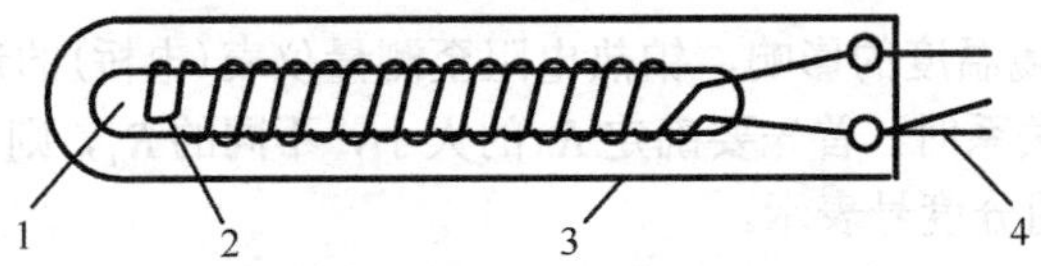

1—芯柱；2—电阻丝；3—保护膜；9—引线端

图 3-75 热电阻的绕线

3) 薄膜热电阻

薄膜热电阻是将热电阻材料通过真空镀膜法，直接蒸镀到绝缘基底上。这种热电阻的体积很小、热惯性也小、灵敏度高。

4. 电动温度变送器

DBW 型温度(温差)变送器是 DDZ-Ⅲ系列电动单元组合式检测调节仪表中的一个主要单元。它与各种类型的热电偶、热电阻配套使用，将温度或两点间的温差转换成 4～20mA 或 1～5V 的统一标准信号；又可与能输出毫伏级电压信号的各种变送器配合，使毫伏级电压信号转换成 4～20mA 或 1～5V 的统一标准信号；和显示单元、控制单元配合，实现对温度或温差及其他各种参数的显示、控制。

标准信号是指物理量的形式和数值范围都符合国际标准的信号。例如，直流电流 4～20mA、空气压力 0.02～0.1MPa 都是当前通用的标准信号。我国还有一些变送器以直流电流 0～10mA 为输出信号。

DDZ-Ⅲ型的温度变送器与 DDZ-Ⅱ型的温度变送器进行比较，其主要特点有：线路上采用了安全火花型防爆措施，因而可以实现对危险场合中的温度或毫伏信号测量；在热电偶和热电阻的温度变送器中采用了线性化机构，从而使变送器的输出信号和被测温度间呈线性关系。在线路中，由于使用了集成电路，这样使该变送器具有良好的可靠性、稳定性等技术性能。

温度变送器是安装在控制室内的一种架装式仪表。它有三种类型，即热电偶温度变送器、热电阻温度变送器和直流毫伏变送器。在化工生产中，使用最多的是热电偶温度变送器和热电阻温度变送器。温度变送器的结构大体上可分为三大部分：输入电路、放大电路及反馈电路，如图 3-76 所示。

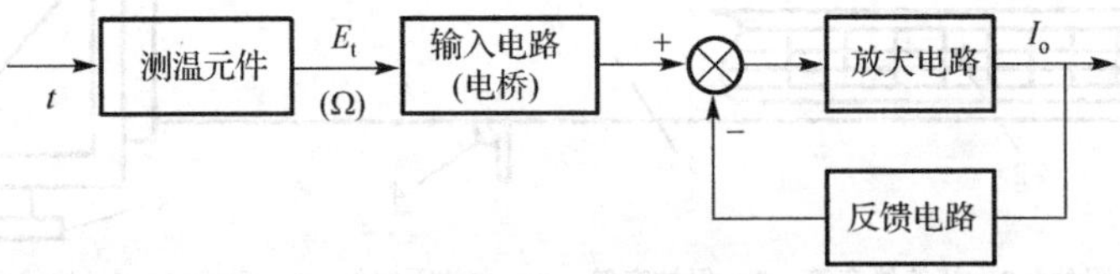

图 3-76 温度变送器的结构框图

温度变送器是电动单元组合仪表的一个主要单元。其作用是将热电偶、热电阻的检测信号转换成统一标准信号，如 0～10mA、4～20mA 或 1～5V，输出给显示仪表或调节器，实现对温度的显示、记录或自动控制。温度变送器还可以作为直流毫伏转换器来使用，以将其他能够转换成直流毫伏信号的工艺参数也变成统一标准信号输出。

温度变送器有四线制和两线制之分。四线制和两线制温度变送器各有三个品种：直流毫伏变送器、热电偶温度变送器和热电阻温度变送器。

所谓四线制是指供电电源和输出信号分别用两根导线传输。由于四线制的电源与信号分别传送，因此对电流信号的零点及元器件的功耗无严格要求。

所谓两线制是指变送器与控制室之间仅用两根导线传输。这两根导线既是电源线又是信号线，既节省了大量电缆线等费用，又有利于安全防爆。目前使用的大多数变送器均属两线制变送器。四线制传输与两线制的传输如图 3-77 所示。

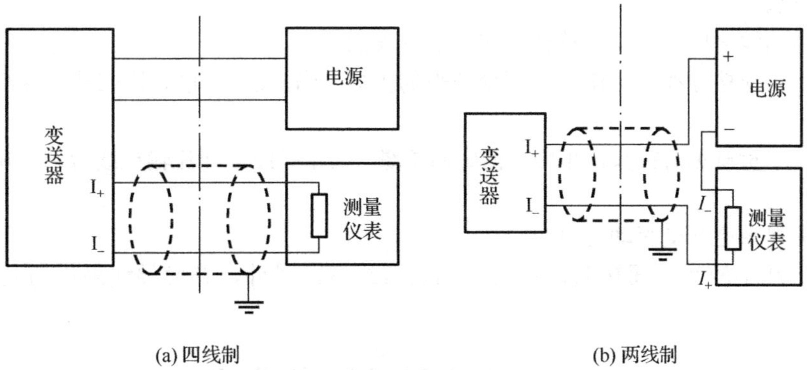

图 3-77　四线制与两线制的传输

接触式测温仪表所测得的温度都是由测温(感温)元件来决定的。在正确选择测温元件和二次仪表之后，如不注意测温元件的正确安装，那么测量精确度仍得不到保证。

1) 测温元件的安装要求

(1) 在测量管道温度时，应保证测温元件与流体充分接触，以减少测量误差。因此，要选择有代表性的测温点位置，也要使测温元件有足够的插入深度。测量管道流体温度时，应将测温元件迎着流体流动方向插入，至少应使测温元件与流体流动方向呈 90°，测温点应处在管道中心位置，且流速最大。一般来说，热电偶、铂电阻、铜电阻保护套管的末端应分别越过流束中心线 5～10mm、50～70mm、25～30mm。测温元件的安装如图 3-78 所示。

(2) 热电偶或热电阻的接线盒的出线孔应朝下，以免积水及灰尘等造成接触不良，防止引入干扰信号。

(3) 检测元件应避开热辐射强烈影响处。要密封安装孔，避免被测介质逸出或冷空气吸入而引入误差。

(4) 若工艺管道过小(直径小于 80mm)，安装测温元件处应接装扩大管，如图 3-78(d) 所示。

(5) 热电偶、热电阻的接线盘面盖应向上，以避免雨水或其他液体、脏物进入接线盒中影响测量。

(6) 为了防止热量散失，测温元件应插在有保温层的管道或设备处。

(7) 当测温元件安装在负压管道中时，必须保证其密封性，以防外界冷空气进入，使读数降低。

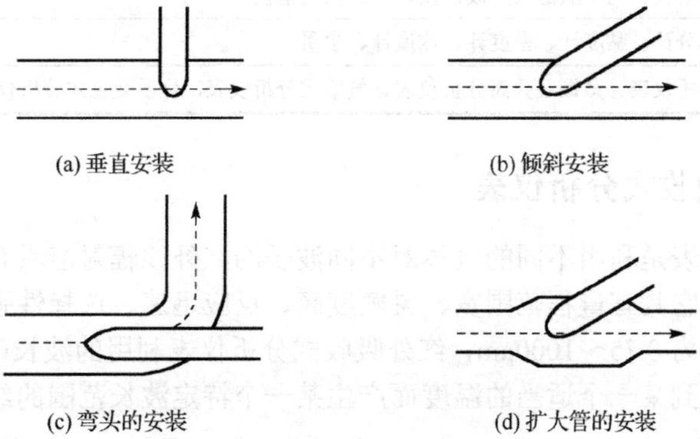

图 3-78　测温元件的安装

2）布线要求

（1）按照规定的型号配用热电偶的补偿导线，注意热电偶的正、负极与补偿导线的正、负极相连接，不要接错。

（2）热电阻的线路电阻一定要符合所配二次仪表的要求。

（3）为了保护连接导线与补偿导线不受外来的机械损伤，应把连接导线或补偿导线穿入钢管内或走槽板。

（4）导线应尽量避免有接头，并具有良好的绝缘。禁止导线与交流输电线合用一根穿线管，以免引起感应。

（5）导线应尽量避开交流动力电线。

（6）补偿导线不应有中间接头，否则应加装接线盒。另外，补偿导线最好与其他导线分开敷设。

3.10　成分的检测及仪表

成分分析仪表是对物质的成分及性质进行分析和测量的仪表。在现代工业生产过程中，必须对生产过程中的原料、成品、半成品的化学成分、化学性质、黏度、浓度、密度、重度及 pH 值等进行自动测量和自动控制，以达到优质高产、降低能源消耗和产品成本、保证安全生产和防止环境污染的目的。

按使用场合，成分分析仪表又分为实验室分析仪表和过程分析仪表，自动分析仪表和在线分析仪表。成分分析仪表的分类如表 3-9 所示。

表 3-9　成分分析仪表的分类

类　别	品　种
热学式	热导式分析仪表、热化学式分析仪表、差热式分析仪表
磁力式	热磁式分析仪表、磁力机械式分析仪表
光学式	光电比色分析仪表、红外吸收式分析仪表、紫外吸收式分析仪表、光干涉式分析仪表、光散射式分析仪表、光度式分析仪表、分光光度分析仪表、激光分析仪表、化学发光式分析仪表
射线式	X 射线分析仪表、电子光学式分析仪表、核辐射式分析仪表、微波式分析仪表
电化学式	电导式分析仪表、电量式分析仪表、电位式分析仪表、电解式分析仪表、极谱仪、酸度计、离子浓度计
色谱仪	气相色谱仪、液相色谱仪
质谱仪	静态质谱仪、动态质谱仪、其他质谱仪
波谱仪	核磁共振波谱仪、电子顺磁共振波谱仪、λ 共振波谱仪
物性仪	温度计、水分计、黏度计、密度计、浓度计、尘量计
其他	晶体振荡分析仪表、蒸馏及分离分析仪表、气敏式分析仪表、化学变色式分析仪表

3.10.1　红外吸收式分析仪表

红外吸收式分析仪表是利用不同的气体对不同波长的红外线辐射能具有选择性吸收的特性来进行气体浓度分析的。它具有量程范围宽、灵敏度高、反应迅速、选择性强的特点。

红外线的波长范围为 0.75～1000μm，红外吸收式分析仪表利用的波长范围为 2～25μm。可以用恒定电流加热镍铬丝到某一个适当的温度而产生某一个特定波长范围的红外线。部分气体特征吸收波长如表 3-10 所示。

表 3-10　部分气体特征吸收波长

气体	特征吸收波长/μm	气体	特征吸收波长/μm
CO	4.65	H_2S	7.6
CO_2	2.7、4.26、14.5	HCl	3.4
CH_4	2.4、3.3、7.65	C_2H_4	3.4、5.3、7、10.5
NH_3	2.3、2.8、6.1、9	H_2O	在 2.6～10 之间都有相当的吸收
SO_2	7.3		

某种气体对于一定波长的红外辐射能的吸收满足贝尔定律，即

$$I = I_0 e^{-kcl} \tag{3-93}$$

式中，I 为透射光强度；I_0 为入射光强度；k 为吸收系数；c 为气体浓度；l 为气体吸收层厚度。

由式(3-93)可见，在气体吸收层厚度、入射光强度一定时，红外线被待测气体吸收后的透射光强度与气体浓度为单值函数关系，并按照指数衰减规律变化。

3.10.2　气相色谱仪

气相色谱仪的测量原理：基于不同物质在固定相和流动相所构成的体系，即色谱柱中具有不同的分配系数，将被测样气中各组分分离出来，然后用检测器将各组分的色谱峰转变为电信号，经过放大电路转换为电压或电流信号并输出。

色谱柱有两大类：一种是填充色谱柱，其内填充一定的固体吸附剂颗粒(如氧化铝、硅胶、活性炭等)或液体(固定液)；另一种是空心色谱柱或空心毛细管，将固定液附着在毛细管内管壁上。由于被分析的样气体积很小，不能自流动，必须由具有一定压力的载气带入色谱柱，并定向流过色谱柱。载气在固定相上的吸附或溶解能力要求较弱。

在此，我们定义一个分配系数。分配系数是指样气中各组分在流动相和固定相中的浓度比值关系，即

$$K_{\mathrm{i}} = \frac{C_{\mathrm{n}}}{C_{\mathrm{m}}} \tag{3-94}$$

式中，C_{n} 为组分 i 在固定相中的浓度，C_{m} 为组分 i 在流动相中的浓度。

分配系数大的组分不容易被流动相带走，因而在固定相中停滞的时间较长；而分配系数小的组分容易被流动相带走，在固定相中停滞时间短。样气在载气的带动下反复多次通过色谱柱，即可使得样气中的不同组分得到完全分离，即分配系数小的组分先期离开色谱柱到达检测器，分配系数大的组分后期离开色谱柱到达检测器。如图 3-79 所示，组分 A 的分配系数比组分 B 的小，组分 A 先期达到检测器(t_4 时刻)，组分 B 后期达到检测器(t_5 时刻)。

最常用的检测器是热导式检测器，利用电阻丝绕制四只电阻值相同的电阻。在参比室和测量室各放置两只电阻，并连接成电桥。参比室中的两只电阻和测量室的两只电阻分别接在相邻桥臂上，并通过恒定电流使得电阻发热至一定温度。参比室通以载气，测量室通以色谱柱分离出来的待测组分。当无测量组分时，两室通过均匀的载气，电桥平衡，输出为零。当有待测组分通过测量室时，由于热导率与载气不同，改变电阻电桥散热条件，引起电阻值变化，电桥失衡，输出电压不为零。输出电压可经过放大电路放大并转换为标准信号输出，或者在记录仪上记录下各组分的百分含量。

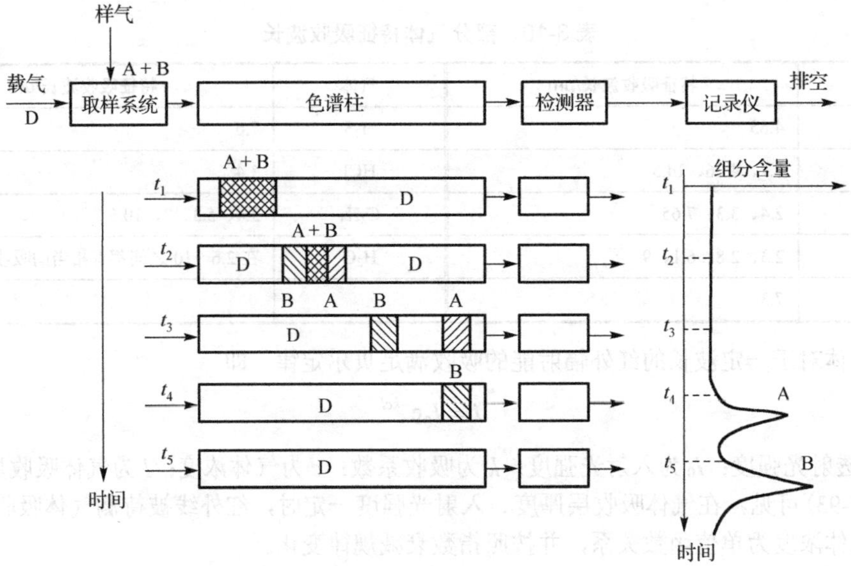

图 3-79　样气在色谱柱中的分离过程

3.10.3　液体浓度的检测及仪表

当前针对各种液体浓度的检测，一般都根据液体组分的不同物理、化学性质，采用不同的方法，如液体流动特性、光学特性、化学特性来进行分析与测量。在此，以纸浆浓度的检测为例进行分析与探讨。

1．中纸浆浓度(1.5～6.0%的纸浆浓度)与流动特性的测量原理

纸浆是液(水)、固(纤维)、气(空气泡)三相非均匀悬浮液。其流动特性受浓度、纤维种类、打浆度、填料量、pH 值、流速、温度等许多因素的影响，比较复杂。大量研究和实验的结果表明，纸浆的流动特性可以被定性地描述如下。

纸浆流过固体表面时，由于纸浆具有较明显的网状物性质，在纸浆与固体表面之间形成的边界层中会产生摩擦力而出现较明显的阻力损失。当四种不同浓度的未漂硫酸盐浆在管道中流动时，阻力损失曲线如图 3-80 所示。从图 3-80 可见，在一定流速范围内，存在阻力损失的最大值 D，最小值 F 与水在同一流动条件下的阻力损失相比，有交点 H 和阻力衰减点 I。实验证明，尽管不同浆料的阻力损失不同，但曲线的形状是类似的，即可分为以下四个区域。

1) 局部环栓流区(a 区)

我们把 D 点对应的流速称为临界速度。在临界速度以下(a 区)纤维与管壁直接接触，阻力损失主要由纸浆与管壁之间的摩擦力和纸浆纤维层之间的摩擦力决定。纸浆浓度越大，阻力损失也越大，同时还与纸浆流速有关。对化学浆，它们之间的关系可用下述经验公式表示为

$$\Delta P = KFV^{0.15}C^{2.5}d^{-1}$$

$$c = \left(\frac{\Delta Pd}{KFV^{0.15}}\right)^{0.4} \tag{3-95}$$

式中，$\Delta P = \dfrac{\Delta h}{L}$ 为阻力损失；V 为纸浆平均流速(m/s)；c 为纸浆浓度(%)；d 为管道直径(mm)；

K 为常数；$F = f(F_1, F_2, F_3)$；F_1 为取决于纸浆种类的常数；F_2 为取决于纸浆 pH 值的常数；F_3 为取决于纸浆温度的常数。

如果纸浆种类、pH 值、温度、流速和管径一定，则测出纸浆的阻力损失 ΔP 便知其浓度 c 的大小。

2)层流水环栓流区(b 区)

在图 3-80 中，DF 段阻力损失下降。这是由于纸浆流动过程中纸浆与管壁的摩擦力使纸浆栓体表面的部分纤维产生弯曲变形和对纸浆柱体产生挤压作用，从而在管壁与栓体之间形成了以层流状态流动的稳定的水环。水环在纸浆栓体与管壁之间起到润滑作用，因而减少了阻力损失。

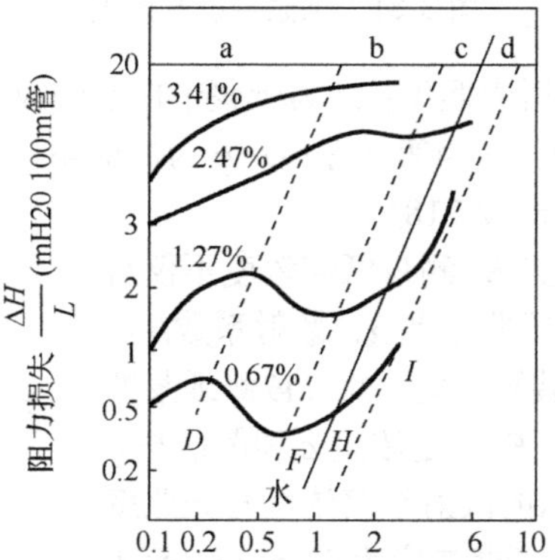

a 区—局部环栓流区；b 区—层流水环栓流区；c 区—湍流区；d 区—减阻区。

图 3-80 阻力损失曲线

3)湍流和减阻区(c、d 区)

在图 3-80 中，FH 段称为湍流区，即水环变的湍流，因而阻力损失增大，到 HI 段，纸浆变为混流或完全湍流状态，其阻力损失增大，但比水的阻力损失小，这种现象称为减阻作用。

从上述纸浆流动特性可见，当纸浆与管道(或测量元件)之间的相对流速小于临界速度(约为 0.3、0.6m/s)时，它们之间产生的摩擦力(阻力损失)主要由纸浆浓度决定，同时与纸浆流速、浆种、pH 值、温度等因素有关。但当它们之间的相对流速大于临界速度时，由于水环和湍流的产生，摩擦力与浓度之间的关系变得更加复杂而无法被确定。因此，在利用纸浆流动过程中产生的摩擦力去间接测量纸浆浓度时，必须把纸浆与感测元件间的相对速度限制在临界速度以下，并要稳定或补偿纸浆流速、温度、浆种等因素的影响。只有满足了这些条件，摩擦力与浓度之间才有较好的单值函数关系。这是在设计和使用这种浓度变送器时必须注意的问题。

2. 光电式低纸浆浓度变送器

1.0%以下的低纸浆浓度要利用其光学特性与浓度有关的原理进行测量。对于低纸浆浓度的纸浆，其光学特性除了与浓度有关外，还与纸浆的种类、打浆度、pH 值、加填施胶量、浆中气泡等许多因素有关。因此，在测量过程中消除或补偿这些干扰因素的影响是十分重要的。

1)测量原理

如图 3-81 所示，含有纸浆纤维、填料、胶料、白水等成分的纸浆流过玻璃管，有一个稳定光源 E_0 的平行光入射到纸浆。

由于纸浆的散射作用，在玻璃管背光半圆的各个角度都会有程度不同散射光照度 E_φ，并可用下式表示为

$$E_\varphi = E_0 \mathrm{e}^{-(A+\alpha c+\beta^3\sqrt{c})l}(m\beta^3 c)^{\sin 2\varphi} \tag{3-96}$$

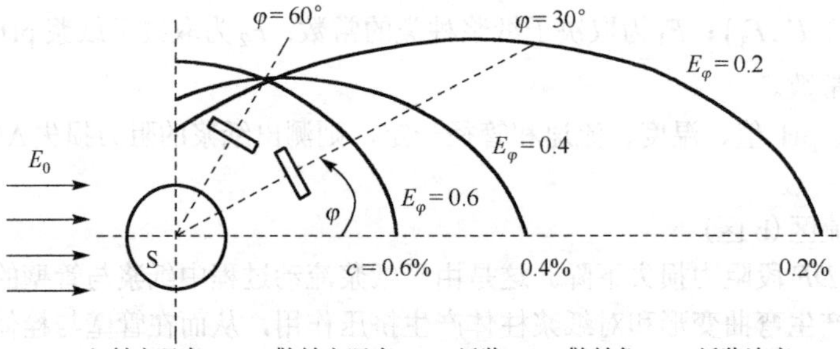

E_0—入射光照度；E_φ—散射光照度；S—纸浆；φ—散射角；c—纸浆浓度。

图 3-81　纸浆散射光照度

式中，E_φ 为散射光照度；E_0 为入射光照度；A 为纸浆中白水的吸收系数；α为纸浆的吸收系数；β为纸浆的散射系数；c 为纸浆浓度；l 为等效厚度；φ 为散射角；m 为与玻璃管的直径及光栅大小有关的系数；e 为自然对数的底(e ≈ 2.718)。

式(3-96)说明利用散射光照度 E_φ 测量纸浆浓度不仅与纸浆浓度 c 有关，而且与纸浆的吸收系数α、散射系数β等因素有关。如果假设测量的光学装置一定，并且被测纸浆性质稳定，即 m、α、β、A 一定，则 E_φ 就是浓度 c 和散射角 φ 的函数，可以得出如图 3-82 所示的散射纸浆浓度与光照度的关系。从图 3-82 中可以看出，在纸浆浓度为 0.2～0.8%范围内，散射角 φ<45° 时，散射光照度 E_φ 与纸浆浓度 c 是单调衰减的。如果在散射角为 30° 处置一个光电池 P_1，把 E_φ 变成光电流 i_1，则 i_1 是纸浆浓度 c 的测量信号。

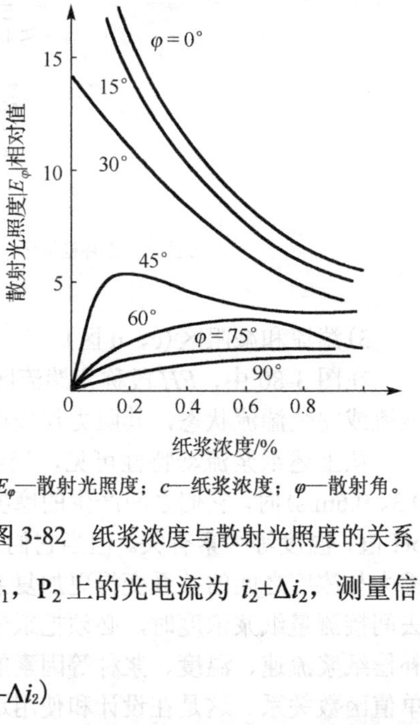

E_φ—散射光照度；c—纸浆浓度；φ—散射角。

图 3-82　纸浆浓度与散射光照度的关系

从图 3-81、3-82 可见，当散射角在 60° 左右时，散射光照度 E_φ 不随纸浆浓度而变化。在此处放置光电池 P_2，所产生的光电流 i_2 不受纸浆浓度变化的影响。把 $i=i_1-i_2$ 作为测量信号。当纸浆种类、打浆度等发生变化时，则纸浆的吸收系数α和散射系数β相应发生变化，在光电池 P_1 和 P_2 上的散射光照度也都发生相应的变化。这时 P_1 上的光电流为 $i_1+\Delta i_1$，P_2 上的光电流为 $i_2+\Delta i_2$，测量信号则为

$$i=(i_1+\Delta i_1)-(i_2+\Delta i_2)=(i_1-i_2)-(\Delta i_1-\Delta i_2)$$

式中，末项$(\Delta i_1-\Delta i_2)$是由α、β变化(即干扰因素)引起的。如果 Δi_1 与 Δi_2 数值相近，则在测量信号中补偿(减小)了干扰因素的影响。

2)光电式低纸浆浓度变送器的组成

光电式低纸浆浓度变送器由浓度传感部分(光电转换)和变送部分(毫伏转换器)组成。

光电式低纸浆浓度变送器如图 3-83 所示。由稳压供电的灯泡提供的光源通过凸透镜 B 形成平行光束，照到流过玻璃管中的纸浆上，光栅 A 用于限制光束的宽度。光电池 P_1、P_2 接受纸浆散射的光能量，并分别转换成光电流 i_1 和 i_2。光电流的大小和光电池接收到的散射光照度 E_φ 成正比。P_3 是平衡光电池，接受经毛玻璃的散射光照度并转换为光电流 i_3；调节光栅 G，可改变 i_3 的大小。i_1、i_2、i_3 通过一个电阻网络，综合成电压(毫伏)输出信号，再经毫伏转换器转换为 4～20mA 的统一标准电信号输出。

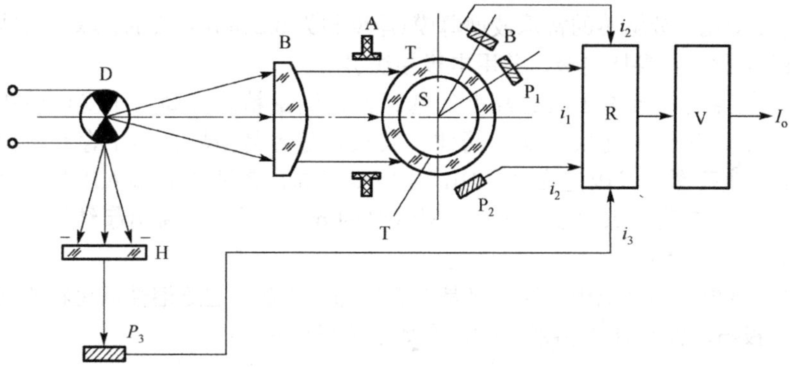

D—稳压供电电源；B—凸透镜；A—光栅；G—可调光栅；T—透明玻璃管；S—纸浆；P_1、P_2、P_3—光电池；H—毛玻璃；R—电阻网络；V—毫伏转换器；I_0—标准电流信号

图 3-83　光电式低纸浆浓度变送器

使用平衡光电池 P_3 产生 i_3 的目的是为了提高测量精确度。当纸浆浓度正好在生产要求的最佳值时，i_1、i_2、i_3 三者在电阻网络中综合输出的信号为零，而毫伏转换器输出电流 I_o=12mA，当纸浆浓度高于最佳值时，I_o>12mA，而纸浆浓度低于最佳值时，I_o<12mA。

3.10.4　pH 值的测量及仪表

根据电化学知识，酸、碱、盐溶液的酸碱度可用氢离子浓度 H^+表示。由于水溶液中氢离子浓度很少，如纯水的 H^+为 10^{-7}[mol/l]，因此，常用 pH 值来表示 H^+浓度：

$$pH = -\log[H^+] \tag{3-97}$$

pH=7 的溶液为中性；pH>7 的溶液为碱性；pH<7 的溶液为酸性。测量出 pH 值便知氢离子的浓度。

1．工业 pH 计的组成

工业 pH 计（又称酸度计）由发送器、转换器和记录仪组成，如图 3-84 所示。

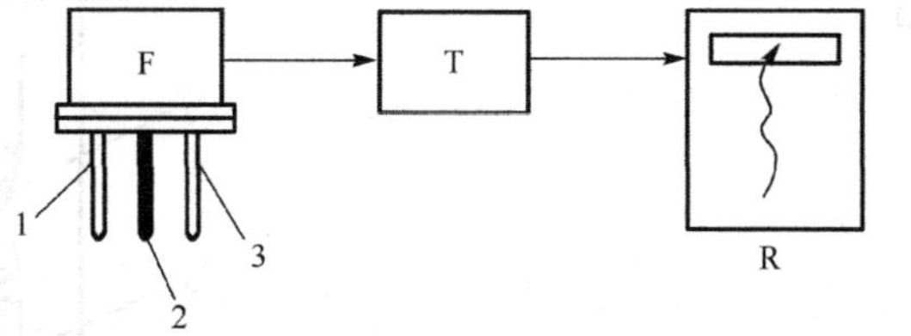

1—玻璃电极；2—甘汞电极；3—温度补偿铂电阻；F—pH 发送器；T—pH 转换器；R—记录仪。

图 3-84　7651/2 型工业 pH 计的组成

发送器内装有玻璃电极（测量电极）、甘汞电极（参比电极）和温度补偿铂电阻。当发送器浸入被测溶液时，溶液中 pH 值的变化通过两个电极转化成两个电极电位的变化。ABB 公司 pH 发送器有下述型号可供不同场合选用：7651 型（流通型）、7652（在线型）、7654/5/6（浸入型）。

浸入式结构适用于一般开口容器，流通式结构适用于压力管道。附有机械清洗装置的发送器适用于容易在测量电极上结垢的溶液。

转换器把具有高阻抗的电极电位通过放大电路转换成 4～20mA 统一标准电信号并送至记录仪。

2．pH 发送器的电极结构及工作原理

1）测量电极

pH 发送器中的测量电极常采用玻璃电极，其结构如图 3-85 所示。

球泡是对 pH 变化十分敏感的特殊玻璃薄膜(厚度约为 0.2mm)制成的。球泡内装有 HC1 缓冲液，内插一根银-氯化银内参比电极，并用电极导线引出。

玻璃电极的优点是对氢离子具有高度的选择性，测量精确度高，不受溶液中的氧化剂、还原剂存在的影响，达到平衡快，操作简便。其缺点是容易损坏。由于存在“酸性和碱性误差”，故测量 pH 值范围一般限定在 1～10，同时电阻高，需要用高输入阻抗的转换器进行测量。在造纸工业中，在测量漂白 pH 值和上网纸浆的 pH 值时，容易引起结垢。玻璃电极的正常工作温度范围为 3～55℃。

另一种 pH 测量电极是锑电极。锑电极是在金属锑上覆盖一层难溶性氯化物构成的。

当锑(Sb)电极插入含有 H^+ 的溶液中时，有如下电极反应式：

$$2Sb_{(固)} + 3H_2O = Sb_2O_{3(固)} + 6H^+ + 6e$$

电极电位为

$$E_{Sb} = E_{Sb}{}^0 + \frac{RT}{F}\ln[H^+] = E_{Sb}{}^0 - 0.198T\text{pH}$$

式中，$E_{Sb}{}^0 = 144.5\text{mV}$ 。

2)甘汞电极

甘汞电极由金属汞(Hg)、汞的难溶盐(Hg_2Cl_2)及与该盐有相同阴离子的饱和溶液(KCl)三者构成，如图 3-86 所示。当甘汞电极插入溶液中时，氯化钾通过磨口玻璃塞渗出构成“盐桥”。因此，其电极电位不随溶液浓度而变化。在 25℃时，饱和甘汞电极电位 $E_0 = 0.2438\text{ V}$。

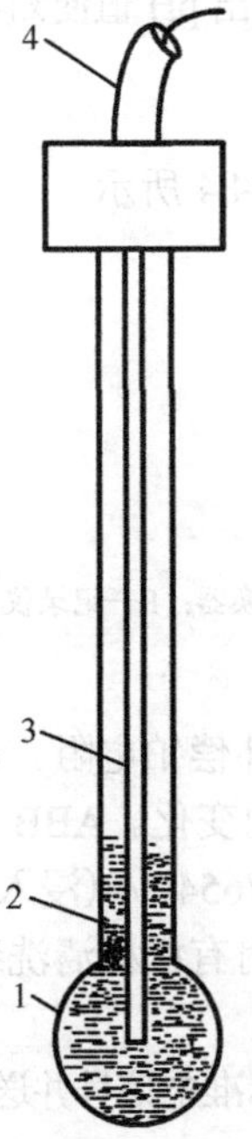

1—球泡；2—内部溶液 HCl；

3—内参比电极；4—电极导线。

图 3-85　玻璃电极的结构

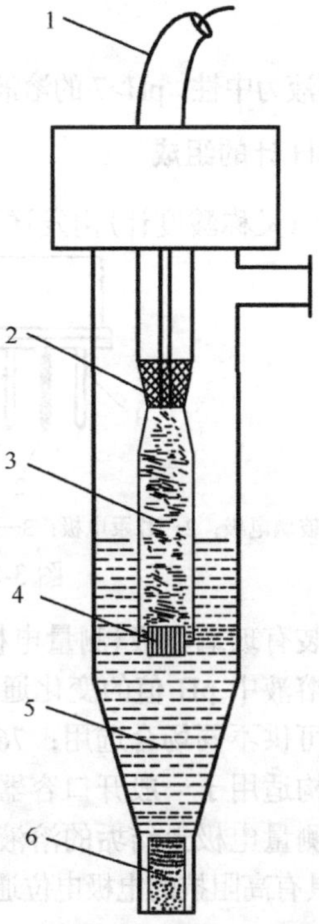

1—电极导线；2—汞；3—甘汞糊；4—棉花塞；

5—盐桥溶液；6—陶瓷砂芯。

图 3-86　甘汞电极

甘汞电极具有结构简单电位稳定的优点，是常用的参比电极。其缺点是其电极电位随温度而变化。在温度较高时，宜用银-氯化银电极作为参比电极。

3)测量原理

当由玻璃电极和甘汞电极组成的发送器浸入被测溶液时，根据奈恩斯特电极电位方程，可得

$$E = K + 0.198\frac{T}{n}\ln[H^+] \tag{3-98}$$

式中，K 由电极特性确定。电极特性受电极材质、加工条件的不同而变化。在实际使用中，测量值(电极电位)与被测的 pH 值之间的关系要在实际中标定。

当温度一定时，电极电位的变化值与 pH 值的变化值成比例。在生产中，温度是在变化的。为了补偿温度变化对测量的影响，在发送器中装有测量温度的铂热电阻。

第 4 章　控制算法与仪表

控制仪表可以和人的大脑进行类比，其基本功能是根据预定的目标和测取的信息，按一定的控制算法，形成下一步的行动指令，并提供给执行器实施。粗略地说，控制仪表就是控制器的仪表化，是过程控制系统的判断和指挥中心，在系统中占有举足轻重的地位。控制器将被控量的期望值与实际值进行比较，根据两者的差值(偏差)，按一定的算法计算下一步需要的控制量(操作量)，然后传输给执行器实施，以实现预期的控制目标。

伴随着过程控制技术的发展与进步，控制仪表作为过程仪表的一部分，大体上也经历了三个阶段：第一阶段是基地式控制仪表，第二阶段是单元组合式控制仪表，三是以微处理器为核心的控制仪表。

基地式控制仪表是早期的第一代控制器产品，与检测装置、显示仪表组合在一个简单的控制系统中，完成比较简单的开关控制和比例-积分-微分(Proportional-Integral-DerivatiVe，PID)控制，实现生产设备的基本操作与调节。

第二阶段的单元组合式控制仪表是基地式控制仪表的升级产品，由各具功能的分立单元组合而成，其控制算法逐步成熟、定型，并发展了适合多种工艺要求的专用控制算法，如比值控制、选择控制、前馈控制、解耦控制等。这种控制仪表与测量仪表和执行器之间，按标准的电动信号或气动信号进行联系。其中，电动单元组合仪表简称 DDZ 型仪表，DDZ-Ⅱ型仪表的标准信号为 0～10mA 直流电流，DDZ-Ⅲ型仪表的标准信号为 4～20mA 直流电流；气动仪表的标准信号为 20～100kPa。

第三阶段的控制仪表利用了微处理器技术，实现了传统控制器的数字化、可视化，开发了可编程序控制器(PLC)和多种智能化控制算法，提高了过程控制质量和水平。

PID 控制算法最早是在 1922 年，由 Nicholas Minorsky(1885—1970)在研究船舶自动驾驶机构时首先提出的。当前，人们发明或开发的控制算法众多，适用的对象、控制目的和效果千差万别。尽管各种先进的控制算法层出不穷，但 PID 控制算法仍然经久不衰。PID 控制算法以结构简单、调整方便、适应性强而著称，并被广泛采用。据统计，在当今世界所用的控制算法中，PID 控制算法仍占 70%以上的份额，甚至在高级控制算法中，很多也都是与 PID 控制算法相结合的复合型算法。由此可见，PID 控制算法具有强大的生命力。本章仅就最基本、最常用的 PID 控制算法进行讨论，其他专用或复杂的控制算法将在后续章节中加以叙述。

生产中的被控过程是形形色色的，生产工艺对控制的要求也是各种各样的。根据实际情况，恰当地为生产过程设计控制模式、选择控制算法(Control Algorithm)是控制工程师的一项基本任务。为此，工程师首先必须了解基本控制算法的特点与适用场合，然后结合具体过程和工艺要求，做出正确选择。PID 控制算法作为一类最基本的、最常用的控制算法，在实践中有很高的使用率。这种算法主要有比例(P)、比例-积分(PI)、比例-微分(PD)和比例-积分-微分(PID)等几种算法，统一称为 PID 控制算法。

4.1　基本控制规律及其对系统过渡过程的影响

在研究控制器控制规律时，我们有必要从自动控制系统的整体结构来理解。自动控制系统结构框图如图 4-1 所示。控制器的作用是通过控制规律的调节，使得系统性能指标满足控制要求。因此，控制规律具有重要意义，并且探讨控制器的输入量与输出量关系是关键。

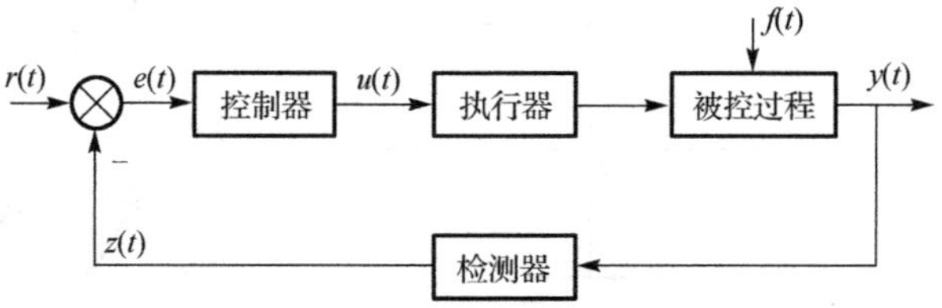

图 4-1　自动控制系统结构框图

如图 4-1 所示，通过分析清楚输出量 $u(t)$ 与输入量 $e(t)$ 之间的关系特性，人为设定某种方式(控制规律)，使系统对象的指标满足要求。控制器的输入信号是偏差信号，是设定值与经由检测器送来的检测值的差值信号。在分析自动控制系统时，偏差量采用 $e(t)=r(t)-z(t)$，但就分析单个控制仪表而言，一般习惯采用 $e(t)=z(t)-r(t)$，即偏差量为测量值减去设定值。控制器的输出量 $u(t)$ 一般送往执行器来实现信号驱动。

$u(t)$ 与 $e(t)$ 之间的函数关系为

$$u(t)=f[e(t)]=f[z(t)-r(t)] \tag{4-1}$$

基本的控制规律，主要有位式控制、比例控制、积分控制、微分控制及其组合形式。不同的控制规律适用于不同的生产要求，必须根据生产过程中对性能指标的稳定性、准确性、快速性等要求选用合适的控制规律。

4.1.1　位式控制

双位控制又称开关控制，其动作规律是当测量值大于设定值时，控制器的输出量为最大值(或最小值)；当测量值小于设定值时，控制器的输出量为最小值(或最大值)。控制器的输出量只有两个极限值，对应的控制机构也只有开和关两个极限位置。

双位控制的输入量与输出量的函数关系可以表示为

$$u(t)=\begin{cases} u_{\max}, & e>0(\text{或}e<0) \\ u_{\min}, & e<0(\text{或}e>0) \end{cases} \tag{4-2}$$

下面通过双位控制案例来进行分析。液位控制结构如图 4-2 所示。该结构由储液槽、进水管道、电磁阀 V、继电器 J 与测量电极组成。

测量电极安装在储液槽内，用来检测实际液位。电极一端与继电器线圈相连，另一端的位置根据液位设定值可被自由调节。储液槽外壳要接地。当实际液位低于设定值时，液体没有接触电极，继电器线圈未形成通路，不得电，继电器断路，电磁阀此时全部打开，液体流入槽内使得液位上升；当液位上升至稍大于设定值时，液体与电极下端接触，继电器线圈得电，继电器接通，电磁阀此时全部关闭，液体不再流入槽内，而排出口仍然往外排出液体，使得液位下降。一旦液位下降至稍小于设定值时，液体与电极脱离，电磁阀全部打开。如此反复运行，保证实际液位在设定值附近的一个范围内上下波动。

当液位在设定值上下的小范围内波动时，继电器、电磁阀频繁通/断，极易被损坏。因此在实际应用中，要在双位控制中设置一个中间缓冲区，以改进其特性及过程，如图 4-3、图 4-4 所示。这样，在生产工艺允许的条件下，液位可以在一定范围内波动而不会影响控制机构频繁动作，延长了控制系统工作寿命。

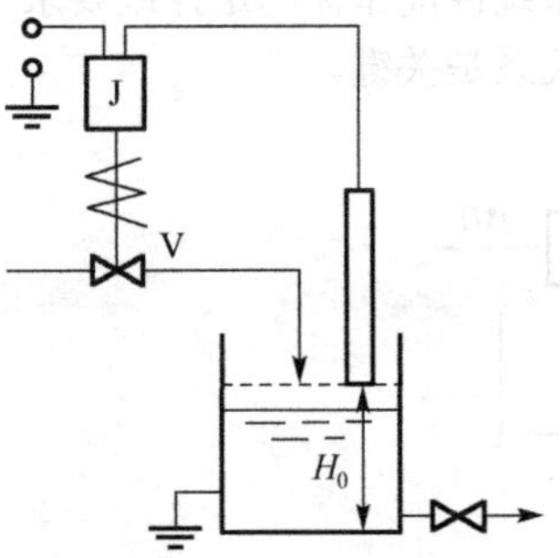

图 4-2　液位双位控制结构

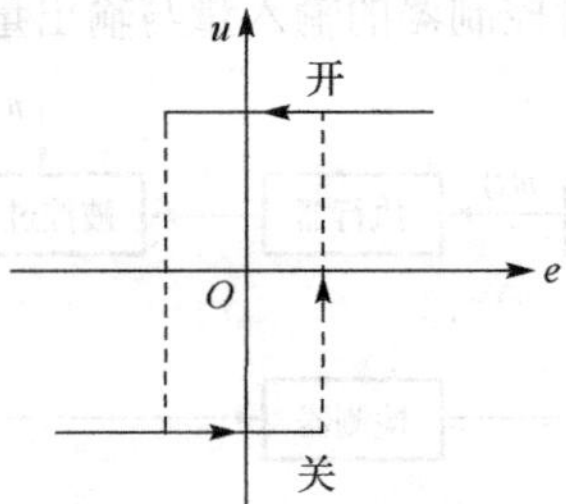

图 4-3　实际双位控制特性

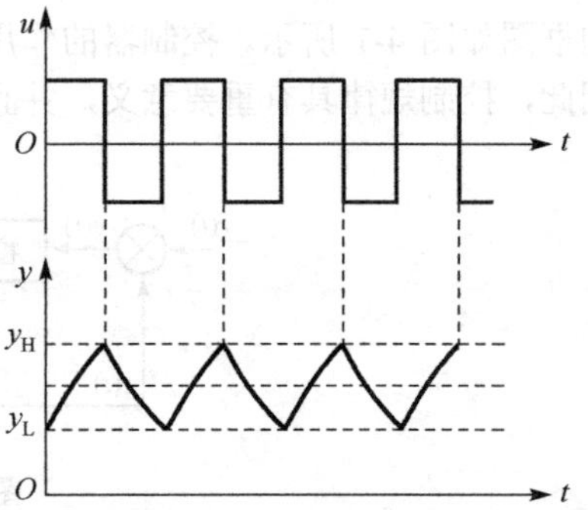

图 4-4　实际双位控制过程

双位控制简单，易于被实现，成本较低，在控制要求不高的场合具有较好的应用价值。除了双位控制，还可以实现三位控制乃至多位控制，其工作原理与双位控制相似，统一称为位式控制。

4.1.2　比例控制

在双位控制中，被控量不可避免地会产生持续振荡波动。为了避免这种情况，可以考虑控制阀的阀门不再是全部打开或全部关闭的状态，而是其开度与偏差量成比例，根据偏差量大小对应成比例地改变其开度大小，从而使得被控量趋于平稳状态。

液位比例控制结构如图 4-5 所示。当液位高于设定值时，浮子被抬高，阀门就关小，进料量变小，液位下降；若液位低于设定值时，浮子下沉，阀门开大，进料量变大，液位升高。

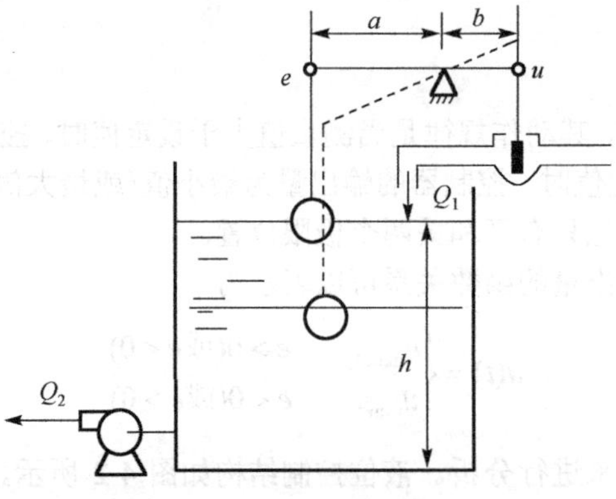

图 4-5　液位比例控制结构

依据图 4-5 中杠杆在液位改变前后的位置，结合相似三角形原理，输出量与输入量之间的函数关系可以表示为

$$u(t) = f[e(t)] = \frac{a}{b} \cdot e \tag{4-3}$$

阀门开度的变化量与液位偏差量成比例，且比例系数由杠杆支点到两端的距离来决定。可以通过支点位置来调整比例系数。

抽象地说，在设定值不变的条件下，比例控制规律就是输出量与输入量之间成比例的关系，即

$$u(t) = K_P e \tag{4-4}$$

式中，K_P 为比例系数，又称比例增益。K_P 决定了比例控制作用的强弱，其值越大，控制作用越强。

若输入偏差量是常数 A 时，则输出量 $u(t)=K_PA$ 。在直角坐标系下，该输出量是一条水平的直线，幅值为 K_PA，将偏差量放大了 K_P 倍。

在实际应用中，常引入比例度 δ 来表示控制作用的强弱。比例度即是控制器输入量的相对变化量与相应的输出量的相对变化量之比的百分数，即

$$\delta=\left(\frac{e}{x_{\max}-x_{\min}}\right)\Bigg/\left(\frac{u}{u_{\max}-u_{\min}}\right)\times 100\% \tag{4-5}$$

式中，e 为输入量；u 为相应的输出量；$x_{\max}-x_{\min}$ 为控制仪表的输入信号量程；$u_{\max}-u_{\min}$ 为控制仪表的输出信号量程或工作范围。比例度的意义即是使控制器输出量满刻度时，相应的测量值占控制仪表测量范围的百分数。

式(4-5)可以变换为

$$\delta=\left(\frac{e}{u}\right)\Bigg/\left(\frac{x_{\max}-x_{\min}}{u_{\max}-u_{\min}}\right)\times 100\%=\frac{1}{K_p}\left(\frac{u_{\max}-u_{\min}}{x_{\max}-x_{\min}}\right)\times 100\% \tag{4-6}$$

可以看出，如果输入量变化范围与输出量工作范围对于某型控制仪表而言是一定值，则比例度与比例系数成反比。若是 DDZ 型控制仪表，输入量范围与输出量范围之比为 1，则比例度与比例系数互为倒数。

比例控制的优点：反应快，控制及时，一旦有偏差量，则输出量立刻成比例变化，使得执行器立刻动作。比例控制一个致命的缺点是存在余差。可以通过增大比例系数 K_P 来减小余差，由此带来的是控制系统的稳定性可能变差。

比例度 δ 越大(即 K_P 越小)，过渡过程曲线越平稳，但余差也越大。比例度越小，则过渡过程曲线越振荡。如图 4-6 所示，当比例度 δ 大时，放大倍数 K_P 就小，被控量的变化也就很缓慢(曲线 6)。当比例度 δ 减小时，则 K_P 增大，被控量的变化也比较灵敏，开始有些振荡，余差不大(曲线 5，4)。当 δ 再减小时，会出现激烈的振荡(曲线 3)。当 δ 继续减小到某一数值时，系统出现等幅振荡，这时的比例度称为临界比例度 δ_k (曲线 2)。当 δ 小于 δ_k 时，在干扰产生后将出现发散振荡(曲线 1)。

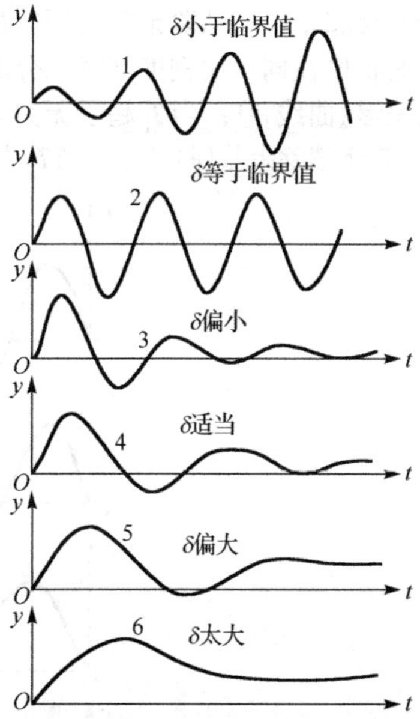

图 4-6　比例度(比例系数)对过渡过程的影响

4.1.3　积分控制

当需要更高控制要求如精度要求时，就要在比例控制的基础上，添加能够消除余差的积分控制模块。积分控制规律是输出量与输入偏差量的积分成正比，可表示为

$$u(t)=K_I\int e\mathrm{d}t=\frac{1}{T_I}\int e\mathrm{d}t \tag{4-7}$$

式中，K_I 为积分系数；T_I 为积分时间常数。

若输入偏差量是常数 A 时，则输出量 $u(t)=K_{\mathrm{I}}At$ 。在直角坐标系下，该输出量是随着时间变化的一条斜率为 K_{I} 的直线。当有偏差量存在时，输出量将随时间的增长而增大(或减小)；而当偏差量为零时，输出量才停止变化而稳定在某一值上。

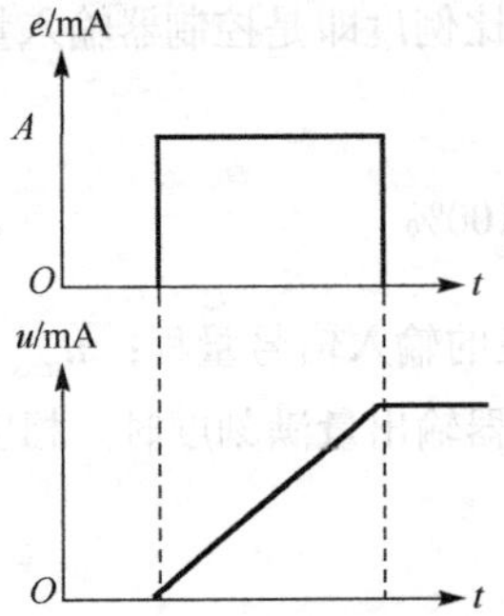

图 4-7　积分控制特性

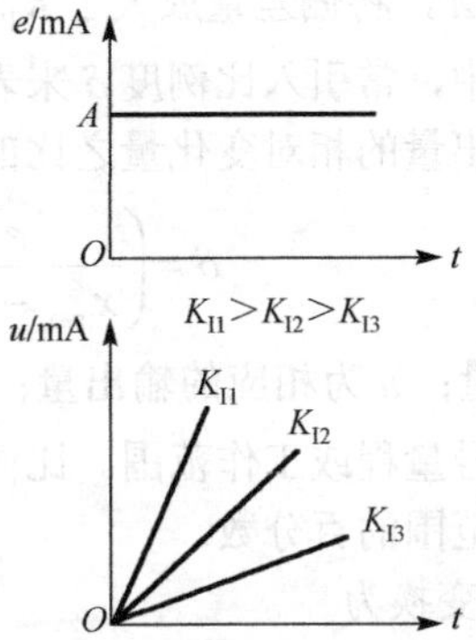

图 4-8　不同积分速度下的积分控制特性

在积分作用下，控制作用随着时间积累而逐渐增强，因而执行器的动作缓慢，当有惯性较大的控制对象时，控制过程可能出现较大超调量，过渡时间也将延长。因此，常常将比例控制与积分控制结合起来，在消除余差的同时加强动态过程。

下面我们在同一比例度下对积分时间进行讨论。在图 4-9 中，当 T_{I} 太大时，积分作用不明显，消除余差慢(曲线 3)；当 T_{I} 趋于无穷大时，相当于积分作用为零(曲线 4)；当 T_{I} 适当时，积分作用明显，易于消除余差(曲线 2)；当 T_{I} 太小时，积分作用过强，极易造成过渡过程大幅度振荡(曲线 1)。

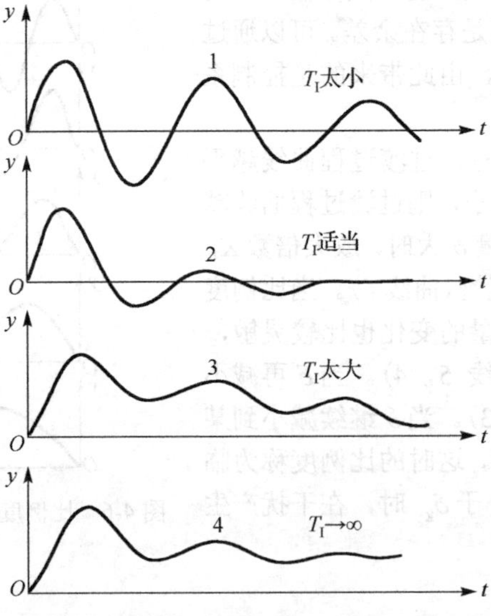

图 4-9　积分时间对过渡过程的影响

4.1.4　微分控制

对于大惯性的控制对象，在控制时常常希望能根据被控量变化的快慢来控制。纵使偏差量很小，但只要偏差量变化很快，则输出量依然很大，这就起到快速克服干扰作用的影响，即按照偏差量变化速度来进行控制。控制器的微分控制规律可表示为

$$u(t)=T_D\frac{de}{dt} \tag{4-8}$$

式中，T_D为微分时间常数；$\frac{de}{dt}$为偏差量的变化速度。

在式(4-8)中，若在$t=t_0$时输入一个阶跃信号，则此时控制器在理想情况下输出量将为无穷大，其余时间输出量为零，如图4-10所示。这种控制在系统中，即使偏差量很小，只要出现变化趋势，马上就可以进行控制，能够提前预判偏差量将要发生的变化，故有超前控制的特点；如果偏差量固定无变化，则没有输出量。因此，微分控制不能消除偏差量，不能单独作为控制器来使用，必须配合比例控制或比例-积分控制来使用。

下面在同一比例度下对积分时间进行讨论。在图4-11中，当T_D太大时，微分作用太强，容易引起被控过程大幅度频繁振荡；当T_D趋于无穷小时，相当于微分作用为零，微分环节不起作用；当T_D适当时，微分作用力图阻止被控过程变化，加速系统过渡过程，节省控制时间，易于消除余差达到稳态；当T_D太小时，微分作用不明显，过渡过程时间偏长，起不到调节过渡过程的作用。

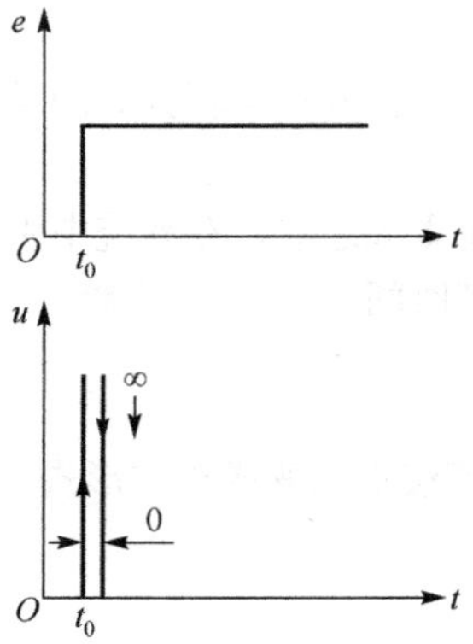

图4-10　理想微分特性

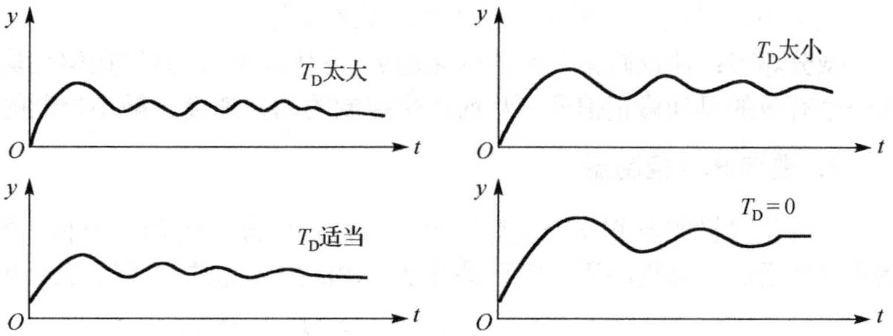

图4-11　微分时间对过渡过程的影响

4.2　传统PID控制器

初期的PID控制器为模拟式，可以用RC网络来组建PID控制器。随着计算机的发展，PID控制器也由连续模拟式发展为数字式，算法多样化，参数调整更加灵活方便。

1．模拟PID控制器

模拟PID控制系统结构框图如图4-12所示。系统由模拟PID控制器和被控对象组成。PID控制器根据设定量$r(t)$与实际检测量$c(t)$构成控制偏差量$e(t)$，即

$$e(t)=r(t)-c(t) \tag{4-9}$$

将偏差量的比例(P)、积分(I)、微分(D)环节线性组合以构成控制量，对被控对象进行控制，其控制规律为

$$u(t)=K_P\left[e(t)+\frac{1}{T_I}\int_0^t e(t)dt+T_D\frac{de(t)}{dt}\right] \tag{4-10}$$

或写成传递函数的形式为

$$G(s)=\frac{U(s)}{E(s)}=K_{\mathrm{P}}\left(1+\frac{1}{T_{\mathrm{I}}s}+T_{\mathrm{D}}s\right) \tag{4-11}$$

式中，K_{P}为比例系数；T_{I}为积分时间常数；T_{D}为微分时间常数。PID 各校正环节的作用可描述如下。

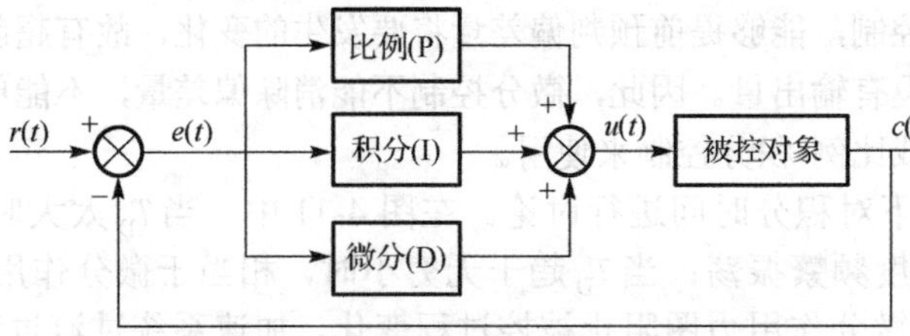

图 4-12　模拟 PID 控制系统结构框图

比例环节：即时成比例地反映控制系统的偏差量$e(t)$。偏差量一旦产生，控制器立即产生控制作用以减小误差。

积分环节：主要用于消除静差，提高系统的稳态无差度。积分作用的强弱取决于积分时间常数T_{I}的大小，T_{I}越小，积分作用越强，反之越弱。

微分环节：能反映偏差量的变化趋势(变化速率)，并能在偏差量变得太大之前，在系统中引入一个有效的早期修正信号，从而加快控制的动作速度，减小控制的调节时间。

2．数字 PID 控制器

当用计算机实现 PID 控制算法时，首先必须将上述 PID 控制规律的连续形式变成离散形式，然后才能通过计算机编程来实现该算法。PID 控制算法的离散形式为

$$u(k)=K_{\mathrm{P}}\left\{e(k)+\frac{T_s}{T_{\mathrm{I}}}\sum_{j=0}^{k}e(j)+\frac{T_{\mathrm{D}}}{T_s}[e(k)-e(k-1)]\right\}$$

或

$$u(k)=K_{\mathrm{P}}e(k)+K_{\mathrm{I}}\sum_{j=0}^{k}e(j)+K_{\mathrm{D}}[e(k)-e(k-1)] \tag{4-12}$$

式中，T_s为采样周期；k为采样序列，$k=0,1,2,\cdots$；$u(k)$为第k次采样时刻的计算机输出量；$e(k)$为第k次采样时刻输入的偏差量；$K_{\mathrm{I}}=\dfrac{K_{\mathrm{P}}T_s}{T_{\mathrm{I}}}$为积分系数；$K_{\mathrm{D}}=\dfrac{K_{\mathrm{P}}T_{\mathrm{D}}}{T_s}$为微分系数。

由 Z 变换的性质：$Z[e(k-1)]=z^{-1}E(z)$，$Z\left[\sum_{j=0}^{k}e(j)\right]=E(z)/(1-z^{-1})$，式(4-12)的 Z 变换为

$$U(z)=K_{\mathrm{P}}E(z)+K_{\mathrm{I}}E(z)/(1-z^{-1})+K_{\mathrm{D}}[E(z)-z^{-1}E(z)] \tag{4-13}$$

由式(4-13)可得数字 PID 控制器的 Z 传递函数为

$$G(z)=\frac{U(z)}{E(z)}=K_{\mathrm{P}}+K_{\mathrm{I}}/(1-z^{-1})+K_{\mathrm{D}}(1-z^{-1}) \tag{4-14}$$

或者

$$G(z)=\frac{K_{\rm P}(1-z^{-1})+K_{\rm I}+K_{\rm D}(1-z^{-1})^2}{1-z^{-1}} \tag{4-15}$$

数字 PID 控制器结构框图如图 4-13 所示。

由于计算机输出量 $u(k)$ 直接去控制执行器（如阀门），$u(k)$ 的值和执行器的位置（如阀门开度）是一一对应的，所以式(4-11)或(4-12)通常称为位置式 PID 算式。当执行器需要的是控制增量（如用来驱动步进电动机）时，可由式 (4-12) 导出提供控制增量的 PID 算式。

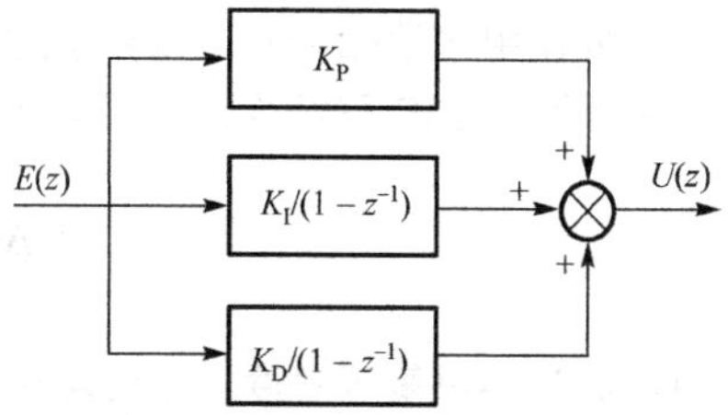

图 4-13 数字 PID 控制器结构框图

根据递推原理可得

$$u(k-1)=K_{\rm P}e(k-1)+K_{\rm I}\sum_{j=0}^{k-1}e(j)+K_{\rm D}[e(k-1)-e(k-2)] \tag{4-16}$$

用式(4-12)减去式(4-16)可得

$$\begin{aligned}\Delta u(k)=u(k)-u(k-1)&=K_{\rm P}[e(k)-e(k-1)]+K_{\rm I}e(k)+K_{\rm D}[e(k)-2e(k-1)+e(k-2)]\\&=K_{\rm P}\Delta e(k)+K_{\rm I}e(k)+K_{\rm D}[\Delta e(k)-\Delta e(k-1)]\end{aligned} \tag{4-17}$$

式中，$\Delta e(k)=e(k)-e(k-1)$。式(4-17)称为增量式 PID 算式。

进一步整理式(4-17)可得

$$\Delta u(k)=Ae(k)-Be(k-1)+C(k-2) \tag{4-18}$$

式中，$A=K_{\rm P}\left(1+\frac{T_s}{T_{\rm I}}+\frac{T_{\rm D}}{T_s}\right)$；$B=K_{\rm P}\left(1+\frac{2T_{\rm D}}{T_s}\right)$；$C=K_{\rm P}\frac{T_{\rm D}}{T_s}$。它们都是与采样周期、比例系数、积分时间常数和微分时间常数有关的系数。

增量式 PID 算式和位置式 PID 算式在实质上是一样的，但增量式 PID 算式有如下优越之处。

1) $\Delta u(k)$ 只与 k、$k-1$ 和 $k-2$ 时刻的偏差量有关，节省了计算机内存和运算时间。

2) 每次只做 $\Delta u(k)$ 计算，而与位置式 PID 算式中的积分项相比，计算误差造成的影响小。

3) 若执行器有积分环节（如步进电动机），则每次只要输出增量 $\Delta u(k)$，即执行器的变化部分，误动作造成的影响小。

4) 手/自动切换操作对控制过程冲击小，便于实现无扰动切换。

但是，在实际编程时，位置式 PID 算式也可以采用以下算式（可由式(4-17)得到）：

$$\begin{aligned}u(k)=u(k-1)+\Delta u(k)&=u(k-1)+K_{\rm P}[e(k)-e(k-1)]+K_{\rm I}e(k)+K_{\rm D}[e(k)-2e(k-1)+e(k-2)]\\&=u(k-1)+K_{\rm P}\Delta e(k)+K_{\rm I}e(k)+K_{\rm D}[\Delta e(k)-\Delta e(k-1)]\end{aligned} \tag{4-19}$$

3. 改进型数字 PID 控制器

在具体应用数字 PID 控制器时，可采用一些改进算法，如积分分离 PID 算法、带死区的 PID 算法、微分先行 PID 算法、不完全微分 PID 算法、变速积分 PID 算法、遇限削弱积分 PID 算法等。

不同的改进算法具有不同的作用，适用于不同的控制场合。例如，积分分离 PID 算法是为了克服引入积分环节所导致的系统超调量增大这一缺点的，其表达式可为

$$
|e(k)|\begin{cases} > a, & \text{取消积分作用} \\ \leqslant a, & \text{引入积分作用} \end{cases} \tag{4-20}
$$

即在被控量开始跟踪输入量而偏差量较大时，暂时取消积分作用；一旦被控量接近设定值时，再引入积分作用来消除余差。该算法适用于要求超调量小的应用场合。

带死区的 PID 算法表达式可写为

$$
\Delta u(k)=\begin{cases} \Delta u(k), & |e(k)|>B \\ 0, & |e(k)|\leqslant B \end{cases} \tag{4-21}
$$

式中，B 为不灵敏区宽度，由现场整定。该算法适用于对控制精确度要求不高(如液位控制)，允许在一定范围内波动的控制场合，可以避免执行器的频繁动作或防止流量经常波动。

由于这些改进型数字 PID 控制算法很成熟，在很多过程控制方面的书籍中都有介绍，这里不再赘述。

4.3 PID 控制选择及应用

总之，PID 控制综合了几种简单控制的长处，既可改善系统的稳定性，又能消除静差，适用于负荷变化大、容量滞后较严重、控制性能要求高的过程。PID 控制的特点是兼顾了各个方面的长处，控制效果较为理想。但是在实践中，并不是任何情况都选用 PID 控制器的。这是因为 PID 控制器有三个参数要确定，而这些参数对响应的性能影响较为复杂，有些性能指标之间相互制约，调整起来比较费事。如果参数调整不合理、配合不默契，不仅不能发挥 PID 控制算法的优势，反而危害系统。

因此，“恰当选择，删繁就简”是我们选择控制算法的基本原则。如果用 P 控制器就能解决问题，就尽量不用 PI 控制器，更不要用 PID 控制器。

4.3.1 基本控制算法选择

前面叙述了 P、PI、PD 和 PID 四种常用的控制算法，对它们的表达形式、控制特点和适用对象进行了阐述。下面将结合过程控制的实际，归纳设计系统时选择这些基本控制算法的要点，以供设计控制器时参考。一般来说，控制算法的选择与被控过程特性、工艺要求、负荷变化、干扰幅度与频率等都有直接的关系。通常，基本控制器需要有比例控制，然后在此基础上，根据要求和实际情况，加入其他控制。

(1) 当广义过程的时间常数较大时，如温度、成分、pH 值等控制，控制器应引入微分控制，形成 PD 控制器；如果工艺上还要求无余差，则还应加入积分控制，形成 PID 控制。

(2) 当广义过程的时间常数较小，负荷变化也不大，且工艺要求不高时，可选择 P 控制，如储罐压力控制、液位控制等；如果此时其他条件不变，仅工艺要求变为无余差，则应选择 PI 控制，如流量控制、管道压力控制等。

(3) 当广义过程的时间常数较大，如容积迟延较大，且负荷变化剧烈，或者有较大纯迟延($\tau/T>1$，τ为纯迟延时间，T为过程时间常数)，采用 PID 控制难以满足要求时，就要考虑其他控制算法。

4.3.2 PID 控制器的正/反作用方式

对于一个控制回路来说，控制系统是由控制器、调节阀、被控对象和检测器等组成的。由于各组成部分存在正/反作用方式的问题，只有最终构成的闭环为负反馈，系统才能稳定运行。所以，有必要对控制器的正/反作用方式进行讨论。至于其他几部分的正/反作用方式的规定之类的问题，等到后续章节还会具体谈到。

现实中，的确有被控对象存在正/反差异的不同，所以控制器也应有正/反作用的区别。例如，控制房间内的温度，夏天外面气温高，室内需要冷气来降温，增大操作量，室内温度会进一步下降；冬天外面气温低，室内需要暖气增温，增大操作量，室内温度会进一步上升。由于要达到的温度以人体感觉舒适为准，但是被控量温度与两操作量之间存在不同的变化方向，即被控对象呈现的正/反极性不同(有人解释为稳态增益正、负不同)，从而影响控制器的作用方式。

为了方便实现闭环负反馈控制，过程控制有一套定义闭环控制系统中各部分正/反作用方式的规定。其中，控制器的正/反作用方式的表述如下。

控制器正作用(Direct Action)方式：随着被控量的增加，控制器输出量也增加，可用“+”号表示；控制器反作用(Reverse Action)方式：随着被控量的增加，控制器输出量减小，可用“−”号表示。如果相关量与前面表述的方向相反，也是一样的含义。例如，随着被控量的减小，控制器输出量也减小，则控制器为正作用方式。

在实际中，控制器正/反作用方式的选择是由设在控制仪表上的选择开关或参数组态来实现的。通常仪表上都有明显的“正”或“反”的字样，设定时拨向对应位置即可。在参数组态中，将正/反作用代码设置进去，即可完成控制器正/反作用。

在一个闭环控制系统中，控制器的正/反作用方式不仅与被控对象有关，而且还与调节阀的气开/气闭形式有关(由于检测器一般被视为正作用，通常不予以考虑)。确定闭环控制系统的方法是：画出控制系统框图，先确定除控制器以外部分的作用方向(即正或负)，最后确定控制器的正或反作用方向。其原则是保证各部分(正或负号)的乘积为负即可。

4.3.3 PID 控制器的积分饱和及其抵抗方法

当控制器中有积分环节时，如果偏差量持续存在，并单方向积累，将会导致控制器输出量达到并一直维持在满量程。如果偏差量依然存在，虽然控制器输出量饱和且无变化，但积分环节将使输出量进入深度饱和，同时调节阀的阀门维持在最大开度，一直不变。当偏差量改变极性后，输出量的深度饱和导致输出量不能及时退出饱和区，往往要等一段时间才能退出饱和区，使得调节阀不能及时动作，进而系统出现较大的超调量及过长的过渡过程时间，严重时还会引起振荡、诱发事故。

当控制器的输出量达到一定幅度之后，执行器不接受其进一步的增长，而进入执行器饱和非线性区。积分饱和现象是由于执行机构的饱和非线性引起的。造成积分器进入深度饱和的原因：一是偏差量长期存在；二是控制器输出量达到饱和值后，积分器继续进行累加。

抗积分饱和的方法有好多种，既有硬件法，也有软件法。下面介绍的是一种硬件法。

一种具有抗积分饱和的 PI 控制器电路如图 4-14 所示。其中 A_1 为 PI 运算放大器；R_i 和 C_1 起积分作用；C_1 和 C_2 起比例作用；比较器 A_2 用来比较 u 和 u_h，以控制场效应管开关 S 的通和断。开关 S 断开时，电路为 PI 控制器。当给输入端施加$-e_0$后，输出量的变化如图 4-15 所示。当 u 上升到 u_h 时，比较器 A_2 的输出量使 S 闭合，于是 R_1 与 R_i 和 C_1 并联，R_2 与 C_2 并联。在设计电路时，使 $R_1=R_2$ 且取值较小。随着 S 的闭合，u 的上升停止，C_2 的储能通过 R_2 释放，电压开始下降。一旦 $u<u_h$，则 S 断开，PI 控制器重新开始工作，u 开始上升。当 $u=u_h$ 时，重复前述过程。从宏观上看，如果 u 维持在 u_h 上(不继续上升)，也就不存在深度饱和问题。

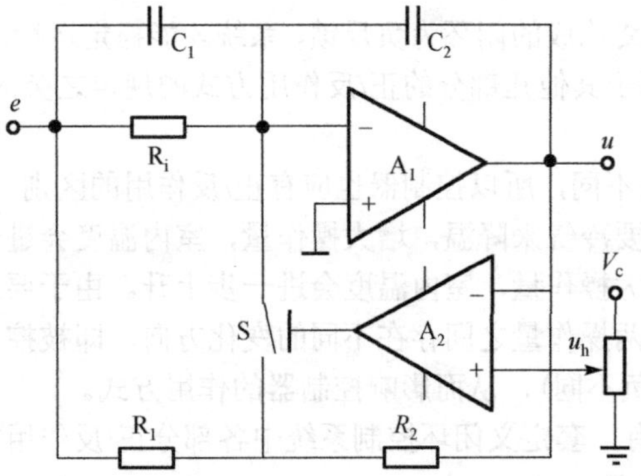

图 4-14　一种具有抗积分饱和的 PI 控制器电路

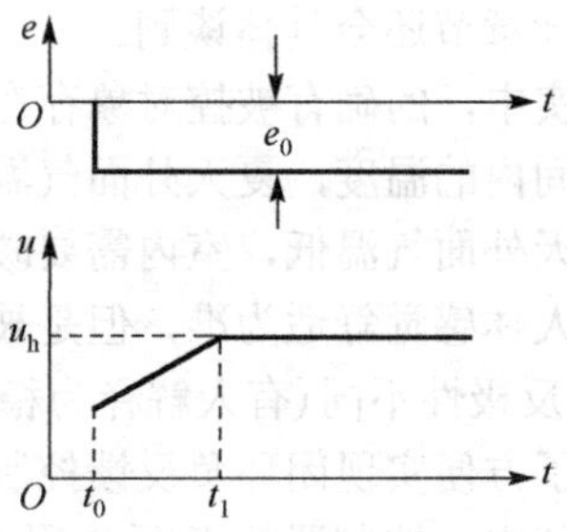

图 4-15　输出量的变化

4.4 模拟控制仪表

前面都是从原理上对常规 PID 控制算法进行讨论的。在实际中，控制算法是由控制仪表来实现的。模拟控制器(Analog Controller)是一类基础的、应用极为广泛的控制仪表，有人将它称为电动调节器(Electric Regulator/Controller)。该类仪表是用模拟电路实现的。早期控制仪表是用电子管制作的，为Ⅰ型控制仪表。中期控制仪表是用晶体管制作的，为Ⅱ型控制仪表。后期控制仪表是用集成电路制作的，为Ⅲ型控制仪表。下面介绍电动单元组合Ⅲ型控制仪表，即 DDZ-Ⅲ型控制仪表。

DDZ-Ⅲ型控制仪表是Ⅲ型控制仪表中重要的单元之一。该类控制器除了有基本型外，还有专用型，如前馈控制器、非线性控制器、自整定控制器、通断控制器等。基本型控制器为 PID 控制器，且包括全刻度指示控制器和偏差指示控制器两种。两者的区别主要体现在指示电路上，我们不妨以全刻度指示控制器为例，介绍其结构与工作原理。

4.4.1　模拟控制仪表概况

以常用的 DDZ-Ⅲ型 PID 控制器为例，其结构如图 4-16 所示。它由输入电路、PD 电路、PI 电路、输出电路、软/硬手动电路和设定/测量/输出指示电路等组成。

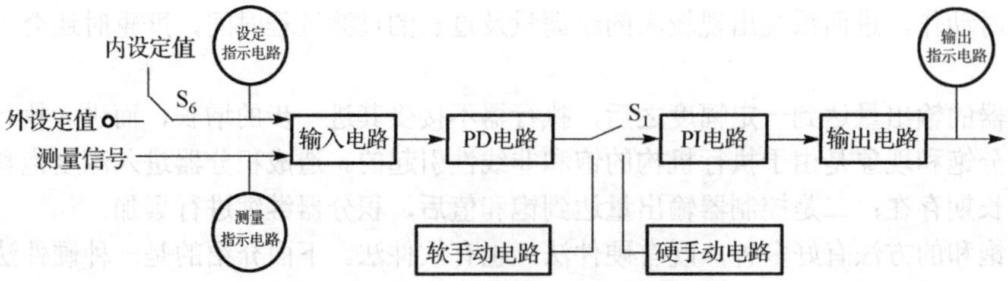

图 4-16　DDZ-Ⅲ型 PID 控制器结构

该控制器的输入电路接收来自检测变送器的测量信号。测量信号一般为 1～5V 直流电压信号。首先测量信号与设定值(有内设定和外设定值两种供选择)进行比较，将偏差量送入该控制器。然后通过 PD 电路与 PI 电路组成的 PID 控制获得相应的输出量，即 4～20mA 直流电流。最后将输出量通过输出电路送往执行器。设定/测量/输出指示电路分别用来显示设定量、测量量和输出量的数值，可以通过手动操作来调试与检查。

DDZ-Ⅲ型 PID 控制器的原理图 4-17 所示。它涉及很多具体的东西，我们将逐步对其进行讨论。

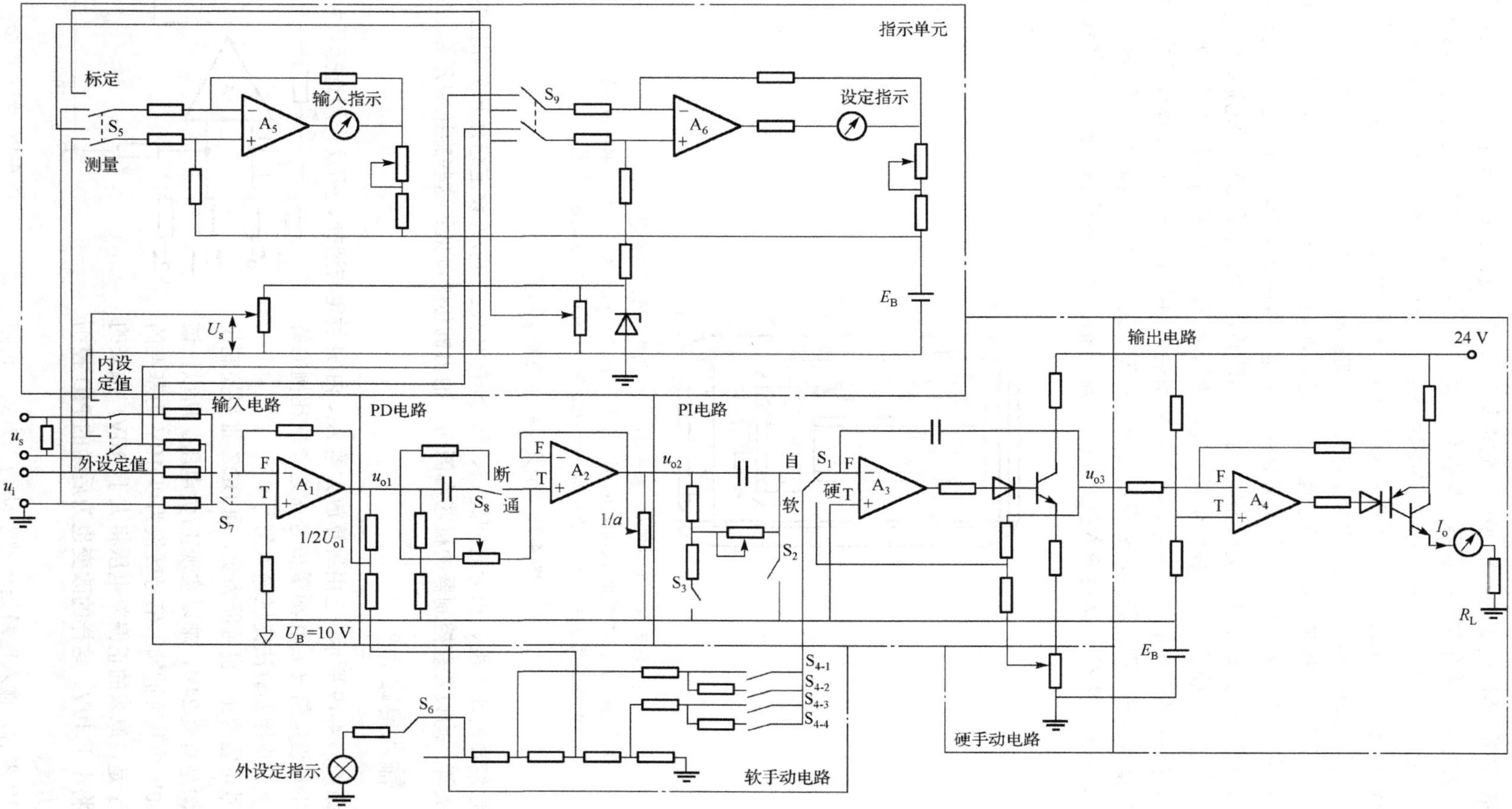

图 4-17　DDZ-Ⅲ型 PID 控制器的原理

全刻度指示控制器面板如图 4-18 所示。它汇集了设定、反馈、阀门位置、输出指示和手动操作于一体。在表盘正中装有双针指示器，黑针代表设定信号，红针代表测量信号，两针之差即为偏差再将自动/软手动/硬手动切换开关。在控制系统投入运行时，先使自动/软手动/硬手动切换开关处于手动状态，待控制系统稳定后再将自动/软手动/硬手动切换开关切换至自动状态。如果控制系统出现问题，则将自动/软手动/硬手动切换开关切换回手动状态。这里手动又分为软手动和硬手动。在进行软手动操作时，按软手动操作键，控制器的输出电流随时间按一定速度增加或减小，松开软手动操作键，则当时的信号值被保持。这是因为控制器的输出电流与手动输入电压是积分关系。当该切换开关处在硬手动状态时，控制器的输出电流与手动输入电压成比例，控制器的输出电流大小取决于硬手动操作杆的位置。在通常情况下，用软手动操作键进行手动操作；仅在要求给出恒定不变的操作信号或紧急情况下，才用硬手动操作。输出指示器显示控制器输出信号人小；阀位指示器显示阀门开度，S 表示全开，X 表示关闭；当控制器发生故障时，将便携式操作器的输入/输出插头插入检测输入插孔和手动输出插孔中，用便携式操作器替代控制器进行控制。

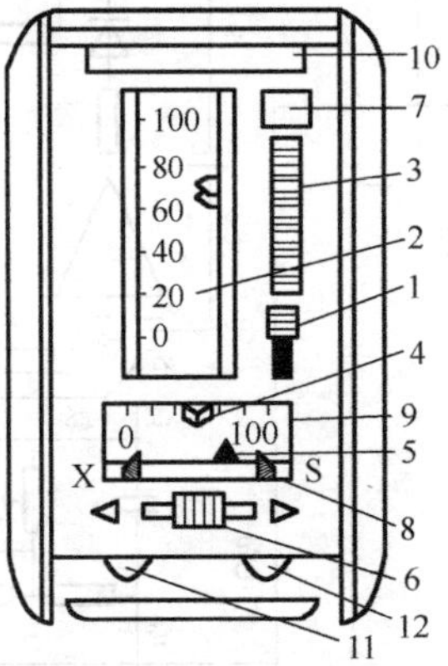

1—自动/软手动/硬手动切换开关；2—双针指示器；3—内设定轮；
4—硬手动操作杆；5—输出指示器；6—软手动操作键；7—外设定指示灯；8—阀位指示器；
9—输出指示器；10—仪表标牌；11—检测输入插孔；12—手动输出插孔。

图 4-18　全刻度指示控制器面板

此外，控制器的比例度、积分时间旋钮、微分时间旋钮、内/外设定选择开关和控制器正/反作用选择开关等，均设置在控制器的机芯右侧面。抽出机芯便可见到这些旋钮和开关。

4.4.2　输入电路

输入电路如图 4-19 所示。它由运算放大器 A_1、内/外设定与选择、正/反作用选择开关等组成。其作用是产生与设定信号 u_s 和测量信号 u_i 之差成比例的偏差信号，为下一步控制算法提供输入信号。

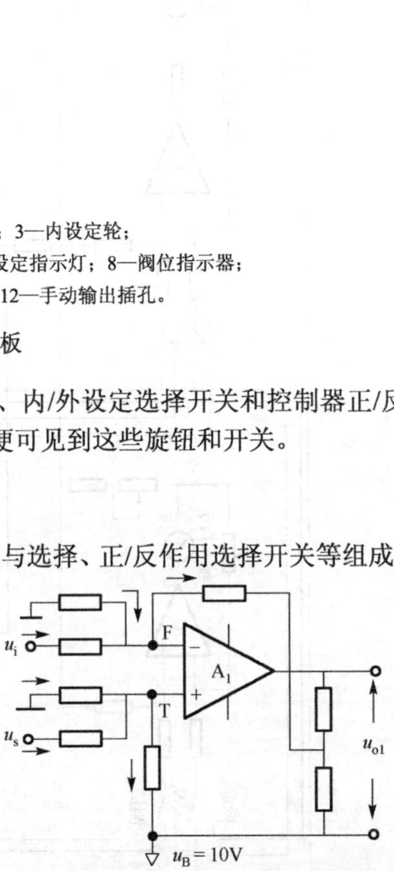

图 4-19　输入电路

偏差信号可能为正，也可能为负，而 DDZ-Ⅲ型控制仪表提供的电源是直流 24V，难以实现正/负电压。所以，该电路将原以 0V 为基准的输入信号转换为以 10V 为基准的偏差信号。于是，原来的正偏差电压将大于 10V，原来的负偏差电压将小于 10V。这样的改变也为后续的 PID 控制算法提供了方便。

从图 4-19 来看，输入电路是一种差动输入方式，设定

电压 u_s 与测量电压 u_i 分别接入 A_1 的正/负输入端，A_1 的输出端信号为 u_{o1}。下面具体介绍输入端信号与输出端信号之间的关系。

对于理想运算放大器，图 4-19 中的 F 点和 T 点满足虚短、虚断原理，可列方程为

$$u_{o1}=2(u_s-u_i)=-2(u_i-u_s) \tag{4-22}$$

由此可知，输入电路的输出信号是两个输入信号的差，即偏差，并且放大了 2 倍。当然，输入信号可改变符号。如果考虑 A_1 输出端对地的电压，则 $u_{o1}+u_B=-2(u_i-u_s)+10$。

4.4.3 PD 电路

1. 比例微分电路

全刻度指示控制器的 PID 运算电路毗连输入电路，由 PD 和 PI 两部分电路串联而成。PD 电路如图 4-20 所示。

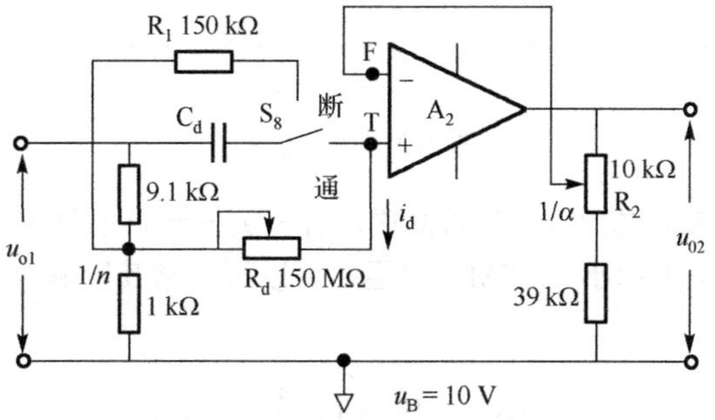

图 4-20　PD 电路

PD 电路由无源比例微分电路和比例运算放大器组成。从图 4-20 的左边到运算放大器 A_2 正输入端为无源比例微分电路，运算放大器 A_2 及其右边为比例运算放大器。R_d、C_d 和 R_2 分别为微分电位器、微分电容和比例电位器。调节 R_d 和 R_2 可改变 PD 电路的微分时间和比例度。

在 S_8 开关接通时，u_{o1} 与 u_{o2} 的关系是什么呢？在图 4-20 中，将 A_2 看成理想运算放大器，1kΩ 电阻两端的电压为 u_{o1}/n（n 约为 10）。A_2 的 F、T 点满足 KVL、KCL 定律。鉴于流入理想运算放大器输入端口内部的电流很小，可被忽略。利用传递函数模型可以求解出：

$$u_{o2}(s)=\alpha u_T=\frac{\alpha}{n}\cdot\frac{1+T_D s}{1+\dfrac{T_D}{n}s}u_{o1}(s) \tag{4-23}$$

式中，$T_D=nR_dC_d$ 为微分时间常数。若 u_{o1} 为单位阶跃信号时，由式(4-23)可以解出：

$$u_{o2}(t)=\frac{\alpha}{n}\left(1+(n-1)e^{-\frac{n}{T_D}t}\right) \tag{4-24}$$

u_{o2} 相应波形为指数衰减曲线。在图 4-20 中，如果 S_8 开关投向断开位置，则微分环节被取消，PD 电路仅有比例环节。此时可以分析，当开关从“断”投向“通”时，PD 电路不会使 u_{o2} 产生突变，也不会对后续电路带来冲击，从而实现了无扰动切换。

2. PI 电路

PI 电路如图 4-21 所示。S_3 为积分时间换挡开关，当其投向“×1”位置时，1kΩ 的电阻将被

废掉，C_i 的充电电压为 u_{o2}；当其投向“×10”位置时，1kΩ 电阻接入电路，后面将会看到，C_i 的积分时间将增大 m 倍(即 10 倍)。S_1、S_2 为自动/软手动/硬手动切换开关；运算放大器 A_3 输出端接的 3.9kΩ 电阻、二极管 VD_1 和三极管 VT_1 组成射极跟随器，主要作用是进行功率放大。

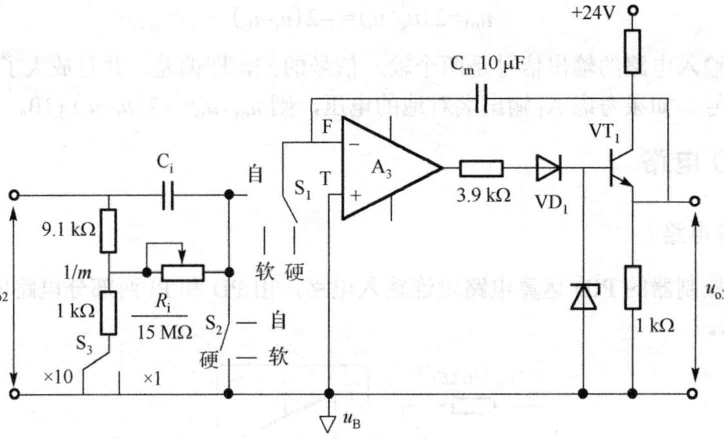

图 4-21　PI 电路

将积分时间换挡开关 S_3 接在“×1”的位置，S_1 开关投到自动位置。此时，对 F 点列基尔霍夫电流方程。由于 9.1kΩ 电阻远小于 15MΩ 电阻，所以可忽略其影响，并假设所有的电流流入节点，从而整理得到

$$u_{o3}(s)=-\frac{C_i}{C_m}\cdot\left(1+\frac{1}{T_I s}\right)u_{o2}(s) \tag{4-25}$$

式中，$T_I=mR_iC_i$ 为积分时间常数。S_3 又称积分时间倍乘开关。

若取 u_{o2} 为单位阶跃信号，可求解出 u_{o3} 的时域响应函数为

$$u_{o3}(t)=-\frac{C_i}{C_d}\left(1+\frac{t}{T_I}\right)u_{o2} \tag{4-26}$$

3．PID 传递函数

通过上述对输入电路、PD 电路、PI 电路等各部分进行数学分析，可以得到对应传递函数表达形式。如果考虑整个电路的传递函数，将各部分串联起来，即可获得整个传递函数的表达形式。如果给出阶跃输入信号，也可以获得输出信号的表达式及其波形。

由式(4-22)、式(4-23)和式(4-25)，可画出 PID 传递函数结构框图，如图 4-22 所示。

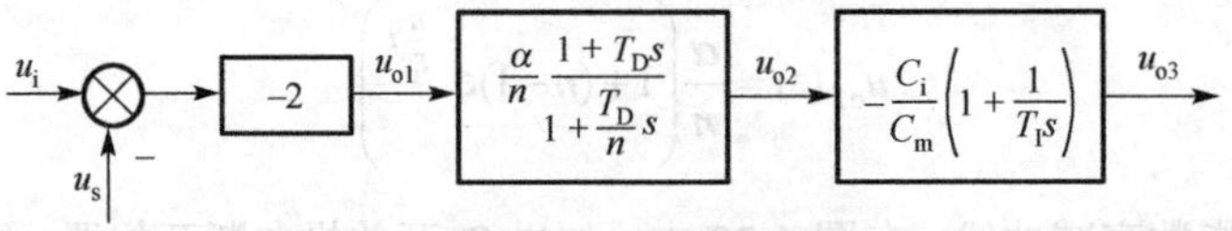

图 4-22　PID 传递函数结构框图

可将输出表达式写为相应模块的传递函数乘积的形式，即可表征出输出 u_{o3} 与 u_i−u_s 的函数关系。

对于一般工业过程而言，相关 PID 控制器参数取值范围是：一般δ为 2%～500%；T_d 为 0.04～10min；对应“×1”位置时，T_I 为 0.01～2.5min，对应“×10”位置，T_I 为 0.1～25min。

4.4.4 输出电路

输出电路如图 4-23 所示。它由运算放大器 A_4 和复合晶体管 VT_1、VT_2 等组成，A_4 进行电压放大，复合管进行电流放大，进而提高总的放大倍数，增强恒流性能，提高转换精确度。输出电路的主要任务是将电路输出的 1～5V 电压信号转换为 4～20mA 的电流信号，以驱动执行器工作。同时，由于前面的电压信号以 10V 为起点，在其上下波动，所以需要将其转变为以 0V 为基点的信号。电路可以看作均由线性元件构成，输入信号与输出信号的关系也是线性关系，则该电路的作用相当于一个比例环节。

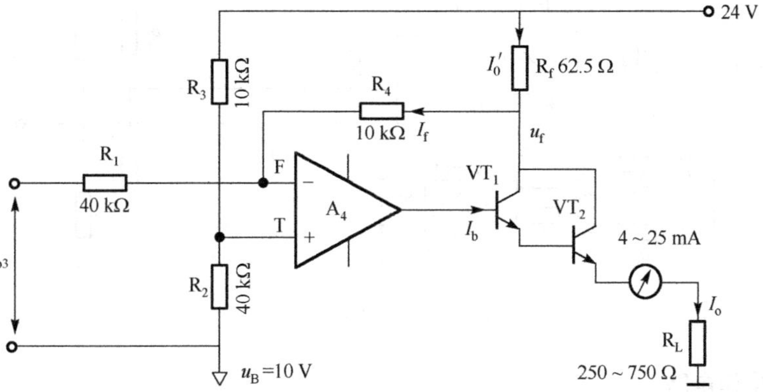

图 4-23　输出电路

4.4.5 手动操作电路及无扰切换

手动操作(Manual Operation)在 PID 控制器的功能设置中非常必要，主要用于 PID 控制器被投入运行前的设定与调试、设备检修、自动控制失效等特定场合，是一种不同于自动控制的另一类调节方式。

手动操作包括软手动操作和硬手动操作两种。软手动操作是指 PID 控制器的输出(电流)与手动输入(电压)之间呈积分关系。硬手动操作是指控制器的输出(电流)与手动输入(电压)之间呈比例关系。由于积分环节具有缓变的特点，其时域特征表现为指数关系，所以行动具有“软”性；而比例环节具有迅速反应的特点，所以行动具有“硬”性。

手动操作电路如图 4-24 所示。它是在 PI 电路的基础上，附加软手动操作和硬手动操作电路而成的。S_1、S_2 为自动/软手动/硬手动切换开关；$S_{4\text{-}1}$～$S_{4\text{-}4}$ 为软手动操作开关；RP_h 为硬手动操作电位器。

1. 硬手动操作电路

当 S_1 和 S_2 投至硬手动位置时，其等效电路如图 4-25 所示。此时，电容 C_i 右端接至 u_B，其两端的电压最后与 u_{o2} 一致，这为 S_1 和 S_2 再从硬手动位置切换回自动位置时，电路无扰动创造了条件。

u_{o3} 与 u_h 之间关系可用一个惯性环节来表达。可以通过电路设计，使得电路时间常数 R_fC_m 很小。由于惯性环节的时间常数较小，该环节可近似看成一个比例环节。PID 控制器的输出信号可以由硬手动操作电位器 RP_h 来调整。

值得指出的是，当 S_1 和 S_2 由自动位置切换至硬手动位置时，S_1 和 S_2 的活动臂的位置发生了变化，而 u_{o3} 一般会有突变，即该切换为有扰切换。如果要消除切换扰动，要事先调节好 RP_h，使

u_{o3}保持不变，即先平衡、再无扰。当 S_1 和 S_2 由硬手动位置切换至自动位置时，由于电容 C_i 的作用，该切换是无扰动的。

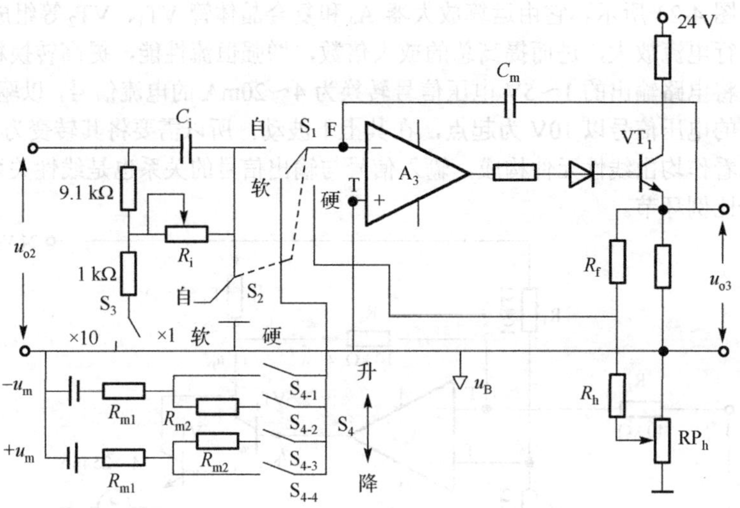

图 4-24　手动操作电路

2. 软手动操作电路

一旦联动的 S_1、S_2 投向软手动位置后，如果软手动操作键开关 $S_{4\text{-}1}$～$S_{4\text{-}4}$ 无一接通，则此时由于 A_3 的负输入端悬空，其输出的 u_{o3} 将在 C_m 的作用下，维持原输出值不变，处在一种“保持”状态，即此时不会对 u_{o3} 造成扰动。另外，此时由于 S_2 与 u_B 接通，C_i 两端的电压与 u_{o2} 相等，当 S_1 和 S_2 再由软手动位置投回自动位置时，A_3 的输出电压也不会有突变(S_4 中有开关合上的情况除外)。当 S_1 和 S_2 处在软手动位置后，如果按下 S_4 的任意一个开关，该电路将成为一个反相输入的积分运算器，如图 4-26 所示。

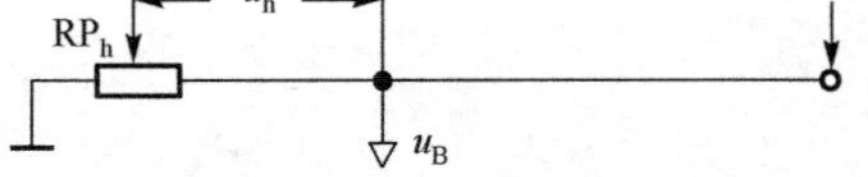

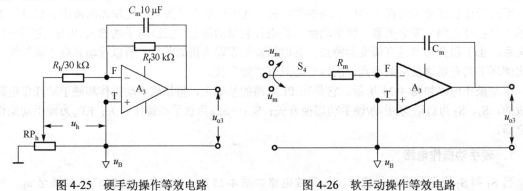

图 4-25　硬手动操作等效电路

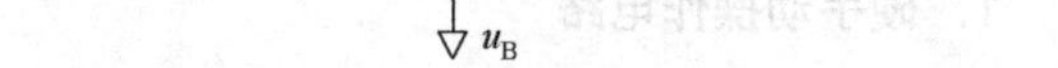

图 4-26　软手动操作等效电路

S_4 中的开关闭合的数量不同，R_m 也会有变化。S_4 的四个开关决定着 u_{o3} 的极性和变化速率。

3. 软硬手动操作之间的切换

当 S_1 和 S_2 由软手动位置向硬手动位置切换时，u_{o3} 将会由原来的某值跃变为 RP_h 确定的数值，这将对 u_{o3} 造成扰动。为消除这种扰动，要在 S_1 和 S_2 切换之前调整好 RP_h，使 u_{o3} 保持不变。反过来说，当 S_1 和 S_2 由硬手动位置切换为软手动位置时，由于该电路呈保持状态，使得 u_{o3} 保持不变，即该切换为无扰切换。

4.4.6 指示电路

图 4-18 中，双针指示器的功能就是指示/显示系统被测量的测量值和设定量的设定值。这两个值的绝对值大小可以由相应的两个指针所指刻度反映出来。如果这两个指针相距越远，表明这两个值相差越大；如果这两个指针重叠，则表明测量值与设定值数值相等。

指示电路中使用的 DDZ-Ⅲ控制仪表是 5mA 的满偏转电流表。该表将以 0V 为基础的 1～5V 直流电压信号转换为以 u_B 为基础的 1～5mA 直流电流。指示电路如图 4-27 所示。

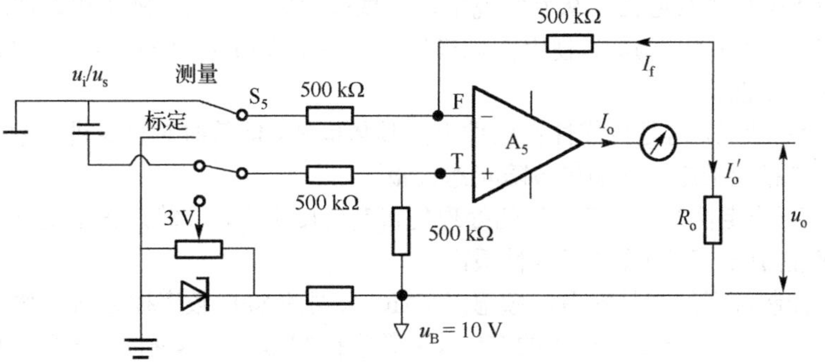

图 4-27 指示电路

指示电路要实现信号转换功能，并且要线性转换。因此指示电路的输入/输出特性表征为一个线性环节。

为了方便校验指示电路，图 4-27 中除了设有测量功能之外，还设有标定功能，两者的选择由双键联动开关 S_5 来实现。当 S_5 置于"标定"位置时，应有 3V 的电压输入电路，同时输出电流 I_o 应为 3mA。如果电路指示得不准确，可对表头进行零点调整。

PID 控制器根据功能需要，还可以辅助整流、滤波、补偿、保护等功能。

4.5 数字控制仪表

模拟控制仪表制作简单、成本低、维护也相对方便，且易于被一般工程技术人员或企业工人所掌握，在一定程度上满足了过程控制的需要。但是，它的局限性也是明显的，主要表现在：功能单一，硬件固化，应用范围窄，灵活性差；仪表布局分散，大多要在现场安装，不便于被集中监视和操作；布线多而杂，检修维护与改造不方便。

随着计算机技术的发展与进步，数字式控制仪表于 20 世纪 70 年代逐步进入应用领域。这类控制仪表主要以微处理器(Microprocessor)为核心，如早期的单片机，现在功能强大的嵌入式 STM 芯片、DSP 芯片等，通过编制应用程序或组态(Configuration)，实现运算及控制功能。它接受多路模拟量和开关量的输入，按编制的控制算法或组态，进行控制运算，输出信号经 D/A 转换，提供给执行器，以实现既定的控制目标。

数字控制仪表的主要特点如下。

(1)编程所使用的是一种专用的 POL 语言(Problem Oriented Language)。这种语言简单易学，但专用性较强。程序编好后，或用专用的编程器，或通过控制器本机上的按钮、开关，被写入 EPROM(Erasable Programmable Read-Only Memory)。

(2)控制器功能的实现依赖软件。在一般情况下，将若干完成运算及控制的功能模块(子程序)固化在 ROM(Read Only Memory)中，当用户完成了编制应用程序或组态工作之后，才能实现预定的运算控制功能。

(3)控制器内部功能模块采用软连接，即所谓的“组态”，外部采用硬连接。

(4)控制器具备多路开关量/模拟量输入/输出电路。模拟量输入/输出电路采用国际统一标准信号(4～20mA DC 或 1～5V DC)，大多具有多个模拟量输入/输出通道和开关量输入/输出通道，能够用于构成单回路控制系统甚至是复杂控制系统。

(5)数字显示与模拟显示混合使用。具备界面友好的人机对话的形式，便于操作人员操作。

(6)具有通信功能，可组成工业现场总线系统甚至有线/无线通信网络系统。通过适当的接口，可以与操作站或上位机进行通信，从而实现中、大规模的集中监视、操作和管理。

(7)硬件设计更加可靠，例如，使用大规模集成电路来降功耗、降噪声，使用冗余技术、电源保护技术等增加可靠性。

(8)具有自诊断功能，这是可靠性在软件上的具体措施。能随时对自身进行故障监视。一旦出现问题能即时采取相应措施，并输出故障状态警报。

(9)精确度高，稳定性好。数字信号的处理使得精确度更高，计算过程中受环境干扰、温度影响极小，抗干扰能力强，精确度和稳定性很高。

目前，数字控制仪表的产品繁多，像德国 EMG 公司的 SPC 数字控制器、德国西门子公司的 PAC353 控制器、美国 Honeywell 公司的 XL 系列数字控制器、日本横河公司的 YS1700 控制器、日本大仓电气株式会社的 EC 系列高性能数字式控制器，以及国内浙江中控自动化仪表公司推出的 MultiF C3000 控制器等，这些产品使用率比较高。早期的产品，如 DK 系列的 KMM 控制器(日本山武一霍尼韦尔公司)、YS80 系列的 SI.PC(日本横河公司)、FC 系列的 PMK 控制器(日本富士公司)，以及 VI 系列的 V187 MA．-E 控制器(日本日立公司)等，都曾经显赫一时，后来经过改进或升级，也都继续发挥着重要作用。

近年来，由于电子信息技术进步和生产成本的下降，DCS、PLC、FCS 等控制系统不仅牢牢占据大、中规模生产过程市场，而且还逐渐延伸到小规模生产过程市场。其中，最基本的即是数字控制仪表，作为每个单点控制的标准配置。当前不断强化的控制能力和联网通信功能等，使得数字控制仪表市场方兴未艾。

1．硬件电路与组成部分

数字式控制仪表硬件结构如图 4-28 所示。它由输入电路、主机、输出电路、通信电路、人一机联系设施等部分组成。

输入电路：包括模拟量输入电路和开关量输入电路两部分。模拟量输入电路由多路模拟开关、采样/保持器和 A/D 转换器等组成，其作用是将模拟量转化为相应的数字量；开关量输入电路的作用是将开关量通过输入缓冲器转变为能被计算机识别的数字信号。

主机：由中央处理单元(CPU)、只读存储器(ROM 和 EPROM)、随机存储器(RAM)、定时/计数器，以及输入/输出接口等组成。

输出电路：包括模拟量输出电路和开关量输出电路两部分。其中，模拟量输出电路由 D/A 转换器、多路模拟开关、输出保持电路和 V/I 转换器等组成，其作用是将数字信号转换为 1～5V 的模拟电压和 4～2 0mA 的模拟电流。开关量通过输出锁存器输出，以便可靠地控制触点或保持电位状态。

通信电路：由通信接口和发送/接收电路等组成。将发送的数据转换为标准通信格式的数字信号，经发送电路送往外部通信线路。接收电路接到该信号后，将其转换为计算机能识别的数据。接收电路也接收来自操作站或上位机的操作命令和控制参数。

人一机联系设施：包括显示仪表或显示器、键盘等。人一机联系设施有的置于仪表正面，有的置于仪表侧面，有的在控制台上，根据各个生产厂家的设计不同而异。

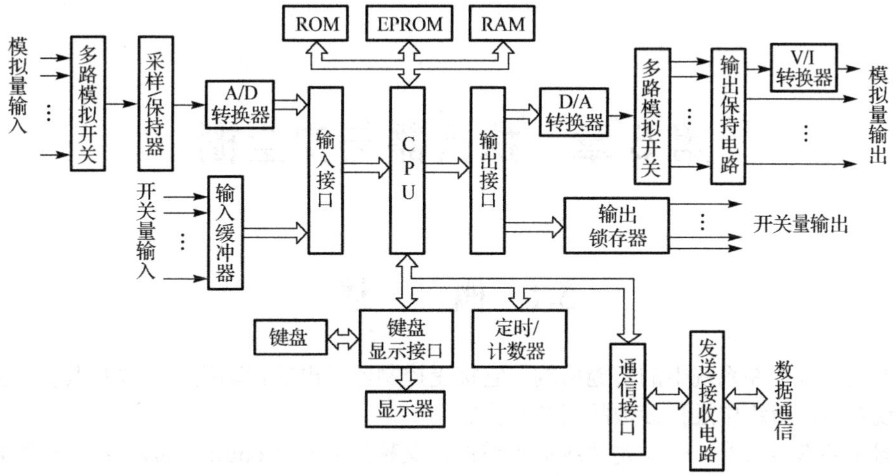

图 4-28　数字式控制仪表硬件结构

2. 软件系统

数字控制仪表的软件包括用户应用软件和系统管理软件两部分。

用户应用软件由用户根据具体情况使用。用户应用软件程序以指令或模块的形式出现。用户用 POL 编程，或将模块按一定规则进行连接(组态)，形成控制系统。编程通过专用的编程器进行。程序被调试或修改完成后写入 EPROM 中，即可被投入运行。

系统管理软件包括监控程序和中断处理程序两部分。监控程序包括系统初始化、显示与键盘管理、中断管理、运行状态管理和自诊断处理等功能模块；中断处理程序包括定时处理、输入处理、通信处理、断电处理和运算控制等模块。

当前数字式控制仪表形式众多，应用十分广泛，大家可根据需要来熟悉与掌握数字式控制仪表的工作原理及应用，在此不再详细分析。

第 5 章　执行器与安全栅

5.1 概　述

执行器是过程控制系统中的实施机构。它接受控制器发出的行动指令，并将其转化为位移或速度，实现对生产流程中过程参数的调节与控制。

执行器主要有两大类：一类是传统的调节阀，又称控制阀(Control Valve)；另一类是由电动机与调速器组合的转速调节装置，如变频器和交流电动机、直流调速装置和直流电动机组成的转速调节单元、步进电动机调速装置、伺服机构等，通过对转速的调节，实现对某些流体流速和流量的控制。

目前流程工业过程中常用的执行器是调节阀。它由执行机构(Executing Actuator)和调节机构——阀体(Valve Body)两部分组成。执行机构接受控制器输出的控制信号，并将其转化为直线位移或角位移，驱动阀体改变阀芯与阀座之间的开通面积，进而调节介质流过阀体的流量，实现对流经该截面物料的控制。

执行器一般就近安装在生产过程现场，并直接与介质接触，工作环境恶劣，通常在震动、复杂电磁环境、高温、高压、高黏度、易燃、易爆、易腐蚀、易结晶或剧毒等恶劣条件下使用。执行器的选用或安装如果不当，小则直接影响系统的控制质量，大则引发事故。

根据执行机构使用能源的不同，执行器可分为电动、气动和液压三类。它们的执行机构部分不同，但调节机构部分大体相同。

电动执行器以电能作为动力，输入信号是0～10mA(DDZ-Ⅱ)或4～20mA(DDZ-Ⅲ)直流电流。电动执行器的优点是电信号传输快、距离远，动作迅速，可与电动仪表直接配接使用。电动执行器的缺点是结构复杂、推力小、防燃/防爆性差，适用于缺乏气源、防爆要求不高的场合。

气动执行器以压缩空气作为动力，输入信号是 0.02～0.1MPa 的气压。气动执行器的特点是结构简单、动作平稳、输出推力大、安全防爆、维护方便、价格便宜。它可与气动调节仪表配套使用，也可经电/气转换器与电动调节仪表和工业控制计算机配套使用，尤其适用于易燃、易爆的生产现场。它的缺点是动作时间稍长，现场需要气源，并且不宜直接与数字设备连用。

液压执行器以液压油作为动力，通常为一体式密封结构，即执行机构与调节机构为统一整体。工作时需要外部的液压系统支持，运行时要配备液压站和输油管路。相对于其他两种执行器来说，液压执行器一次性投资大，安装工作量多，仅在大动力工作场合才使用，在石油、化工等生产过程中很少使用。它具有体积大、推力大、传动平稳、响应快等特点。

执行器还有其他的分类方法。按输出位移形式不同可分为转角型执行器、直线型执行器；按动作规律不同可分为开关型执行器、积分型执行器和比例型执行器等。

执行器是过程控制中一个重要环节，在过程控制系统中扮演着指令实施者的角色。本章将对常用的气动调节阀、电动调节阀及新型的变频器执行机构进行介绍，包括结构、原理、选择等方面内容。了解并掌握这些，为执行器的合理选用、恰当调整和现场维护提供必要的基础。本章最后将结合执行器的安全使用，讨论安全栅的问题，这对于流程工业安全生产具有重要的实际意义。

5.2 气动执行器

5.2.1 气动执行器基本结构

气动执行器一般由气压信号控制阀门开度。常用气动薄膜调节阀的结构如图 5-1 所示。它主要由两部分构成：气动执行机构和气动调节机构(阀体)。

根据功能设置需要，还可以配备辅助装置，如阀门定位器、手轮机构、电/气转换器等。其中，阀门定位器的作用是提高阀门开度精准性；手轮机构的作用是当自动操作机构有故障时，用手动操控阀门；电/气转换器的作用是将控制电信号转换为气动信号。

1. 气动执行机构

气动执行机构如图 5-1 的上部分所示。当 0.02～0.1MPa 气压 p 进入薄膜室后，在膜片上产生向下推力，阀杆下移。当弹簧的反作用力与薄膜上产生的推力平衡时，阀杆稳定在某个位置。阀杆的位移带动阀芯下移，改变阀芯与阀座间的流通面积。阀杆位移量与气压大小成正比，可视为一个惯性环节。

气动执行机构主要有薄膜式和活塞式两种。如图 5-1 所示的气动执行机构为薄膜式，弹性膜片将输入气压转为推力；其特点是结构简单、运行可靠、维护方便。活塞式气动执行机构由气缸内活塞输出推力，推力大、行程长，但价格高。

2. 气动调节机构

气动调节机构俗称调节阀、控制阀、阀门，是执行器的实施部分。它是一个局部阻力可改变的节流元件，由阀体、阀座、阀芯、阀杆等组成。在气动执行机构的力或力矩的主导下，阀芯随阀杆移动，改变了阀芯与阀座相对位置，进而改变了流体介质流通面积，使流量发生变化。由于气动调节阀与电动调节阀在结构形式和功能上是相同的，所以，后面的叙述将不加区分，统称为调节机构或调节阀。

3. 调节阀的正/反作用方式

调节阀的正/反作用方式：当输入气压信号增加时，推杆向下移动，称为正作用方式；相反，当输入气压信号增加时，推杆向上移动，称为反作用方式。显然，图 5-1 所示的是正作用方式。工业生产中，口径较大的调节阀一般采用正作用方式。

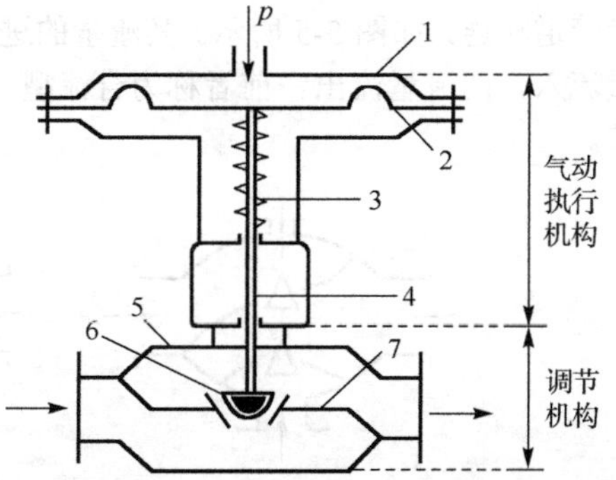

1—上盖；2—膜片；3—弹簧；4—阀杆；5—阀体；6—阀芯；7—阀座。

图 5-1 常用气动薄膜调节阀结构

5.2.2 调节阀的类型

由于调节阀直接与流体介质接触，且要适应各种不同的使用环境和条件，所以调节阀在制造材料上、阀体与阀芯结构形状上，以及阀芯运行方式上都有很大的差异，这样就导致了各种不同形式调节阀的产生。但调节阀大体通常由上阀盖、下阀盖、阀体、阀座、阀芯、阀杆等零部件组成。

各种调节阀主要包括直通单座调节阀、直通双座调节阀、角形调节阀、三通调节阀、隔膜调节阀、蝶阀、球阀、偏心旋转阀和套筒型调节阀等。

1．直通单座调节阀

如图 5-2 所示，该调节阀仅有一个阀芯和阀座，气动执行机构的推力操纵阀芯上、下运动，控制流体从左端流入右端。这种调节阀的特点是结构简单、泄漏量小、可保证关闭。当该调节阀压差较大时，流体对阀芯上下作用推力不平衡，从而影响阀芯移动。直通单座调节阀一般用于小口径、低压差的场合。

2．直通双座调节阀

直通双座调节阀为常用阀，阀体有两个阀芯、阀座，如图 5-3 所示。流体从左端流入，经上、下阀芯后流入右端。其特点是不平衡力较小、左右两端可承受较大压差，但泄漏量大。它适用于管道两端压差大、对泄漏量要求不高的现场。

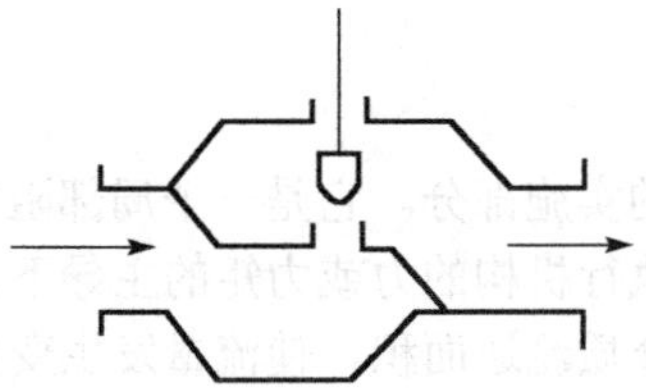

图 5-2　直通单座调节阀结构

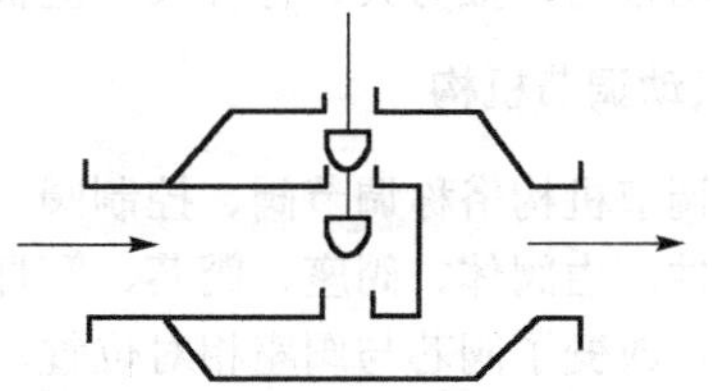

图 5-3　直通双座调节阀结构

3．角形调节阀

角形调节阀用于两根管道相交呈直角状态处的连接，如图 5-4 所示。它一般用于工作现场管道有直角拐弯要求的地方，并且流体具有高压差、高黏度、悬浮物等特点。

4．三通调节阀

三通调节阀的阀体与三段管道相连，如图 5-5 所示。其流量的进出方式：一类是两流量流入，一流量流出；另一类是一流量流入，两流量流出。前者称为合流型，后者称为分流型。该调节阀主要用于配比控制和旁路调节。

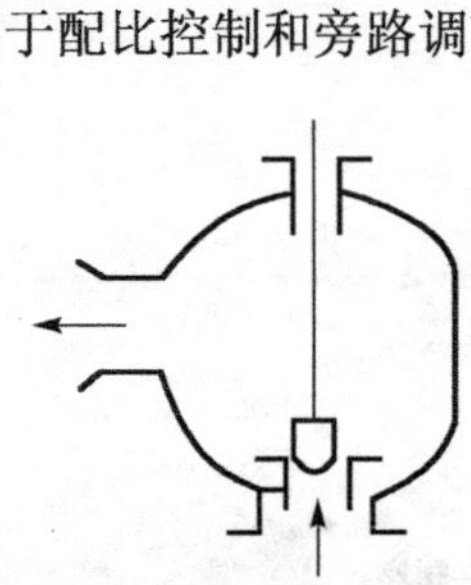

图 5-4　角形调节阀结构

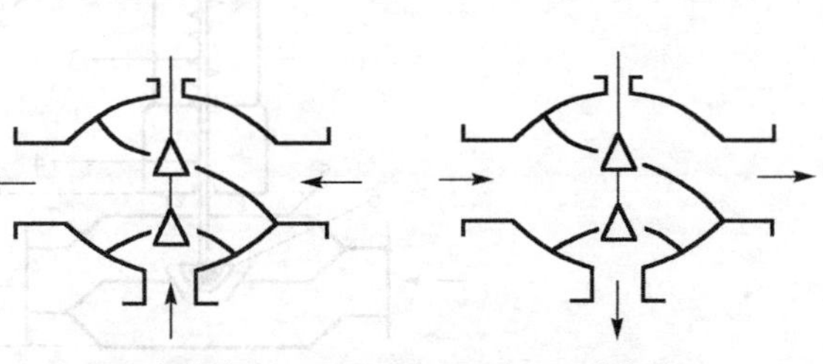

(a) 合流型　　(b) 分流型

图 5-5　三通调节阀结构

5．隔膜调节阀

隔膜调节阀采用耐腐蚀衬里的阀体和隔膜，将流体介质与外界隔离开来，介质不泄漏，如图 5-6 所示。它具有结构简单、流阻小和流通能力强等特点，适用于化工行业中对强酸、强碱和强腐蚀性流体和高黏度、含悬浮颗粒状介质的调节。当该调节阀隔膜直径较大时，往往采用活塞式气动执行机构，以保证足够的推力。同时，该调节阀的使用温度一般小于 150℃，压力小于 1MPa。

6．碟阀

蝶阀又称翻板阀，如图 5-7 所示。它由阀体、挡板、挡板轴和轴封等部件构成。它的挡板以绕轴的转动来控制流体流量。它的转角通常在 0～70℃之间。它具有结构紧凑、流通能力强、流阻小、泄漏量大等特点。

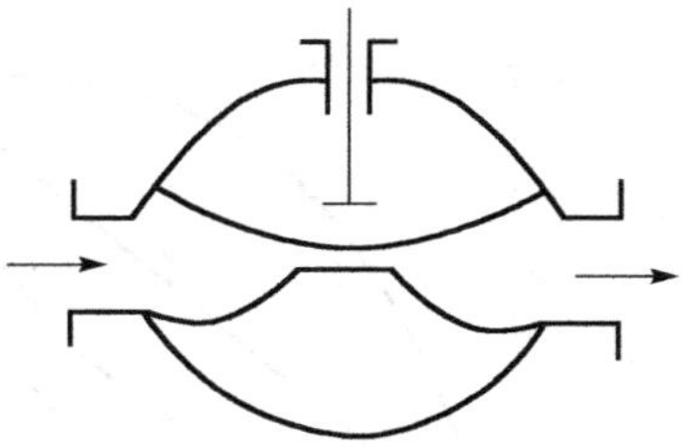

图 5-6　隔膜调节阀结构

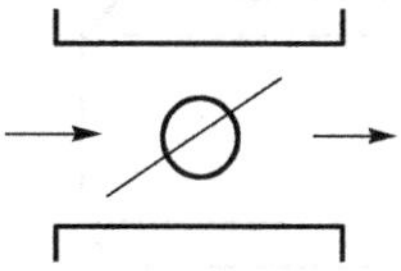

图 5-7　蝶阀结构

7．球阀

球阀结构如图 5-8 所示。其中，阀芯和阀体呈圆球形。如果转动阀芯，使它与阀体处于不同相对位置时，球阀就具有不同的流通面积，从而实现流量调节。球阀有“V”形阀芯和“O”形阀芯之分，如图 5-9 所示。前者的节流元件像字母“V”形缺口球形体，适用于高黏度物料；后者的节流元件是带圆孔的球形体，多用于位式调节。

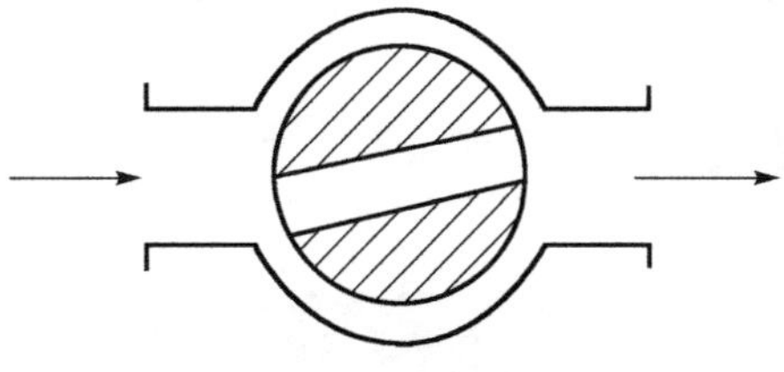

图 5-8　球阀结构

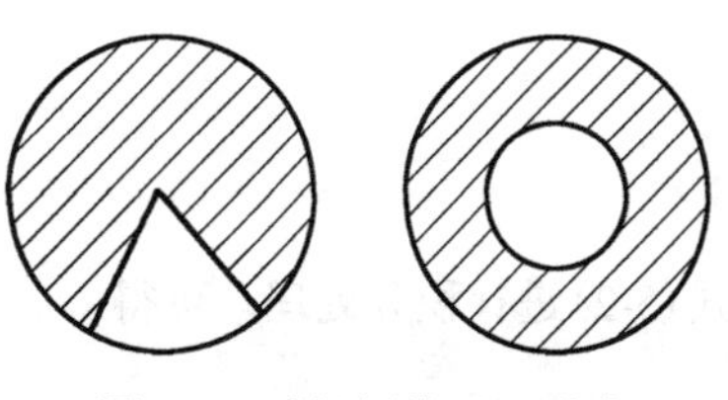

图 5-9　球阀阀芯开口形式

除此之外，还有诸如偏心旋转阀、笼式阀及一些特殊的阀等，由于受篇幅限制，在此不对其进行过多介绍。

5.2.3　调节阀的流量特性

调节阀的流量特性是指流体流过阀门的相对流量与阀门的相对开度(相对位移)之间的关系，即

$$Q/Q_{max}=f(l/l_{max}) \tag{5-1}$$

式中，Q/Q_{max} 为相对流量，是调节阀在某开度时流量 Q 与全开时的流量 Q_{max} 之比；l/l_{max} 为相对开度，是调节阀某一开度的阀芯位移 l 与全开时阀芯位移 l_{max} 之比。

在实际情况下，流经调节阀的流体流量大小不仅与阀门开度有关，而且随着阀门开度和流量的变化，阀门前后压差也很可能变化。为此，要分别考虑当阀门开度改变时，阀门前后压差不变

时的流量特性，以及阀门前后压差变化时的流量特性。

在此，为了分析问题的方便，我们认为，只要改变阀芯与阀座之间的流通截面积，即可控制流量。因此，首先只考虑流体流量与阀门开度之间的特性关系，而阀门前后压差则保持不变。

1. 调节阀的理想流量特性

在调节阀前后压差固定的情况下得出的流量特性称为理想流量特性，又称固有流量特性。很显然，调节阀理想流量特性完全取决于阀芯的形状。不同的阀芯曲面，有不同的流量特性。阀芯形状如图 5-10 所示。

这里常见的主要有直线流量特性、等百分比流量特性、抛物线流量特性和快开流量特性四种形式，如图 5-11 所示。

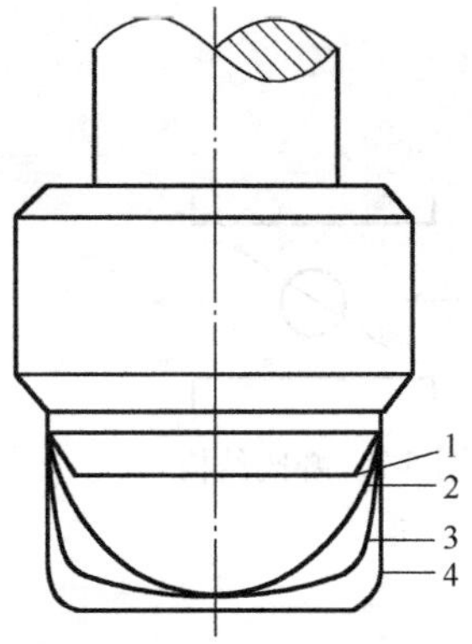

图 5-10 阀芯形状

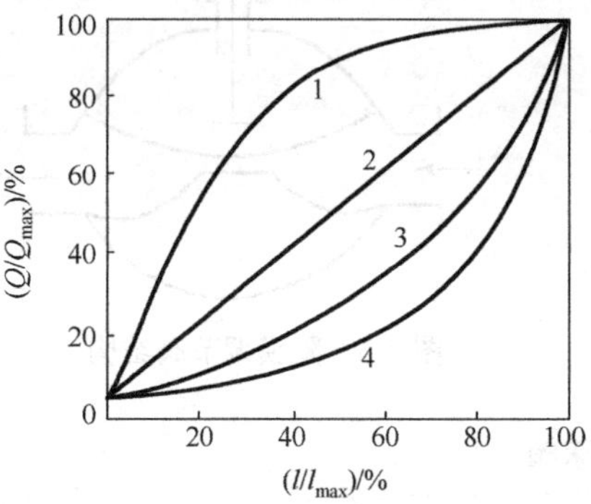

1—快开；2—直线；3—抛物线；4—等百分比(对数)。

图 5-11 理想流量特性

1) 直线流量特性

直线流量特性又称线性流量特性，其调节阀的相对流量与相对开度呈直线关系，函数关系描述为

$$\frac{\mathrm{d}(Q/Q_{max})}{\mathrm{d}(l/l_{max})}=k \tag{5-2}$$

对式(5-2)进行积分处理，可得

$$\frac{Q}{Q_{max}}=k\cdot\frac{l}{l_{max}}+A \tag{5-3}$$

式中，k 在这里为常数；是特性曲线的斜率，即调节阀放大系数；A 为积分常数，可由边界条件定出。

假如已知边界条件：当 $l=0$ 时，$Q=Q_{min}$；当 $l=l_{max}$ 时，$Q=Q_{max}$，则可以求解出：

$$A=\frac{Q_{min}}{Q_{max}}=\frac{1}{R}，\quad k=1-A=1-\frac{1}{R} \tag{5-4}$$

式中，R 为调节阀的可调范围或可调比；表示调节阀可调流量的最大值与最小值之比。在通常情况下，其最小值约为最大值的 3%左右。国产直通单座、直通双座、角形等调节阀的可调范围通常为 30，而隔膜调节阀的可调范围为 10。

通过式(5-3)可知，直线流量特性调节阀相对流量与相对开度之间呈直线关系。其阀芯形状与流量特性分别如图 5-10 和图 5-11 中的 2 号线。这表明，当直线流量特性调节阀可调范围 R 一定

时，若阀芯位移变化量相同，则流量变化量也相同。但是，其相对流量变化量(流量变化量与原流量之比)是不同的：在小开度时，某开度变化量引起的相对流量变化量大；直线流量特性调节阀在大开度时，相同开度变化量引发的相对流量变化量小。因此，直线流量特性调节阀在小开度时，可引起流量大幅度变化；但直线流量特性调节阀在大开度时，引起流量变化的幅度就小得多，进而导致控制不及时、调节行动迟缓。基于这一点，该调节阀不宜用于负荷变化大的场合。

2)等百分比流量特性

等百分比流量特性又称对数流量特性，即单位相对开度变化量引起相对流量变化量与该点相对流量呈正比关系，用数学表达式可表示为

$$\frac{\mathrm{d}(Q/Q_{\max})}{\mathrm{d}(l/l_{\max})}=k\frac{Q}{Q_{\max}} \tag{5-5}$$

结合边界条件，则可以求解出：

$$\frac{Q}{Q_{\max}}=R^{(l/l_{\max}-1)} \tag{5-6}$$

由式(5-6)看出，$Q/Q_{\max}$ 与 $l/l_{\max}$ 呈对数关系。由此可见，在相对开度变化时，如10%、50%和80%等，获得的相对流量变化量是相同的，所以称为等百分比流量特性。这种特性使其在小开度时的控制作用和大开度时的控制作用是相同的，这与直线流量特性不同，其具体特性如图5-11所示的曲线4。

对于直线流量特性调节阀，在小开度行程变化10%时(10%～20%)的流量增量与在大开度行程变化 10%时(80%～90%)的流量增量相比要大。在大开度情况下的流量增量并不大，即说明阀门控制力较弱。这是直线流量特性调节阀的缺点。

对于等百分比特性调节阀，不论是在小开度情况下，还是在大开度情况下，当行程变化10%时，流量相对变化量是相同的。这也是“等百分比”流量特性得名的原因。它的特点是：相同的行程变化量下，小开度时流量变化量小，较为平稳；大开度时流量变化量大，控制灵敏。

3)抛物线流量特性

抛物线流量特性是单位相对开度变化量引起相对流量变化量与该点相对流量的平方根呈正比关系，其数学表达式为

$$\frac{\mathrm{d}(Q/Q_{\max})}{\mathrm{d}(l/l_{\max})}=k\sqrt{\frac{Q}{Q_{\max}}} \tag{5-7}$$

对式(5-7)积分，并考虑边界条件，可以得到

$$\frac{Q}{Q_{\max}}=\frac{1}{R}\left(1+(\sqrt{R}-1)\frac{l}{l_{\max}}\right)^2 \tag{5-8}$$

由式(5-8)看出，相对流量与相对开度呈平方关系。由此可见，调节阀的相对开度与相对流量之间为一种抛物线关系，如图5-11所示的曲线3，其特性介于直线流量特性和对数流量特性之间，有时，可用对数流量特性来近似它。

4)快开流量特性

快开流量特性数学表达式为

$$\frac{\mathrm{d}(Q/Q_{\max})}{\mathrm{d}(l/l_{\max})}=k\left(\frac{Q}{Q_{\max}}\right)^{-1} \tag{5-9}$$

对式(5-9)积分，并考虑边界条件，有

$$\frac{Q}{Q_{\max}}=\frac{1}{R}\left(1+(R^2-1)\frac{l}{l_{\max}}\right)^{\frac{1}{2}} \tag{5-10}$$

由式(5-10)看出，相对流量与相对开度呈开平方函数关系。由此可见，该特性在小开度时，流量较大，随着行程的增加，流量很快到达最大值，大约到达全行程的 1/4 时，若再增加行程，开通面积不再增大而失去作用，所以称为快开特性。该特性比较符合快开闭的位式阀要求，该阀可作为切断阀或双位控制开关阀来使用。快开流量特性如图 5-11 所示的曲线 1，阀芯的形状是平板状。

2．调节阀的工作流量特性

调节阀的工作流量特性是其理想流量特性在具体环境中的衍变，一方面与调节阀的结构有关，另一方面还与配管有关。对于同一个调节阀，在不同外部条件下具有不同工作流量特性，呈现工作流量特性的多样性。

调节阀总是要与工艺设备、管道等串联或并联使用的，加上设备和管道内壁阻力等原因引起阀门前后压差的变化，导致流量特性也发生了变化。这种在调节阀前后压差变化情况下，相对流量与阀芯相对开度(位移)的关系就是调节阀的工作流量特性。

1) 调节阀与管道串联的工作情况

调节阀与管道串联的工作情况如图 5-12 所示。该连接形式在工作实践中是极为普遍的。在图5-12 中，Δp 为流体介质总压差，Δp_1 为调节阀前后流体压差，Δp_2 为流体在设备和管路中产生的压差，且$\Delta p=\Delta p_1+\Delta p_2$。

当Δp 一定时，随着阀门开度加大，Δp_1 将减小，流量 Q 将增加，Δp_2 将随着流量 Q 成平方增大，如图 5-12(b)所示。

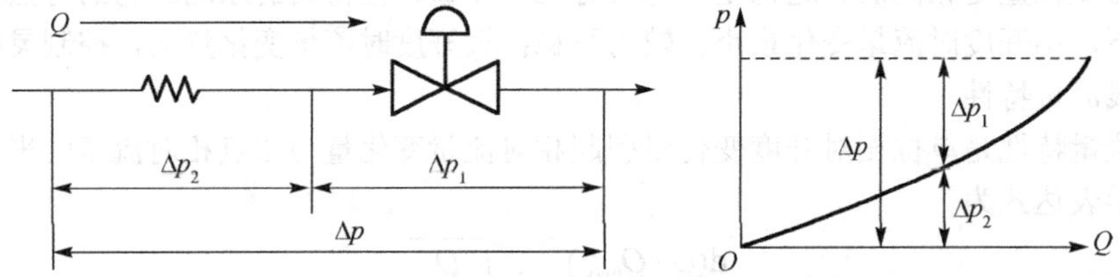

(a) 调节阀与管道串联的工作情况　　(b) 压力分布及变化

图 5-12　调节阀与管道串联工作及压力变化曲线

因此，在同样的阀芯位移下，调节阀芯的实际流量比调节阀前后压差不变时(理想流量情况)的流量小。为考查调节阀全开时，调节阀前后压差大小对流量特性的影响，定义阀阻比为

$$s=\frac{\Delta p_{1\min}}{\Delta p} \tag{5-11}$$

式中，$\Delta p_{1\min}$ 为调节阀全开时调节阀前后流体压差；Δp 为流体介质总压差。

在调节阀与管道串联时，因阀阻比不同，调节阀工作流量特性如图 5-13 所示。

由图 5-13 可见，当 s=1 时，管道阻力对流体的阻力损失为零，调节阀前后流体压差为系统总压差，其工作流量特性与理想流量特性一致。随着 s 的减小，管道阻力损失增加，调节阀前后压差减小，使调节阀全开时流量减小，可调范围变窄。另外，流量特性曲线发生畸变，使调节阀在大开度时灵敏度下降，小开度时调节不稳定。在图 5-13(a)中，随着 s 的减小，流量特性由直线变成曲线，并趋于快开流量特性。在图 5-13(b)中，等百分比流量特性趋于直线流量特性。

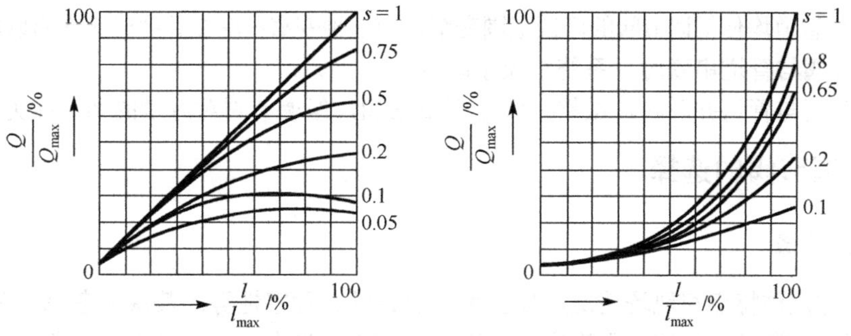

(a) 直线调节阀工作流量特性　　(b) 等百分比调节阀工作流量特性

图 5-13　在调节阀与管道串联时调节阀工作流量特性

在实际工作中，一般希望 s 大于 0.4。

2) 调节阀与管道并联的工作情况

考虑到可能的手动操作或维修的需要，调节阀除了与管道串联工作之外，往往也与管道并联工作，即在调节阀两端并有旁路阀，如图 5-14 所示。

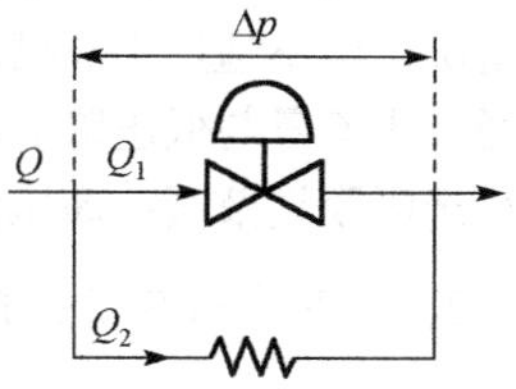

图 5-14　调节阀与管道并联

在图 5-14 中，$Q=Q_1+Q_2$。其中，Q_1 为调节阀流量，Q_2 为旁路流量。当并联管道两端的压差Δp 一定时，定义流量比为

$$x=\frac{Q_{1\max}}{Q_{\max}} \tag{5-12}$$

式中，$Q_{1\max}$ 为调节阀全开时的流量；$Q_{\max}$ 为总管道最大流量。

当 x 在(1，0)内取不同值时，特性如图 5-15 所示。

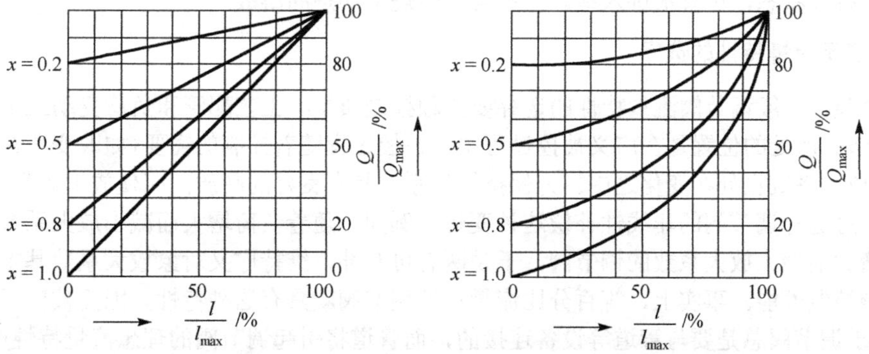

(a) 直流调节阀工作流量特性　　(b) 等百分比调节阀工作流量特性

图 5-15　在调节阀与管道并联时调节阀工作流量特性

从图 5-15 中可以看出，x=1 时，表示旁路阀关闭，调节阀的工作流量特性与理想流量特性一致。随着旁路阀的逐步打开，x 的值逐步变小，调节阀的可调范围下降，调节能力降低。

一般认为旁路流量不应超过总流量的 20%，即 x 不应低于 0.8。

综合以上两种情况，调节阀分别与管道和其他设备的串/并联工作流量特性，可以归纳为以下两点。

(1) 调节阀与管道的串联或并联，均使调节阀的理想流量特性发生畸变，而在串联管道时此畸变更为严重。

(2) 串/并联管道均使得调节阀的可调范围变窄，而这种变窄程度在并联时比在串联时更为严重。

(3) 在调节阀与管道串联时，系统总流量减少。

(4) 在调节阀与管道并联时，虽然系统总流量增加，但调节阀对流量的调节能力被削弱。

5.2.4 调节阀的选择

1. 结构的选择

首先应考虑流体特点和现场情况，如黏度、腐蚀性、毒害性等；其次应考虑工艺条件，如流量、压力、配比、温度等特性；再次应考虑流过调节阀的最大流量、最小流量和正常流量，以及正常流量状态时调节阀两端的压降；最后根据安全性、技术性和经济性兼顾的原则，选择调节阀。

一般来说，普通介质优先选用直通单座调节阀或直通双座调节阀。直通单座调节阀适用于泄漏量小、阀门前后压差小的场合。直通双座调节阀适用于对泄漏量要求不高、阀门前后压降较大的情况，但不适用于高黏度或混有悬浮颗粒物的流体；浓浊浆液和含悬浮颗粒的流体，以及在大口径、大流量与低压降的场合，可选碟阀；高黏度、含悬浮颗粒和纤维，以及含毒和强腐蚀的流体可选隔膜调节阀；高压流体可选高压阀。

2. 气开式与气闭式的选择

当气体压力增大时，阀门开度也加大，将此类调节阀称为气开式调节阀；当气体压力增大时，阀门开度减小，将这类调节阀称为气闭式调节阀，又称气关式调节阀。在实际中，气开式或气闭式的选择是根据过程生产中调节阀的安全和工艺要求来考虑的。即当气源意外中断时，调节阀所处的状态应保证工作人员和设备的安全，以及加工原料不浪费。

例如，加热炉燃料控制调节阀应采用气开式，即当信号中断时，调节阀处于全关闭状态，切断燃料进入炉膛，使设备不因炉温过高而出事故；锅炉进水调节阀应选气闭式，即当气源中断时，调节阀处于打开状态，仍有水进入锅炉，不会产生烧干锅炉的事故。

3. 调节阀流量特性的选择

根据经验，一般调节阀流量特性的选择要兼顾控制质量、工艺配管和负荷变动三个方面。

(1) 调节阀所处的位置是在广义被控过程中。被控过程随着控制的需要(如改变负荷、抵御干扰等)，其放大系数也处在变化之中。为保持控制系统具有良好的品质，应使放大系数维持不变。此时，可通过选择调节阀的非线性补偿这种变化。例如，随着负荷增大而减小放大系数时，可选择随负荷增大而增大放大系数的调节阀，于是两者可互补，维持广义对象放大系数基本不变，从而避免影响控制性能。事实上，等百分比流量特性调节阀就具有这种特性，因而被广泛采用。

(2) 由于调节阀总是要与管道等设备连接的，而管道将引起调节阀的理想流量特性产生畸变。在实际中，先根据系统特点确定调节阀的工作流量特性，然后根据管道情况选择调节阀的理想流量特性。这样的工作程序将使得所选的调节阀更符合实际要求。

在阀阻比 s 比较大时，调节阀的工作流量特性畸变小，这对于调节来说是好事，但调节阀上的压差损失大，消耗动力。一般选取 s 为 0.3～0.5，适用于高压系统；考虑节省动力，可选 $s<0.3$；当介质为气体时，由于阻力损失小，可取 $s>0.5$。

(3) 当负荷变化较大时，应选等百分比流量特性调节阀，这是因为这样调节阀放大系数随调节阀行程增大而增大，流量相对变化恒定，此时不宜选用直线流量特性的调节阀；当调节阀经常处在小开度时，由于直线流量特性调节阀流量变化率较大，精准性差，所以往往选等百分比流量特性调节阀。

4. 调节阀口径的选择

在过程控制的设计中，调节阀的选取是一个难以回避的问题，而调节阀的选取主要是流通能力，或者调节阀口径的选取，即单位时间内流过一定口径调节阀的流量。选择是否合适，关系到工艺操作是否正常、产品的质量和数量的问题。这里有两种极端情况值得注意：一是调节阀的口径选得太小，即使是调节阀全部打开，也满足不了工艺需要；二是调节阀的口径选得过大，调节阀经常工作在小开度状态，调节效果不佳。

调节阀的尺寸一般用公称直径 D_g 和阀座直径 d_g 来表示，这两个系数是根据计算出来的流量系数 C 来选择的。流量系数 C 表征调节阀的流通能力，可表示为

$$C = Q\sqrt{\frac{\rho}{\Delta p}} \tag{5-13}$$

可见，流量系数 C 与物料流量 Q_{max}、流体密度ρ、阀两端压降Δp 有关。

因此，调节阀口径的选择方法：根据调节阀所需的物料流量 Q_{max}、流体密度ρ，以及调节阀两端压降Δp，由式(5-13)求得最大流体系数 C_{max}，然后根据 C_{max}，在所选产品型号标准系列中选择大于并与其最接近的 C 值，由其查找调节阀对应的 D_g 和 d_g。

5.3 电动调节阀

电动调节阀与气动调节阀的阀体是相同的，仅执行机构不一样。下面主要讨论电动调节阀的执行机构部分，即如何将直流电流转换为驱动阀门的力或力矩。

电动执行机构的功能是接受来自控制器的输出直流电流：0～10mA 或 4～20mA，并将其转换为角位移(力矩)或直线位移(力)，以操纵阀门或挡板等调节机构。

电动执行机构有角行程、直行程和多圈式三类。角行程电动执行机构将输入直流电流通过电动机转换为相应的角位移(0°～90°)，用来操纵蝶阀、挡板之类的旋转式调节阀；直行程电动执行机构将直流电流通过电动机转化为直线位移输出，用来驱动单座、双座和三通等直线流量特性调节阀；多圈式电动执行机构用来开启或关闭闸阀、截止阀等多圈式调节阀。下面具体讨论电动调节机构的结构与工作情况。

电动调节阀结构框图如图 5-16 所示，左边为电动执行机构，右边为阀体。电动执行机构由伺服放大器、伺服电动机、减速器和位置发送器等构成。来自控制器的电流信号 I_i 输入伺服放大器，并与位置反馈信号 I_f 比较，其差值经伺服放大器驱动伺服电动机运转，通过减速器减速后，改变输出轴的位移，即调节阀的开度(或挡板的角位移)。同时，输出轴的位移经位置发送器转换为电流信号 I_f，一来作为阀位指示，二来作为位置反馈信号。当 $I_i - I_f \neq 0$ 时，该电动执行机构会使伺服电动机不停地正转或反转，直至伺服电动机停转，调节阀的开或转度稳定在与控制器输出信号 I_i 成比例的位置上。所以，电动执行机构可视为比例环节。

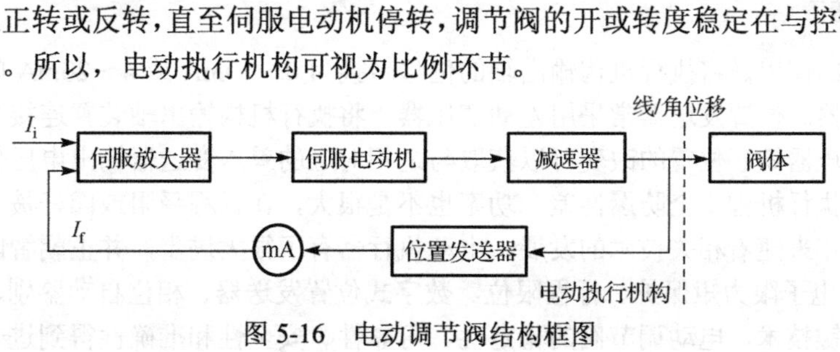

图 5-16　电动调节阀结构框图

下面具体讨论各部分工作情况。

1．伺服放大器与伺服电动机

伺服放大器与伺服电动机的连接图如图 5-17 所示。根据控制器输出信号 I_i 和位置反馈信号 I_f 的差值，前置放大器在位置 A、B 处产生高低不同电位，以控制两晶闸管分别处于工作和截止状态。若 B 点为低电位、A 点为高电位，则触发器 2 被截止，触发器 1 发出触发脉冲，使晶闸管 VT_1 被触发导通。由于晶闸管 VT_1 接在上部整流桥的直流两端，从而使 c、d 两端压降很小，可视为短接，220V 交流电源直接加入伺服电动机绕组 I，同时经分相电容 C_F 加到绕组 II，形成旋转磁场，使电动机运转。在这个过程中，晶闸管 VT_1 和上部整流桥起到了交流无触点接通开关作用；同理，如果 B 点为高电位、A 点为低电位，则触发器 1 截止、触发器 2 发出脉冲，VT_2 导通，使得下部整流桥的 e、f 两端短接，交流电被加到两绕组，使电动机向另一个方向旋转。晶闸管 VT_2 和下部整流桥起着交流无触点开关作用。随着电动机的转动，位置反馈信号 I_f 也变化。当 I_f 与来自控制器的 I_i 相等时，前置放大器的输出电压为零，从而 VT_1 和 VT_2 均不导通，伺服电动机不转。

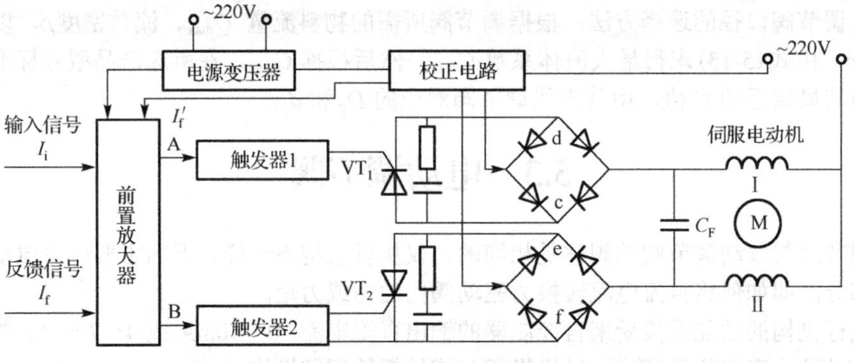

图 5-17　伺服放大器与伺服电动机的连接图

校正电路产生一个直流电流 I_f' 反馈至前置放大器输入端。当 $I_i - I_f = 0$ 时，I_f' 也为零。当 $I_i - I_f \neq 0$ 时，校正电路产生电流 I_f'，且其极性与 $I_i - I_f$ 差值信号极性相反，构成负反馈。由于 I_f 在数值上较小，且比位置反馈信号 I_f 更快地被送至前置放大器，所以可改善执行机构的动态特性。

2．减速器

减速器的作用是将伺服电动机高转速、小力矩的输出功率转换为低转速、大力矩的输出功率，以推动调节机构动作。此外，角行程的执行器多采用内行星齿轮和偏心摆轮相结合的减速器，直线行程的执行器一般采用涡轮蜗杆和螺母丝杆相结合的减速器。

3．位置发送器

位置发送器的作用是将执行机构输出轴的位移转换为 0～10mA 或 4～20mA 的直流电流，并反馈给伺服放大器。位置发送器常采用差动变压器。将执行机构输出轴装置连接至差动变压器铁芯，通过差动变压器铁芯位置的改变可以获取与之相对应的差压变送器输出电压信号。

早期的电动执行机构安全防爆性差，功率也不是很大，在行程受阻或阀杆被卡时电动机容易受损。但是，近年来随着相关技术的发展，电动执行器有了很大进步，并正朝智能化方向发展。通过采用 CPU、电子限力矩保护、行程限位、数字式位置发送器、相位自动鉴别、红外遥控调试和故障诊断等关键技术，电动调节阀的稳定性、可靠性、安全性和准确性得到进一步的提高，且选用电动调节阀的人也越来越多。

5.4 变 频 器

调节阀控制液体或气体流量的方法是：电动机以某额定的速度运行，拖动水泵或风机等以恒速运转，驱动液体或气体在管道中流动，位于管道某处的调节阀通过阀门的开度调节来控制流经此处的液体、气体的流量大小。这种用调节阀对流量进行调节的传统方法，目前已经受到新技术的挑战，这种新技术就是变频技术。

变频器是交流电气传动的一种调速装置。它是将恒定电压、恒定频率的交流工频电源转换成电压和频率都连续可调的、适合交流电动机调速的三相交流电源的电力电子变换装置。通过变频器，将原本不可调的交流电压和频率，变成可调节的交流电压和频率(Variable Voltage and Variable Frequency，VVVF)，从而使电动机的转速可以被调节，于是被电动机拖动的泵或风机在管道中驱动液体或气体的流速和流量发生改变，进而达到调节流量的目的，实现了既满足工艺要求，又节约电能的目的。显然，在这个运行过程中，变频器、电动机、泵或风机一起构成了系统的执行器。用变频器取代了传统的调节阀，实现了相同的流量调节功能。

变频器大多作为控制系统中的执行单元，接受来自控制器的信号，根据控制信号改变输出电源的频率，进而改变电动机转速；变频器也可以作为控制单元，本身兼有控制器功能，完成从控制算法到改变电源频率，以控制电动机转速的任务，最终达到改变流量和流速的目的。

5.4.1 变频器工作原理

变频器的基本结构如图 5-18 所示。它由主回路和控制电路组成。其中，主回路包括整流器、中间电路和逆变器等。

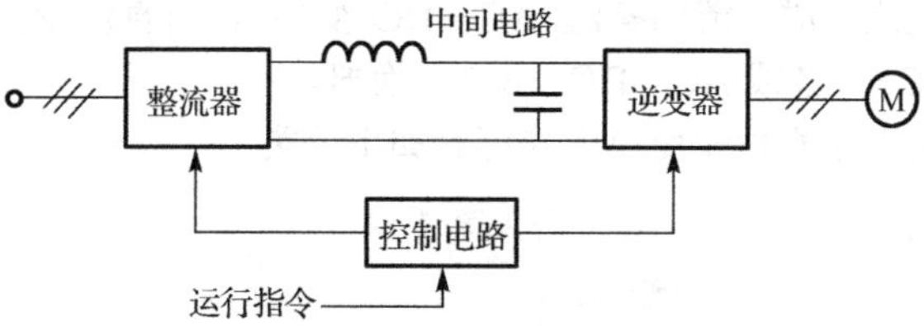

图 5-18 变频器的基本结构

整流器的作用是将电网输入的频率和电压均不变的三相(也可为单相，视负载大小而定)交流电整流为直流。中间电路的作用是对整流器的输出直流进行平滑滤波，从能量交换的角度来说，感性负载的电动机与中间电路之间有无功功率的交换，这需要中间电路的储能元件电容和电感来缓冲。逆变器将直流转变为频率可调(一般为 0～50Hz)的交流，以供电动机调节速度之用。逆变器是变频器中最重要的部分，通常由六个电力半导体器件组成三相桥式逆变电路。控制电路完成对逆变器的开关控制、对整流器的电压控制和各种保护功能。常见的三相交流变频电路如图 5-19 所示。在晶闸管开关控制中，主要有 180° 通电型与 120° 通电型两种控制方式。

在三相变频器中，电动机正转时晶闸管的导通顺序是 VTH_1, VTH_2, VTH_3, VTH_4, VTH_5, VTH_6 各触发脉冲间隔 60° 电角度。

180° 通电型逆变器的特点是每只晶闸管的导通时间为 180°，在任意瞬间有三个晶闸管同时导通(每条桥臂上有一只 VTH 导通)。它们的换流是在同一条桥臂上进行的，即在 VTH_1—VTH_4、VTH_3—VTH_6、VTH_5—VTH_2 之间进行相互换流。

120° 通电型逆变器，其晶闸管的导通顺序仍是 VTH_1, VTH_2, VTH_3, VTH_4, VTH_5, VTH_6。各触

发脉冲相互间隔 60°，但每只晶闸管导通时间为 120°。任意瞬间有两只晶闸管同时导通，它们的换流在相邻桥臂中进行。

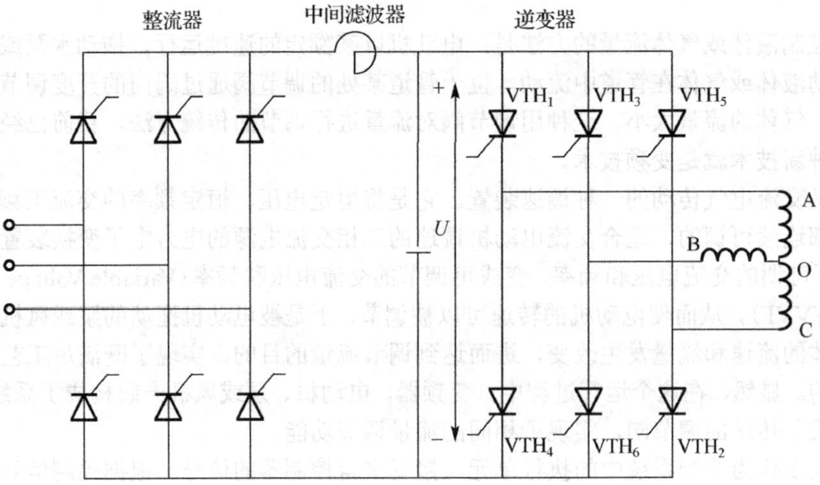

图 5-19　常见的三相交流变频电路

5.4.2　变频器分类

变频器是变频调速的核心，也是构成大型复杂传动系统的基本单元。变频器实际上就是把固定电压、固定频率的交流变换成可调电压、可调频率的交流的变换器。在这个变换过程中，有中间直流环节的称为交—直—交变频；没有直流环节的称为交—交变频。直流可以认为是频率为零的交流，按传统理解，交流变成直流叫整流(AC—DC 变换)，而直流变交流叫逆变(DC—AC 变换)，所以变频器就叫 AC—AC 或 AC—DC—AC 变换器。

变频器种类很多，按工作原理和变换方式可有如下分类：

- 变频器
  - 交—交变频器
    - 电流型
    - 电压型
  - 交—直—交变频器
    - 电流型
      - PAM(六拍)方式
      - PAM(六拍)方式
      - 六拍多重化方式
      - PWM方式
    - 电压型
      - PAM方式
      - PWM方式

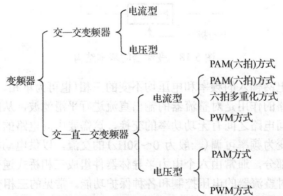

其中，电压型 PWM 方式交—直—交变频器发展最快。PWM 变频器迅速发展的原因：一是变频器所用的半导体开关器件的不断发展，二是 PWM 控制技术的日臻完善。

电力半导体开关器件主要有普通晶闸管，曾称可控硅元件(SCR)、可关断晶闸管(GTO)、双极晶体管(BJT)或称为大功率晶体管(GTR)、绝缘栅双极晶体管(IGBT)、场效应晶体管(MOSFET)等。近来又发展了将半导体开关器件与其周围器件(续流二极管等)构成的电路集成于一个芯片上的逆变器模块，以及将驱动电路、检测电路、保护电路等与逆变器电路集成于一体的功率集成电路 PIC 等。几种开关器件的输出容量、开关频率及应用领域如图 5-20 所示。

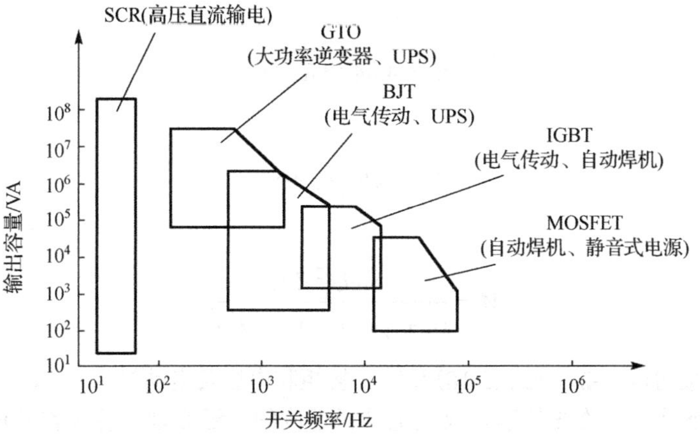

图 5-20 几种开关器件的输出容量、开关频率及应用领域

电力电子技术不仅促进了交流传动的发展，同时也促使直流传动得到了新的发展。例如，以往普遍应用的晶闸管相控整流—直流电机调压调速系统，现在也发展了全波不控整流—PWM 斩波—直流电机调压调速系统。开关磁阻电动机也是由直流斩波器供电的，这种电动机由反应式步进电动机发展而来，定子为凸极式，上面绕有定子集中绕组，转子也是凸极式的，由硅钢片叠成，没有转子绕组。但转子上安装一个位置检测器，由位置检测器检出的转子位置信号去控制直流斩波器，并按顺序地切换供给定子绕组的直流脉冲电流，形成旋转磁场使转子转动。直流斩波器不存在逆变器同一条桥臂两个半导体开关期间同时导通造成的直通短路问题，因而可靠性高、成本也比较低。

总之，由于电力电子技术的进步，使电气传动的各个方面都发生了或正在发生着根本性的变化。当前传统的电气传动改名为运动控制，并认为运动控制分为三个组成部分：电源部分、执行部分和控制器部分。电源部分主要由电力电子器件构成，用以形成和控制各种形式的电流供给执行器；执行器则将电能变换为机械能，形成转矩(旋转运动)或机械力(直线运动)；控制器接收上位计算机的指令，完成执行器运动控制和管理等。运动控制比电气传动一词更具有时代的特色，它是适应工业自动化、办公自动化和家庭自动化而产生的一门新兴学科，正在迅速发展中。

5.4.3 变频调速驱动原理

对于交流电动机而言，不论是同步电动机还是异步电动机，其转速取决于同步磁场速度，即

$$n_0 = 60f / p \tag{5-14}$$

式中，n_0 为同步转速。对于同步电动机而言，其转速即为同步转速；而异步电动机的转速则为

$$n = n_0(1-s) = \frac{60f}{p}(1-s) \tag{5-15}$$

式中，$s = \dfrac{n_0 - n}{n_0} = 1 - \dfrac{n}{n_0}$，为转差率。对于异步电动机而言，转矩也是影响转速的重要因素，其中转差率 s 的大小就反映了负载的大小或电动机机械特性的性能。

异步电动机变频调速的基本关系：

$$n = \frac{60f}{p}(1-s)$$

定子电势方程：

$$E_1 = 4.44 fWK_{r1}\Phi_m \tag{5-16}$$

转矩方程：

$$M = C_m\Phi_m I_2 \cos\varphi_2 \tag{5-17}$$

转矩参数方程：

$$M = \frac{pmU_1^{\ 2}r_2'/s}{(r_1 + r_2'/s)^2 + (x_1 + x_2')^2} \tag{5-18}$$

令相数 m=3，极对数 p=2，则式(5-18)反映了转矩和电压及电动机定子、转子参数之间的关系。

(1)变频调速不是单靠改变频率来改变电动机速度的，还必须和相关参数配合控制，如 ϕ_M、U_1 及绕组参数等。

(2)控制策略和参数的不同，导致控制效果或异步电动机的输出机械特性有所不同。

(3)在变频调速时，电动机在高频段和低频段的控制特性在参数的影响下是不同的。因为变频调速涉及很多参数的控制和检测问题，所以变频调速系统是一个多变量的强耦合的复杂控制系统。

交流异步电动机变频调速特性曲线如图 5-21 所示。

在额定频率以下时，电动机可以实现恒转矩调速；在超过额定频率时，电动机可实现恒功率调速。可见，当频率在一定范围内变化时，电动机获得的相电压 U_1 也相应变化。这种恒转矩调速对于驱动流体流动速度发生变化较为有利，容易达到流量调节的目的。

只有电动机磁通恒定，才能保证电动机的转矩不变，获得比较理想的调速效果。目前变频控制方法主要有矢量控制、V/F 控制、直接转矩控制。

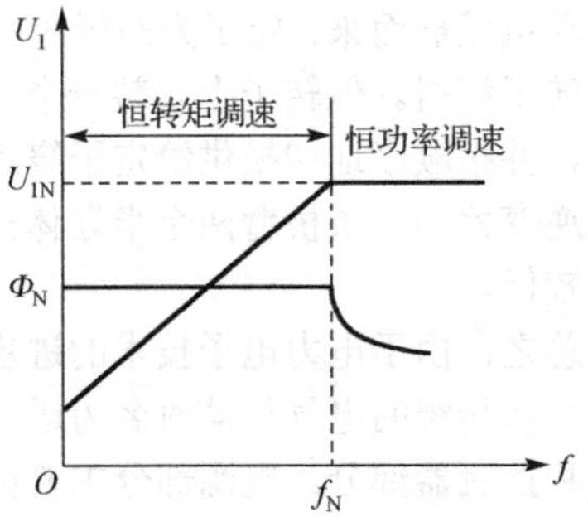

图 5-21　交流异步电动机变频调速特性曲线

1. 矢量控制

通过测量和控制异步电动机定子电流和矢量，分别对异步电动机的励磁电流和转矩电流进行控制，从而达到控制异步电动机转矩的目的。其具体方法是：将异步电动机的定子电流矢量分解为产生磁场的电流分量(励磁电流)和产生转矩的电流分量，并分别加以控制。同时，控制这两个分量的幅值和相角，即控制了定子电流矢量。矢量控制算法性能优良，技术相对复杂，通常只能控制一台电动机。

2. V/F 控制

V/F 控制是使用最为广泛的一类控制，可以同时驱动不同类型、不同功率的电动机。该控制的基本原理是：只要电动机供电电压与运行频率之比恒定，就可近似地保持磁通恒定，实现恒转矩调速。例如，对于 380V/50Hz 电动机，当电动机运行频率为 35Hz 时，只要其供电电压为 266V，则保持了 V/F 恒定，磁通和转矩不变。

3. 直接转矩控制

直接转矩控制是继矢量控制技术之后，发展出的一种高性能异步电动机变频技术，具有控制结构简单、转矩动态响应快、鲁棒性强等优点。其基本思想是：将电动机和逆变器看成一个整体，采用空间电压矢量分析方法，在定子坐标系进行磁通、转矩计算，通过跟踪型 PWM 逆变器的开关状态，直接控制转矩。这种控制无须对定子电流进行解耦，省去了矢量变换的计算。但是，这种控制在电动机低速运行时转矩脉动较大。

一般来说，基本 V/F 控制用于普通的交流调速，矢量控制和直接转矩控制用于高精确度、高性能的调速中，如张力控制、同步控制和卷曲控制等方面。

变频器有通用型和专用型之分，作为调节阀使用的变频器主要选用专用型，即风机、水泵专用型。变频器的额定电流是根据负载可能出现的最大电流来确定的。当出现高温、大负荷、经常启停等情况时，变频器的额定电流应选得大一些。

5.4.4 变频器在过程控制中的应用

早期，在由水泵和风机一类设备驱动的流量控制中，电动机都是在恒速或额定转速下运行，并通过调节阀或挡板来控制流量大小，这样就造成电气设备长期超能耗运行。现在，改用变频器来替代调节阀或挡板，用变频器控制电动机速度的变化，实现流体流动速度的快慢控制，还能节省原来电能的 40%。由此看来，对泵类及风机类负载，变频器代替调节阀将成为一种趋势。

当前，变频调速技术已经成熟完善，具备精确度高、响应速度快、调速效率高、调速范围宽、变频装置可兼作软启动设备等诸多优点；变频调速技术其他如高次谐波、有些功率开关器件耐压不够、电压匹配的问题，在当前已经基本被解决。变频调速是今后一段时期内控制工程领域的重要应用分支。

目前，变频器的生产技术逐步走向成熟。一般来说，作为调节阀使用的变频器和交流电动机，其功率通常不大，体积也较小。国内外生产电气传动变频器的知名企业众多，如 ABB 公司、丹佛斯公司、三菱电机公司、西门子公司等。变频器在使用时可根据管道口径、介质材料和驱动电动机等条件来确定功率大小。

5.5 安 全 栅

在石油、化工、冶金、轻工、食品等生产企业的很多生产车间、作业现场都存在着易燃、易爆的气体、液体或固体，当它们与空气混合后，遇到高温、火星，或者电路短路，极易发生火灾和爆炸等事故，严重威胁着工作人员的生命和财产安全。因此，必须强化过程控制中的防燃、防爆等措施和手段，谨防火灾、爆炸之类的事故发生。这里介绍的安全栅就是其中的有效措施之一。

安全栅又称防爆栅、安全保持器，是一种防止电能沿控制信号线进入现场过程与仪表，并引发火灾和爆炸的安全措施，是安全场所系统与危险地点仪表之间的关联设备。它像栅栏一样，将安全场所与危险地点隔阻开来，因而取名“安全栅”。

本安回路的安全接口能在安全区(非本质安全)和危险区(本质安全)之间双向传递电信号，并可限制因故障引起的安全区向危险区的能量转递。一般安全栅有齐纳式和隔离式。其中，本质安全电路是指在规定的试验条件下，在正常工作或规定的故障状态下，产生的电火花和热效应均不能点燃规定的爆炸性气体混合物的电路。

5.5.1 安全火花防爆概念

一般来说，火灾/爆炸的发生需要三个条件：一是可燃物/爆炸物，二是空气，三是点火源，三者缺一不可。通常，将可能出现火花与短路的电气设备与仪表安装在安全场所。但是，由于生产设备和工艺条件的要求，仍有部分电气设备与仪表必须安装在危险现场。所以，电气设备与仪表防火、防爆就是一个难以回避的问题。

有爆炸性混合物出现的场所称为爆炸危险场所。按爆炸性混合物出现的频率、持续时间和危险程度，可将危险场所分为不同的级别。

我国对爆炸性物质基本上是按国际电工委员会的标准分为三类：煤矿甲烷类爆炸气体为Ⅰ类，具有爆炸性气体混合物为Ⅱ类，具有爆炸性粉尘和纤维为Ⅲ类。

由于爆炸性气体的物理性质、持续时间和涉及范围的不同，其发生爆炸的可能性与危害程度也不同，所以将危险场所划分为0区、1区和2区。0区：正常情况下，爆炸性气体混合物连续、频繁或者长期存在的场所；1区：正常情况下，爆炸性气体混合物有可能存在的场所；2区：正常情况下，爆炸性气体混合物不可能出现，或者偶尔短时间存在的场所。显然，0区的危险性最大。

鉴于危险场所的等级分区，电气设备与仪表应具有相应的类型，以便选用。我国对电气设备的防爆类型划分为八种：本质安全型、隔爆型、增安型、正压型、充油型、充砂型、浇封型和无火花型。其中，无火花型适用于2区，本质安全型可用于0区，其余适用于1区，本质安全型和隔爆型为自动化仪表最为常用的类型。

本质安全型仪表中的电压和电流被限制在一个允许的范围之内，即便在发生短路和元器件损坏的情况下，所产生的火花和热能也不至于引起周围爆炸性气体混合物爆炸。这类仪表体积小、质量小，不需要隔爆外壳，可在带电状态下进行维护与调整。

隔爆型仪表具有防爆外壳，其仪表电路、元件及接线端子均置于防爆壳内。防爆壳体结构稳固、强度大，隔爆接触面宽，可承受仪表内部因故障产生的爆炸冲击力，并阻止内部爆炸向外壳四周传播。隔爆型仪表可用于1区和2区危险场所，检修或调整要求在不通电的情况下进行。

实际上，不论是哪一种类型安全火花防爆仪表，都需要与安全栅结合，形成安全火花防爆系统。安全火花防爆仪表主要从仪表内部抑制危险火花，安全栅则对送往现场的电压与电流进行严格的限制，保证进入现场的电能在安全可控范围之内。

5.5.2 安全栅的基本类型与原理

安全栅分为电阻式、光电隔离式、齐纳式和变压器隔离式等。尽管它们在功能上是相同的，但在结构、工作方式上仍有许多相异的地方，下面具体加以介绍。

1. 电阻式安全栅

电阻具备限流作用，将流入危险场所的电能限制在安全范围之内，进而达到本质防爆的目的。其原理较为简单明了，如图5-22所示。图5-22中，R为限流电阻。如果R的电阻值过大，则其压降也会大，将会影响电路的性能；如果R的电阻值过小，将达不到限流防爆目的。总之，电阻式安全栅具有电路简单、成本低廉、限流明显等特点。

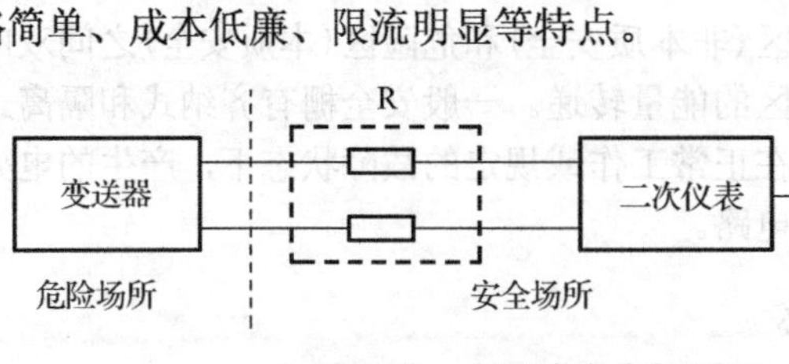

图5-22 电阻式安全栅原理

2. 光电隔离式安全栅

光电隔离式安全栅采用光耦合器作为隔离元件，隔离电压可达5kV以上，从而实现电信号的完全隔离。这种安全栅由光耦合器、*I*/*f*转换器、*f*/*I*转换器和限流/限压等部分组成，如图5-23所示。

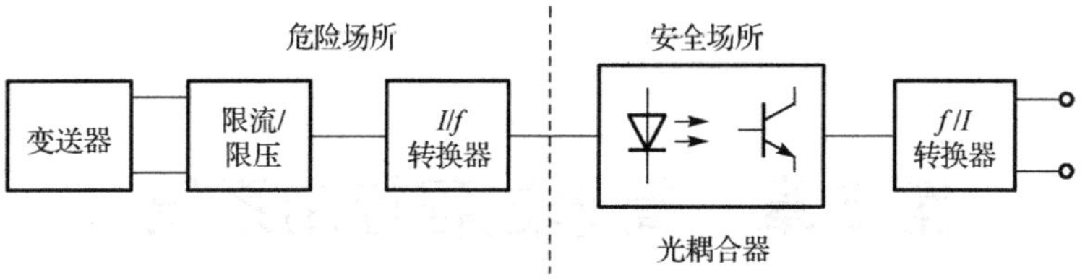

图 5-23　光电隔离式安全栅原理

光电隔离式安全栅原理：将变送器输出的 4～20mA 电流信号，经 *I/f* 转换器转换成 1～5kHz 频率信号，再由光耦合器传到安全场所，然后经 *f/I* 转换器还原成原范围电流信号。其中，光耦合器的输入、输出电信号完全实现了隔离，其输入电信号通过发光二极管转换为光信号，光信号驱动晶体管产生新的电信号。光电隔离式安全栅虽然结构较复杂，但是隔离电压高、线性度好、精确度高、抗干扰性强，有广阔的应用前景。

3．齐纳式安全栅

齐纳式安全栅原理如图 5-24 所示。它由齐纳二极管 VD、电阻 R 和熔断器 FU 组成。齐纳式安全栅利用齐纳二极管的反向击穿特性进行限压，用电阻进行限流。

齐纳二极管工作过程如下：当安全场所电压 U_i 处在正常值(24V)范围内时，齐纳二极管不动作；当安全场所电压过高时，齐纳二极管被击穿，将电压钳制在安全值以下，此时电流瞬时值急剧增加，将熔断器 FU 熔断，进而使安全场所与危险现场分离开来。另外，当流过的电流 I_i 过大时，电阻将限制流往危险现场的电流。

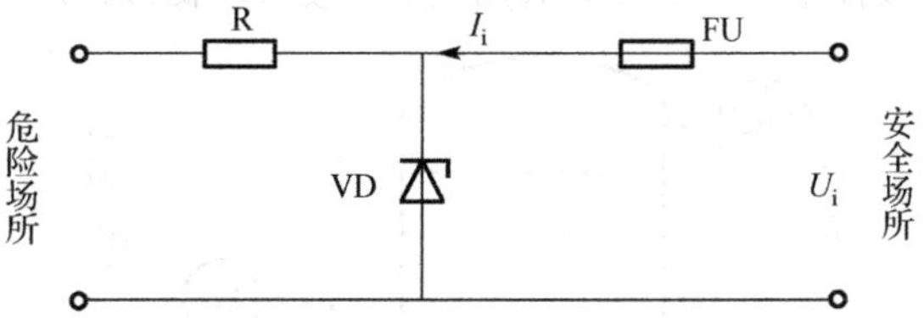

图 5-24　齐纳式安全栅原理

实际上，图 5-24 中的电路是可以进行改进完善的。例如，将固定电阻 R 改为可变电阻，当电流处在正常范围时，电阻值较小，对信号的衰减小；当电流超出正常范围时，电阻值剧增，起到强烈的限流作用。

由于执行器和检测变送器都可能安装在危险现场，所以从危险现场传出的检测信号也有类似的过电流、过电压遏制原理。总之，齐纳式安全栅中的齐纳二极管过载能力较低，要求熔断器的熔断时间非常短，工作可靠。一旦齐纳式安全栅的熔断器熔断，要更换新熔丝(芯)后，齐纳式安全栅才能正常工作。

4．变压器隔离式安全栅

变压器作为隔离元件，其一次侧、二次侧、铁芯分别将输入、输出和电源电路进行电气隔离，防止危险能量窜入现场，引发火灾与爆炸事故。由于危险场所与安全场所的联系通过电—磁—电转换的方式进行，所以变压器隔离安全栅可靠性高，防爆电压高(比光耦合器高得多，可达 220V)。但是，它有线路复杂、体积大、成本高等缺点，仅在某些特殊领域用到。

第 6 章　简单过程控制系统

在前几章中，我们对过程控制中的被控过程、参数检测、控制算法、执行机构等逐一进行了讨论与分析，具备了组建过程控制系统的基本条件。从本章开始，我们着手搭建过程控制系统，从最常用的简单控制系统入手，即单回路控制系统起步，分别就系统设计、参数整定和设计举例等内容进行讨论与学习。

所谓简单控制系统，通常是指由一个测量元件、变送器、一个控制器、一个控制阀和一个对象所构成的单闭环控制系统，又称单回路控制系统。

6.1　单回路控制系统组成与结构

单回路控制系统的全称是单个回路反馈控制系统，具有投资成本低、结构相对简单、调整比较容易、操作和维护方便等特点，适用于被控过程惯性小、无纯时延、扰动小的作业现场。

液位单回路控制系统结构如图 6-1 所示。来自前一个工序的半成品不断流入储液罐，然后从储液罐右下端经调节阀流出。由于半成品的流入量或流出量的变化会引起储液罐液位变化，因此将储液罐中的液位确定为被控量，通过控制流出阀的开度实现储液罐液位的稳定。

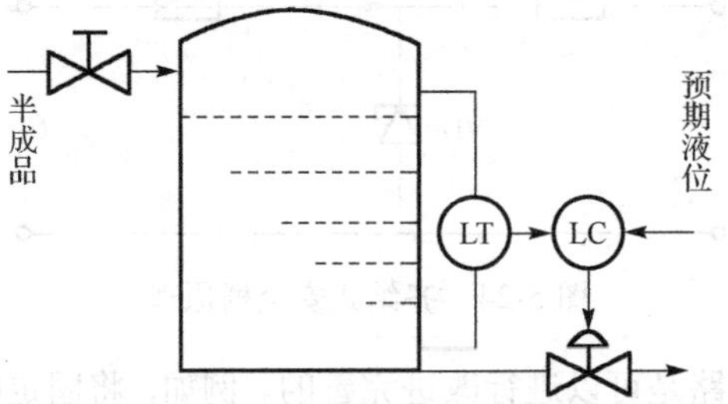

图 6-1　液位单回路控制系统结构

整个液位单回路控制系统由储液罐、液位变送器、液位控制器、控制阀构成，结构简单，性能优良，操作维护非常方便。

只有在单回路控制系统不能满足需要时，才考虑用较复杂的控制系统或专门控制系统。另外，单回路控制系统还是复杂控制系统的基础，掌握了设计和分析单回路控制系统的方法和技巧，设计和分析复杂控制系统就不难了。

6.1.1　单回路控制系统结构框图

结合图 6-1 所示案例，根据被控量控制系统构成的基本规律，单回路控制系统结构框图如图6-2 所示。

在图 6-2 中，$r(t)$为设定值，$y(t)$为被控量，$f(t)$为干扰量，$z(t)$为检测量（为电信号，反映$y(t)$大小），$e(t)$为偏差量。系统由控制器、检测器、执行器和被控过程组成。控制器提供控制规律，即通过一定的控制算法获得操纵量（又称控制量），并将控制量输出至执行器，执行器实施后，检测器对其中关键的参变量进行测量，即对过程中的被控量进行检测，获取控制效果或状态，同时将此信息反馈给控制器，控制器比较预期的 $r(t)$ 和反馈的 $z(t)$，通过运算，决定下一步的控制量。这样周而复始地进行下去，直至被控量与预期的设定值一致或达到某种要求。

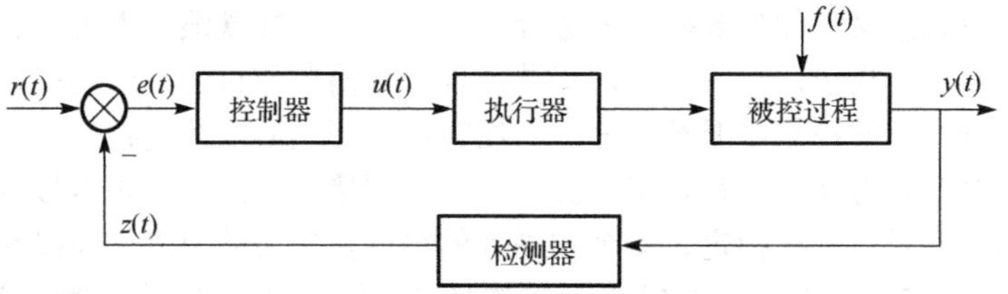

图 6-2　单回路控制系统结构框图

其中，值得关注的有以下两个方面：一是是否闭环的问题，对于控制系统来说，有开环/闭环之说，如果检测环节及信号没有反向连接到输入端，则表示为开环，对应的系统称为开环系统；如果检测环节及信号连接到输入端，则表示为闭环，对应系统称为闭环系统。二是正/负反馈的问题，如果反馈到输入端的检测信号取“−”，则表示为负反馈；如果反馈到输入端的检测信号取“+”，则表示为正反馈。

6.1.2　单回路控制系统传递函数描述

在自动控制系统中，我们也可用传递函数的形式描述图 6-2 所示的框图，如图 6-3 所示。

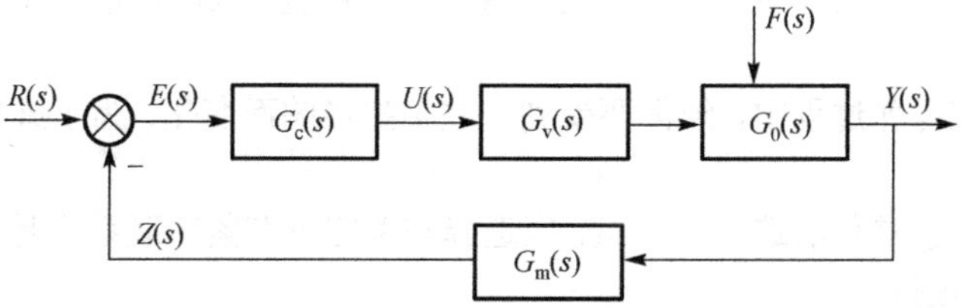

图 6-3　单回路控制系统传递函数结构框图

它由控制器、调节阀、被控过程和检测变送器四部分组成。$G_c(s)$、$G_v(s)$、$G_0(s)$、$G_m(s)$ 分别表示这四部分的输入和输出关系特性。当然，在前述章节提及过，也可粗略地说，单回路控制系统是由控制器和广义被控过程两部分组成的。在图 6-3 中，还包括其他有关量，如 $R(s)$、$y(s)$ 和 $F(s)$ 分别是设定值、被控量和干扰量，而 $E(s)$、$U(s)$ 和 $Z(s)$ 则分别为偏差量、操纵量（又称控制量）和检测量，这些变量及传递函数均是其相对应的时域函数的拉普拉斯变换形式。

以图 6-1 所示的液位单回路控制系统为示例，用 LT 作为液位的检测变送器，LC 作为液位控制器，流出阀作为调节阀，分别与图 6-3 中的 $G_m(s)$、$G_c(s)$ 和 $G_v(s)$ 相对应，而预期的液位即为 $R(s)$，实际的液位即为 $y(s)$，相应的检测量为 $Z(s)$，整个储液罐及其连接管道就是被控过程/对象。

给出期望液位后，它与检测获得的实际液位相比较，$E(s)$ 作为控制器输入量，经运算后，控制器输出控制量 $U(s)$，调整流出阀的开度，试图使储液罐的液位高度与期望值一致，达到控制储液罐液位的目的。

单回路控制系统的设计内容主要有被控量和控制量的选择，被控量的检测与变送，调节阀的选择，控制器的选型及其正/反作用方式的确定等。

6.2　单回路控制系统的设计

6.2.1　被控量及其选择

要求在工业过程中保持设定值（接近恒值或按预定规律变化或随某变量而变化）的物理量，称为被控量，如储液罐的液位、加热器出口温度、气包水位和反应器温度等。

被控量的选择是过程控制设计中一个关键环节，它对于提高产品质量和数量、改善劳动条件、节能、降耗都具有重要意义。如果被控量的选择不当，很有可能既浪费人力和物资资源，产品又达不到预期的要求。应当指出，有些场合，工艺流程较为简单或目的比较明确，选择被控量比较容易；但也有一些场合，被控量却要经过分析、比较和论证之后，才能被确定。

被控量的选择有两种方法：一是直接参数法，二是间接参数法。所谓直接参数法是选择那些直接影响产品质量，并且使生产稳定、安全和高效的物理量作为被控量。间接参数法是当用直接参数法选择被控量有困难时，例如，关键量无法被测量(目前无相关的检测器，或者由于环境、条件等原因，使测量极为困难，或者测量精确度不足等)时，转而选择与关键量相关联的、易于测量的且与关键量呈单值函数关系的物理量作为被控量。例如，精馏塔的塔顶馏出物浓度是一个易挥发的关键量，将其作为被控量是工艺上所期望的，但是它的测量却不容易。然而，精馏塔的塔顶馏出物浓度是塔顶压力和温度的函数，如果固定塔顶压力(用其他方式)，那么塔顶温度就可作为精馏塔的塔顶馏出物浓度的间接被控量。当然，从原理上说，也可选塔顶压力作为间接被控量。这里的选择原则是间接参数与直接参数之间有紧密关系且是单值函数关系，并且间接参数应有足够的灵敏度，同时也应考虑工艺上的合理性等。

在过程控制中，被控量的一般选取原则如下。

(1)选择能直接反映产品质量、可测量的变量作为被控量，同时应满足工艺稳定、安全，生产高效且经济的要求。

(2)被控量在工艺操作过程中，经常要受到一些干扰影响而变化，为了维持被控量的恒定，需要比较频繁的调节。

(3)如果不能用直接参数法选择被控量，应选择与关键量有紧密联系且是单值函数关系、易于测量的物理量作为被控量。

(4)被控量应有较高的灵敏度、测量上的方便性和工艺上的合理性。

(5)要考虑国内外仪表产品的现状。

(6)被控量应是独立可控的。

6.2.2 操纵量及控制通道的选择

操纵量又称控制量，是对被控过程直接施加影响的量。操纵量的作用是排除干扰，通过控制通道，积极引导被控量达到设定值，或者按设定的规律变化。

在过程控制中，有些过程的参量作为操纵量是唯一的、无选择余地的。而有时也会遇到在一个被控过程中，有几种不同的参量，都可作为操纵量而供候选，此时，合理、明智的选择则显得很重要。

一旦其中一个参量被选为操纵量之后，其他未被选中的量就自动变成干扰量了。而从操纵量到被控量的通道称为控制通道，从干扰量到被控量的通道则称为干扰通道。所以，操纵量的选择实际上也是控制通道的选择。干扰量的干扰是一种无意识的随机行为，通常起消极作用。干扰量经干扰通道后，使被控量偏离设定值，或者进行随机的无序变化。操纵量和干扰量相互影响，共同作用在被控对象(过程)上，如图 6-4 所示。

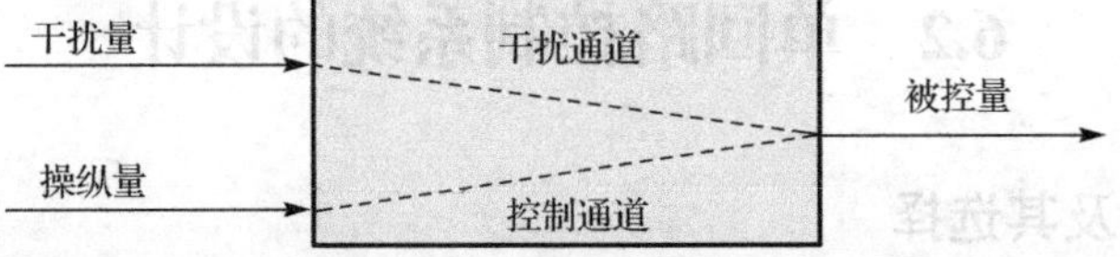

图 6-4 操纵量与干扰量的关系

因此，操纵量及控制通道的选择与设计十分关键。

1．操纵量的选择

操纵量是执行器所控制的参数，实现控制作用。最常见的操纵量是介质的流量，还有以转速、电压等作为操纵量的。

一般选择操纵量有以下原则。

(1)所选的操作量必须是可控的。

(2)所选的操作量应是通道放大倍数比较大者，最好大于干扰通道的放大倍数。

(3)所选的操作量应尽量使扰动通道时间常数越大越好，而控制时间常数应越小越好，但不宜过小。

(4)所选的操作量其通道纯滞后时间应越小越好。

(5)所选的操作量应尽量使干扰点远离被控量而靠近控制阀。

(6)在选择操作量时要考虑工艺的合理性(一般来说，生产负荷直接关系到产品的产量，不宜经常被变动。在不是十分必要的情况下，不宜选择生产负荷作为操作量)。

2．从静态特性看，控制通道的放大系数应大于干扰通道的放大系数

假如有两条通道，要从中选择一条作为控制通道时，单从两通道的放大系数来说，应选择放大系数大的作为控制通道。下面来讨论这样选择的具体原因。分离干扰通道的等效单回路控制系统传递函数结构框图如图 6-5 所示。

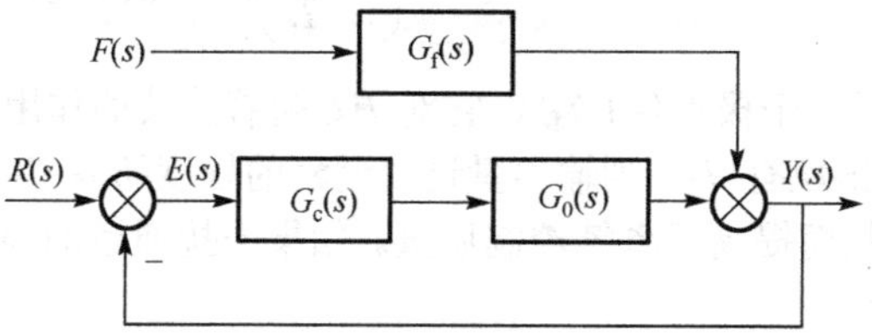

图 6-5　分离干扰通道的等效单回路控制系统传递函数结构框图

其中，$G_0(s)$为控制通道的传递函数，$G_f(s)$为干扰通道的传递函数，$G_c(s)$为控制器的传递函数。假设控制通道与干扰通道的传递函数使用具体的一阶惯性环节，控制器的传递函数采用比例环节，即设它们分别为

$$G_0(s)=\frac{K_0}{T_0 s+1},\quad G_f(s)=\frac{K_f}{T_f s+1},\quad G_c(s)=K_c$$

当$F(s)$和$R(s)$同时作用于系统时，通过传递函数方法求解$Y(s)$为

$$Y(s)=\frac{G_c(s)G_0(s)}{1+G_c(s)G_0(s)}R(s)+\frac{G_f(s)}{1+G_c(s)G_0(s)}F(s) \tag{6-1}$$

将式(6-1)代入偏差量定义式$E(s)=R(s)-Y(s)$，并经整理，有

$$E(s)=\frac{1}{1+G_c(s)G_0(s)}R(s)-\frac{G_f(s)}{1+G_c(s)G_0(s)}F(s) \tag{6-2}$$

我们将$G_f(s)$、$G_c(s)$和$G_0(s)$的具体表达式代入式(6-2)，并考虑$R(s)$和$F(s)$均为单位阶跃信号，则有

$$E(s)=\frac{T_0 s+1}{T_0 s+1+K_0 K_c}\frac{1}{s}-\frac{K_f(T_0 s+1)}{(T_f s+1)(T_0 s+1)+K_0 K_c(T_f s+1)}\frac{1}{s} \tag{6-3}$$

由拉普拉斯变换的终值定理，系统偏差的稳态值为

$$e(\infty)=\lim_{t\to\infty}e(t)=\lim_{s\to 0}sE(s)=\frac{1}{1+K_0K_c}-\frac{K_f}{1+K_0K_c} \tag{6-4}$$

式(6-4)右端第一项为 $R(s)$ 经控制通道产生的，第二项为 $F(s)$ 经干扰通道产生的。自动控制系统的性能指标要求偏差量越小越好，所以应该选放大系数较大的通道作为控制通道、放大系数较小的通道作为干扰通道。这是因为控制通道的放大系数 K_0 是在式(6-4)的分母上，而干扰通道的放大系数 K_f 是式(6-4)的在分子上。

若取控制通道、干扰通道的传递函数为其他非惯性环节的形式，采用相似的分析方法可以得出与上述一致的结论。

3．干扰通道动态特性及干扰量进入控制通道位置对控制质量的影响

1) 干扰通道时间常数对控制质量的影响

假如干扰通道传递函数为如图 6-5 所示的 $G_f(s)$ 惯性环节，干扰通道的时间常数 T_f 大小对控制质量的影响是不同的。这里给出的结论是：干扰通道的惯性环节越多，时间常数 T_f 越大，则干扰量 $f(t)$ 对被控量的影响越小，对提高系统的控制质量越有利。

如图 6-5 所示，$G_f(s)$ 为一阶惯性环节，当 $f(t)$ 单独作用时，其响应为

$$Y_f(s)=\frac{G_f(s)}{1+G_c(s)G_0(s)}F(s)=\frac{K_f}{T_f}\cdot\frac{1}{\left(s+\frac{1}{T_f}\right)[1+G_c(s)G_0(s)]}F(s) \tag{6-5}$$

系统的特征方程增加了一个极点 $(-1/T_f)$，它对 $f(t)$ 起着滤波的作用，抑制对被控量的影响。另外，在式(6-5)的分母上出现有 T_f，则输出量过渡过程的幅度随着 T_f 的增大而减小，即超调量也随着 T_f 的增大而减小，从而提高了系统控制质量。如果干扰通道的惯性环节越多，干扰量对被控量的影响就越小。

2) 干扰通道存在的纯时延环节对控制质量的影响

在图 6-5 中，假如干扰通道的传递函数 $G_f(s)$ 除了有惯性环节外，还存在纯时延环节，即

$$G_f(s)=\frac{K_f}{T_fs+1}e^{-\tau s} \tag{6-6}$$

我们将干扰通道传递函数代入干扰量单独作用时的输出量表达式中，可以得到

$$Y_f(s)=\frac{G_f(s)}{1+G_c(s)G_0(s)}F(s)=\frac{K_f}{T_f}\frac{e^{-\tau s}}{\left(s+\frac{1}{T_f}\right)[1+G_c(s)G_0(s)]}F(s) \tag{6-7}$$

从式(6-7)可以看出，由于纯时延环节仅出现在分子上，该式的分母多项式并无变化，经拉普拉斯反变换后，输出量表达式与无纯时延环节的情况相比，其响应仅在时间上延滞了 τ，其他方面并无变化。

因此可以得到这样的结论：干扰通道的纯时延环节不影响系统控制质量。

3) 干扰量进入控制通道位置对控制质量的影响

在实际工作中，被控过程是多种多样的，干扰量进入控制通道的位置往往也不相同，该位置可能出现在被控过程的任意地方。按照上述相似的分析方法，可以求解不同位置干扰量至输出的传递函数模型，并可以发现其闭环传递函数的分母多项式是相同的。不同的是传递函数的分子多

项式和干扰量，这些会对过渡过程的动态性能产生不同程度的影响。

假如被控过程均为一阶惯性环节，各相关参数大体相当，各干扰量的性质和幅度相近，可以判断具体哪种干扰量进入控制通道，哪种干扰量对被控量的影响最大。由于一阶惯性环节对干扰量有滤波作用，所以远离被控量的干扰量对系统性能指标影响较小，而离被控量较近的干扰量则对系统性能指标影响较大。

4．控制通道动态特性对控制质量的影响

简单地说，控制通道是控制器输出信号(控制量)经过的路径，并对被控参数产生直接影响。在设计控制系统时，往往要对工艺过程进行分析，比较不同的控制通道对系统性能的影响。

被控量确定之后，操纵量的选择往往有多个方案可选。由于选择不同，过程特性会有差别，控制的难易程度也不一，最终导致控制效果有差异，有时差异还不小。所以，合理确定控制通道显得必要且重要。

1)描述系统的可控性指标

控制质量涉及静、动两态，并与系统的稳态误差和响应速度有关。稳态误差与过程通道的放大系数 K_0 相关，K_0 越大，稳态误差越小；响应速度与临界振荡频率 ω_{max} 有关，ω_{max} 越大，则响应速度越快。在实际中，常用临界放大系数 K_{max} 与临界振荡频率 ω_{max}（当控制器为比例器时，系统处在临界稳定时的增益与振荡频率)的乘积 $K_{max}\omega_{max}$ 来反映控制系统的性能。这里 $K_{max}=K_c K_0$，其中 K_0 为控制通道的放大系数。控制通道确定之后，K_0 一般变化较小，可视为不变，K_c 为控制器放大系数，是可以被调整的。如果 K_{max} 越大，则 K_c 可选的上限越大，系统稳态误差越小；ω_{max} 反映工作频率，它越大表明响应速度越快。所以，$K_{max}\omega_{max}$ 的大小反映控制性能的优劣程度。具体来说，$K_{max}\omega_{max}$ 越大，表明系统控制性能越好；相反，它越小，表明系统控制性能越差。

2)控制通道的时间常数

选择控制通道的不同，导致控制通道(即被控过程)的数学模型结构、时间常数和滞后时间不一样。如果被控过程数学模型的结构相同，作为反映系统动态性能指标的时间常数究竟如何选择？

如果控制通道(即被控过程)的时间常数 T_0 大，则惯性大，控制器输出信号通过控制通道调节被控量的变化难度(或者说阻力)大，系统操纵被控量的改变需要较长时间才能体现出来，因而过渡过程时间长，控制不及时；相反，如果控制通道时间常数 T_0 太小，则惯性小，控制器的输出信号很快迫使被控量变化，因而过渡过程短，但容易引起被控量振荡，反而使控制质量得不到保障。

因此，可以得出一个基本的结论：应选择时间常数较小的通道作为控制通道。

3)控制通道的滞后时间

控制通道的滞后时间包括纯滞后时间 τ_0 和容量滞后时间 τ_c，即 $\tau=\tau_0+\tau_c$，它们对控制质量均带来不良影响，尤其是纯滞后时间对控制质量的影响较大。

假设原被控过程和控制器分别取为

$$G_0(s)=\frac{K_0}{T_0 s+1}, \quad G_c(s)=K_c$$

则无论系统开环放大系数 $K_c K_0$ 如何变化，闭环系统总是稳定的。如果在被控过程中加入纯滞后环节后，则随着频率 ω 的增加，纯滞后环节 $e^{-\tau_0 s}$ 产生的相位滞后 $-\omega\tau_0$ 将直接降低系统的相角裕量。如果 τ_0 较大，将引发系统不稳定。

容量滞后时间同样会给系统控制质量带来控制作用延后、控制质量变差的结果。但是由于它一般较小，其影响力度比起纯滞后时间来说，显得温和些，而且通过在控制器中加入微分环节，以减小容量滞后时间对控制质量带来的不良影响。

6.2.3 执行器及其选择

执行器中调节阀是过程控制的执行单元，是系统的重要组成部分之一。执行器的选择是否正确、合理，直接关系到控制效果与控制质量。

执行器的选择方法和原则：根据介质状况(如易燃易爆、剧毒、强腐蚀、高黏度、高温和高压等)、安全运行和推力等情况，选择气动执行器或电动执行器；若选气动调节阀，则应根据安全原则，选择气开或气闭方式调节阀；根据调节阀在管道中的安装方式、负荷变化情况和过程控制的特点，选择流量特性。

在对易燃、易爆的产品进行加工或生产时，不宜选用电动调节阀，如果由于某些原因确实要选用电动调节阀，必须采取相应的防燃、防爆措施。在实践中，用得最多的执行器是气动执行器，即气动调节阀。气动调节阀不仅结构简单、维护方便、价格便宜，而且还有防火、防爆等特点。气动调节阀可与 QDZ 仪表配合使用，也可通过电/气阀门定位器与 DDZ 仪表配合使用。

1. 调节阀结构类型的选择

根据生产过程的实际需要与具体调节阀的特点来选择调节阀，调节阀的结构类型、应用场合表 6-1 所示。

表 6-1 调节阀的结构类型、应用场合

调节阀结构类型	应 用 场 合
直通单座调节阀	阀门前后压降小，多用于要求泄漏量小的场合
直通双座调节阀	阀门前后压降大，多用于允许较大泄漏量的场合
三通调节阀	多用于分流或合流的场合
角形调节阀	输入与输出管道成角形安装，多用于高压降、高黏度、有悬浮物的场合
隔膜调节阀	不能耐高压、耐高温，多用于介质有腐蚀、高黏度或有悬浮颗粒及纤维的流体
蝶阀	流体对阀体的不平衡力矩大，多用于有悬浮物、压差小、有较大泄漏量的场合
高压阀	阀芯头部用硬质合金，适用于高压控制的特别场合，应选配定位器
球阀	流路阻力小，流量系数大，密封好，可调范围大，用于高黏度、含悬浮物场合

2. 调节阀口径大小的选择

关于调节阀口径的选择，在前述章节中曾经提及过。值得强调的是，所选的调节阀口径在正常工况下，调节阀开度应处在 15%～85%之间。如果调节阀口径选得过小，一旦设备要增大负荷，调节阀就会因口径过小而无法起作用；如果调节阀口径选得过大，调节阀经常处在小开度工作状态，在不平衡力的作用下，阀体容易产生振荡现象，调节阀的特性也将发生畸变。所以，调节阀口径的选择应适当，留有余量，以满足多种需要。

3. 流量特性的选择

调节阀流量特性的选择，要考虑工艺配管、负荷变动和控制质量等情况。根据生产实际要求，首先确定工作流量特性，然后考虑配管、设备的连接及泵的特性，由工作流量特性引导出理想流量特性。

4. 调节阀气开式与气闭式的选择

1) 保证人身安全及设备安然无恙

当控制器输出信号为零时，或调节阀膜片破裂而漏气时，阀芯恢复至无能源的初始状态，应确保生产处在安全的状态，无任何人身和设备事故。例如，锅炉给水调节阀通常采用气闭式调节阀，即一旦事故发生，调节阀处在初始的全开状态，保证有水注入锅炉，不至于使锅炉烧干爆裂；如果执行器调节的是锅炉蒸汽流量，则一旦事故发生，控制器输出信号为零时，调节阀应处于全关状态，保证切断气源。

2)尽可能保证产品质量

当调节阀发生故障不能正常工作时，调节阀会恢复到无能源的初始状态，此时容易出现产品质量问题。

这时调节阀气开或气闭式的选择，应保证产品质量，防止废品的出现。

3)尽量减小损失，包括原材料和能源两个方面

一旦调节阀发生故障，应及时切断能源，停止作业，将损失减小到最低限度。通常这时调节阀应处在全关闭状态。

6.2.4 控制规律及其作用方式的选择

1. 常用控制规律的选择

关于常用的PID控制规律及其作用特点，已在第4章做过详细的介绍。在单回路控制系统中，PID控制规律是控制器(或称调节器)选择最多最成熟的一种控制规律。

对于一个具体的控制过程，究竟是选其中的一种控制规律，还是两种或三种控制规律的组合，如P、PI、PD、PID等控制规律，是需要一定的知识和经验的，往往要考虑多方面的因素，并试探着进行。当然，其中也有一些规律可循。总之，要根据被控过程特性、生产工艺要求、负荷变化情况和主要干扰特点等诸多方面的综合与分析，同时考虑生产的经济性、维护的方便性等因素，并经过测试与修改，最后才能确定控制规律。

2. 控制器正/反作用方式的选择

从控制的角度来说，单回路控制系统是一种闭环的负反馈控制系统。由于组成系统的各部分不同，其变量的变化方向不一，因而要厘清各部分相关变量变化方向，最后体现出负反馈的结果。否则，系统容易产生正反馈，导致系统不稳定。下面将结合整个系统所有环节的正/反作用方式进一步讨论。

我们先提及一下正/反作用方式的定义，对于任意环节，若输入信号增大，输出信号也增大，则该环节为正作用方式；若输入信号增大，输出信号也减小，则该环节为反作用方式。

如果设定值不变，当测量值增大时，对应的控制器输入信号($e=z-x$)增大，控制器输出信号也增大，则为控制器的正作用方式。相应地，如果测量值不变，当设定值减小时，对应的控制器输入信号($e=z-x$)增大，控制器输出信号也增大，则也是控制器的正作用方式，并可用“+”(正)表示。

如果测量值增大或设定值减小，控制器输出信号减小，则为控制器的反作用方式，并可用“−”(负)表示。

当操纵量增大时，如果被控量也增大，则该过程为正作用过程，并可用“+”表示。

当操纵量增大时，如果被控量反而减小，则该过程为反作用过程，并可用“−”表示。

调节阀的正作用方式：气开式为正作用方式，即调节阀输入信号增大时，调节阀开度增大，操纵量(一般体现为流量)增大，并可用“+”表示。

调节阀的反作用方式：气闭式为反作用方式，即调节阀输入信号增大时，调节阀开度减小，操纵量(一般体现为流量)减小，并可用“−”表示。

检测器(含传感器与变送器)的正作用方式：检测器的输出信号随被测量的增大而增大，则为检测器的正作用方式，并可用“+”表示。

检测器的反作用方式：检测器的输出信号随被测量的增大而减小，则为检测器的反作用方式，并可用“–”表示。

有了上述约定后，先要根据生产工艺和安全等要求确定调节阀气开式或气闭式，然后根据被控过程的特点，分析被控过程是正作用过程还是反作用过程，接着核实检测器的作用方式(通常为正作用方式)，最后根据单回路控制系统中各部分作用方式(用“+”或“–”表示)的乘积应为负(用“–”表示)，来确定控制器的作用方式。

还可通过单回路控制系统四个环节传递函数的比例增益相乘为负来确定控制系统为负反馈。

对于电动控制仪表来说，是通过选择控制仪表上正或反作用开关来实现控制器的正/反作用方式；对于气动控制仪表来说，是通过调节换接板来改变控制器的正/反作用方式。当然，利用当前智能控制仪器的功能，也可以通过软件编程或参数组态的形式来完成控制器的正/反作用方式的设置。

6.2.5 检测器及其选择配置

检测器通常包括传感器与变送器两部分。其中，传感器的作用是将被测的非电量转变为电量；变送器的作用是对电量进行加工调理，包括滤波、放大、线性化处理等，然后传送至控制器。检测器的作用是获取被控过程中相关参数的信息，为控制决策提供依据。

下面重点就检测器的灵敏性、响应度、量程、测量精确度、安装与布放等进行简要描述。

1. 检测器的灵敏度与响应度

由于技术条件的限制，有些检测器在测量相关参数时，由于容积、阻力和工作机制的原因，或者检测器与控制器安装位置的不同(尤其是气动单元组合仪表)，使得检测器不能及时获得需要的、用电信号表示的信号。也就是说，检测器本身存在滞后、大时间常数等现象。这对于系统的实时控制极为不利。除了选择制作精良、滞后时间常数小、惯性小的检测器外，还可考虑：一是采用被控参数间接测量法，即用另一类响应迅速的检测器来检测与被控参数紧密联系、且有单值关系的变量；二是对有气动单元的情况，应尽量将检测器安装在使信号传输花费最小的位置。

2. 检测器的量程与测量精确度

在选择检测器之前，应对被测量的物理变量有清晰的了解，如它的变化范围、变化特点等，然后针对具体情况选择检测器的量程和类型。一般工艺对控制系统的控制精确度会有要求，所选的检测器的测量精确度不应低于该要求。在检测器满足量程和测量精确度的前提下，可进一步考虑减少检测器的成本。

3. 检测器的安装与布放

被控过程和环境的不同，容易导致检测器的安装与布放不合理。从而出现一些问题，例如，被测信号本无滞后现象，而实际却出现测量信号的滞后现象；测出信号不能反映主要过程的真实状况等。这些问题在控制系统的实施中，应引起注意，力求避免。

6.3 单回路控制系统投运与参数整定

6.3.1 系统投运

系统投运是在控制系统方案设计、仪表选型、安装和调校进行完毕后进行的。它是指将过程控制系统由手动工作状态切换到自动工作状态。

通常，手动/自动切换过程是由设置在控制器上的手动/自动切换开关来完成的。这个看似非常简单的切换过程，实际上蕴涵着不简单的问题。它是由开环控制向闭环控制的转变，对于这种转变的基本要求是无干扰。也就是说，在从手动到自动的切换过程中，不改变系统原有的平衡状态和调节阀开度，不干扰被控量。为此，在系统投运之前，应该做好相应的准备工作，以便投运顺利实施。

这个准备工作包括以下步骤。

(1) 熟悉生产工艺过程、了解被控对象，以及掌握各种参数之间的关系。

(2) 对控制系统的各个环节，以及电源、气源和管道等进行全面检查：连接是否正确、量程是否合适、相关开关投掷是否正确等。

(3) 在各仪表设备单独调校的基础上，进行联动调试，观察各部分工作是否正常、合理。

这个准备工作完成之后，就可进行系统投运了。投运工序如下。

(1) 先将检测仪表投入运行，看其指示是否正确无误。

(2) 如果检测仪表指示正确，则对调节阀进行手动遥控，即在控制室中对现场的调节阀进行人工操作。

(3) 待系统工作状态稳定，以及被控量达到期望值附近后，将控制器上的手动/自动切换开关由手动切换为自动位置，实现系统的自动控制状态。

(4) 此时的被控量如果不理想，要进一步对 PID 控制器参数进行整定。

如果对系统的响应曲线进行多次调整后，仍然达不到期望的响应曲线形状，就要回过头来检查系统设计方面的问题，如系统设计方案是否合理、各类仪表和调节阀选择是否正确等。

6.3.2 控制器参数整定及其方法

我们将含调节阀、被控过程和检测器的结构看成广义被控过程，并与控制器组成单回路控制，系统就成型了。但是，该系统不一定达到预期的动态和稳态要求。

广义被控过程基本是不变的，通常不可调整其参数。余下的问题就是：通过调整控制器的参数，如 PID 控制器的比例度 δ、积分时间常数 T_I 或微分时间常数 T_D，使控制器与广义被控过程很好地配合，实现系统的预期动态和稳态控制效果，这就是系统整定。系统整定就是经典自动控制理论中所探讨的系统的综合与校正。简单地说，系统整定就是通过调整控制器参数，使系统被控量具有预期的控制性能，达到系统最佳的技术指标。

系统整定的方法有理论整定法、工程整定法和自整定法。

理论整定法主要有根轨迹法、频率特性法等，并要求知道被控过程的数学模型。由于数学模型的获取具有一定的近似性，所以通过该方法整定的控制器参数值往往不太准确，现场调试时要进一步修改与核准。该方法获得的控制器参数值比较接近实际系统运行参数最佳值。

工程整定法主要通过试验和经验确定控制器参数。该方法有响应曲线法、临界比例度法、衰减曲线法和经验整定法等。该方法淡化过程的数学模型，可直接在现场进行系统整定，具有简单实用的特点，因而得到了广泛的应用。

自整定法是一类针对因工作条件或环境改变而使被控过程参数发生变化，系统自动进行控制器调整以维持系统最佳性能的方法。该方法用到了很多现代技术与理论，属于一类高级技术方法。

值得一提的是，控制器参数整定必须在控制方案合理、仪表设备选用正确、安装合适的前提下进行。否则，无论如何整定控制器参数，都难以达到预期目的。

6.3.3 工程整定法

工程整定法是从工程实践的角度来确定控制器参数的。该方法对被控过程的数学模型要求不高，甚至无须数学模型，也不进行复杂的理论计算，仅仅通过简单的实验曲线，以及经验公式计算，就可确定控制器参数，并可以获得不错的控制结果，因而深受工程技术人员的欢迎，并在实践中被大量采用。下面谈谈几种常用的工程整定方法。

1. 响应曲线法

响应曲线法又称动态特性参数法，是在开环状态下，首先在调节阀的输入端输入一个阶跃信号，然后在变送器输出端获得响应曲线，并用过程建模的方法，获得广义过程的动态特性参数，最后由动态特性参数通过相应的整定公式求得控制器的整定参数值。

响应曲线法的具体步骤如下。

(1)首先使得系统工作在开环状态，通过手动方式使得系统处在某一种平衡状态：调节阀的输入信号为 u_0，被控量经检测器后，输出稳定值为 y_0。

(2)然后在前一个状态的基础上，从时刻 t_0 开始，对调节阀施加一个已知阶跃信号Δu，幅度为 10%左右的满量程输入值，记录变送器的输出曲线，如图 6-6 所示。

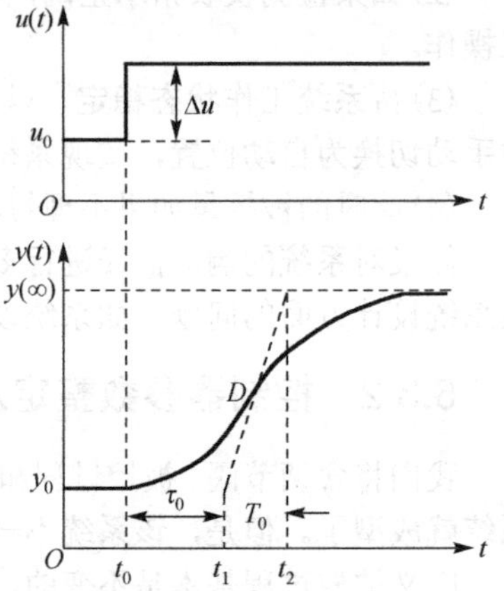

图 6-6 广义过程的输入信号及其响应曲线

(3)根据响应曲线，可以用一阶惯性加纯滞后环节来近似描述广义过程为

$$G_0(s)=\frac{K_0}{T_0 s+1}\mathrm{e}^{-\tau_0 s}$$

其中，三个参数的求解方法是：

$$K_0=\frac{\left(\dfrac{y_\infty-y_0}{y_{\max}-y_{\min}}\right)}{\left(\dfrac{\Delta u}{u_{\max}-u_{\min}}\right)},\quad T_0=t_2-t_1,\quad \tau_0=t_1-t_0$$

式中，$y_{\max}-y_{\min}$ 为检测仪表的量程；$u_{\max}-u_{\min}$ 为调节阀输入信号的变化范围。

(4)有了上述三个参数后，如果选用 P 或 PI 或 PID 控制器，并且按照衰减比为 4∶1 来调整被控量，则用响应曲线法整定的控制器参数如表 6-2 所示。

如果 $\tau_0/T_0>1.5$，说明过程的滞后时间太长，是一个大滞后对象，此时选用 PID 控制器的效果可能不会很好，可考虑其他控制策略。表 6-2 给出的参数只是一个针对一阶惯性加纯滞后环节的近似值，但由于过程的多样性与复杂性，往往要根据现场对参数进行少量调整。

表 6-2 用响应曲线法整定的控制器参数

控制规律	$\tau_0/T_0\leqslant 0.2$			$0.2\leqslant\tau_0/T_0\leqslant 1.5$		
	$1/K_0$	T_I	T_D	$1/K_0$	T_I	T_D
P	$\dfrac{K_0\tau_0}{T_0}$			$2.6K_0\dfrac{-0.08+\tau_0/T_0}{0.7+\tau_0/T_0}$		
PI	$1.1\dfrac{K_0\tau_0}{T_0}$	$3.3\tau_0$		$2.6K_0\dfrac{-0.08+\tau_0/T_0}{0.6+\tau_0/T_0}$	$0.8T_0$	
PID	$0.85\dfrac{K_0\tau_0}{T_0}$	$2\tau_0$	$0.5\tau_0$	$2.6K_0\dfrac{-0.15+\tau_0/T_0}{0.08+\tau_0/T_0}$	$0.81T_0+0.19\tau_0$	$0.25T_\mathrm{I}$

2. 临界比例度法

临界比例度法又称稳定边界法或 Ziegler-Nichols 整定法。

这种方法不用进行被控过程动态特性的测定，直接在闭环回路中进行控制器参数整定即可。临界比例度法的具体步骤如下。

(1) 将控制器设置为纯比例状态，即 $T_I=\infty$，$T_D=0$，无积分、微分环节。初始时选择一个较大的比例度，然后将系统投入闭环自动运行状态。

(2) 系统运行稳定后，逐步减小控制器比例度，观察被控量的变化，直至被控量出现等幅振荡，如图 6-7 所示。

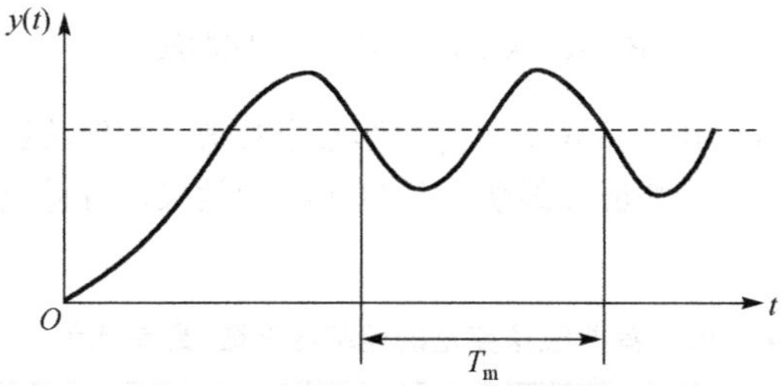

图 6-7　被控量临界振荡曲线

此时的比例度，即为临界比例度 δ_m，此时的振荡周期为临界振荡周期 T_m。

(3) 根据所选控制器的形式，按表 6-3 中的经验公式求出相应参数值，并按求出的参数值设定控制器。将系统投入闭环运行，引入一个小的设定变化值，观察被控量变化情况，看其是否满足要求。如果没有达到预期的效果，可进一步调整控制器的参数。

表 6-3　临界比例度法整定公式

控制规律	比例度	积分时间常数	微分时间常数
P	$2\delta_m$		
PI	$2.2\delta_m$	$0.85T_m$	
PID	$1.7\delta_m$	$0.5T_m$	$0.125T_m$

从表 6-3 的比例度来看，当控制器选为 P 控制器时，比例系数取值为临界放大系数的 50%，即比例度是临界比例度的两倍，有成倍的裕量；当控制器选为 PI 控制器时，积分环节会降低系统稳定裕量，因而采用降低比例系数来弥补，所以比例度有所上升；当控制器选为 PID 控制器时，由于微分环节的加入，增强了稳定性，所以比例系数可上升，即比例度可下降。

临界比例度法在实际应用中，也有一些值得注意的地方。下面两种情况就不太适合用临界比例法来进行控制器参数整定。

(1) 在一些生产过程中，工艺往往不允许被控量处在等幅振荡状态，或者当被控量处在等幅振荡时，干扰或过程变化容易导致系统不稳定，并出现危险现象。

(2) 有一些简单的被控过程，系统并不存在临界稳定状态，无论如何调整控制器放大系数，也出现不了临界振荡状态。

3．衰减曲线法

衰减曲线法又称阻尼振荡法，是在总结临界比例度法的基础上改进而来的。衰减曲线法的具体步骤如下。

(1) 在闭环系统中，将控制器置成比例控制器，初始时让比例度较大，将系统投入自动运行。

(2) 等系统稳定后，施加阶跃信号，观察响应曲线变化。如果响应曲线衰减比不满足 4∶1，则减小比例度，重新施加阶跃信号，再观察响应曲线变化，直到响应曲线衰减比达到预期的 4∶1 为止，如图 6-8 所示，并记下此时的比例度 δ_s 和振荡周期 T_s。

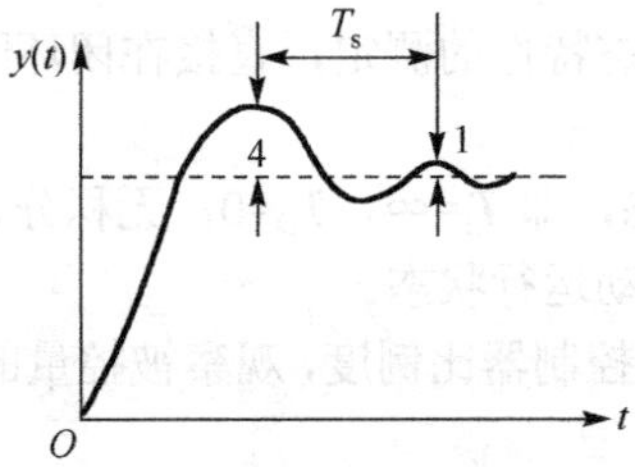

图 6-8　4∶1 衰减比的响应曲线

(3) 根据所选的控制规律，由表 6-4 确定控制器整定参数，再做阶跃信号扰动实验，观察响应曲线衰减比是否达到 4∶1。假若响应曲线仍未达到预期的效果，可适当调整控制器参数，直到满意为止。

表 6-4　用衰减曲线法整定的控制器参数(衰减比为 4∶1)

控制规律	比例度	积分时间常数	微分时间常数
P	δ_s		
PI	$1.2\delta_s$	$0.5T_s$	
PID	$0.8\delta_s$	$0.3T_s$	$0.1T_s$

以上是要求响应曲线衰减比达到 4∶1 的控制器参数整定的方法。在实际中，对响应的要求是多方面的。例如，有不少场合要求响应曲线快速衰减，衰减比达到 10∶1。此时参数整定的方法与上面相同，仅是响应曲线衰减比达到 10∶1 而已，如图 6-9 所示。与此同时记录此时的控制器比例度 δ_s，以及曲线上升时间 T_r，再按表 6-5 来计算控制器参数。

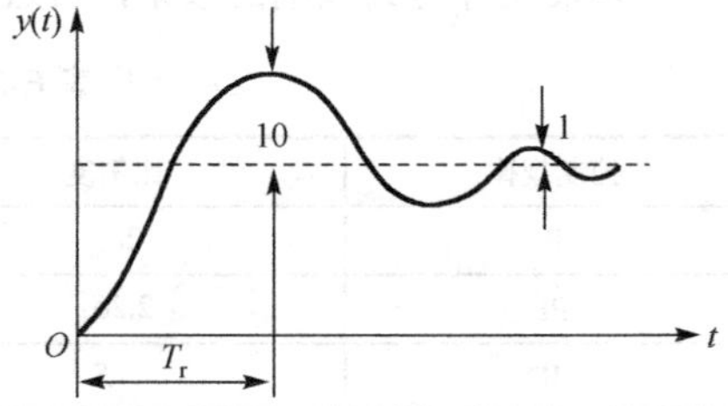

图 6-9　10∶1 衰减比的响应曲线

表 6-5　用衰减曲线法整定的控制器参数(衰减比为 10∶1)

控制规律	比例度	积分时间常数	微分时间常数
P	δ_s		
PI	$1.2\delta_s$	$2T_r$	
PID	$0.8\delta_s$	$1.2T_r$	$0.4T_r$

4. 经验整定法

经验整定法是根据工程技术人员的现场调试经验，根据多次实践获得的知识与技能，试探着调节与整合 PID 控制器参数，以使控制性能达到预期目标的方法。它不像前几种方法，可用具体的图形和公式来整定控制器参数，但是它有较为明确的方向和思路，并具有实践性强、熟能生巧的特征。

对于常规的控制器，经验法整定控制器参数的要点如下。

(1) P 控制器：设置一个较大的控制器比例度 δ，观察阶跃响应曲线的变化，不满意时可逐渐减小比例度，并观察阶跃响应曲线变化，直至响应曲线衰减比达到 4∶1 或满意为止。

(2) PI 控制器：首先按 (1) 步骤使响应曲线衰减比达到 4∶1，然后将比例度放大 15%左右，将积分时间常数 T_I 由大到小地加入，逐步增强积分作用，观察阶跃响应曲线的变化，直至响应曲线衰减比达到 4∶1 为止。

(3) PID 控制器：在 (2) 步骤的基础上，引入微分环节，使微分时间常数为 (1/3～1/4) T_I，并将比例度减小到 P 控制器时的整定参数值上，甚至更小，再观察阶跃响应曲线的变化。将微分时间常数由小到大进行调整，观察阶跃响应曲线的变化，直至满意为止。在实验过程中，可在 T_D/T_I 的值不变的情况下改变 T_I 和 T_D。

通过大量的工作实践，在整定控制器参数范围方面，人们对过程控制中常见物理量的控制已经有较好的总结与归纳。表 6-6 即是工程师在工作实践中总结的常见被控量的 PID 控制器整定参数取值范围，可以用其指导生产过程参数的调节。

表 6-6　常见被控量的 PID 控制器整定参数取值范围

被控量	比例度/%	积分时间常数/min	微分时间常数/min
压力	20～80		
流量	30～70	0.4～3	
液位	40～100	0.1～1	
温度	20～60	3～10	0.3～1

6.4　单回路控制系统设计举例

6.4.1　生产过程描述

牛奶乳化干燥过程如图 6-10 所示，其作用是将乳态的牛奶转变成干燥的奶粉，以利于对其存放、运输和销售。

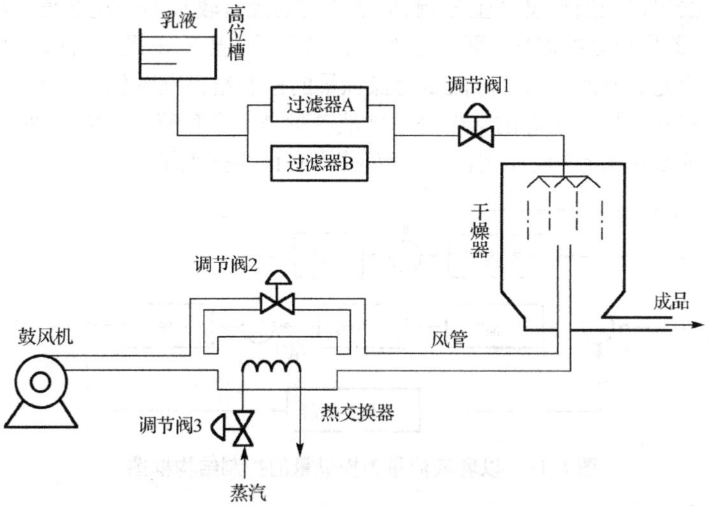

图 6-10　牛奶乳化干燥过程

浮液属于胶体物质，被激烈搅拌后容易固化，从而不能通过泵压被输出。因此，根据工艺要求，这里采用高位槽输出物料。经过浓缩后的乳液由高位槽经过过滤器滤除凝结块等固体物质后，经干燥器顶部喷嘴喷入干燥器中。与此同时，空气被鼓风机送至热交换器中，经由蒸汽换热后加热成热空气，热空气再与旁路的空气混合后，进入干燥器，蒸发乳液中的水分，使乳液变成固体状的奶粉，并随湿空气一起被送出。生产工艺对于送出的成品有具体要求，其中的水分含量应在规定的范围内，温度偏差不能超过 2℃。

6.4.2 控制方案的选择

1. 被控量的选择

产品奶粉中的水分是最主要的质量指标。如果系统的被控量采用产品湿度，当然很合理，但现有技术条件下的湿度检测器精确度和快速性均难以满足控制要求。

根据控制系统选择被控量的原则，如果不直接选用物理量为被控量，应该考虑与其相关联的、可测量的且两者为单值对应关系的物理量作为被控量。于是，这里选择温度，即产品在干燥器出口处的温度作为被控制量。产品质量要求温度误差不大于2℃。

2. 操纵量的选择

在图6-10中，能操纵产品温度的量此处有三个：一是由调节阀1控制的乳液流量$f_1(t)$；二是由调节阀2控制的旁路空气流量$f_2(t)$；三是由调节阀3控制的蒸汽流量$f_3(t)$。通过调节其中任意一个调节阀开度，均可控制干燥器出口处的温度，只是它们对外表现的特点不同而已，也就是我们关注的系统表现出来的性能不同。

1)选乳液流量为操纵量

乳液离干燥器距离近，进入干燥器后，被热空气将其中的水分蒸发掉，变成乳粉并从干燥器出口排出，这是第一种方案。

从乳粉制作工艺过程看，控制通道短，惯性和滞后时间不大，但是乳液可能堵塞调节阀1，乳液流量一直在波动。此时的旁路空气流量和蒸汽流量是固定的，它们因某些原因产生变化，将作为干扰量对干燥器出口处的温度产生影响。但是这需要经过较长的干扰通道(风管传输和蒸发过程)才能影响到干燥器出口处的温度，即经过惯性和滞后后才影响干燥器出口处的温度，这对干燥器出口处的温度稳定是有利的。以乳液流量为操纵量的控制结构框图如图6-11所示。乳液流量作为操纵量的灵敏性和稳定性是很好的。但是，乳液流量是生产负荷，对它的调节虽然可以保证产品质量，但是产品的数量却不稳定，因而生产负荷不宜作为操纵量。

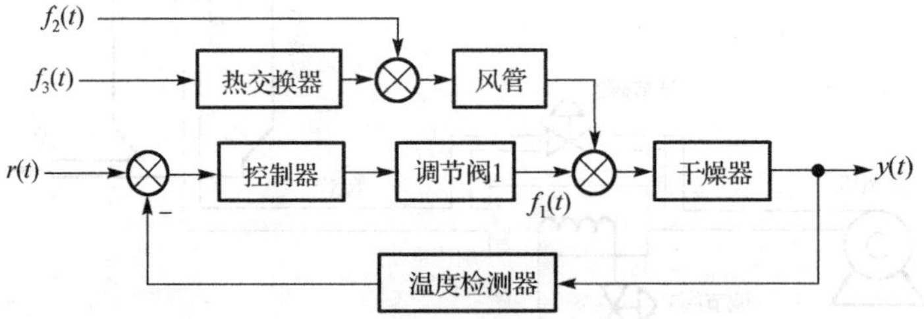

图6-11 以乳液流量为操纵量的控制结构框图

2)选旁路空气流量为操纵量

通过调节阀2的调节，控制旁路空气进入风管的流量大小，该风量与来自热交换器的热风进行混合，然后被传递到干燥器，并对其中乳液的水分进行蒸发，使乳液变成乳粉，这是第二种控制方案。

从旁路空气流量大小对干燥器出口处的温度影响的动态过程看，冷、热空气混合段大体上可用一阶惯性和纯滞后环节来近似描述，其时间常数和纯滞后时间均不大。旁路空气流量对干燥器出口处的温度控制，不如前一种方案的灵活、快捷。另外，干扰量(乳液流量)离干燥器出口近，对干燥器出口处的温度影响大，而另一个干扰量(蒸汽流量)对干燥器出口处的温度影响因通道长而显得较为平缓。以风流量为操纵量的控制结构框图如图6-12所示。

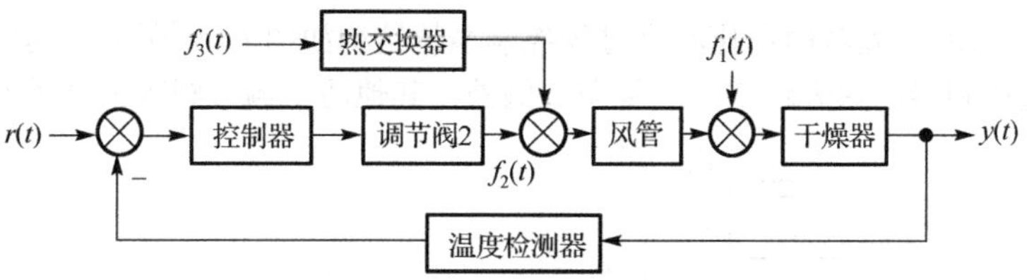

图 6-12　以风流量为操纵量的控制结构框图

3）选蒸汽流量为操纵量

首先，蒸汽对流过热交换器的空气进行加热，加热后与来自旁路的空气进行混合，混合气体在风压作用下沿风管运动到干燥器，对乳液中的水分进行蒸发，使得乳液变为乳粉，最后从干燥器出口送出，这是第三种方案。

这里有两步，第一步是空气被热交换器加热；第二步是被加热空气与旁路空气混合，沿风管进入干燥器蒸发水分。空气被热交换器加热可用一个或两个惯性环节来近似描述，而且时间常数比较大，从而控制难度较大。以蒸汽流量为操纵量的控制结构框图如图 6-13 所示。

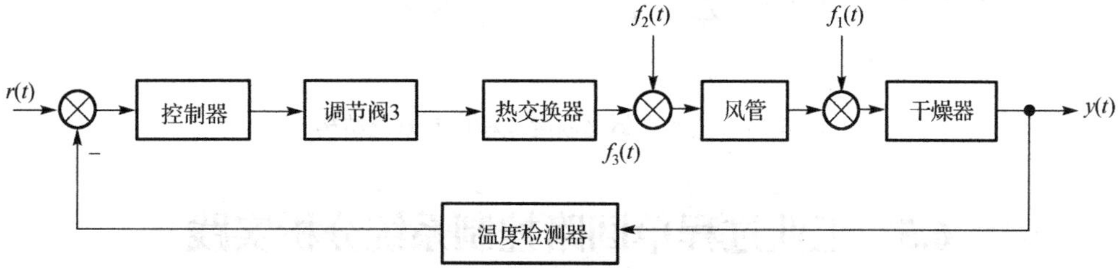

图 6-13　以蒸汽流量为操纵量的控制结构框图

从以上分析可知，第一种方案选乳液流量（生产负荷）作为操纵量就控制性能来说是最好的，但从经济角度和工艺角度来看不合适，具体原因：为保持控制性能而不断变化的乳液流量不能始终处在最大的工作状态，难以保证高的生产效率，经济效益自然受影响。此外，乳液中的凝固块容易堵塞调节阀。第三种方案选蒸汽流量作为操纵量面临的问题是被控对象的工艺过程环节多、时间常数大、滞后较为明显，控制起来难度不小。第二种方案选旁路空气流量作为操纵量就控制性能来说，虽然没有第一种方案那么好，但是它避免了乳液流量作为操纵量带来的问题，尽管控制性能有所下降，但仍满足要求。所以，选旁路空气流量作为操纵量是比较合理的选择。

3．温度检测器的选择

因为干燥器的温度不太高，通常不超过 600℃，所以可以选用常规热电阻温度传感器作为温度检测器，并将其置放在干燥器出口处。

4．调节阀的选择

根据工艺安全和控制合理的原则，应选择气闭式调节阀。调节阀特性可选等百分比流量特性，并根据介质流量来选择调节阀的公称直径和阀芯直径。

5．控制器的选择

由于成品奶粉要求温度控制准确，因而对干燥器出口处的温度准确性要求较高。可选 PI 控制规律，尽量消除温度偏差。根据单回路闭环负反馈的原则，由于调节阀为气闭式，被控对象（过程）为正作用方式，传感器和变送器通常为正作用方式，所以，控制器应该为正作用方式。

综合以上分析过程，乳液固体化温度过程控制系统结构如图 6-14 所示。其中，TT 为温度检测器，TC 为温度控制器，除旁路空气流量调节阀外，其他两个调节阀改为开关阀。

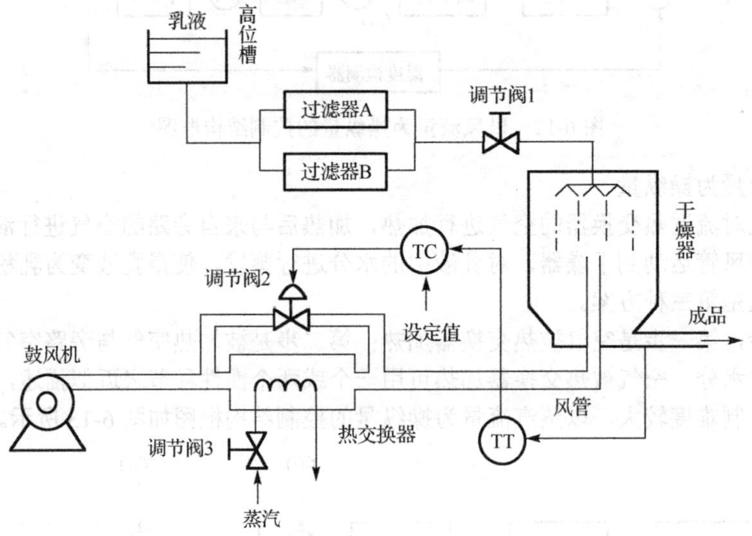

图 6-14 乳液固体化温度过程控制系统结构

6.5 工业过程单回路控制系统分析实践

结合制浆造纸工程领域的研究分析，针对制浆造纸工程具体工艺，确定常用的单回路控制系统方案设计。

6.5.1 压力单回路调节系统

1. 制浆造纸过程常见的压力对象

在制浆造纸的生产过程中，许多工艺设备的压力都要求被测量与控制，如蒸煮过程中的蒸煮锅压力、漂白工段储氯灌的液氯压力、纸机烘缸内的压力、纸机气垫网前箱气垫压力、浆管道浆压力、进入打浆设备的浆压力、进入压力筛和除渣器的压力等。工艺过程和设备的压力测量与控制是保证生产过程的正常运行，达到高产、低消耗和安全生产的一个重要方面。

2. 蒸汽压力调节系统

一般造纸机上的纸页是利用蒸汽进行干燥的。由于锅炉或配气站来的蒸汽压力波动，会直接影响纸页水分含量的稳定，因此按生产工艺要求，进入烘缸前的蒸汽压力要进行自动调节。如图 6-15 所示，要控制蒸汽压力在一定的数值上，以保证产品质量的稳定和生产的安全，此外这对于降低蒸汽消耗也有一定作用。

1) 系统组成

被控对象：锅炉房或配气站送往造纸车间的蒸汽总管道。

被控量：蒸汽压力。

操纵量：从锅炉房或配气站送入管道的蒸汽量。

现场仪表：蒸汽压力变送器、气(电)动薄膜调节阀或气(电)动 V 形球阀。

控制器：调节记录仪表或智能调节器或工业控制计算机或PLC或DCS。

2)安装要求

压力检测点必须在调节阀之后。

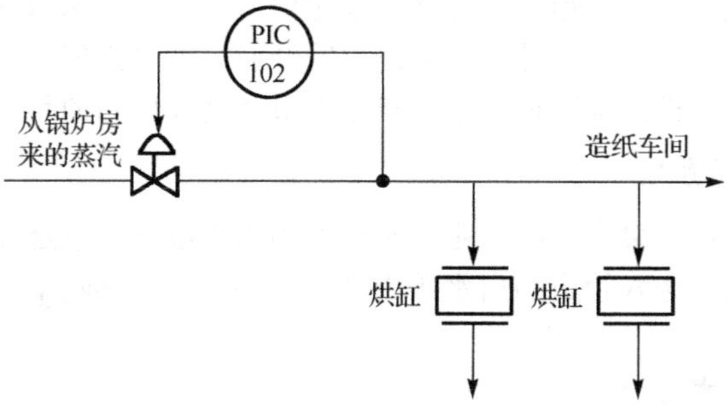

图 6-15　蒸汽压力自动调节系统结构

3)调节原理

当从锅炉房来的蒸汽压力波动，管道内的蒸汽压力高于设定值时，压力变送器的输出信号就增大，将该信号与设定值进行比较后的信号输送给调节器，经过调节器(PI)运算后的信号驱使调节阀开度变大(调节器采用正作用方式)或调节阀开度变小(采用气闭阀)，蒸汽压力就减小而接近设定值；反之，若蒸汽压力低于设定值时，压力变送器的输出信号减小，调节器的输出信号也变小，调节阀开大，使蒸汽压力回升而接近设定值。这样就能使总管道的蒸汽压力不会随从锅炉房来的蒸汽压力波动而大幅度波动，而能稳定在设定值附近，达到自动调节蒸汽压力的目的。

3. 管道浆压力调节系统

管道浆压力是由浆泵产生的。由于浆泵转速的波动或与浆泵连接的浆池液位的变化或用浆量的波动都会使浆泵送入管道的浆压力产生波动，影响生产过程的正常进行。管道浆压力调节系统结构如图6-16所示。

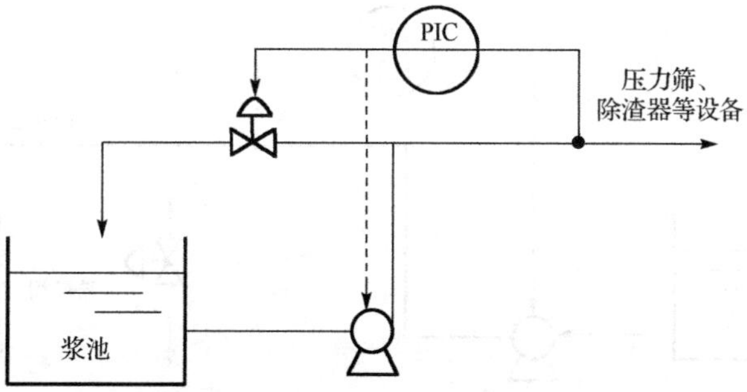

图 6-16　管道浆压力调节系统结构

1)系统组成

被控对象：浆泵和送浆管道。

被控量：管道浆压力。

操纵量：浆泵的转速或调节阀开度。

现场仪表：压力变送器、气(电)动V形球阀或变频器。

控制器：调节记录仪表或智能调节器或工业控制计算机或PLC或DCS。

2)安装要求

压力检测点必须在调节阀之后。

3) 调节原理

当管道浆压力波动，并高于设定值时，压力变送器的输出信号就增大，将该信号与设定值进行比较后的信号输送给调节器，经过调节器(PI)运算后的信号驱使调节阀开度变小，管道浆压力就减小而接近设定值；反之，若管道浆压力低于设定值时，压力变送器的信号就减小，调节器的输出信号也减小，调节阀开度变大，使管道浆压力回升而接近设定值。这样就能使管道浆压力不会大幅度波动，而能稳定在设定值附近，达到自动调节管道浆压力的目的。

4. 管道白水压力调节系统

管道白水压力一般是由水泵产生的。由于泵转速的波动或与浆泵连接的水池液位的变化或稀释阀开度的变化都会使水泵送入管道的白水压力产生波动，从而影响正常生产。

1) 系统组成

被控对象：水泵和白水管道。

被控量：管道白水压力。

操纵量：浆泵的转速。

现场仪表：压力变送器、水泵转速调节用的变频器。

控制器：调节记录仪表或智能调节器或工业控制计算机或 PLC 或 DCS。

2) 安装要求

压力检测点必须装在水平管道处。

3) 调节原理

管道白水压力调节系统结构如图 6-17 所示。当管道白水压力波动，管道内的白水压力高于设定值时，压力变送器的输出信号就增大，将该信号与设定值进行比较后的信号输送给调节器，经过调节器(PI)运算后的信号驱使水泵转速降低，管道白水压力就减小而接近设定值；反之，当管道白水压力低于设定值时，压力变送器的输出信号就减小，调节器的输出信号也减小，水泵转速升高，使管道白水压力回升而接近设定值。这样就使管道白水压力不会大幅度波动而稳定在设定值附近，达到自动稳定管道白水压力的目的。

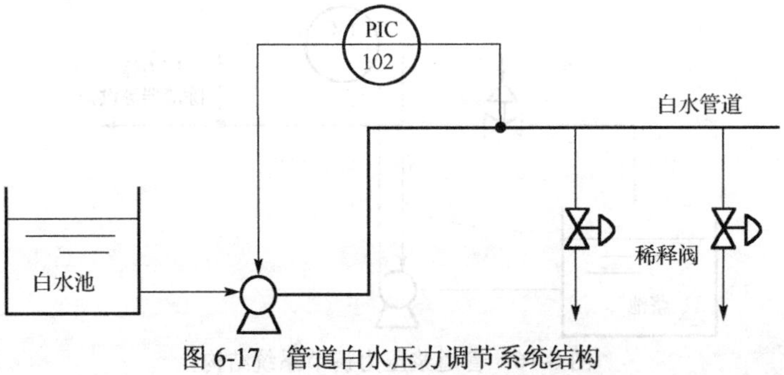

图 6-17　管道白水压力调节系统结构

流浆箱总压力调节的原理与管道白水压力调节的原理基本相同，这里不再赘述。

6.5.2　液位单回路调节系统

1. 制浆造纸过程常见的液位对象

开口容器液位：如浆池、喷放仓、碱液槽、黑液槽等液位，并且大多数物料是悬浮物(纸浆)、黏度较大的黑液、有腐蚀的碱液及漂白液等。

有压容器液位：如立式连续蒸煮锅内的液位、列管式换热器中冷凝水液位、气垫网前箱的液位等。

2．液位控制方案

液位控制方案比较简单，液位对象大多数是单容量对象。根据被测介质的腐蚀性、沉淀、结晶等特点，选用适宜的法兰式差压变送器。根据被测对象的特点和安装条件，要考虑迁移的问题。液面测量分为两类：一类是宽量程的，用于测量容器内液体的贮存量或消耗量，标尺零点在一端；另一类是窄量程的，用于测量恒定液面的偏差，标尺的零点在中间。若工艺允许液位在一定范围内波动，可选用 P 调节器；若对液位的稳定要求严格，就要选用 PI 调节器，并加监护性的显示仪表和报警装置。

3．机外白水池液位控制

机外白水池用来将中浓浆和白水混合后，并经冲浆泵送往纸机流送系统。白水池的液位稳定才能保证上浆量均匀，进而稳定成纸定量。机外白水池液位调节系统结构如图 6-18 所示。

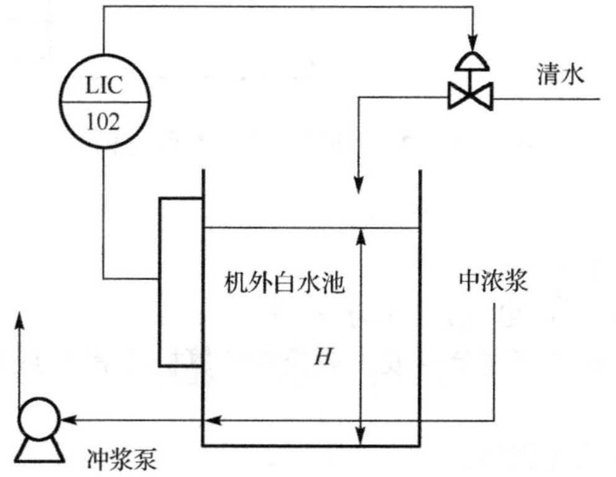

图 6-18　机外白水池液位调节系统结构

1) 系统组成

被控对象：机外白水池。

被控量：机外白水池液位。

操纵量：加入白水池的清水流量。

现场仪表：液位变送器、气(电)动 V 形球阀。

控制器：调节记录仪表或智能调节器或工业控制计算机或 PLC 或 DCS。

2) 安装要求

液位检测点必须在白水池的底部。

3) 调节原理

当机外白水池液位波动并低于设定值时，液位变送器的输出信号就减小，将该信号与设定值进行比较后的信号输送给调节器，经过调节器(P 或 PI)运算后的信号驱使调节阀开度变大，机外白水池液位上升而接近设定值；反之，若机外白水池液位高于设定值时，液位变送器的输出信号增大，调节器的输出信号就变大，调节阀开度变小，使机外白水池液位降低而接近设定值。当机外白水池液位太高时，白水会从机外白水池溢流口溢出，这样就能使机外白水池液位不会大幅度波动，而能稳定在设定值附近，达到自动调节机外白水池液位的目的。

4．配浆池液位控制

配浆池是几种浆料及辅料混合后的成浆贮存池，以便为纸机提供合适的浆料。如果配浆池液位过低，将不能提供纸机用浆；如果配浆池液位过高，就有可能出现溢浆现象，造成浆料浪费。

因此，对配浆池液位的控制有重要的价值。配浆池液位调节系统结构如图 6-19 所示。

1）系统组成

被控对象：配浆池。

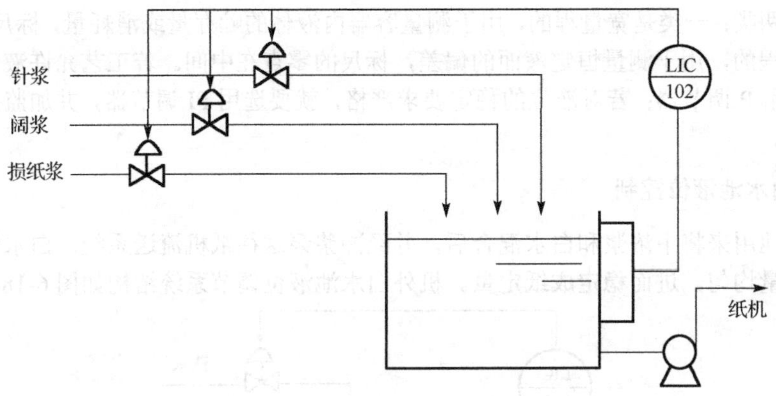

图 6-19　配浆池液位调节系统结构

被控量：配浆池液位。

操纵量：进配浆池浆料的流量。

现场仪表：液位变送器、气（电）动 V 形球阀（多台）。

控制器：调节记录仪表或智能调节器或工业控制计算机或 PLC 或 DCS。

2）安装要求

液位检测点必须在白水池的底部。

3）调节原理

当配浆池液位越来越低时，说明用浆量大于配浆量，液位变送器的输出信号变小，将该信号与设定值进行比较后的信号输送给调节器，经过调节器运算后的信号驱使流量调节阀开度适当变大，配浆池液位会回升而达到设定值。当配浆池液位越来越高时，说明用浆量小于配浆量，液位变送器的输出信号就变大，将该信号与设定值进行比较后的信号输送给调节器，经过调节器运算后的信号驱使流量调节阀开度适当变小，配浆池液位会降低达到设定值。若配浆池的液位保持恒定不变，说明这时配浆量等于用浆量，浆料调节阀不动，配浆池液位稳定。

5．汽水分离器液位控制

汽水分离器收集烘缸出来的乏汽，进一步将汽和水分离，将冷凝水送往下一段或锅炉房，蒸汽可被重复利用。当汽水分离器液位太低时，会使空气进入汽水分离器和烘缸，降低烘缸传热效率。当汽水分离器液位过高时，降低烘缸排水和闪蒸效率。汽水分离器液位调节系统结构如图 6-20 所示。

1）系统组成

被控对象：汽水分离器。

被控量：汽水分离器液位。

操纵量：冷凝水的排除量。

现场仪表：液位变送器、气（电）动 V 形球阀。

控制器：调节记录仪表或智能调节器或工业控制计算机或 PLC 或 DCS。

2）安装要求

液位检测点必须有两点：一点测汽水分离器底部蒸汽压力；另一点测汽水分离器上部蒸汽压力，即差压法测量液位。

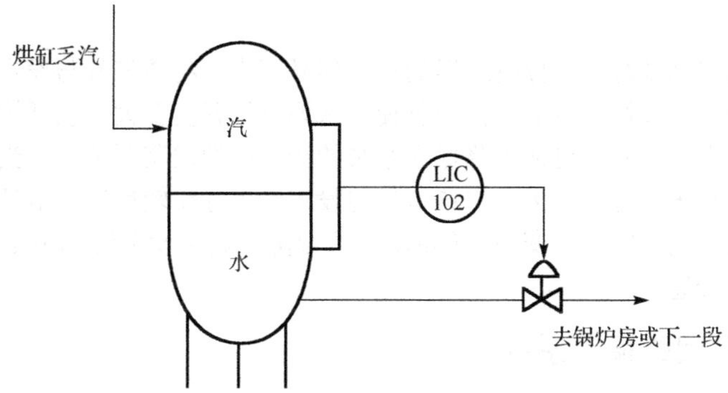

图 6-20　汽水分离器液位调节系统结构

3）调节原理

当汽水分离器液位波动并高于设定值时，液位变送器的输出信号就增大，将该信号与设定值进行比较后的信号输送给调节器，经过调节器（PI）运算后的信号驱使调节阀开度变大，汽水分离器液位就减小而接近设定值；反之，若汽水分离器液位低于设定值时，液位变送器的输出信号减小，经过（PI）调节器运算后的信号驱使调节阀开度变小，使汽水分离器液位回升而接近设定值。这样就能使汽水分离器液位不会大幅度波动，而能稳定在设定值附近，达到自动调节汽水分离器液位的目的。

6．损纸坑液位控制

纸机生产过程中的损纸由损纸坑收集后，经水力碎浆机碎解后再送往损纸池。必须控制损纸坑液位以满足碎浆机碎解的要求。损纸坑液位调节系统结构如图 6-21 所示。

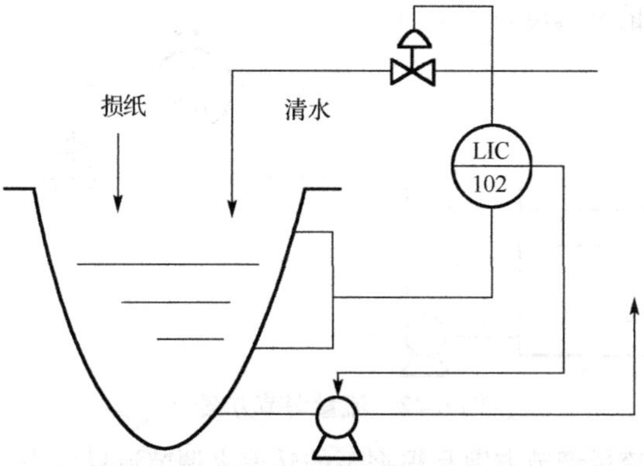

图 6-21　损纸坑液位调节系统结构

1）系统组成

被控对象：损纸坑。

被控量：损纸坑液位。

操纵量：清水加入量或损纸浆送出量。

现场仪表：液位变送器、气（电）动 V 形球阀或变频器。

控制器：调节记录仪表或智能调节器或工业控制计算机或 PLC 或 DCS。

2）安装要求

液位检测点必须在损纸坑的底部。

3) 调节原理

当损纸坑液位越来越低时，液位变送器的输出信号变小，将该信号与设定值进行比较后的信号输送给调节器，经过调节器运算后的信号驱使清水调节阀开度变大，损纸坑液位回升而达到设定值，但损纸坑液位上升太慢，可适当降低送浆泵的转速或把送浆泵关掉。当损纸坑液位越来越高时，液位变送器的输出信号就变大，将该信号与设定值进行比较后输送给调节器，经过调节器运算后的信号驱使清水调节阀开度变小，损纸坑液位会降低达到设定值，但损纸坑液位降低太慢，可适当提高送浆泵的转速。

6.5.3 流量单回路调节系统

1. 制浆造纸过程的流量对象

制浆造纸过程是个连续化生产过程。它的大多数物料以液态或气态的形式在管道中连续地流动。这些物料借助泵或鼓风机获得能量，克服流动阻力。因此，流量的调节几乎都以管道特别是以由泵和管道组成的系统为对象。显然，流量的大小决定于泵的转数和管道阻力，即调节阀开度的大小。一般是用调节阀开度来控制流量大小的。

2. 控制方案

(1) 如图 6-22 所示的流量调节方案是应用最广的方案。值得注意的是，调节阀应装在泵的出口管道上，而不应装在入口管道上。如果调节阀装在泵的入口管道上，由于在调节阀上有一个压力差，使泵的入口压力比无调节阀时的更低一些，这样可由于压力低而使部分液体汽化，使泵的出口压力降低，流量下降，甚至使液体送不出去。同时，液体在泵的入口端汽化后，到泵的出口端受到压缩，可能重新被凝聚，产生冲击，甚至损坏翼轮和泵壳。调节阀宜装在检测元件(如孔板)的下游，这样将保证测量的准确度。

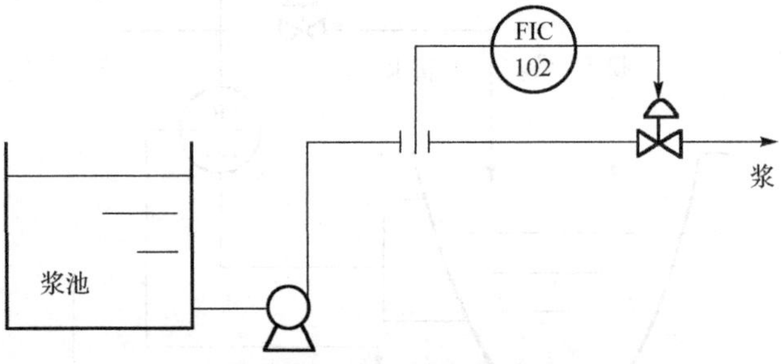

图 6-22　流量调节方案一

(2) 如图 6-23 所示的流量调节方案是根据泵的转速来调节流量大小的。该方案的优点是节能，特别适用于管道直径较大和较小的情况。

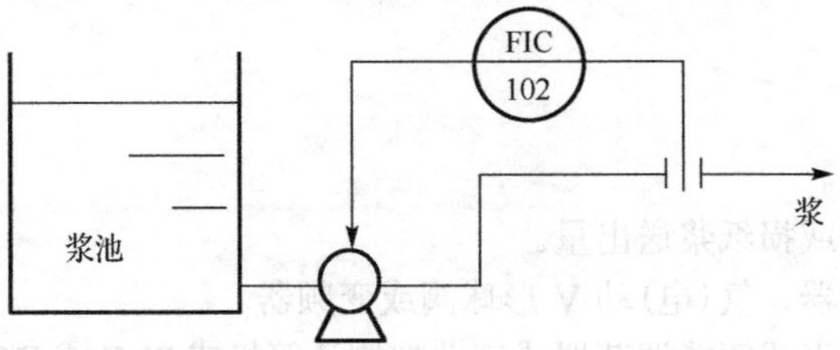

图 6-23　流量调节方案二

在选用调节器时，要注意以下流量调节系统的特点。

(1) 流量常有脉动现象，加上节流元件后又会产生高频湍流，因而带有高频干扰。因微分环节的调节作用对高频信号敏感，所以流量调节一般不加微分环节。有时为了消除干扰增加系统的稳定性而加反微分器。

(2) 管道对象的时间常数很小，因此调节器的比例度要大些，才能保持系统的稳定性。如果调节器的比例度大，则其余差也大。为此，必须引入积分环节来消除余差。有时为了增加系统的稳定性还要加反微分器。

(3) 采用节流装置时，调节系统存在严重的非线性问题。为此，要选用合适的调节阀流量特性补偿这种非线性，或者把测量信号经开方器开方后再送入调节器。

6.5.4 温度单回路调节系统

1. 制浆造纸过程的温度对象

在制浆造纸的生产中，需要测量的温度从–30℃(液态氯的沸点)到1300℃(沸腾炉中混合气体温度或碱液喷射炉里的温度)，范围很广，这就几乎要用到所有的各种类型的接触式测温仪表，如水银式温度计、压力式温度计、热电阻温度计和热电偶温度计。总的来说，要实现温度自动调节的对象不是很多，主要有连蒸、蒸煮立锅(或蒸球)的温度控制，漂白塔的温度控制，普通机械木浆的磨浆温度，坑下白水温度控制，沸腾炉温度控制等。

在制浆造纸生产过程中，需要对温度参数进行调节的对象，绝大多数以蒸汽为载热体去加热对象中的物料，并有以下两种加热方式。

1) 直接加热

蒸汽与物料直接混合，以提高物料温度，如蒸汽与冷水(或碱液)混合变成热水(热碱液)、纸浆与蒸汽混合提高浆液的温度等。这类对象中的物料温度直接由蒸汽的加入量来决定。这种方法设备简单，见效快。当被加热物料不允许增加冷凝水时，就不能用此方法。

2) 间接加热

用换热器的间壁将蒸汽与加热的液体隔开，通过间壁进行热交换，达到加热液体的目的。

2. 间接加热调节方案

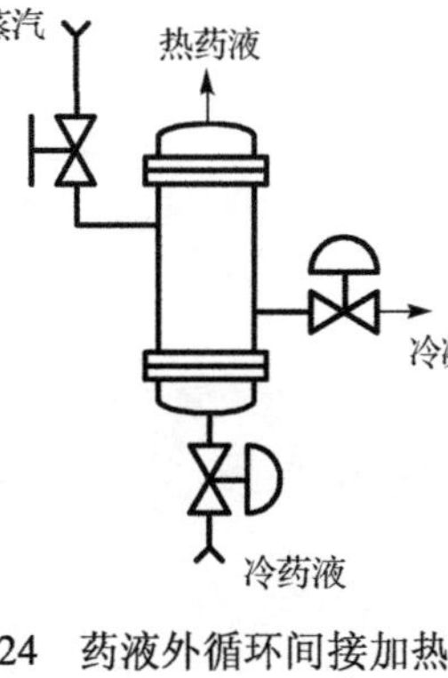

图 6-24　药液外循环间接加热器结构

在蒸煮过程中，药液外循环间接加热器结构如图 6-24 所示。蒸煮温度对药液在原料中的渗透、蒸煮反应速率、纸浆质量和产量等方面都有明显影响。所以，在蒸煮过程中要对蒸煮温度进行控制。

为了保证蒸煮温度，选用换热器出口药液温度为被控量。这里影响换热器出口药液温度的因素有冷药液流量、蒸汽流量、冷凝水排出量等。因此，可以选择三个操纵量，建立三个调节系统。

取冷药液流量为操纵量。冷药液直接进入换热器，对换热器出口药液温度校正最灵敏，而且干扰位置靠近调节阀，可以及时有效地克服干扰，但冷药液流量往往有波动。冷药液流量的稳定将是整个生产过程稳定的保证。所以，干扰药液流量不宜有波动，但冷药液流量往往有波动，也就不宜作为调节参数。

取冷药液流量为操纵量的调节系统会使被控对象的调节通道成为具有纯滞后环节的多容量对象。影响纯滞后时间常数的是热交换器中列管两侧的流体停留时间。如果流体停留时间短，则纯滞后时间常数就较小。

以蒸汽流量为操纵量。如果增大蒸汽流量，使传热量增加，就会提高了换热器出口药液温度。当传热面积起限制作用时，调节蒸汽的调节阀开度，就会改变蒸汽压力和温度。如果调节阀开度大，则换热器内压力就会提高，相应的冷凝温度也会提高，这就增加了传热量，提高换热器药液出口温度。在调节阀前后的压力稳定时，蒸汽流量仅与调节阀开度成正比，可采用直线流量特性调节阀。

以冷凝水排出量为操纵量，即改变传热面积。如果换热器出口药液温度高于设定值，将调节阀开度变小，于是冷凝水会积聚起来，减小换热器的蒸汽有效冷凝面积，从而传热量减小，使出口药液温度下降；反之，将调节阀开度变大，换热器出口药液温度上升。本方案的优点是换热器出口药液温度可达到稳定；其缺点是调节过程反应迟缓。当调节阀开度变小时，冷凝面积要逐渐减小；当调节阀开度变大时，冷凝面积很快增加，控制对象的特性不断变化，调节器参数很难整定。所以，非必要时，不采用此方案。

调节器的选择是由换热器对象特性决定的。在温度调节时，采用 PID 调节器，加微分环节是为了克服滞后时间常数大。

第 7 章　复杂过程控制系统

在大多数工业场合，单回路控制系统既能够很好地解决生产控制问题，又能够满足控制指标的要求。然而，随着工业的发展，生产工艺不断革新，生产过程不断大型化、复杂化，对操作条件的要求也就愈加严格，变量之间的关系变得更加复杂，对产品质量指标也提出了更高要求。这些新的问题如果想得到完美的解决，仅靠简单控制系统是不能胜任的。因此，相应地就出现了一些满足复杂条件下的其他控制形式，这些控制系统称为复杂控制系统。

7.1　串级控制系统

串级控制系统是在简单控制系统的基础上发展而来的。在很多简单控制系统中，干扰比较复杂剧烈，使得被控对象性能指标不如人意。这时，可以考虑采用串级控制系统。

7.1.1　串级控制系统案例分析

炼油厂的管式加热炉是石油加工行业一种常见的生产设备。它的作用是将原油或重油加热到一定温度，以便下一个工序对其进行加工处理。管式加热炉是通过控制进入炉膛的燃料流量，实现对炉膛温度控制的。被加热物料(原油或重油)流过分布在炉膛四周的排管，被加热后从加热炉出口处流出，进入下一个工序。现要求被加热物料流经加热炉出口处的温度达到某稳定值，并监测燃料的压力和组分。在生产中，加热炉烟囱的抽力因大气压力、温度和燃料质量不同而经常变化。此外，被加热物料的流量和进入加热炉的初始温度也偶尔有变化。管式加热炉结构如图 7-1 所示。

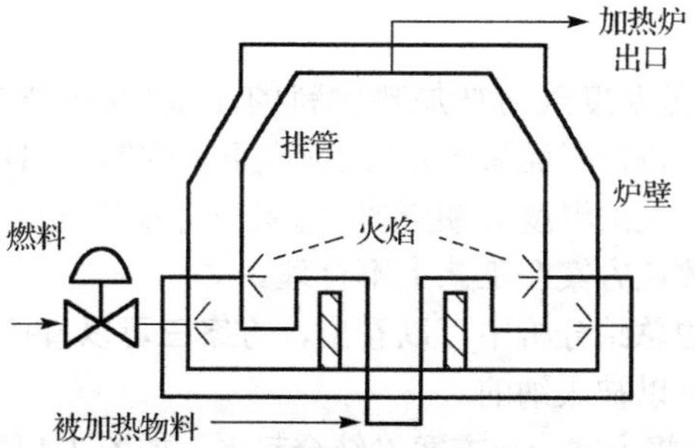

图 7-1　管式加热炉结构

我们可以考虑以下三种方案：方案一是将被加热物料在加热炉出口处的温度作为被控量，并对其进行简单控制；方案二是将炉膛温度作为被控量，并对其进行简单控制；方案三是将被加热物料的流量作为被控量，并对其进行简单控制。

1．方案一

选被加热物料在加热炉出口处的温度作为被控量，以进入加热炉的燃料流量作为操纵量，设计一个温度单回路控制系统来解决问题，即测量被加热物料在加热炉出口处的温度，并将其与设定值比较后的信号送往控制器，经控制器运算后的信号控制燃料调节阀开度，实现对被控量的温度控制，如图 7-2 所示。方案一会出现的问题是：加热炉容量较大，其容量滞后自然不会小，并且从加热炉的入口到出口的温度呈不均匀分布，对被控量的控制作用不及时的问题会比较严重，从而引起被控量超调、长时间波动等。另外，燃料的组分和调节阀前的压力变化、加热炉烟囱的抽力变化等干扰频繁，并且其幅度不小，加上被加热物料的流量和在加热炉入口处的温度也时有变化。这些干扰虽然从闭环负反馈角度上说，均可控制，但是往往存在控制不及时等问题。

2．方案二

针对方案一容量滞后大、干扰频繁的问题，在方案一的基础上，将被控量由被加热物料在加热炉出口处的温度改为炉膛温度，并试图以此维持被加热物料在加热炉出口处的温度为某稳定值，而方案一的其他部分暂不被改变。这样修改的好处是：可以减小容量滞后，并及时控制由燃料的压力和组分变化引起的干扰，以及加热炉烟囱的抽力变化等产生的干扰，使得系统对于这些参量变化的控制更加及时迅速，如图 7-3 所示。但是，方案二却难以保证被加热物料在加热炉出口处的温度达到或维持在期望值，而且不能控制由被加热物料的流量和在加热炉入口处的温度变化引起的干扰。

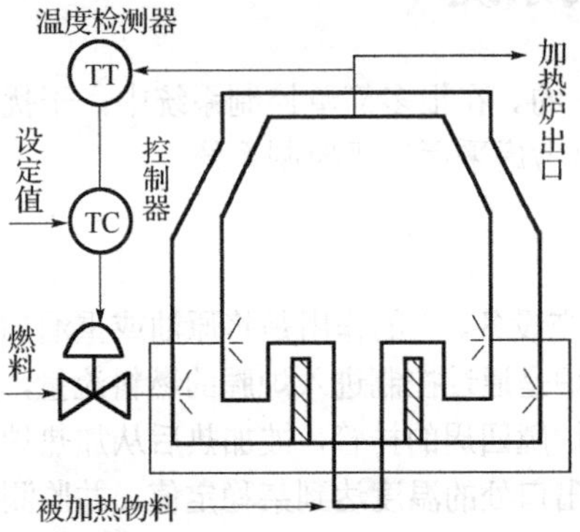

图 7-2　方案一控制结构

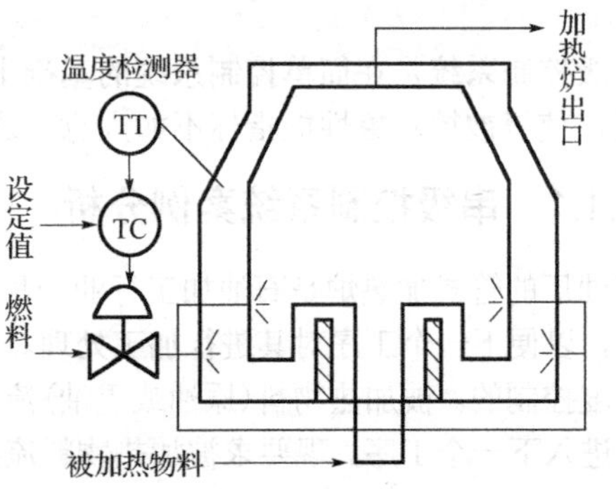

图 7-3　方案二控制结构

3．方案三

方案三是将被控量由炉膛温度改为被加热物料的流量(要在被加热物料进口处加一个调节阀)。在炉膛温度一定(即燃料进炉膛流量一定)的前提下，控制被加热物料进入炉膛的流量大小，实现被加热物料在加热炉出口处的温度为期望值。方案三存在的问题是：被加热物料是生产负荷，控制其流量将影响产量，导致该方案在工艺上不合理。

因此，我们从上述方案的总结分析中可以看出，方案三可以直接被摒弃，而方案一与方案二作为两个单回路控制方案是可以被采纳的。

利用串级控制思想，可以将方案一与方案二结合起来，如图 7-4 所示。其工作过程是：在稳定工况下，被加热物料在加热炉出口处的温度和炉膛温度都处于相对稳定状态，控制燃料的调节阀保持为一定的开度。假设某个时刻，燃料的组分热力值或压力发生变化而出现波动，使得炉膛温度发生变化，而炉膛温度的变化将促使 T_2C 控制器进行工作，产生一个控制增量使得调节阀开度变化，从而改变进入加热炉的燃料流量，进而使得炉膛温度出现的偏差很快减小。此时，由于炉膛温度的变化或被加热物料的流量或温度波动干扰，会使得被加热物料在加热炉出口处的温度发生变化，T_1C 控制器产生的输出增量不断改变 T_2C 控制器的设定值。这样，T_2C 和 T_1C 两个控制器协同工作，能够较快地抑制可能的干扰，使得被加热物料在加热炉出口处的温度重新稳定下来。

管式加热炉串级控制系统结构框图如图 7-5 所示(其中出口温度即指被加热物料在加热炉出口处的温度)。

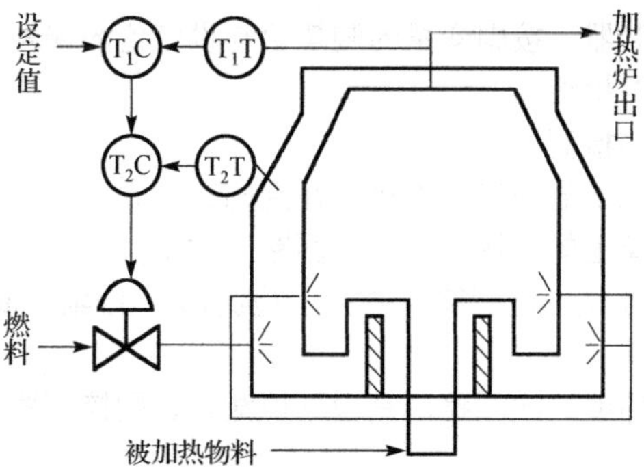

图 7-4　管式加热炉串级控制系统结构

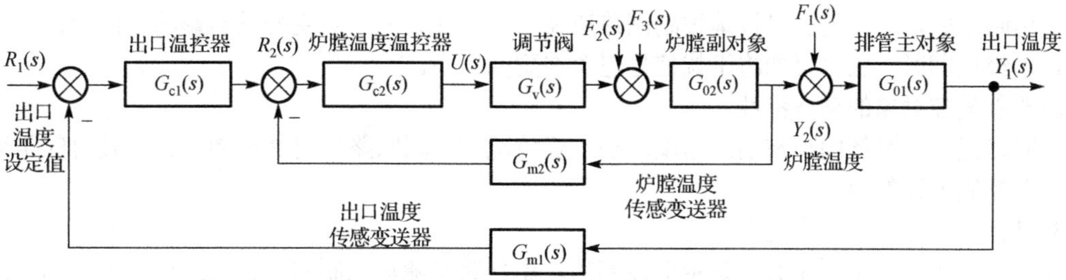

图 7-5　管式加热炉串级控制系统结构框图

7.1.2　串级控制系统工作原理

串级控制系统结构框图如图 7-6 所示。串级控制系统基本由主控制器、副控制器、主检测器、副检测器、主对象、副对象、一次干扰量 f_1、二次干扰量 f_2、主变量 y_1 和副变量 y_2 等组成。

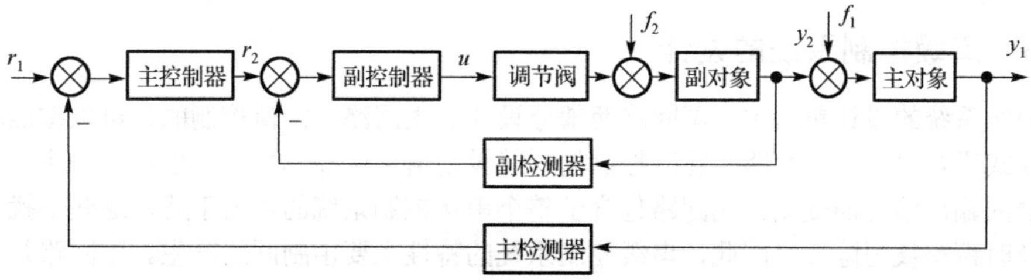

图 7-6　串级控制系统结构框图

常用的串级控制系统名词术语如下。

主变量：是工艺控制指标，在串级控制系统中起主导作用的被控量，如图 7-5 中的出口温度。

副变量：在串级控制系统中，为了稳定主变量或因为某种需要引入的辅助变量，如图 7-5 中的炉膛温度。

主对象：为表现出主变量特性的生产设备，如图 7-5 中的炉膛温度检测点至出口温度检测点的工艺生产设备。

副对象：为表现出副变量特性的生产设备，如图 7-5 中的调节阀至炉膛温度检测点的工艺生产设备。

主控制器：又称主导控制器，按主变量的测量值与设定值的偏差来进行工作，其输出信号作为副控制器的设定值。

副控制器：又称随动控制器，按副变量的测量值与设定值的偏差进行工作。

主检测器：测量主变量的检测器。

副检测器：测量副变量的检测器。

一次扰动：作用在主对象上的干扰，不包含在副回路中。

二次扰动：作用在副对象上的干扰，即在副回路中的干扰。

主回路：又称外环或主环或一次回路，是由主检测器、主/副控制器、执行器(调节阀)、主/副对象所构成的外回路。

副回路：又称内环或副环或二次回路，是由副检测器、副控制器、执行器(调节阀)、副对象所构成的内回路。

串级控制具备了以下一些重要的特征。

1)对进入副回路的干扰具有较强的抑制能力

在副回路中，干扰能够尽快地被副回路所调节，从而减弱了对主变量的影响。因此，在选择与设计串级控制时，应尽可能将干扰信号包含在副回路中。

2)改善被控对象的动态特性

副回路提高了系统的动态响应速度。在一般情况下，副回路采用P控制，其等效时间常数将比单回路控制过程的要小。

3)具有了一定的自适应能力

在串级控制中，主回路通常是定值控制的，副回路是随动控制的。也就是说，当主回路的设定值发生变化时，主控制器的输出信号必定发生变化。此时，该变化正好作为副回路的设定值，副回路也会响应该变化。这种随动变化恰好维持了原定的控制性能指标。

因此，串级控制具有明显的优点，可以在以下场合得到应用。

(1)可应用在干扰频繁并且干扰信号幅度较大的场合。

(2)可应用在容量滞后或纯滞后较大的场合。

(3)可应用在一些非线性过程中。

7.1.3 串级控制系统的设计

串级控制系统的设计包括主、副回路两部分设计。主回路是定值控制的，可以按照单回路控制系统的模式进行设计；副回路是随动控制的，其设定值由主控制器的输出信号来决定。副变量随主控制器的输出信号而变化。副回路包含了整个串级控制系统的主要干扰。这些干扰要通过副控制器的及时调整被消除掉。因此，串级控制系统的特性主要由副回路产生。副回路是整个系统设计与整定的核心内容。

1. 副回路的设计

副回路的设计应该考虑生产工艺和控制的合理性、经济性，涉及副对象、副变量、二次扰动量等方面内容。

1)副对象的选择

由于整个被控对象或工艺过程在结构上是连续的，通常有一体化的特点，通常可在其中选取一部分作为副对象。因此，副对象及副变量的确定似乎有较大的随意性，不同技术人员有不同的做法，其中充满了经验和智慧。

由于副回路具有抗干扰能力强、反应及时的特点，所以在设计副回路时，应尽量包括幅度较大、频度较高的主要干扰信号，让副回路的闭环负反馈的控制机制对干扰进行最大限度地抑制，减轻这些干扰对主变量的破坏作用。

在一些过程控制中，时间常数通常可以表示系统动态响应反应的时间长短，并常常可用时间常数大小来描述主、副对象的差别。一般通道越长，时间常数越大。在串级控制系统设计中，副对象时间常数究竟取多大合适是一个较复杂的技术性问题。这个问题大致有三种情况：一是如果副对象时间常数 T_{02} 取得较大，这就意味着副回路包括的干扰较多，其通道就会较长，于是副回路的工作频率就会下降，反而不利于抵抗干扰，从而影响主变量；二是如果副对象时间常数 T_{02} 取得很小，虽然副回路反应灵敏，但稳定性也差，同时由于包括的干扰较少，难以改善控制性能；三是副对象时间常数 T_{02} 与主对象时间常数 T_{01} 相当，于是主、副回路的动态联系很密切，假如一个回路发生振荡，另一个回路也会引起共鸣，从而影响正常的生产。那么，T_{02} 的选择有一个合适度的问题。

理论和实践表明，串级控制系统的副对象时间常数 T_{02} 和主对象时间常数 T_{01} 之间应保持一个合适的比例范围，即

$$\frac{T_{01}}{T_{02}} = 3 \sim 10$$

如果想让副回路迅速控制主要干扰，则该比例应取大点；如果主对象时间常数较大，想让副回路改善被控特性，则该比例应取小点。该比例一般取值在 3 至 10 之间为好。

同时，为了实现副回路及时控制，建议副对象中尽量少包含纯滞后环节，或者说不要包含纯滞后环节，以免副回路控制不及时而影响控制指标。

2）副变量的选择

副变量的选择与副对象息息相关。副变量作为一个辅助变量，引入的目的是为了提高主变量的控制质量。因此，在主变量确定以后，选择的副变量应与主变量之间存在一定的内在联系。也就是说，副变量的变化在很大程度上能够影响主变量的变化。

一般要求串级控制系统的副变量是独立可控的，并且可以被直接测量。副变量的选择一般有两类情况：一类情况是选择与主变量有一定关系的某个中间变量作为副变量，如图 7-5 中的炉膛温度。一类情况是选择的副变量就是操纵量本身，这样可以及时克服操纵量的波动，减少对主变量的影响。换热器温度流量串级控制系统结构如图 7-7 所示。

在图 7-7 中，从左往右为原料进出工艺通道，从上往下为换热介质进出通道。为了消除换热介质流量的干扰，可以直接将换热器主对象的操纵量 Q 作为副变量，建立副回路的流量检测与控制回路，实现主变量为出口物料温度、副变量为流量的串级控制。

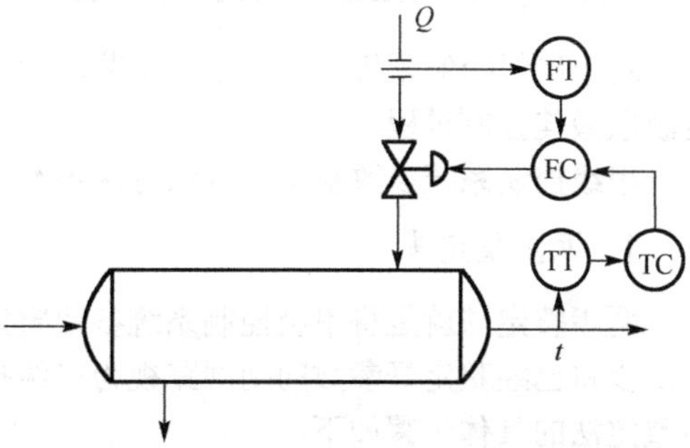

图 7-7　换热器温度流量串级控制系统结构

2. 主、副变量控制规律

1）主变量控制规律

串级控制的目的是为了提高主变量的控制质量。主变量是生产工艺的主要控制指标，直接关系到产品的质量和工艺生产的正常运行。对主变量的要求较为严格，要满足控制指标的稳定性、准确性、快速性的要求。另外，主变量一般不允许有余差。所以，主控制器通常选择为 PI 或 PID 控制器，以实现对主变量的无差控制；在控制通道容量滞后较大的情况下，加上微分环节，可以有效抑制容量滞后。

2）副变量控制规律

在串级控制系统中，稳定副变量不是目的。副变量作为辅助变量，引入的目的就是要保证主变量的控制质量。因此，在干扰作用下，为了维持主变量不变，副变量就要变。副变量的设定值是随主控制器的输出信号变化而变化的，因此，对副变量的要求一般并不严格，允许它有

波动。所以，副控制器一般采用 P 控制器，以快速跟踪副变量的设定值及避免副变量大幅度波动，最好不采用积分环节与微分环节。

3．主、副控制器正/反作用方式的选择

主、副控制器的正/反作用方式是在调节阀气开、气关方式确定之后，通过对主、副对象正/反作用方式的分析最后决定的。串级控制系统主、副控制器的正/反作用方式的选择原则是保证主、副回路各自构成负反馈系统。主、副控制器正/反作用方式确定的顺序：先根据工艺和安全等要求确定调节阀的气开、气闭形式，然后按副回路构成负反馈的思想确定副控制器的正/反作用方式，最后根据主回路构成负反馈的原则确定主控制器的正/反作用方式。有关串级控制系统各部分的正/反作用方式的定义与单回路控制系统的是一样的。

1) 副控制器正/反作用方式的选择

副控制器正/反作用方式的确定与单回路控制系统的相同。

根据工艺和安全要求，先选定调节阀的气开、气关形式后，按照使得副回路形成负反馈系统的原则来确定副控制器的正/反作用方式。由于副回路不包含主控制器，因此可不考虑主控制器的作用方向，只要将主控制器的输出信号作为副控制器的设定值即可。

2) 主控制器正/反作用方式的选择

在通常情况下，主控制器的正/反作用方式的选择完全由工艺要求来决定，与调节阀的形式、副控制器的作用方向无关。主控制器的正/反作用方式的确定有下面两种常用的方法。

方法一：当主、副变量增加(或减小)时，由工艺要求分析得出，为使主、副变量减小(或增加)，主控制器应该选择反作用方式；反之，为使主、副变量增加(或减小)，主控制器应该选择正作用方式。

方法二：如果满足主控制器正/反作用、副对象正/反作用、主对象正/反作用三者符号相乘为负，则可以判断主控制器作用方向。

7.1.4 串级控制系统参数整定

对于串级控制系统，必须结合工艺流程对主、副变量的控制指标要求，才能正确通过参数整定获取最佳控制过程。

串级控制系统参数整定的方法有两步整定法、一步整定法。

1．两步整定法

两步整定法就是将串级控制系统参数整定分两步来进行的。其中，第一步整定副控制器参数；第二步将已经整定好参数的副回路视为串级控制系统的一个环节，对主控制器参数进行整定。两步整定法的具体步骤如下。

(1) 在生产工艺稳定，串级控制系统的主、副控制器均有比例控制的条件下，将主控制器的比例增益置为 1，然后将副控制器的比例度由大到小，进行调节，直到副回路的过渡过程出现衰减比为 4∶1 的响应曲线，记下此时的比例度 δ_{2s} 及振荡周期 T_{2s}。

(2) 在副控制器的比例度为 δ_{2s} 的条件下，逐步降低主控制器的比例度，直至主回路的过渡过程出现衰减比为 4∶1 的响应曲线，记下此时的比例度 δ_{1s} 及振荡周期 T_{1s}。

(3) 根据已经获得的 δ_{2s}, T_{2s} 和 δ_{1s}, T_{1s}，结合预先已经确定的主、副控制器的控制规律，按照表 7-1 计算出主、副控制器的参数值。

(4) 按照先副回路、后主回路，先比例环节、次积分环节、最后微分环节的次序，将上面步骤获得的控制器参数值置于各控制器中，然后进行扰动试验，观察响应曲线，并对参数做适当调整，直至达到预期指标为止。

表 7-1　衰减比为 4∶1 时整定的控制器参数

控 制 规 律	比 例 度	积分时间常数	微分时间常数
P	δ_s		
PI	$1.2\delta_s$	$0.5T_s$	
PID	$0.8\delta_s$	$0.3T_s$	$0.1T_s$

两步整定法显得有条理，并充分利用了前面单回路控制系统的衰减曲线法，使控制器参数的确定又快又准确。

2. 一步整定法

两步整定法要求主、副变量曲线必须达到 4∶1 衰减比，这在实际中实现起来是比较费时的。那么，是否可以放松对副回路参数整定标准呢？例如，不要求副变量曲线出现 4∶1 的衰减比，但对主变量却维持原参数整定标准，这就出现了一步整定法。

一步整定法的主要思路：先根据经验将副控制器参数整定好，接下来按单回路控制系统的整定方法，对主回路控制器参数进行整定。通常，副控制器参数不一定是恰当的，这里通过对主控制器参数的调整加以弥补，以维持主变量曲线出现 4∶1 衰减比的振荡过程不变。一步整定法的具体步骤如下。

(1) 根据副变量名称，按照表 7-2 将副控制器按纯比例环节设置适当的参数值。

表 7-2　用一步整定法整定的副控制器参数经验数据

副　变　量	副控制器比例度/%	副　变　量	副控制器比例度/%
温度	20～60	流量	40～80
压力	30～70	液位	20～80

(2) 按单回路控制系统(任意一种)参数整定方法，整定串级控制系统主控制器参数。通过调整串级控制系统主控制器参数，使其主变量满足要求。

(3) 如果在串级控制系统参数整定中出现主、副回路共振现象，只要改变主或副控制器中比例度即可消除该现象。

7.2　均匀控制系统

7.2.1　均匀控制

均匀控制是针对一些彼此不协调的连续工艺生产过程，特别是前后变量之间的控制相互关联、互相影响，只稳定其中一个变量，则另一个变量将满足不了控制指标要求的连续工艺生产过程而提出来的。下面通过一个前后串联精馏塔过程控制，引出均匀控制系统的概念。

精馏塔过程控制系统结构如图 7-8 所示。其中，1#精馏塔的出料是 2#精馏塔的进料，流通管道将两个精馏塔连接起来。为了保证分馏过程的顺利进行，要求 1#精馏塔内的液位稳定在一定范围内，因此设置了一个液位单回路控制子系统。另外，2#精馏塔希望进料平稳不波动，因此设置了一个流量单回路控制子系统。

假如在精馏塔过程控制中，1#精馏塔的液位稳定后突然受到一个外界干扰而使其液位上升，液位单回路控制子系统将实施控制作用，增大调节阀 1 的开度，出料的流量增大，从而使其液位能够恢复原来稳定的液位。由于 1#精馏塔的出料就是 2#精馏塔的进料，所以 1#精馏塔出料的流量增加将引起 2#精馏塔进料的流量增加。此时，流量单回路控制子系统将发出指令，使调节阀 2 开度变小，企图维持原稳定时进料的流量。这样，调节阀 1 开度变大，调节阀 2 度变小，而两个调节阀却同在一条管路上，就会造成物料输出和进入的相互矛盾状态，工艺上肯定不合理，这种控制方式是失效的。

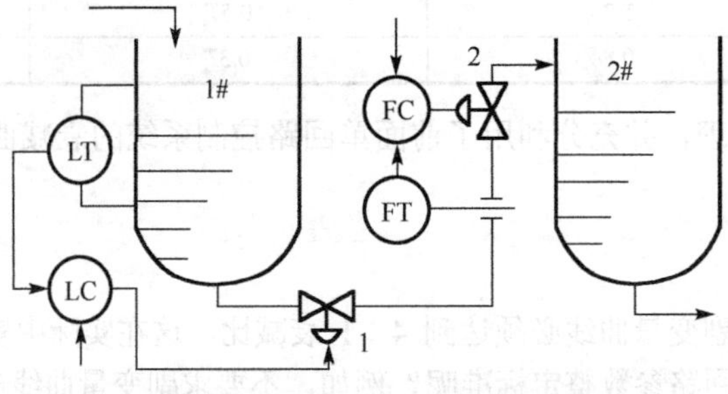

图 7-8　精馏塔过程控制系统结构

为了解决这个物料输出和进入的相互矛盾状态，是否可以在前后两个精馏塔连接管道处，增加一个具备缓冲功能的储槽设备(缓冲设备)呢？这样有时可能具备一些效果，但是增加缓冲设备不仅增大了投资，而且增加了物料传送途中的能量损耗，同时在有些特定化工生产过程是不允许物料中途停顿的，否则极易使物料在缓冲设备中形成聚合或分解。

那么这个矛盾是否可以通过灵活的自动控制方式来解决呢？这样是可行的，解决这种前后设备在物料传输上的矛盾、协调控制问题的系统就是均匀控制系统。

所谓均匀控制系统，是指在生产过程中，针对两个被控参数在控制中既有联系又有抵触的现象，实施一种旨在缓解矛盾、使其相互协调的自动化系统。

均匀控制系统虽然没有达到像单个参数控制系统那样精准控制效果，但也能做到兼顾彼此、输出信号相对平稳且在一定范围内波动，是可控的，也是满足指标要求的。显然，均匀控制是一种特定环境中的特殊控制，在某些工艺过程控制中有一定的应用需求。

对于上述前后串联精馏塔过程控制来说，均匀控制要同时兼顾液位和流量控制，协调顾此失彼的矛盾，使液位和流量在一定范围之内缓慢变化，并满足指标要求。

作为一种自动控制方式，我们要求系统具备准确性、快速性和稳定性。当然，这里不用通常的控制性能指标来评价控制系统优劣，但对系统的准确性、快速性之类的指标还是有要求的，只是不再那么苛求严格了，而且系统的稳定性一定要满足指标要求。具体来说，假如将图 7-8 中的液位控制得比较平稳，而流量波动却较大，如图 7-9(a)所示(H 表示液位，Q 表示流量)，或者像图 7-9(b)那样，流量控制得比较平稳，而液位却起伏较大，这两种控制情况都不是好的均匀控制效果。但是，如果如图 7-9(c)所示，液位和流量均缓慢地在一定范围内波动，就是较为合适的均匀控制响应曲线。在这里可以看到，并不要求液位和流量无误差，而是要求液位和流量在一定误差范围内即可。

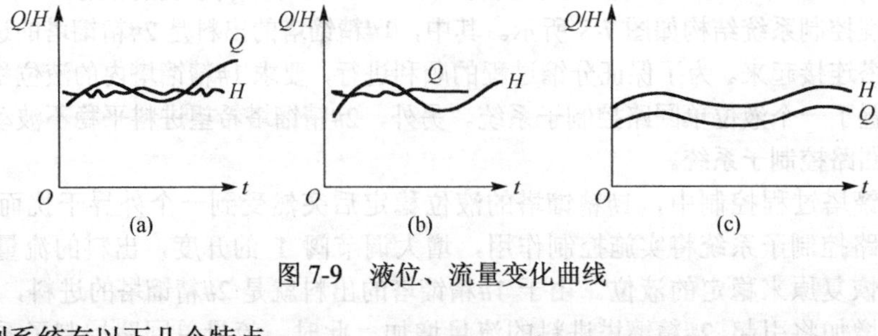

图 7-9　液位、流量变化曲线

均匀控制系统有以下几个特点。

1．结构上无特殊性

均匀控制是对控制目的而言的。均匀控制系统在结构上无任何特殊性，可以是一个单回路控制系统，也可以是一个串级控制系统，或者是一个双冲量控制系统。所以，一个普通的控制系统能否实现均匀控制的目的，主要在于系统控制器参数被整定得如何。可以说，均匀控制是通过降低控制回路灵敏度来获得的，而不是靠结构变化得到的。

2．参数应缓慢变化

因为均匀控制是前后设备物料供应之间的均匀，所以表征这两个物料的参数都不应为某个固定数值。这两个参数应该都变化且变化比较缓慢。

需要注意的是，均匀控制在有些场合不是简单地让两个参数平均分摊，而是视前后设备的特性及重要性等因素来确定均匀的主次。

3．参数的变化应限定在允许范围内

在均匀控制系统中，被控量是非单一的、定值的，并可以在设定值附近一个范围内变化。也就是说，根据均匀控制系统的供求矛盾，两个参数的设定值不是定点的而是定范围的。

明确均匀控制的目的及特点是十分必要的。在实际运行中，有时因不清楚均匀控制的设计意图而变成单一参数的定值控制，或者把两个参数都调成一条直线，最终使均匀控制失败。

7.2.2 均匀控制方案

1．简单均匀控制

简单液位均匀控制系统结构如图 7-10 所示。从工艺控制结构上来看，该系统与液位单回路控制系统是相同的。该系统的控制理念、参数整定和控制效果与液位单回路控制系统具有明显差异。该系统要求控制器以较为平缓的方式使液位在规定的范围内缓慢变化。因此，该系统的控制器一般选用比例控制规律，并且比例度较大，即比例增益较小，比例环节的作用相对较弱，不会造成液位大幅度波动。有时为了限制余差超过控制允许的范围，也考虑引入积分环节，但其积分时间常数通常比较大，这样就会削弱积分环节的作用。

简单均匀控制系统的优势是结构简单、整定方便、成本较低，适用于扰动较小、控制要求不高的场合。

2．串级均匀控制

如图 7-10 所示，流过调节阀的流量除了受到 1#精馏塔的液位影响外，还受调节阀前后压力差变化的影响。一旦对流入 2#精馏塔的物料流量有平稳、可控之类的要求，那么简单均匀控制肯定难以满足这样的要求。此时，可考虑在简单均匀控制的基础上，引入一个流量控制回路，构成类似于串级控制系统的串级均匀控制系统，其结构如图 7-11 所示。

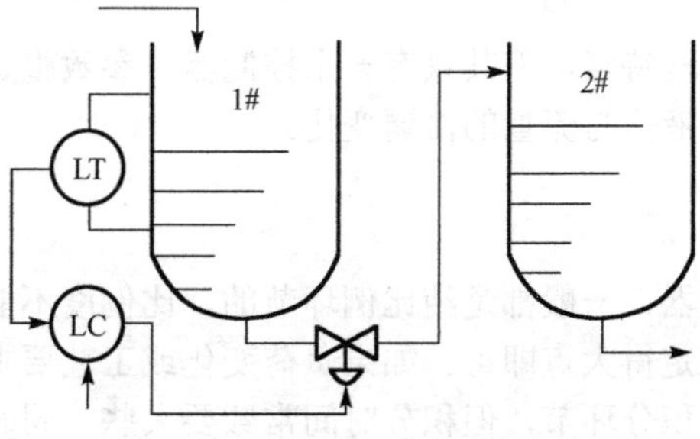

图 7-10 简单液位均匀控制系统结构

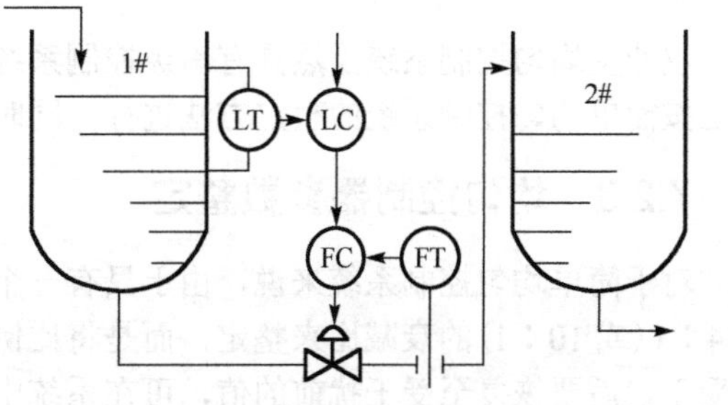

图 7-11 串级均匀控制系统结构

在串级均匀控制系统中，引入串级控制的形式不是为了提高液位的控制精确度，而是为了精馏塔的液位与流出调节阀的物料流量(即进入 2#精馏塔的流量)之间相互协调。从控制结构与效果来看，流量副回路与串级控制系统的副回路具有相同的功能，即可在两个精馏塔的流量波动时，尽快使流量调回到设定值，尽可能减小对前一个精馏塔的液位的影响。

假设当流量副回路及液位主回路受到干扰后，串级均匀控制系统的调整过程大体与串级控制系统的相似，只是主变量的变化缓慢且相对平稳。这种主、副变量控制效果主要通过对主、副控制器参数整定来实现。

通常，串级均匀控制系统主、副控制器选择的控制规律如下。

(1)主控制器可选用 P 控制规律，允许在设定值许可的范围上下有所波动。如果对波动范围有限制，或者要消除余差，可选用 PI 控制规律，以防主变量(液位)可能突破限定的范围，进而影响产品质量。

(2)副控制器通常采用 P 控制规律，使得控制作用快速及时，如果对副变量有较高要求，也可考虑采用 PI 控制规律。

3．双冲量均匀控制

双冲量均匀控制系统即双变量均匀控制系统，是在上面串级均匀控制系统的基础上演变而来的，去掉了一个主控制器，增加了一个加法器，将液位与流量两个测量信号通过相加运算后作为控制器的测量值。精馏塔双冲量均匀控制系统结构如图 7-12 所示。双冲量均匀控制系统结构框图如图 7-13 所示。

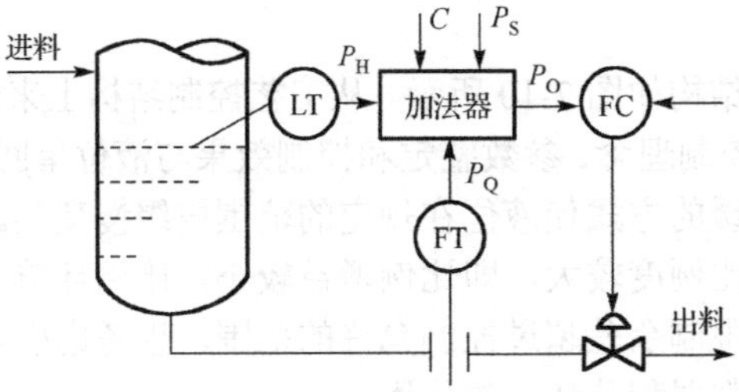

图 7-12 精馏塔双冲量均匀控制系统结构

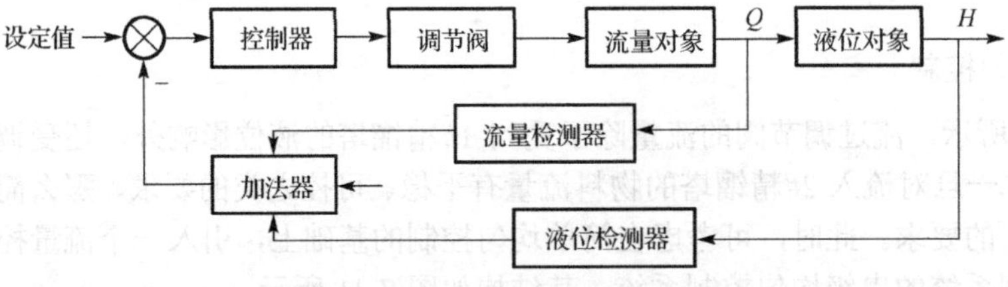

图 7-13 双冲量均匀控制系统结构框图

双冲量均匀控制系统虽然具有串级控制系统的一些特点，但其只有一个控制器，参数整定大体上按简单均匀控制系统的整定方法进行，同时兼顾液位与流量的协调变化。

7.2.3 均匀控制器参数整定

对于简单均匀控制系统来说，由于只有一个控制器，一般都是纯比例环节的，比例度不能按照 4∶1(或 10∶1)的衰减比来整定，而是将比例度整定得大点即可。如果负荷变化或工艺要求液位受干扰后要恢复至受干扰前的值，可在系统中加入积分环节，但积分时间常数要大些，同时适当增大比例度，使得液位和流量缓慢变化即可。

在结构上，串级均匀控制与串级控制是相同的。如图 7-12 所示，液位控制器的输出信号作为流量控制器的设定值，用流量控制器的输出信号来操纵执行器；由于有副回路的引入，则可以及时控制副回路中干扰导致的流量变化。

串级均匀控制的目的是为了协调液位与流量两个变量的关系，使这两个变量在规定的范围内缓慢变化，这就需要控制器参数的合理整定了。参数整定的目的不是使得变量尽快回到设定值，而是要求变量在允许的范围内缓慢变化。

串级均匀控制系统的主、副控制器一般都采用纯比例环节，只有在较高控制要求场合，为了防止偏差过大而引入适当的积分环节。

下面介绍串级均匀控制系统的控制器参数整定的方法。

1. 经验整定法

以上述串级均匀控制系统为例，将主、副控制器的比例度调到适当值，然后由大到小对其进行调节，使响应曲线呈缓慢非周期衰减变化，即控制作用由小逐渐变大。如果主对象液位实际值与设定值偏差过大，可在主控制器中引入积分环节，但积分时间常数初始值应适当大些且逐渐减小，此时积分作用由小变大，观察液位响应曲线，直至液位有恢复设定值的趋势。

2. 停留时间法

实际上，停留时间法也是一种经验整定法，是用来确定主控制器参数的。停留时间法根据计算获得停留时间与控制器参数的关系(该关系由实践总结而得)，确定相应的控制器参数，并将整定参数投入试运行。

如图 7-11 所示，在正常流速下，流体在容器中全量程变化(从底部至顶端)所需的时间就是停留时间，可用 t_s 表示，其计算公式为 $t_s = V/Q$。其中，Q 为正常工况下的流量，V 为容器中液体上、下限之间的有效容量。如果采用的是一个规则的圆柱形容器，且直径和柱高分别为 D 和 H，则可求得容积 $V=\pi D^2 H/4$。

如果通过对象特性知道被控对象时间常数 T_0，则停留时间也可通过公式 $t_s = T_0/2$ 求得。

不管是采用上述哪一种方求解 t_s，均可按表 7-3 确定控制器相应的控制参数，具体步骤如下。

(1) 按经验整定法确定副控制器参数。

(2) 按公式 $t_s = V/Q$ 或 $t_s = T_0/2$ 计算停留时间 t_s，并由表 7-3 确定主控制器参数。

(3) 将整定参数投入试运行。如果参数不合适，可按照比例度、积分时间常数由大到小进一步调整，直至主、副变量符合要求为止。

表 7-3 停留时间与控制器参数之间的关系

停留时间/min	比例度/%	积分时间常数/min
小于 20	100～150	5
20～40	150～200	10
大于 40	200～250	15

7.3 比值控制系统

7.3.1 比值控制

在化工、炼油及其他工业生产过程中，经常有两种或两种以上物料或流体并保持一定的比例关系。这些物料或流体的配比是否准确，往往影响产品的性能与质量，以及原料消耗和能源节省的多少。

例如，在制浆过程中，为了获得一定浓度的浆料，必须使得浆料与白水按照一定的比例进行均匀混合，以保证后续工艺的原料浓度；在工业锅炉燃烧过程中，为了保证燃烧的经济性、防止大气污染、保护环境，在炉膛中就要保证燃料量与空气量按照一定的比例混合，以确保燃烧的效率；在硝酸生产中，氨气与空气的流量必须有一个适当的比例，否则有可能发生爆炸事故。

因此，使两种或两种以上的物料在生产过程中自动保持一定比例关系的控制称为比值控制。

在比值控制系统中，物料几乎全是流体，并且始终有一种物料处在主导地位，这种物料称为主物料或主动量或主流量，一般用Q_1表示；其他处于次要地位的物料称为从物料或从动量或从流量或副流量，通常用Q_2表示。从流量与主流量之比(工艺流量比)用K表示，即$K=Q_2/Q_1$。从流量是随主流量按一定比例变化的。所以，比值控制系统实际上可以看成一种随动控制系统。

7.3.2 比值控制方案

1. 开环比值控制系统

开环比值控制系统如图7-14所示。其中，FT为主检测器，K为比值器。可以看出，开环比值控制系统结构简单，是各类比值控制方案中最简单的一种。主流量为Q_1，从流量为Q_2，在稳定时，Q_2与Q_1之比保持恒定，即$Q_2/Q_1=K$，这里的K为工艺指标规定的质量或体积流量比值，一般为常数。

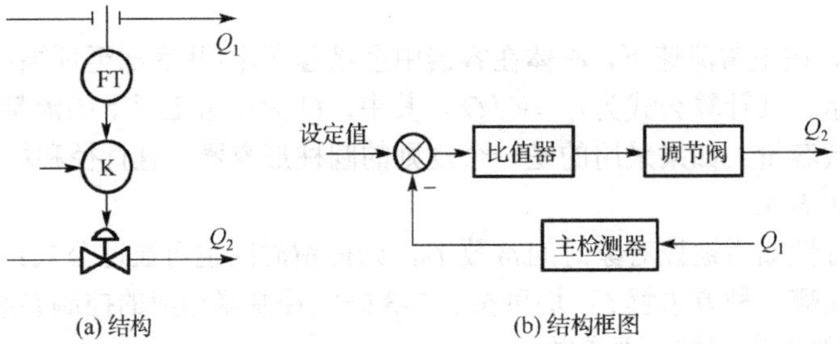

图7-14　开环比值控制系统

由开环比值控制系统可知，当主流量Q_1变化时，主检测器FT将其传输给比值器，并经比值器运算后，按一定比值输出相应的控制信号，以改变调节阀开度，使从流量Q_2重新与变化后的Q_1保持原比值关系。

开环比值控制系统并没有形成闭环，对于诸多干扰，如调节阀两端压力变化引起的Q_2变化，该系统不具备抵御能力，无自调整功能。所以，在实际工作中较少采纳开环比值控制系统。

2. 单闭环比值控制系统

针对上述开环比值控制系统无法有效抑制干扰的缺陷，人们又发展了一种单闭环比值控制系统，增加对副流量的检测并形成一个副流量的反馈控制回路，而主流量仅有检测环节，没有反馈控制回路。如图7-15所示，F_1T, K, F_2T和F_2C分别为主检测器、比值器、副检测器和副控制器，K'为K折算为电信号的值，称为比值系数，即电气比或仪表比。

单闭环比值控制系统结构框图如图7-16所示。从流量用于闭环控制，主流量仅用于检测。当该系统处在稳态时，主、副流量稳定，并且有$Q_2=KQ_1$的关系。当主流量Q_1不变，而副流量Q_2因干扰而变化时，闭环负反馈环节将控制这种干扰，使Q_2维持不变化，此时该系统为定值控制系统；当主流量Q_1变化时，经主检测器F_1T送至比值器，比值器按预先设定的比值K，输出信号，并将该信号作为副回路的设定值，以使副流量 Q_2 仍按原设定的比值变化，即 $Q_2=KQ_1$，Q_2 随 Q_1 的变化而变化，此时该系统为随动控制系统；当系统的主、副流量同时被干扰时，副流量回路一方面控制扰动，另一方面根据新的 Q_1 值，改变调节阀开度，使得副流量 Q_2 按原比值做出相应变化。尽管 Q_1 和 Q_2 均有变化，但它们的比值 $K=Q_2/Q_1$ 不变，仍符合工艺要求。

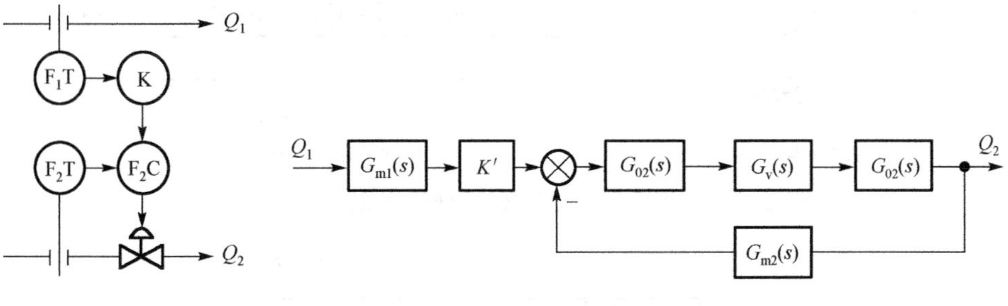

(a) 结构　　　　　　(b) 传递函数结构框图

图 7-15　单闭环比值控制系统

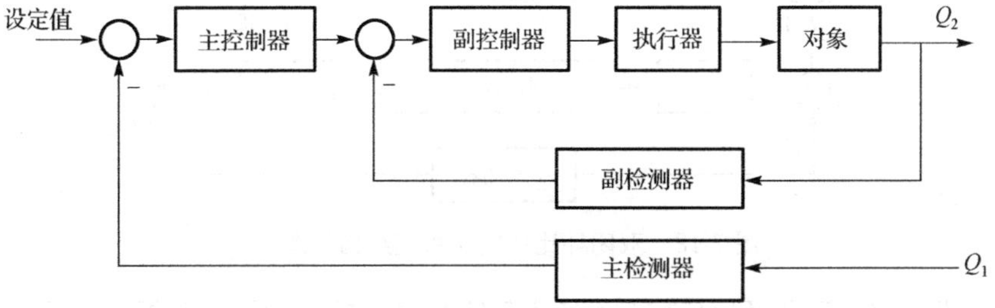

图 7-16　单闭环比值控制系统结构框图

单闭环比值控制系统的优点：当副流量因干扰而发生变化时，系统有较好的抵抗能力；而且，一旦主流量变化时，副流量也能够及时跟随变化；系统稳态时，副流量与主流量的比值保持不变。

这种方案的结构形式比较简单，系统稳定性较好，实施起来比较方便，所以得到较为广泛的应用，尤其适用于主物料在工艺上不允许进行控制的场合。但是，在实际应用中，有些工艺过程对于总的物料量(如主流量与副流量的流量总和)是有限制的，则该方案又是不合适的。因此，要根据具体比值控制的工艺要求来确定具体方案。

3．双闭环比值控制系统

由于上述单闭环比值控制系统的主流量易受干扰而变化，以及该系统对工艺生产中物料总量(负荷)有限制等问题，促使人们考虑是否有更加合适的优化控制方案呢？因此，人们在单闭环比值控制系统的基础上，开发了一种对主流量有约束的比值控制系统，这就是双闭环比值控制系统。双闭环比值控制系统如图 7-17 所示。其中，F_1T, F_1C 分别为主检测器和主控制器，F_2T, F_2C 分别为副检测器和副控制器，K, K' 分别为副、主流量的工艺比与电气比。

双闭环比值控制系统结构框图如图 7-18 所示。从双闭环控制结构来看，当主流量受干扰而变化时，一方面主流量闭环回路可对其进行及时反馈控制；另一方面系统将主流量通过比值器运算后，作为副流量设定值传递给副回路，通过副流量闭合回路，实现副流量(副被控量) Q_2 及时跟随主流量变化。对于因任务要求而主动升或降负荷的情况，双闭环比值控制系统显得更加方便，通过改变主流量设定值即可实现，副流量自动跟随其升或降，不用担心比值变化的问题。

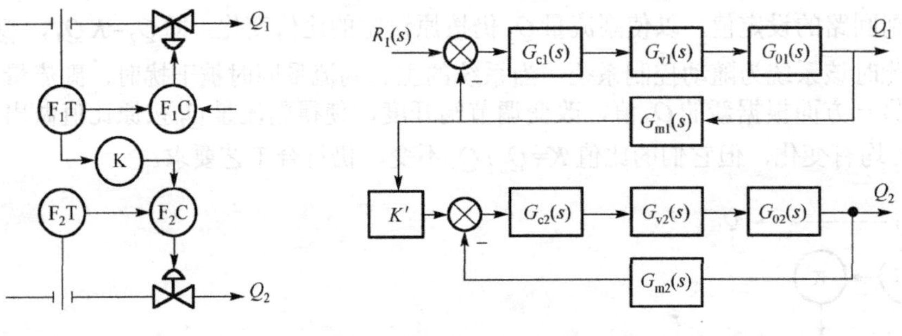

(a) 控制流程　　(b) 传递函数结构框图

图 7-17　双闭环比值控制系统

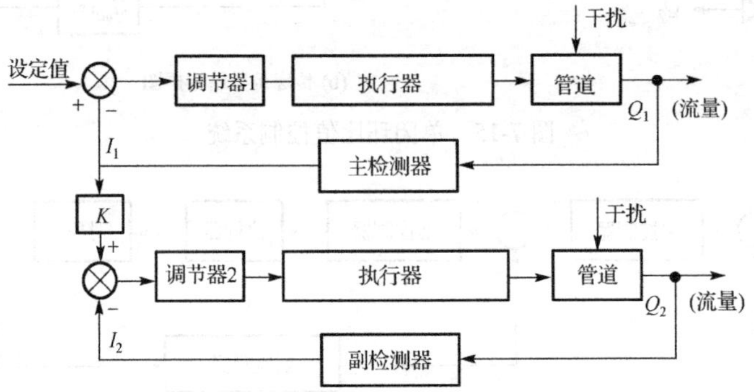

图 7-18　双闭环比值控制系统结构框图

综合以上分析可知，双闭环比值控制系统不仅能有效控制主、副流量的干扰，而且能方便地实现生产负荷的改变，升或降负荷比较方便。该系统的缺点：投用仪表较多、投资较大，参数整定复杂，维护显得较为麻烦。该系统主要适用于主流量干扰频繁、工艺上不允许负荷有较大波动或工艺上经常要升或降负荷的场合。

4．变比值控制系统

前述三种比值控制系统的主、副流量的比值是固定不变的，但是有些生产过程却要求主、副流量的比值要根据具体工艺要求而变化，这就是我们所说的变比值控制系统，它属于一种动态比值控制系统。变比值控制系统传递函数结构框图如图 7-19 所示。

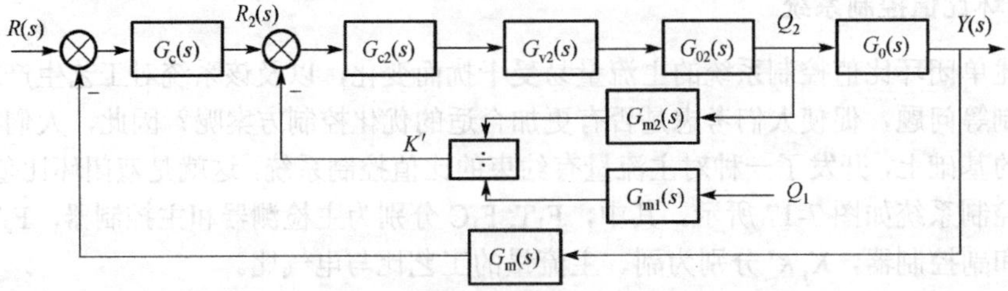

图 7-19　变比值控制系统传递函数结构框图

变比值控制系统结构框图如图 7-20 所示。可以看出，变比值控制系统在结构上有串级控制系统的特点。它实际上是一个以第三参数为主变量，以主、副流量的比值为副变量的串级控制系统。在图 7-20 中，外环为第三参数单闭环控制回路，内环为单闭环比值控制回路，外环与内环共同组成串级比值控制系统。温度作为系统的主要品质指标，通过内环的流量变比值控制系统来保持稳定。

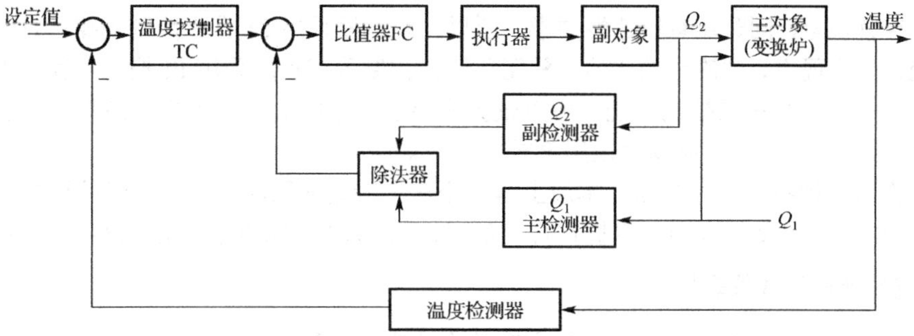

图 7-20　变比值控制系统结构框图

7.3.3　比值控制系统的设计

1．控制方案选择

从上述介绍的四类比值控制系统来看，应该说是各有优、缺点。单闭环比值控制系统结构简单，实现方便，可实现主、副流量的精确比值控制，它对包含在副回路中的干扰具有较好的抵抗能力，但对于主流量的干扰却无抵抗能力，对总流量也无约束、无限制，所以多用于仅要求主、副流量保持合适比例的生产过程中。双闭环比值控制系统可有效抵抗主、副流量频繁受到的干扰，对负荷变化也能适应，同时可约束或改变主、副流量的总量，但该系统复杂，成本较高。而当主、副流量的比值要跟随第三参数的需要进行自动调节时，可选择变比值控制系统。

2．主、副流量的确定及流量计的选择

在过程控制中，无论主、副流量的比值是恒定的，还是随第三参数而变化的，都是为了保证产品质量、数量或安全。具体主、副流量的确定往往需要设计人员的智慧经验，可以参考以下几个方面。

(1) 主流量一般选择生产过程中起主导作用的物料流量。副流量是以主流量为准，跟随其变化的物料流量。例如，煤气燃烧需要空气，一个批次的煤气中含可燃成分是相对固定的，煤气需要一定比例的空气来搭配，才能产生最大热量，这里煤气可选为主流量。

(2) 为了生产经济性，一般将经济价值较高的物料流量选为主流量，这样有利于计划生产，节省资源。这一点对双闭环比值控制系统更为明显。

(3) 当生产工艺对物料流量有特别要求时，主、副流量的确定应服从或满足这种要求。生产工艺要求决定控制模式，控制是为产品服务的。

在实际生产中，如果遇到一些特殊的情况，就要具体问题具体分析，以便确定合适的主、副流量。例如，在两种物料流量中，一种是可控的，另一种是不可控的，则应选择不可控的物料流量作为主流量，可控的物料流量作为副流量；如果一种物料供应充沛，另一种物料可能供应不足，此时应选供应可能不足的物料流量作为主流量。这是因为一旦主流量不足，副流量可随之减小，从而保持主、副流量的比值不变。

主、副流量的测量是比值控制的基础，而测量所采用的流量计主要有量程和精确度两方面要求。一般来说，正常被测流量应占流量计满量程的 70%，流量计的精确度应优于系统精确度。具体流量计的选择可参考有关产品的手册。

3．控制器和比值器的选择

在比值控制系统中，控制器的控制规律随比值控制类型的不同应有所区别。一般来说，在双闭环控制系统中，对主流量是定值、定量控制的，不宜有误差，对副流量应按主流量的比例进行

控制，也不宜有误差，同时还有快速性要求，所以副控制器采用 PI 或 P 控制规律；对于双闭环比值控制系统，为实现主、副流量的比值，单闭环比值控制系统也应采用 PI 控制规律；由于变比值控制系统实际上是一种串级控制系统，所以依据串级控制系统的控制规律，该系统主控制器应采用 PI 或 PID 控制规律，副控制器可采用 P 控制规律。

比值器作为一种特殊的控制器，本质上是一个实现特定的乘法或除法功能的运算器，通常有相乘和相除两种功能。如果采用计算机代替比值器，可通过乘或除运算算法来实现比值器的功能。

4．将流量比折算成仪表比

比值控制中的一个特有的问题是将生产工艺中的流量(或质量)比 K 换算成仪表比(又称电气比) K'(比值系数)。而后将 K'正确地设置在相应的仪表上，以便系统实现控制要求。现在，主要使用 DDZ-Ⅲ型组合仪表，当流量为 $0\sim Q_{max}$ 时，变送器输出 4～20mA 直流信号。这里分两种情况来讨论。

若流量与检测器输出信号呈线性关系，即选用了线性流量计，如转子流量计、涡轮流量计或椭圆齿轮流量计等测量流量，变送器输出信号与被测流量呈线性关系，则可以分析出仪表比 K' 与流量比 K 呈线性关系，且与主、副流量计的流量量程之比成正比，可以表示为 $K' = K Q_{1\max}/Q_{2\max}$。

若流量与检测器输出信号呈非线性关系，如用差压流量计测量流量，并且其输出信号未经开方处理，流量与检测器两端的压力差呈开平方关系，则流量检测中的仪表比与流量比之间不呈线性关系，可以表示为 $K' = K^2 Q_{1\max}^2/Q_{2\max}^2$。

7.3.4 比值器参数整定

比值器的作用是计算两个量的比值，如 $Q_2/Q_1=K$ 或 $Q_2=KQ_1$。其实现主要有两种方法：一是相除法；二是相乘法。

上面介绍的变比值控制系统中的比值器用的就是相除法，将两个流量 Q_2 和 Q_1 都测量出来，经除法器后，输出的商 K' 就是比值的测量值，如图 7-21 所示。先将 Q_1 测量出来，然后将这个测量值 Q_1 乘以仪表比 K'，其积 $K'Q_1$ 控制实际流量 Q_2，这就是相乘法，如图 7-22 所示，前面介绍的单闭环比值控制系统采用的就是这种方法。

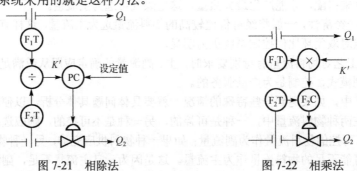

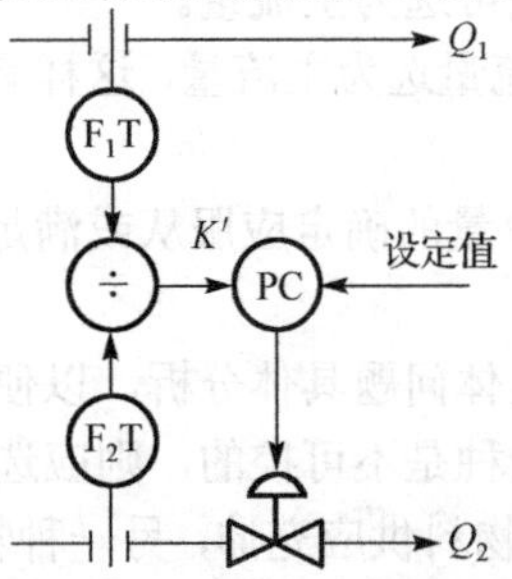

图 7-21 相除法

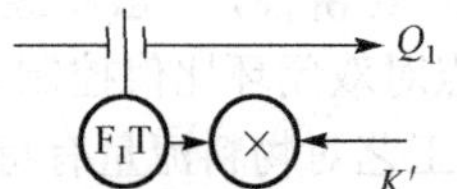

图 7-22 相乘法

因比值控制系统的类型不同，其作用或功能有异，从而使相应控制器的整定参数有所区别。

单闭环比值控制系统、双闭环比值控制系统中的副回路，以及变比值控制系统中的变比值回路均是随动控制的。这些比值控制系统的副流量将随主流量或第三参数的变化而变化，跟随的快速性显得尤为重要。这些比值控制系统控制器不按 4∶1 的衰减比进行参数整定，其输出信号不宜产生振荡，以处在振荡与不振荡的边界为好。

双闭环比值控制系统主控制器、变比值控制系统主控制器应按定值控制进行参数整定，可按单闭环控制系统参数整定和串级控制系统参数整定的方法进行参数整定。

7.4 分程控制系统

7.4.1 分程控制

在反馈控制中，通常是一台控制器只控制一个调节阀。在分程控制中，一台控制器可以同时控制两个以上的调节阀，控制器的输出信号被分割成若干个信号范围段，而由每段信号去控制一个调节阀。分程控制系统结构框图如图 7-23 所示。

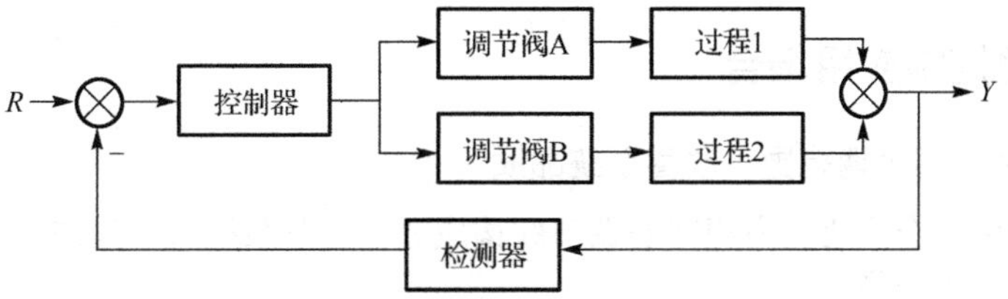

图 7-23　分程控制系统结构框图

设置分程控制系统的目的有两种：其一是扩大调节阀的可调范围，以便改善控制系统的品质，使系统更为合理可靠；其二是为了满足某些工艺操作的特殊需要。

在分程控制系统中，控制器输出信号的分段是由附设在调节阀上的阀门定位器来实现的。阀门定位器相当于一个可变放大倍数且可以调整零点的放大器。如果在分程控制系统中采用了 A 和 B 两个调节阀，并且要求调节阀 A 在 0.02～0.06MPa 范围全行程动作、调节阀 B 在 0.06～0.10MPa 范围全行程动作，那么就可以对附设在调节阀 A 和 B 上的阀门定位器分别进行调整：使调节阀 A 的阀门定位器在 0.02～0.06MPa 输入信号作用下，输出由 0.02MPa 变化到 0.1MPa 的信号，这样调节阀 A 即在 0.02～0.06MPa 信号范围内走完全行程；调节阀 B 的阀门定位器在 0.06～0.10MPa 输入信号作用下，输出由 0.02MPa 变化到 0.1MPa 信号，这样调节阀 B 即在 0.06～0.10MPa 信号范围内走完全行程。这样一来，当控制器输出信号在小于 0.06MPa 范围内变化时，就只有调节阀 A 随着这个信号的变化而改变自己的开度，而调节阀 B 则处在某个极限位置(全开或全关)开度不变；当控制器输出信号在大于 0.06MPa 范围内变化时，调节阀 A 因已移动到极限位置而开度不在变化，而调节阀 B 却随着这个信号的变化改变自己的开度。

分程控制系统就调节阀的开闭形式可以分为两类：一类是两个调节阀同向动作，即随着控制器输出信号的增大或减少，两个调节阀都逐渐开大或关小。两个调节阀同向动作如图 7-24 所示。

另一类是两个调节阀异向动作，即随着控制器输出信号的增大或减小，一个调节阀逐渐开大，另一调节阀逐渐关小。两个调节阀异向动作如图 7-25 所示。

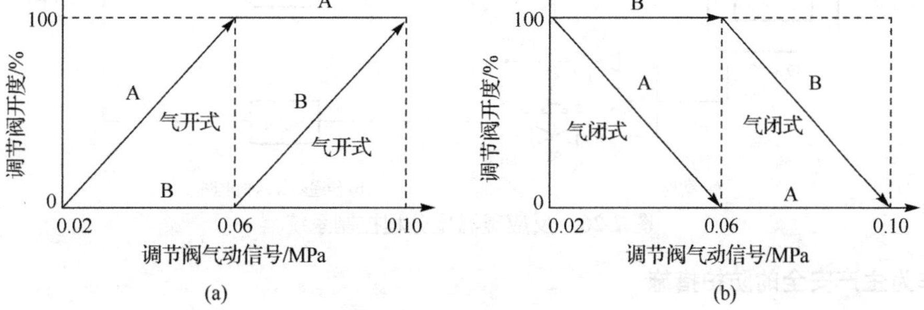

图 7-24　两个调节阀同向动作

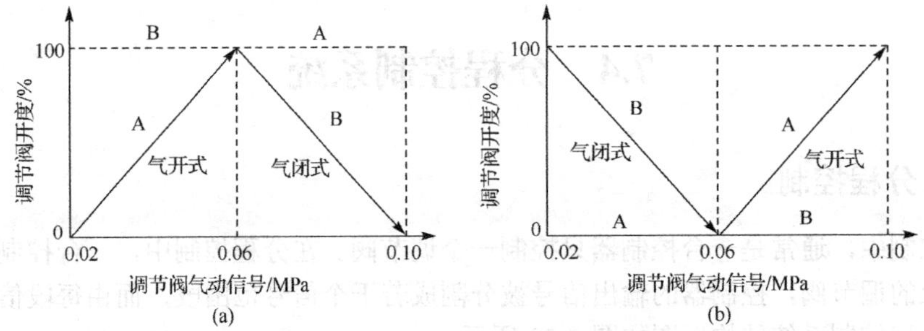

图 7-25　两个调节阀异向动作

7.4.2　分程控制应用场合

1．用于扩大调节阀可调范围，改善系统品质

这就是说，采用两个流通能力相同的调节阀构成分程控制系统后，其调节阀可调范围比单个调节阀可调范围扩大了一倍。

有时生产过程要求有较大范围的流量变化，但是调节阀的可调范围是有限的，如国产统一设计的柱塞调节阀可调比为 30。假设采用一个调节阀，能够控制的最大流量与最小流量相差不可能太悬殊，满足不了生产过程流量大范围变化的要求，这时即可采用两个调节阀并联的分程控制系统。

分程控制使调节阀可调范围扩大了，可以满足不同生产负荷的要求，而且控制的精确度也可以得到提高，控制质量得以改善，同时生产稳定性和安全性也可进一步得以提高。

2．用于控制两种不同的介质，以满足工艺生产的需求

在某些间歇式生产的化学反应过程中，当反应物料投入设备后，为了使其达到反应温度，往往在反应开始前，就要提供给设备一定的热量。反应物料一旦达到反应温度后，就会随着化学反应的进行不断释放能量。这些热量若不及时被移除，这个化学反应就会越来越剧烈，以致会有爆炸的潜在危险。因此，对于这种间歇式化学反应器，既要考虑反应前的预热问题，又要考虑反应过程中多余热量移除的问题。

因此可设置如图 7-26 所示的反应釜温度分程控制系统，设置两个调节阀异向动作，分别控制冷水与蒸汽两种不同介质，以满足工艺上冷却和加热的需要。调节阀是选择气开形式的还是选择气关形式的，由保障生产与设备人员安全的条件来决定。

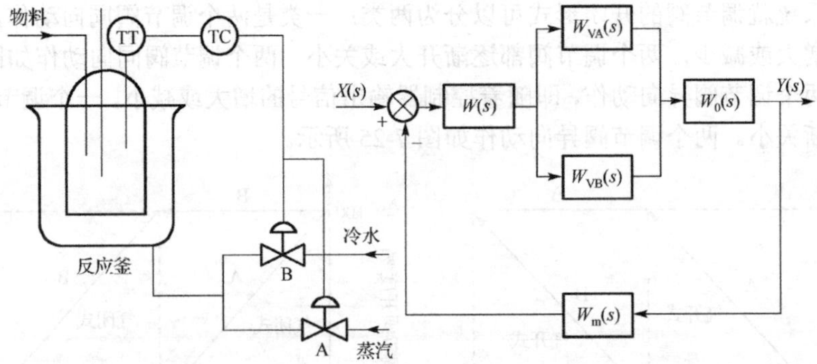

图 7-26　反应釜温度分程控制系统

3．作为生产安全的防护措施

在各类冶炼或石化工厂中，有很多化工产品要密闭储存在储罐中，以避免空气中氧气造成这

类化工产品因氧化而变质甚至爆炸。为此，常常要在储罐上方充以氮气，使得这类化工产品与空气隔绝，这就是氮封。为了保证空气不进入储罐，一般氮气压力应保持微正压。

储罐氮封分程控制系统结构如图 7-27 所示。这里需要考虑的是，一旦储罐物料增加或减少，储罐上方氮封压力会有变化。当抽取物料时，氮封压力会下降，要通过调节阀 B 补充氮气，防止储罐被吸瘪。当向储罐输送物料时，氮封压力上升，要排出储罐上方部分氮气，防止储罐被鼓坏。因此，为了保证氮封压力，可采用如图 7-28 所示的氮封分程阀控制方案。

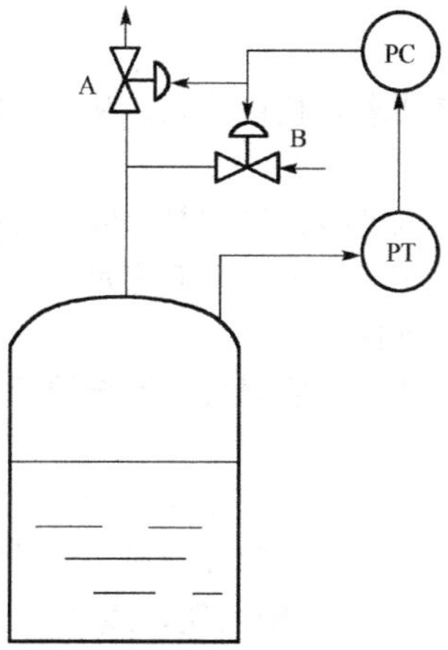

图 7-27　储罐氮封分程控制系统结构

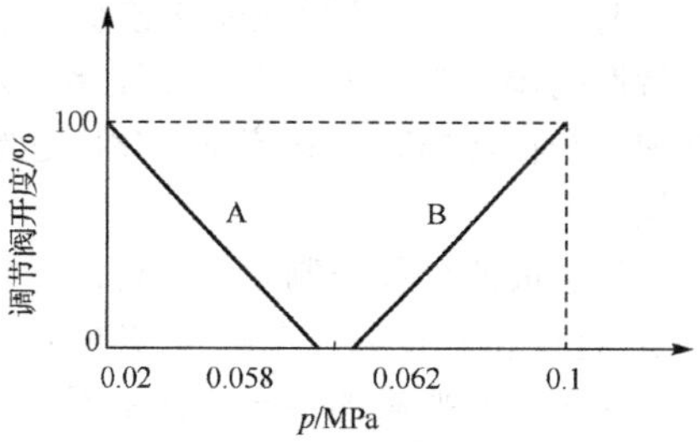

图 7-28　氮封分程阀控制方案

同时，为了防止氮封压力在设定值附近变化时，两个调节阀频繁动作，可在两个调节阀信号交接处设置一个不灵敏区，以使控制过程变化趋于平缓，系统更为稳定。

7.4.3　分程控制中的几个问题

在总体设计上，分程控制系统可按单回路控制系统进行设计。执行器因使用了至少两个调节阀而产生了一些新的问题，这就要有相应的解决办法。这些问题主要有以下几个方面。

1．分几程的问题

既然要做分程控制，必然涉及控制器输出信号分为几段，以及分别为几个调节阀提供操纵信号的问题。要解决这类问题，必须了解生产工艺的要求，以决定具体控制方式。通过事先对生产工艺的深入了解，才能提出具体的解决方案。在工业实践中，二分程控制系统居多，如图 7-26 所示，反应初期，反应釜中的物料温度低于设定值，反应不能发生，必须通过蒸汽加温才能发生反应。再考虑节约和安全的原因，蒸汽调节阀选为气开式的。当物料温度上升后，反应发生，并释放大量的热。由于反应釜中温度过高，影响产品质量和安全，必须关断蒸汽调节阀，并进行降温。于是，冷水调节阀开启，带走热量，物料温度下降，最终维持在设定值上。由该过程可知，整个过程有两个加热和冷却气控调节阀即可，控制器输出信号经电/气转换器后，也相应分为 0.06～0.10MPa 和 0.02～0.06MPa 两段。

2．分程控制的实现问题

分程控制系统中的调节阀与单回路控制系统中的调节阀在输入信号工作范围上是不一样的。单回路控制系统只有一个调节阀，其输入信号范围是 0.02～0.1MPa。二分程控制系统有两个调节阀，其输入信号范围一个是 0.02～0.06MPa，另一个为 0.06～0.1MPa。分程控制是通过调节阀的附件即阀门定位器(如气动阀门定位器或电/气阀门定位器)来实现的。具体来说，根据每段输入信号范围，改变阀门定位器的弹簧或迁移输入信号零点，调整调节阀全行程动作所对应的信号区间。

例如，当输入 0.06～0.10MPa 信号时，通过改变阀门定位器调节弹簧和零点，使其输出 0.02～0.1MPa 信号，实现调节阀从全关到全开或全开到全关。当一个调节阀在其输入信号范围内工作时，另一个调节阀应保持先前状态不动作(全开或全闭)。

除了用阀门定位器实现控制器输出信号的分程以外，也可用计算机作为工具，进行控制器输出信号的分程。将计算机输出信号进行区间划分、零点迁移、量程调整或标度变换等处理后，从不同的通道传输给相应的调节阀。

3. 因调节阀切换引起的问题

二分程控制系统的两个调节阀的选择一般与生产工艺要求有直接关系。从流量特性上来说，主要有以下两点要求。

第一是每个调节阀特性与过程特性的乘积应为常数，以使被控过程具有线性特征，并且每个控制通道(调节阀+过程对象)的特性应变化较小或基本不变化。在生产工艺允许的情况下，尽量选择相近或相同特性的调节阀，为达到预期控制效果创造条件。

第二是所选调节阀在切换时，其流量变化应连续、平滑。一般来说，所选调节阀在切换时应尽量实现无扰切换。

两个线性调节阀组成的分程控制系统综合流量特性如图 7-29 所示。图 7-29(a)表明由于线性调节阀 A 和 B 流量特性相差较远，在由 A 切换至 B 时，流量特性曲线出现大的转折，呈现较为严重的非线性。这对于一些严格的生产工艺是不允许的。图 7-29(b)表明，线性调节阀 A 和 B 流量特性较为接近，由 A 切换至 B 后，基本上仍维持原流量特性。

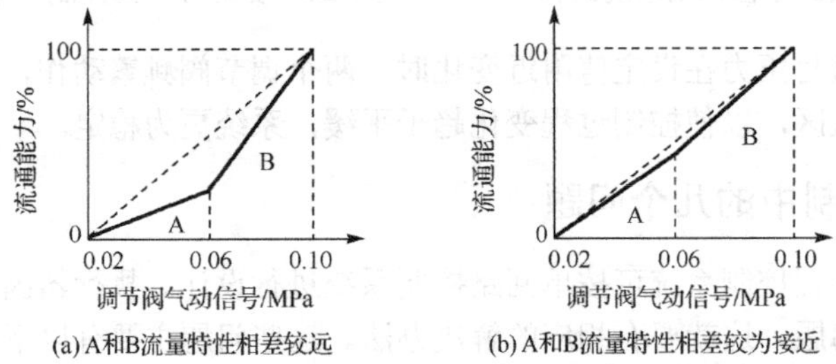

图 7-29　两个线性调节阀组成的分程控制系统综合流量特性

当二分程控制系统采用两个对数流量特性的调节阀时，由 A 切换至 B 后，很容易产生图 7-30(a)所示的情形，即在两个调节阀流量特性曲线衔接处出现弯曲。这种不平滑的过渡对于一些生产工艺是不允许出现的。为此，可采取切换区域重叠的方法来解决这个问题。假如原分程控制在气压为 0.06MPa 时，由 A 切换至 B，现在在气压为 0.06MPa 前后分别扩展一个小区域，作为由 A 向 B 切换的重叠区域。在该区域两个调节阀均工作，从而消除两个调节阀流量特性曲线衔接处的弯曲，使之平滑，过了该区域后，A 停止工作，于是就解决了因两个调节阀切换而产生流量特性曲线不平滑的问题，如图 7-30(b)所示。

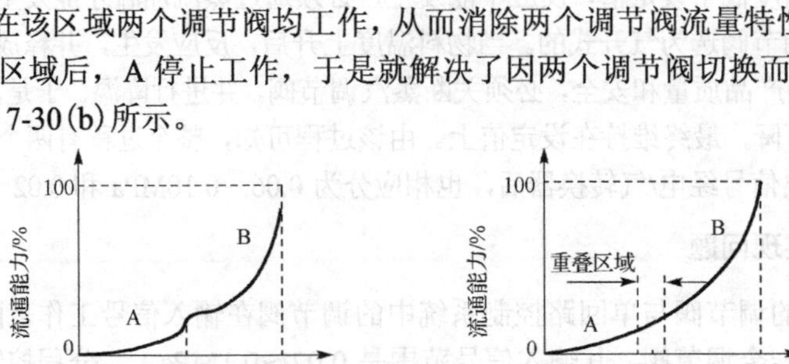

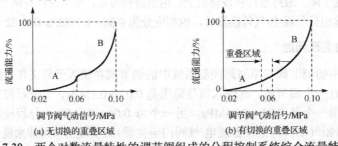

图 7-30　两个对数流量特性的调节阀组成的分程控制系统综合流量特性

4. 控制器参数整定的问题

分程控制系统本质上是简单控制系统，因此其控制器的控制规律选择、参数整定均可以参考简单控制系统的来处理。在实际运行中，如果两个控制通道特性不同，或者两个广义对象特性相差较大，则控制器的参数极有可能不能同时满足两个不同对象的要求。

如果所选的两个调节阀流量特性相近且调节阀的切换不会带来生产工艺上的明显差别，则不会给控制性能带来较大影响。如果两个调节阀流量特性相差较大或调节阀的切换还带来生产工艺上的不同，则将引起被控过程不小的变化，由于不能实时调整控制器参数，会给系统的控制质量带来影响。对于这种情况，通常采用折中的办法处理，整定的参数对任何一个工作状况虽然不是最好的，但双方却是均可接受的。当然，也可采用一些高等级的控制规律来解决问题，但这不是本节要讨论的内容。

7.5 选择性控制系统

7.5.1 选择性控制

在生产过程中，生产设备和自动控制系统往往昼夜不停地工作，时间久了，由于设备老化、误动作、电磁干扰、环境变化等很多原因，难免会发生这样或那样的生产故障。一旦碰到这种情况，通常要停车或停机检查、修理。如果自动控制系统软件和硬件配置繁复、线路庞杂，则从发现问题到排除故障，往往需要几小时、十几小时，有时甚至找不出故障原因，这样就会严重影响工业生产，并在经济上造成较大损失。

随着科学技术的进步和市场需求的增加，生产也在向大规模、联动化、自动化、信息化的方向发展。一处的故障可能引起全线的停机，于是生产的安全性、控制系统的保护性问题就出现了。

当过程控制系统出现不正常状态时，既能自动发挥保护作用，又不停止设备运行的装置就是选择性控制系统，又称超驰控制系统或取代控制系统或软保护系统。

选择性控制是将生产过程中的限制条件所构成的逻辑关系叠加到正常控制系统中，当生产过程趋近于正常边缘区且尚未到达危险区时，通过选择器，用一个取代控制器的装置自动顶替正常工作状况下的控制器运行，使生产过程脱离危险区，回到安全范围，之后取代控制器退出，恢复原控制器作用。选择器是该控制系统中的关键器件，可以对信号的高、低电平进行比较、判断，既可选取高电平信号，也可选取低电平信号，这通常由具体的生产工艺要求和过程条件来决定。

7.5.2 选择性控制系统类型

选择性控制系统的明显特点是采用选择器。选择器可以安装在不同的地方，以便对过程控制的信号进行选择。例如，它可以接在两个及两个以上检测器输出端，对检测器输出信号进行选择；也可以接在两个及两个以上的控制器输出端，对控制器输出信号进行选择；还可以接在两个调节阀前，对执行机构进行选择。不同选择方式可以满足生产过程控制的不同需要。

1. 检测器输出信号的选择性控制系统

该类控制系统选择器通常位于检测器之后、控制器之前，主要用于选择检测器输出信号中的高值、低值、中间值或可靠值。高值的选择是指在所有输入选择器的检测器输出信号中，选择幅值最大的检测器输出信号作为选择器输出信号，其他检测器输出信号被阻挡；低值的选择是指在所有输入选择器的检测器输出信号中，选择幅值最小的检测器输出信号作为选择器输出信号，而其他检测器输出信号被阻拦。

检测器输出信号的选择性控制系统结构框图如图 7-31 所示。选择器输入信号可以是两个或两个以上检测器输出信号，然后根据选择规则，挑出一个检测器输出信号。这里的选择规则可以是高值的选择，也可以是低值的选择，具体的选择要根据生产工艺来决定。

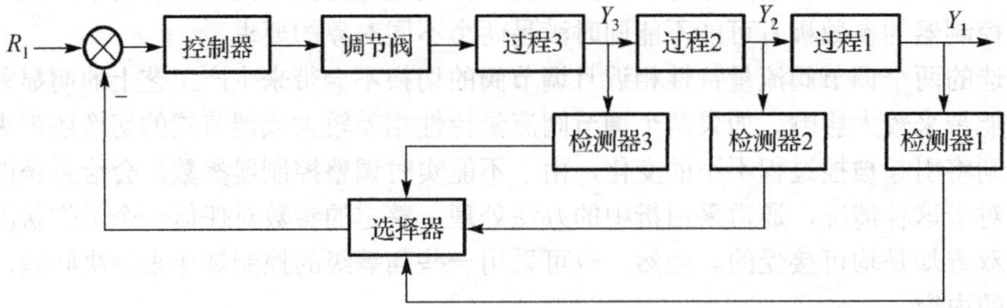

图 7-31　检测器输出信号的选择性控制系统结构框图

1) 高值的选择

高值的选择如图 7-32 所示。其中，$T_i T$ (i=1,2,3,4) 为温度检测器，HS 为高值选择器。反应器内装有固定触媒层，氢气和氮气在触媒作用下，生成氨气。反应温度是反映氨气合成律的间接指标。反应器中的最热点温度是反应状况的被控参数，它过高会烧毁触媒。当反应气体在反应器中自上而下流动时，最热点的位置会随流量大小而变化。所以，在反应器多处安插热电偶测量温度，然后将测量值送至高值选择器 HS，选出最高温度值输出，经过温度控制回路的控制作用，可以防止触媒被烧毁。低值的选择有与高值的选择类似的特点。

2) 中间值的选择

在某些易燃易爆生产过程系统中，一般安装有监测和控制装置。其中，为了防止事故发生，常常同时安装多个检测器。检测器输出信号进入选择器，选出可靠的中间值用于控制，以提高系统运行的可靠性。中间值的选择如图 7-33 所示。其中，$C_i T$ (i=1,2,3) 为成分检测器。如果检测器的可靠性不好，因检测故障导致控制失败时，可能发生爆炸事故。为此，采用冗余技术，安置 3 个成分检测器，通过选择器选取检测器输出信号中的中间值作为反馈信号。

如果采用计算机控制，则中间值的选择可改由软件实施。3 个成分检测器输出信号被采集进计算机，由软件获取表示过程状态最可靠的中间值。

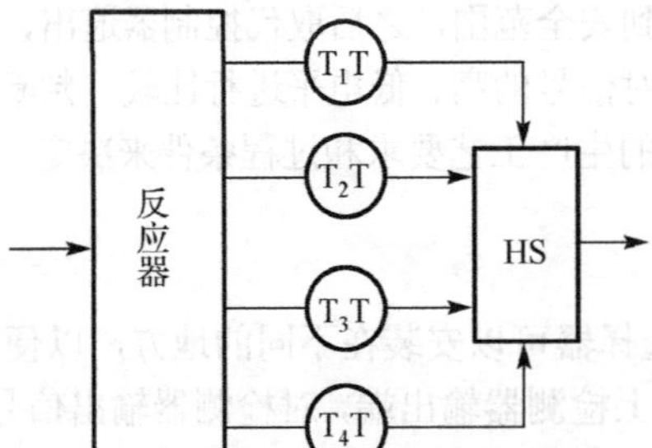

图 7-32　高值的选择

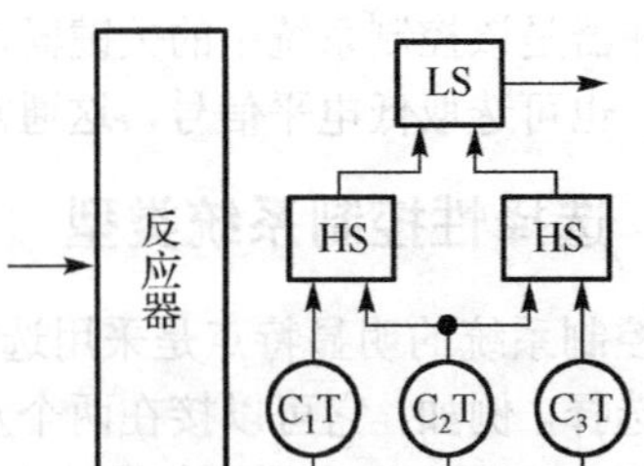

图 7-33　中间值的选择

2. 控制器输出信号的选择性控制系统

控制器输出信号的选择性控制系统又称被控量的选择性控制系统。控制器输出信号的选择性控制系统结构框图如图 7-34 所示。其中，有两个控制器：一个是正常情况下使用的控制器，简称正常控制器；另一个是异常情况下使用的控制器，称为取代控制器。同时，也要配置正常检测器、取代检测器，以检测、反馈过程变量。

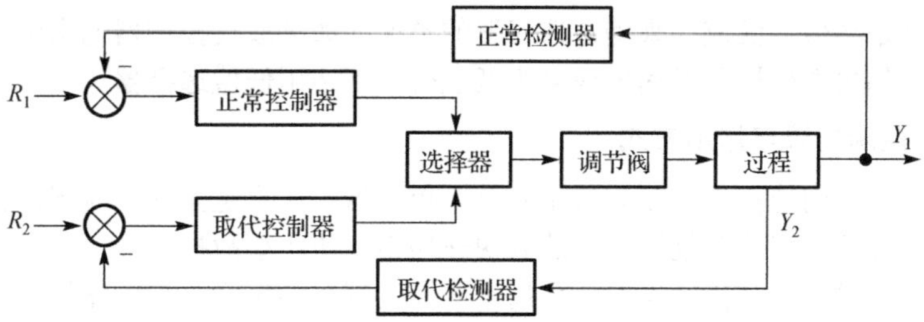

图 7-34　控制器输出信号的选择性控制系统结构框图

如图 7-34 所示，当正常生产时，选择器选择正常控制器输出信号作为调节阀的操纵量，以驱动调节阀进行正常过程运行，此时的取代控制器处于待机状态。当生产不正常时，选择器将通过切换操作启用取代控制器，使系统进入非正常生产过程控制状态，保证系统运行不停机。一旦生产状态恢复正常，正常状态信号使选择器通过切换操作启用正常控制器。正常控制器输出信号连接至调节阀，以实现切断取代控制器的作用，使系统又进入正常工作状态。

此过程控制的难点在于如何保证生产过程状态切换的瞬间，实现无扰动切换，信号不会出现大幅波动，生产过程能够平稳过渡。这类控制系统结构简单，构建和维护方便，因而被广泛使用。

3．调节阀的选择性控制系统

该类控制系统又称操纵量的选择性控制系统。调节阀的选择性控制系统结构框图如图 7-35 所示。该类控制系统只有一个控制器，却有两路控制通道。它与前面被控量的选择性控制系统的差别在于被控量只有一个，而操纵量却有两个，即调节阀有两个；与单回路控制系统相比，增加了一个影响被控量的控制通道。

这种控制系统在炼油或化工厂是存在的。例如，常采用多种燃料对加热炉进行加热，设有低值燃料 A 和高值燃料 B 以满足高低载荷不同的要求，获取较为优化的能源与成本控制。被加热物料经加热后的温度被列为被控量，它反映所需热量的一个指标。在低载荷时，使用低值燃料 A。在负荷增加后，温度上升较慢时，才将高值燃料 B 投入使用，于是有了操纵量的选择问题。

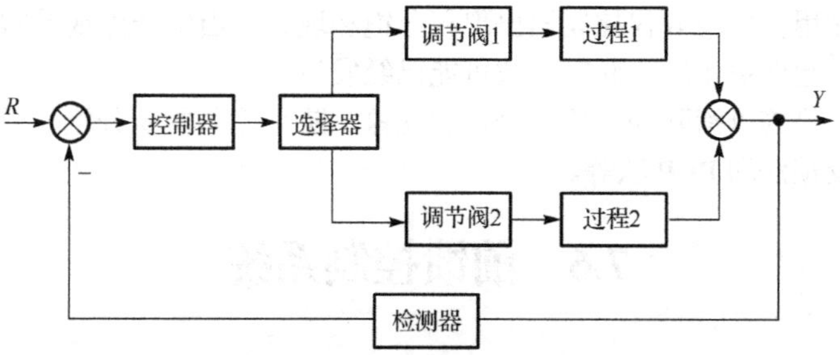

图 7-35　调节阀的选择性控制系统结构框图

7.5.3　选择性控制系统的设计

1．选择器的确定

选择器是选择性控制系统极为关键的部分，可以接在两个及两个以上检测器输出端，对检测器输出信号进行选择；也可以接在两个及两个以上的控制器输出端，对控制器输出信号进行选择；还可以接在两个调节阀前，对执行机构进行选择。不同选择方式可以满足生产过程控制的不同需要。

选择器分为高值选择器和低值选择器两种。在具体选型时，根据生产处于不正常状态下，取代控制器输出信号是高值或低值，来确定选择器的类型。如果取代控制器输出信号为高值时，则选用高值选择器；如果取代控制器输出信号为低值时，则选用低值选择器。

2．控制器的控制规律与作用方式

在控制器输出信号的选择性控制系统中有两个控制器：一个是正常控制器；另一个是取代控制器。两个控制器都要选用控制规律，以达到快速切换，防止事故扩大。

在系统正常工作时，正常控制器发挥作用，其控制规律的选择与单回路控制系统的相同。如果有较高的控制精确度要求，为保证控制质量，一般可选用 PI 控制规律；假如还存在较大容量滞后，可选 PID 控制规律。

取代控制器在系统正常工作时处在备用状态，一旦生产出现异常，取代控制器应迅速投入运行，防止事故发生与扩大。所以，取代控制器常选用 P 控制规律；如果对极限值要求严格，也可用 PI 控制律，但应有抗积分饱和措施。

两个控制器的正、反作用方式均可按单回路控制系统的设计原则来确定，在此不再赘述。

3．控制器参数整定

正常控制器参数整定与通常的控制器常规控制规律的参数整定是一样的，完全可以采用单回路控制系统参数整定的方法。

取代控制器参数整定要被重点关注。由于取代控制器是“后备保护”的一种手段，所以一旦被启动，希望它迅速行动，及时起到保护作用。也就是说，为了得到快速性，取代控制器的比例度应整定得小些，即比例增益大些。如果设置有积分环节，积分时间常数设置得大一点，积分作用不应过强，不影响取代控制器的快速性。

4．控制器积分饱和及其应对措施

无论是正常控制器还是取代控制器，如果控制规律中含有积分环节，当它处在开环状态时，其输入信号存在的偏差会使其输出信号达到最大值或最小值，并出现积分饱和现象，这是系统所不允许的。

如果正常控制器出现积分饱和现象，当选择器将取代控制器切换到正常控制器后，由于正常控制器此时处在饱和状态而失去控制能力，只能等到其输入信号变化，其输出信号退出饱和后，该控制器才能发挥作用；如果取代控制器出现积分饱和现象，当生产出现异常工况时，要等积分饱和现象消退后才能起保护作用，此时事故可能已经发生。

所以，应该采取措施以消除控制器积分饱和现象。防止控制器积分饱和现象的方法有很多，如限幅法、积分外反馈法和 PI-P 法等。

7.6 前馈控制系统

7.6.1 前馈控制

单回路控制系统、串级控制系统及上面章节所分析的各类复杂控制系统基本上都属于负反馈控制系统。其负反馈的工作机制是当设定值与被控量之间存在偏差时，控制器据此向执行器发出相应的控制信号，驱使被控量消除或减小与设定值的偏差。一旦没有这个偏差，控制器输出信号就会保持不变，执行器也就维持原状态。

反馈控制对包含在反馈回路中的所有干扰都有抑制作用。只有在系统受到干扰、被控量偏离设定值并被检测出来之后，才有反馈控制作用的发生。这就说明，干扰已经发生了，而且只有当被控量变化后并被检测出来，反馈控制才会被实施，这就导致在很多应用场合系统控制不及时，特别是被控过程存在容量延时或纯延时环节时，控制不及时的问题更加突出，系统性能会急剧变坏。

如果不按偏差进行控制，而是直接将检测的干扰信号补偿掉，使其尽量对被控量或生产过程无影响，这样做是否可行呢？这样做是可以实现的，其中关键点便是将干扰信号检测出来并对其进行直接控制，这就要求干扰信号是可被测量的且是主要的干扰信号。换热器温度控制结构如图 7-36 所示。

在图 7-36 中，被控量一般选择为物料在换热器的出口温度（以下简称出口温度）。干扰信号较多，主要有冷物料流量、初始温度、蒸汽压力和流量等。假设冷物料流量是主要干扰信号，按照常规的负反馈控制理论来分析，当系统稳定运行后，冷物料流量突然发生变化，经换热器中管道的传输，将影响出口温度。温度检测器会将这个变化信号传递给控制器，控制器改变输出信号，从而使调节阀改变蒸汽流量，通过换热器的热交换过程，控制冷物料流量对出口温度的影响，使出口温度再次稳定在原值上。由于这里经过了一系列的信号传输和能量传递过程，出口温度要经过一段时间才能最后稳定下来，过渡时间较长，通常会产生较大的起伏波动，即较大的动态误差。

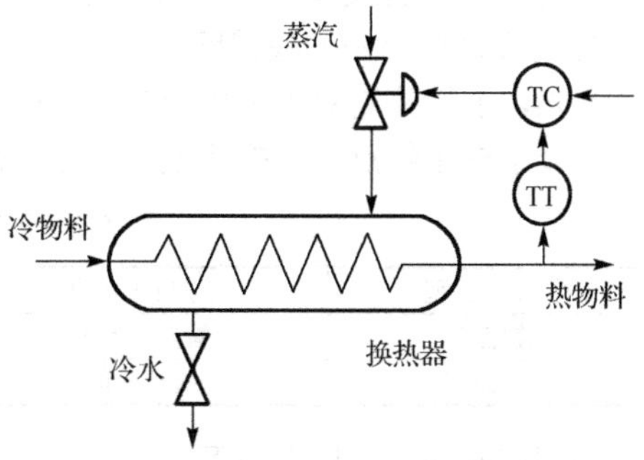

图 7-36　换热器温度控制结构

一旦动态过渡时间过长，被控量波动较大，则极易影响生产系统稳定性与产品质量指标。由于抑制干扰过程的实时性不佳，为此考虑前馈控制，如图 7-37 所示。冷物料流量作为主要干扰信号，是可被测量的。可在换热器的入口处加装一个流量变送器（FT）。该流量变送器及时将冷物料流量变化信号传递给流量控制器（FC），流量控制器输出信号调整调节阀开度，控制住冷物料流量干扰信号带来的影响。

过程对象一旦受到干扰，该干扰信号则被直接送至流量控制器，而流量控制器输出信号会改变调节阀开度。这个过程可能在干扰信号尚未引起出口温度变化就已经发生了。可见，前馈控制抗干扰的速度比反馈控制的快。

在图 7-37(b) 中，$G_m(s)$ 为流量检测器，$G_{cf}(s)$ 为前馈（流量）控制器，$G_v(s)$ 为调节阀，$G_0(s)$ 为过程，$G_f(s)$ 为干扰通道，$Q(s)$ 为冷物料流量。

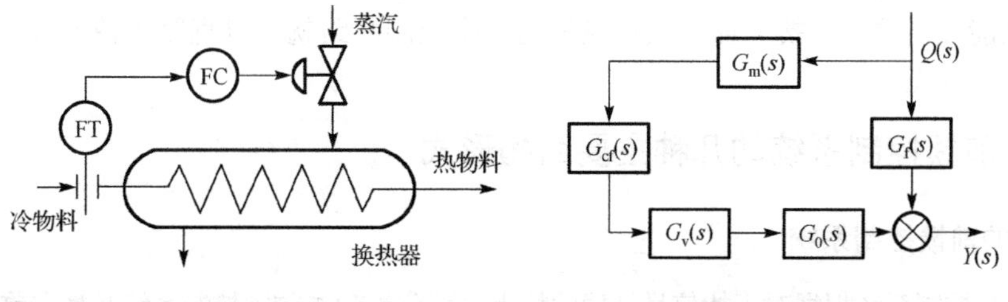

图 7-37　前馈控制结构与传递函数结构框图

前馈控制系统是开环的，其输出信号的表达式为

$$Y(s)=[G_f(s)+G_m(s)G_{cf}(s)G_v(s)G_0(s)]\cdot Q(S) \tag{7-1}$$

若实现冷物料流量对被控量没有影响，即实现干扰信号的全补偿，则 $y(\infty)=\lim_{s\to 0}sY(s)=0$，因而可以得到

$$G_{cf}(s)=-\frac{G_f(s)}{G_m(s)G_v(s)G_0(s)} \tag{7-2}$$

因此，前馈控制策略就是指当干扰信号一旦出现时，控制器直接根据检测到的干扰信号的大小和方向，按一定的规律进行控制或调整，以补偿干扰造成的影响，使被控量不变或基本不变。

前馈控制是按照干扰信号的大小进行控制的，而产生被控量偏差的直接原因是有干扰作用。因此，当干扰信号一旦出现时，前馈控制就直接根据检测到的干扰信号，按一定的规律进行控制。这样，当干扰发生后，被控量还未发生变化，前馈控制就产生了控制作用，而且在理论上前馈控制可以把偏差彻底消除。

显然，前馈控制对于干扰的控制要比反馈控制及时得多，这个特点也是前馈控制的一个主要优点。基于这个特点，可把前馈控制与反馈控制进行比较，如表 7-4 所示。

表 7-4　前馈、反馈控制方式的比较

控 制 类 型	控制的依据	检测的信号	控制作用的发生时间
反馈控制	被控量的偏差	被控量	偏差出现后
前馈控制	干扰信号的大小	干扰信号	偏差出现前

前馈控制的主要特点如下。

1．前馈控制属于开环控制

反馈控制是闭环控制，而前馈控制是开环控制。前馈控制通过干扰信号产生控制作用后，对被控量的影响并不反馈给系统以影响系统的输入信号。

前馈控制是开环控制，这一点从某种意义上来说是前馈控制的不足之处。反馈控制由于是闭环的，控制结果能够通过反馈环节获得检验。前馈控制的效果并不能通过反馈环节加以检验。因此，必须在前馈控制时比在反馈控制时更清楚地掌握被控对象的特性，才能得到一个比较合适的前馈控制作用。

2．前馈控制器是视对象特性而定的专用控制器

一般的反馈控制系统均采用通用类型的 PID 控制器，而前馈控制器是专用控制器。对于不同的对象特性，前馈控制器的形式是不同的。

3．一种前馈控制只能控制一种干扰

由于前馈控制作用是通过干扰信号产生的，而且前馈控制是开环的，因此根据一种干扰设置的前馈控制只能控制这种干扰，而反馈控制只用一个控制回路就可以克服多种干扰，这一点也是前馈控制的一个弱点。

7.6.2　前馈控制系统的几种主要结构形式

1．单纯的前馈控制系统

单纯的前馈控制系统根据对干扰信号补偿的特点，可分为动态前馈控制系统及静态前馈控制系统。

1) 静态前馈控制系统

在干扰作用下，被控量会发生变化。当被控量稳定时，则 $y(\infty)=\lim\limits_{s\to 0}sY(s)=0$，即干扰信号接近或等于零。此时，由式 (7-2) 可知，前馈控制系统只起到比例作用，仅与干扰通道、检测器、调节阀、前馈通道的静态放大系数有关。

在有些实际生产过程中，并没有动态前馈控制系统那样高的补偿要求，而只要在稳定工况下实现对干扰信号的补偿。此时，前馈控制器输出的仅仅是输入信号的函数，而与时间无关，前馈控制器就成为静态控制器。

静态前馈控制的实施是很方便的。由于可以用比例环节作为静态前馈控制器，所以在生产上静态前

馈控制系统的应用较广。一般在控制要求不高的情况下，静态前馈控制系统即可获得满意的控制效果。

2）动态前馈控制系统

动态前馈控制系统力求在任何时刻均可实现对干扰信号的补偿，通过合适的前馈控制规律的选择，使干扰信号经过前馈控制器至被控量这一通道的动态特性与控制通道的动态特性完全一致，并使它们的符号相反来完全补偿干扰信号对被控量的影响。

由于难以准确地获得控制通道、干扰通道的传递函数，所以就不一定能完全实现前馈控制。在实践中，只能获得近似的控制通道和干扰通道的结构与参数，从而构建近似的前馈控制器。这样，最后补偿的实际效果与理想状态肯定会有一定的差异。当然，可以借助计算机辅助或在线模型辨识等方法进行进一步的参数补偿整定。因此，动态前馈控制系统的应用较少，只有在要求控制精确度较高的情况下才使用动态前馈控制系统。

2．前馈—反馈控制系统

单纯的前馈控制系统往往不能很好地补偿干扰信号，存在着不少局限性，这主要表现在单纯的前馈控制系统不反馈被控量，即对于补偿的效果没有检验的手段，这样在前馈控制的结果并没有最后消除偏差时，系统无法得到这一信息而进行进一步的校正。其次，由于实际工业对象存在着多种干扰信号，为了补偿它们对被控量的影响，势必要设计多个前馈通道，这就增加了投资费用和维护工作量。此外，单纯的前馈控制系统的精确度也受多种因素的限制，对象特性要受负荷和工况等因素的影响而产生漂移，因此一个固定的单纯的前馈控制系统难以获得良好的控制品质。

为了解决这个局限性，可以将前馈与反馈控制结合起来使用，构成前馈—反馈控制系统。在该系统中可综合两者的优点，对反馈控制不易控制的主要干扰信号进行前馈控制，而对其他干扰信号进行反馈控制，这样既发挥了前馈控制校正及时的特点，又保持了反馈控制能控制多种干扰信号，并对被控量始终给予检验的优点，因而是过程控制中较有发展前途的控制系统。

换热器前馈—反馈控制系统如图 7-38 所示。其中，Σ 为加法器，$G_{m1}(s)$ 为反馈检测器，$G_c(s)$ 为反馈控制器。前馈控制主要抵御冷物料流量的变化，其他干扰信号，如冷物料温度、蒸汽压力等对出口温度的影响，由反馈控制回路来控制。前馈控制器输出信号与反馈控制器输出信号叠加到调节阀输入端，共同操纵调节阀开度，以取得复合控制的效果。

前馈—反馈控制系统的优点如下。

（1）由于增加了反馈控制回路，大大简化了单纯的前馈控制系统，只要对主要干扰信号进行前馈控制，其他干扰信号可由反馈控制系统予以校正。

（2）反馈控制回路的存在，降低前馈控制模型的精确度要求，为工程上实现比较简单的通用模型创造了条件。

（3）在负荷或工况变化时，模型特性也要变化，可由反馈控制控制这个变化，因此该系统具有一定的适应能力。

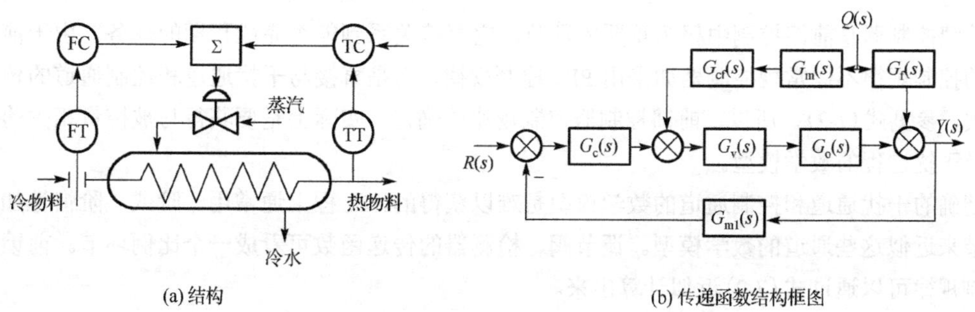

(a) 结构　　　　(b) 传递函数结构框图

图 7-38　换热器前馈—反馈控制系统

3. 前馈—串级控制系统

由前馈—反馈控制系统可知，前馈控制器输出信号与反馈控制器输出信号叠加后直接送到调节阀输入端，这样为了保证前馈控制补偿的精确度，对调节阀提出了严格的要求，即希望它灵敏、呈线性、具有尽可能小的滞环区，以及前后压力差恒定。过程对象遭受的干扰多而强，而生产过程对被控量的要求又比较严格。于是，可考虑利用前面讨论过的串级控制模式，并将其与前馈控制结合起来，构成前馈—串级控制系统，如图 7-39 所示。该控制系统是在原串级控制系统的基础上，引入前馈控制，加强对主要干扰信号 $F(s)$ 的补偿能力。从广义的角度上来说，这里的前馈—串级控制系统也算是一种前馈—反馈控制系统。

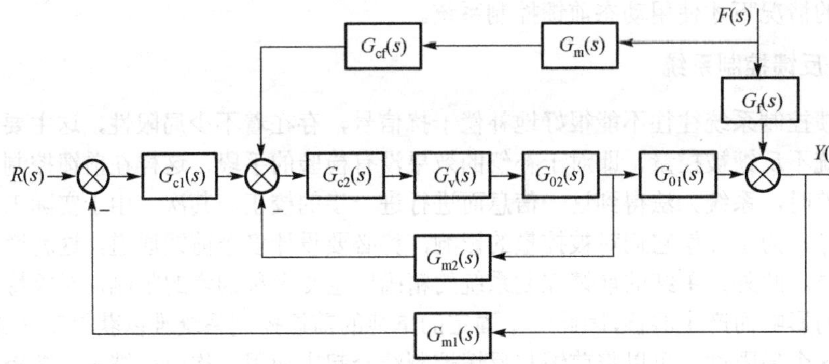

图 7-39　前馈—串级控制系统传递函数结构框图

7.6.3 前馈控制器的设计

1. 使用环境

前馈控制器被引入控制系统中主要针对的是控制系统中存在频率高、幅度大、可直接测量、反馈控制难以控制的干扰信号，同时生产工艺对被控参数有较高要求与期望的情况。由于前馈控制系统抗干扰的成本比较高，一般针对单一的干扰信号配备专用的检测器和控制器，所以是否采用前馈控制系统必须慎重考虑。一般来说，反馈控制本身也有较好的抗干扰机制与能力，如闭环负反馈、串级控制中的二次回路等。在设计控制系统时，用反馈控制就能解决的问题，尽量不要用前馈控制来解决问题。只有在反馈控制解决不了的问题、同时对被控量要求较高时，才考虑采用前馈控制。在实践中，前馈控制常与反馈控制结合使用。

2. 控制规律

前馈控制器是前馈控制中极为重要的环节，它直接关系到能否完成预期的任务。由于前馈控制器的控制规律不像常规控制器如采用 PID 控制规律，而是直接与干扰通道和控制通道的传递函数相关，参见式(7-2)。所以，前馈控制器控制规律的确定，实际上是要获得与被控量相关的被控过程及干扰过程的数学模型。

精确的干扰通道和控制通道的数学模型是难以获得的，工程上通常用一阶或二阶惯性加纯滞后环节来近似这些通道的数学模型。调节阀、检测器的传递函数可看成一个比例环节。前馈控制器控制规律可以通过式(7-2)近似计算出来。

3. 参数整定

在前馈—反馈控制系统中，对控制器的参数整定，包括反馈控制器参数整定和前馈控制器参数整定两部分，其基本出发点就是反馈控制器参数整定与前馈控制器参数整定分别进行。这样做的好处是给前馈—反馈控制系统参数整定工作带来极大的便利。

对于反馈控制器，按常规的控制器参数整定方法进行参数整定，此时不必太在意前馈控制的影响，主要考虑提高稳定裕量和性能指标；对前馈控制器参数整定，主要考虑要消除主要干扰的影响。从式(7-2)来看，前馈控制器由干扰通道和控制通道的传递函数决定，而实际中很难获得它们准确的数学模型，只能用近似的传递函数来代替。这样做的结果是主要干扰虽然难以被全部消除，但强度却被大大削弱，余下的影响可由反馈控制来消除。在实际中，往往是大的动态偏差被前馈控制遏制，小的偏差由反馈控制来消除。

第 8 章　时滞过程控制系统

时滞现象常产生于化工、轻化、冶金、计算机网络通信和交通等系统中，是传输时间(如化学过程中的流体流动、物料传送、波的传输、气路/液路信号传送、空间电磁波的辐射等)和计算次数(图像处理、信息分析、算法计算及物质的化学成分分析等)的直接反映。就控制系统而言，时滞是指作用于系统上的输入信号或控制信号与在它们的作用下系统所产生的输出信号之间存在的时间上的延迟，常常是导致实际控制系统品质恶化甚至不稳定的主要因素，主要表现在测量方面与控制方面。如果测量方面存在时滞，则使控制器不能及时发觉被控量的变化；如果控制方面存在时滞，则使控制作用不能及时产生效应。随着时滞的增加，上述现象愈发明显，系统控制的难度显著增大。

因此，时滞系统的控制一直是控制界的一个持续的研究热点。各种控制理论应用为解决时滞问题带来新的理念。时滞系统的研究具有广泛的实际应用背景和宝贵的理论价值。

在过程控制中，通常用过程纯滞后时间常数 L 和系统时间常数 T 之比来衡量时滞过程。将 $L/T \leqslant 0.3$ 时的过程系统称为一般时滞过程。一般时滞过程比较容易被控制，对其进行常规 PID 控制就能收到良好的控制效果。将 $L/T > 0.5$ 时的过程系统称为大时滞过程。大时滞过程要采取特殊的高级控制方法。从工程应用的角度讲，被实践证明有效的大时滞过程控制策略可以归纳为两大类：第一类是采用“预估”的方法，如 Smith 预估器，以模型算法控制、动态矩阵控制和广义预测控制为代表的预测控制等，即为本章节重点探讨的内容；第二类是采用鲁棒控制。目前，鲁棒控制理论已形成相当完整的理论体系，即采用 H_∞ / H_2 理论设计 PID 等经典控制器或根据鲁棒性能指标，如幅值裕度、相角裕度和灵敏度等来设计控制器，从而保证闭环控制系统具有足够的鲁棒稳定性和良好的控制性能。总体而言，鲁棒控制在过程控制工程应用中没有第一类方法应用得广泛。

8.1　Smith 预估器

8.1.1　传统 Smith 预估器

传统 Smith 预估器实质上是一种过程模型补偿控制，采用补偿原理，将过程对象的纯滞后环节从系统特征方程中消除，从而改善对时滞过程的控制效果。

1．基本原理

大时滞过程难以控制的根本原因是纯滞后环节 e^{-Ls} 的存在。e^{-Ls} 的幅频特性 $A(\mathrm{j}\omega)$ 始终等于 1，但相频特性 $\phi(\mathrm{j}\omega) = -\mathrm{j}\omega L$。在绝大多数情况下，$\phi(\mathrm{j}\omega)$ 的增大会使广义对象开环频率特性在相应于相位差为 $-\pi$ 处的幅值比增大，在 $-\pi$ 处的频率(交界频率)降低。这导致的后果是控制器增益 K_c 必须减小才能使闭环控制系统稳定，从而造成最大偏差加大，调节过程变慢。

通常，有两种途径可以克服 e^{-Ls} 带来的不利影响。

一种途径是采用预估的手段，由系统当前输出 $y(t)$ 来估计未来输出 $y(t+L)$。这在已知对象特性及当前控制输出 $u(t)$ 的条件下是可以实现的。解析预估补偿控制和预测控制就是基于这一基本思想的。

另一种更常用的可行途径是引入适当的反馈环节，使系统闭环传递函数的分母不含 e^{-Ls}。这一方法就是过程控制界广泛采用的 Smith 预估器。

2．传统连续 Smith 预估器

引入补偿环节后的闭环控制系统传递函数结构框图如图 8-1 所示。其中，$G_p(s)e^{-Ls}$ 代表实际过程，于是有

$$\frac{Y(s)}{R(s)}=\frac{G_c(s)G_p(s)e^{-Ls}}{1+G_c(s)G_K(s)+G_c(s)G_p(s)e^{-Ls}} \tag{8-1}$$

引入补偿环节 $G_K(s)$ 后，希望闭环控制系统传递函数的分母中不再含 e^{-Ls}，即要求闭环控制系统特征方程为

$$1+G_c(s)G_K(s)=0 \tag{8-2}$$

也就是说，要求：

$$1+G_c(s)G_K(s)+G_c(s)G_p(s)e^{-Ls}=1+G_c(s)G_K(s)$$

即

$$G_K(s)=(1-e^{-Ls})G_p(s) \tag{8-3}$$

将式(8-3)代入图 8-1 并进行变换，便可得到传统连续 Smith 预估器传递函数结构框图，如图 8-2 所示。注意，$G_p^*(s)e^{-L^*s}$ 表示过程模型，在理想情况下等同于实际过程 $G_p(s)e^{-Ls}$。由图 8-2 可知，从 $R(s)$ 及 $D(s)$ 到 $Y(s)$ 的闭环传递函数分别为

$$\frac{Y(s)}{R(s)}=\frac{G_c(s)G_p(s)e^{-Ls}}{1+G_c(s)G_p^*(s)+G_c(s)[G_p(s)e^{-Ls}-G_p^*(s)e^{-L^*s}]} \tag{8-4}$$

$$\frac{Y(s)}{D(s)}=\frac{G_p(s)e^{-Ls}[1+G_c(s)G_p^*(s)(1-e^{-L^*s})]}{1+G_c(s)G_p^*(s)+G_c(s)[G_p(s)e^{-Ls}-G_p^*(s)e^{-L^*s}]} \tag{8-5}$$

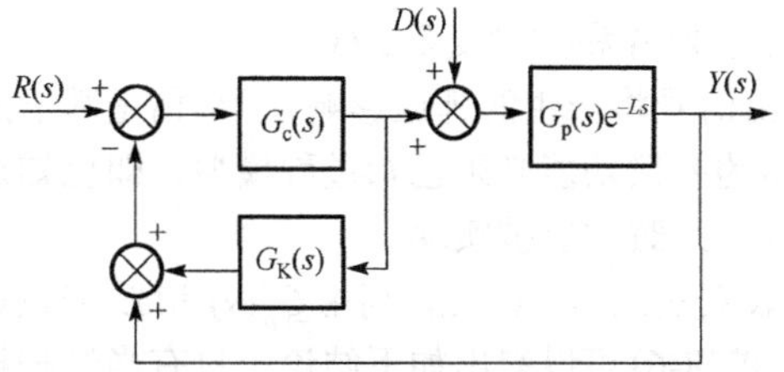

图 8-1　引入补偿环节后的闭环控制系统传递函数结构框图

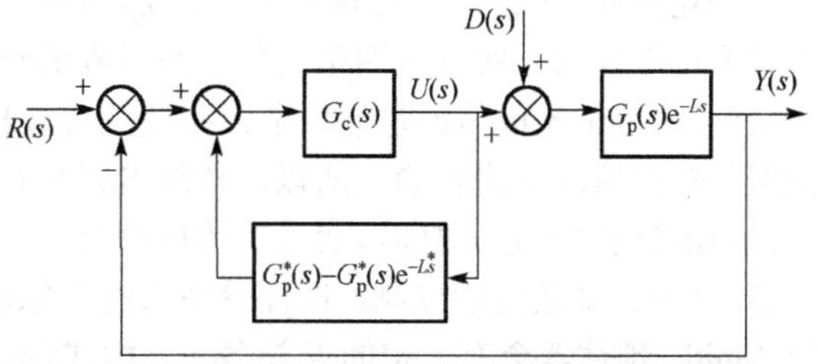

图 8-2　传统连续 Smith 预估器传递函数结构框图

因此，连续 Smith 预估器的特征方程为

$$1+G_c(s)G_p^*(s)+G_c(s)[G_p(s)e^{-Ls}-G_p^*(s)e^{-L^*s}]=0 \tag{8-6}$$

由图 8-2 可知，原来与设定值 $R(s)$ 比较的测量值是控制作用 $U(s)$ 通过 $G_p(s)e^{-Ls}$ 后的输出信号，即有 e^{-Ls} 纯滞后环节。现在经 $G_K(s)$ 反馈补偿后，因 $G_K(s)$ 中包含 $G_p(s)$ 和 $G_p(s)e^{-Ls}$ 两项，当过程模型准确时，后一项正好与原来测量值 $Y(s)$ 抵消，剩下的只有 $U(s)$ 通过模型 $G_p(s)$ 后的输出信号。因此，闭环控制系统的响应是及时的，这样就消除了纯滞后环节的不利影响。

3．传统离散 Smith 预估器

假设传统连续 Smith 预估器带有零阶保持器 $G_h(s)=\dfrac{1-e^{-T_s s}}{s}$，其中 T_s 为采样周期，则图 8-2

可以转化成图 8-3 的形式。

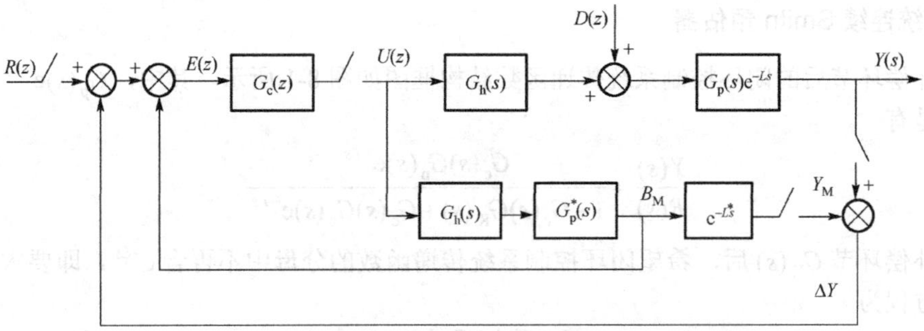

图 8-3　传统离散 Smith 预估器传递函数结构框图

设 $HG_p(z)=Z[G_h(s)G_p(s)]$，$L=dT_s$，则

$$\Delta Y(z)=(HG_p(z)z^{-d}-HG_p^*(z)z^{-d^*})U(z) \tag{8-7}$$

$$E(z)=R(z)-\Delta Y(z)-B_M(z) \tag{8-8}$$

$$B_M(z)=HG_p^*(z)U(z) \tag{8-9}$$

当过程模型准确时，即 $d^*=d$，$HG_p(z)=HG_p^*(z)$ 时，由式(8-7)～(8-9)可得

$$\Delta Y(z)=0 \tag{8-10}$$

$$E(z)=R(z)-B_M(z) \tag{8-11}$$

$$B_M(z)=HG_p(z)U(z) \tag{8-12}$$

由 $B_M(z)$ 作为测量值进行反馈控制，即清除了纯滞后环节的影响。

4．注意事项

(1) 不能将图 8-3 理解为从 $G_p^*(s)$ 或 $G_p(s)$ 环节后面取出测量值，因为实际过程中该值是不可能通过测量得到的，实际可测量的仅仅是过程的输出信号 $Y(s)$ 和控制变量 $U(s)$。

(2) 传统 Smith 预估器是预估了控制变量对过程输出信号将产生的延迟影响，但预估是基于过程模型已知的情况下进行的。所以，传统 Smith 预估器的补偿功能必须已知过程模型，即已知过程的传递函数和纯滞后时间，而且在该模型与真实过程一致时才能被实现。

(3) 对于大多数过程控制，过程模型只能近似地代表真实过程。因此，利用 $G_p^*(s)$ 和 L^* 来设计传统 Smith 预估器会有一定的误差存在。由式(8-4)～式(8-6)可以得出如下结论：只有当过程模型与真实过程完全一致时，即 $G_p^*(s)=G_p(s)$ 和 $L^*=L$ 时，式(8-6)中第 3 项为零，系统才能实现完全补偿；过程模型误差越大，即 $G_p^*(s)-G_p(s)$ 和 L^*-L 的值越大，补偿效果越差；由于纯滞后环节为指数函数，故 e^{-L^*s} 的误差比 $G_p^*(s)$ 的误差影响更大，即 L^* 的精确度比 $G_p^*(s)$ 的精确度更关键。

(4) 某些过程的纯滞后是由物料流动引起的。由于物料的流量常常是不断变化的，所以纯滞后时间也是变化的。如果传统 Smith 预估器是按某个工作点设计的，那么当 L 变化时，其补偿效果会明显降低。

8.1.2　双自由度 Smith 预估器

1．传统 Smith 预估器缺点分析

由上面的分析可知，对于传统 Smith 预估器，只有当过程模型准确时，即 $G_p^*(s)=G_p(s)$ 及 $L^*=L$ 时，系统才能实现完全补偿。然而，在实际系统中，由于建模误差和对象自身参数摄动等因素的影响，此条件很难被满足。这是传统 Smith 预估器鲁棒性能差的根本原因。另一方面，由式(8-4)

和式(8-5)可以看出，系统的设定值响应和扰动响应都由同一个控制器 $G_c(s)$ 调节。因此，控制器的设计必须折中考虑系统快速跟踪性和干扰衰减性。由于系统快速跟踪性和干扰衰减性对控制器设计的要求并不一致，单控制器系统难以同时优化这两种性能指标。对于传统 Smith 预估器，随着时滞时间的增大，这一特点表现得尤为突出。

2．双自由度 Smith 预估器结构

采用双控制器方案，构成双自由度 Smith 预估器，使设定值响应和扰动响应分离，从而分别设计控制器，使闭环控制系统同时获得良好的设定值跟踪和扰动抑制能力，这是双自由度 Smith 预估器的设计宗旨。双自由度 Smith 预估器传递函数结构框图如图 8-4 所示。通过该框图化简不难发现，它是一种串联加反馈复合校正控制方案。

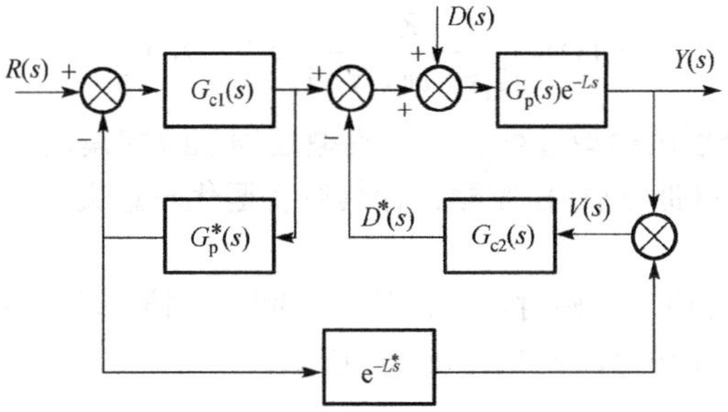

图 8-4　双自由度 Smith 预估器传递函数结构框图

在图 8-4 中，从 $R(s)$ 及 $D(s)$ 到 $Y(s)$ 的闭环传递函数分别为

$$\frac{Y(s)}{R(s)}=\frac{G_{c1}(s)G_p(s)e^{-Ls}(1+G_{c2}(s)G_p^*(s)e^{-L^*s})}{(1+G_{c1}(s)G_p^*(s))(1+G_{c2}(s)G_p(s)e^{-Ls})} \tag{8-13}$$

$$\frac{Y(s)}{D(s)}=\frac{G_p(s)e^{-Ls}}{1+G_{c2}(s)G_p(s)e^{-Ls}} \tag{8-14}$$

当过程模型准确时，式(8-13)可写为

$$\frac{Y(s)}{R(s)}=\frac{G_{c1}(s)G_p(s)e^{-Ls}}{1+G_{c1}(s)G_p(s)} \tag{8-15}$$

由式(8-14)可知，扰动响应可只由干扰衰减控制器 $G_{c2}(s)$ 调节，与设定值跟踪控制器 $G_{c1}(s)$ 和过程模型 $G_p^*(s)e^{-L^*s}$ 无关。由式(8-13)可知，设定值响应不仅与 $G_{c1}(s)$ 有关，而且与 $G_{c2}(s)$ 和 $G_p^*(s)e^{-L^*s}$ 有关。由式(8-15)可以看出，当过程模型准确时，设定值响应可仅由 $G_{c1}(s)$ 控制，并与扰动响应分离。

设定值响应与扰动响应的分离，使得 $G_{c1}(s)$ 和 $G_{c2}(s)$ 的设计可独立进行。当过程模型准确时图 8-4 的等效结构框图如图 8-5 所示。其中，上半部分对应于设定值响应，与传统 Smith 预估器一样，等效为控制器 $G_{c1}(s)$ 对 $G_p(s)$ 的闭环控制附加纯滞后环节 e^{-Ls}；下半部分对应于扰动响应。

3．双自由度 Smith 预估器设计

1)数学模型描述

设被控对象数学模型为一阶惯性加纯滞后环节或二阶惯性加纯滞后环节，其具体数学表达式分别为

$$G_{31}(s)=\frac{K}{Ts+1}e^{-Ls} \tag{8-16}$$

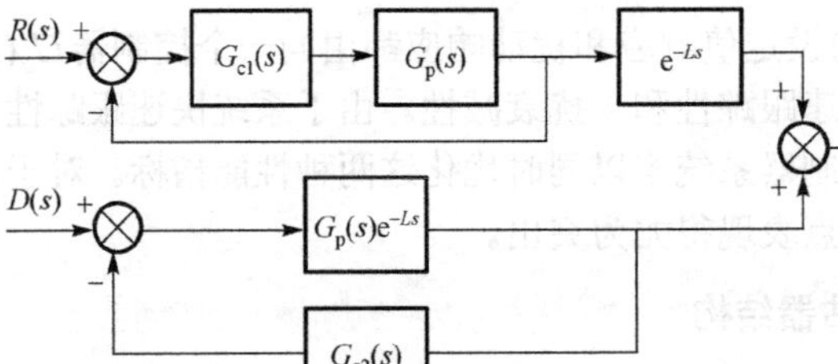

图 8-5　当过程模型准确时图 8-4 的等效结构框图

$$G_{32}(s)=\frac{K}{(Ts+1)^2}e^{-Ls} \tag{8-17}$$

$$G_4(s)=\frac{K}{(T_1s+1)(T_2s+1)}e^{-Ls}\quad T_1\neq T_2 \tag{8-18}$$

式(8-16)～式(8-18)分别用模型过程(Ⅰ)、模型过程(Ⅱ)和模型过程(Ⅲ)来表示。在过程控制中，按照过程模型(Ⅰ)～(Ⅲ)进行控制器设计具有普遍代表意义。

2) 设定值跟踪控制器设计

由图 8-5 可知，当过程模型准确时，设定值跟踪回路由控制器 $G_{c1}(s)$ 和被控对象不含纯滞后环节的部分 $G_p(s)$ 组成，闭环传递函数如式(8-15)所示。

令

$$\frac{Y(s)}{R(s)}=\frac{1}{\lambda_1 s+1}e^{-Ls} \tag{8-19}$$

式中，$\lambda_1>0$，为可调参数，即 $\frac{G_{c1}(s)G_p(s)}{1+G_{c1}(s)G_p(s)}=\frac{1}{\lambda_1 s+1}$，所以有

$$G_{c1}(s)=\frac{1}{\lambda_1 sG_p(s)} \tag{8-20}$$

由式(8-20)可知，在标称情况下，闭环控制系统总是稳定的，其响应速度由 λ_1 决定。一般来说，λ_1 增大，系统响应速度变慢，稳定性增强；λ_1 减小，系统响应速度变快，稳定性减弱；当 λ_1 趋于 0 时，系统的设定值响应趋于最优。将模型(Ⅰ)～(Ⅲ)分别代入式(8-20)便可得到控制器 $G_{c1}(s)$，它们都是理想的 PID 控制器，即 $G_{c1}(s)=K_P\left(1+\frac{1}{T_I s}+T_D s\right)$。设定值跟踪控制器 $G_{c1}(s)$ 表达式如表 8-1 所示。可以看出，一旦确定被控对象数学模型，PID 控制器的 T_I 和 T_D 便随之被确定，而比例增益 K_P 只随 λ_1 变动，所以其参数整定非常容易。

表 8-1　设定值跟踪控制器 $G_{c1}(s)$ 表达式

被控对象 $G_p(s)e^{-Ls}$	控制器表达式		
	K_P	T_I	T_D
$G_{31}(s)=\frac{K}{Ts+1}e^{-Ls}$	$\frac{T}{K\lambda_1}$	T	0
$G_{32}(s)=\frac{K}{(Ts+1)^2}e^{-Ls}$	$\frac{2T}{K\lambda_1}$	$2T$	$\frac{T}{2}$
$G_4(s)=\frac{K}{(T_1s+1)(T_2s+1)}e^{-Ls}$ ($T_1\neq T_2$)	$\frac{T_1+T_2}{K\lambda_1}$	T_1+T_2	$\frac{T_1T_2}{T_1+T_2}$

3）干扰衰减控制器设计

由图 8-5 可知，当过程模型准确时，扰动控制回路由被控对象 $G_p(s)e^{-Ls}$ 和干扰衰减控制器 $G_{c2}(s)$ 组成，闭环传递函数如式(8-14)所示。由于此时的特征方程中含有纯滞后环节 e^{-Ls}，显著增加了控制器设计的难度。这里，可以采用与传统 Smith 预估器类似的方法来设计 $G_{c2}(s)$。于是，当过程模型准确时，令式(8-14)和式(8-5)右边相等，可得

$$G_{c2}(s)=\frac{G_c(s)}{1+G_c(s)G_p(s)(1-e^{-Ls})} \tag{8-21}$$

式中，$G_c(s)$ 为传统 Smith 预估器中的主控制器。它可以是 PID/PI 控制器，也可以是其他形式的控制器。这样设计的控制器 $G_{c2}(s)$ 能得到同传统 Smith 预估器一样的扰动响应。由式(8-21)可知，所得 $G_{c2}(s)$ 的结构过于复杂，且该控制器参数整定无规律可循。为改善扰动响应特性，构造扰动控制回路传递函数，使其特征方程中不含时滞环节。

不妨令

$$\frac{Y(s)}{D(s)}=(1-G_{c2}^*(s)e^{-Ls})G_p(s)e^{-Ls} \tag{8-22}$$

式中，$G_{c2}^*(s)$ 为有理式。令式(8-22)和式(8-14)右边相等，可得

$$G_{c2}(s)=\frac{G_{c2}^*(s)}{G_p(s)(1-G_{c2}^*(s)e^{-Ls})} \tag{8-23}$$

为了实现完全扰动抑制，式(8-22)必须满足约束条件：

$$\lim_{s\to 0}\frac{Y(s)}{D(s)}=\lim_{s\to 0}(1-G_{c2}^*(s)e^{-Ls})G_p(s)e^{-Ls}=0 \tag{8-24}$$

即 $G_{c2}^*(0)=1$。因此，可以令

$$G_{c2}^*(s)=\frac{1}{(\lambda_2 s+1)^i},i=1或2 \tag{8-25}$$

其中，λ_2 为可调参数，用来优化扰动响应特性。当 λ_2 变小时，系统干扰抑制能力变强，但鲁棒性能变弱；当 $\lambda_2\to 0$ 时，系统干扰衰减性能趋于最优。将式(8-25)代入式(8-24)，可得

$$G_{c2}(s)=\frac{1}{G_p(s)((\lambda_2 s+1)^i-e^{-Ls})} \tag{8-26}$$

$i=1$ 或 2 的取值原则是使控制器 $G_{c2}(s)$ 在物理上能够被实现。因此，当 $G_p(s)=G_{31}(s)$ 时，$i=1$；当 $G_p(s)=G_{32}(s)$ 或 $G_p(s)=G_4(s)$ 时，$i=2$。在图 8-4 中，可以证明：式(8-26)所表示的干扰衰减控制器 $G_{c2}(s)$ 为预估器，并给出了 $D(s)$ 的估计值且满足 $D^*(s)=G_{c2}^*(s)e^{-L^*s}D(s)$。

4）近似微分 PID 干扰衰减控制器设计

由式(8-26)可知，控制器 $G_{c2}(s)$ 表达式的分母中含有纯滞后环节 e^{-Ls}。该控制器在物理上难以被实现，必须被改进。采用 1/1Pade 近似 $e^{-Ls}=\dfrac{1-1/2s}{1+1/2s}$ 或二阶泰勒级数 $e^{-Ls}=1-Ls+L^2s^2/2$ 逼近 e^{-Ls}，结合低阶逼近过程模型（Ⅰ）～（Ⅲ），将 $G_{c2}(s)$ 设计成：

$$G_{c2}(s)=K_P\left(1+\frac{1}{T_I s}+\frac{T_D s}{T_f s+1}\right)=\frac{K_P}{T_I}\cdot\frac{T_I(T_f+T_D)s^2+(T_I+T_f)s+1}{s(T_f s+1)}$$

对于过程模型(Ⅰ)，有

$$T_{\mathrm{f}}=\frac{\lambda_2 L}{2(\lambda_2+L)} \tag{8-27}$$

$$T_{\mathrm{I}}=T+\frac{L}{2}-T_{\mathrm{f}}=T+\frac{L}{2}-\frac{\lambda_2 L}{2(\lambda_2+L)} \tag{8-28}$$

$$T_{\mathrm{D}}=\frac{TL}{2T_{\mathrm{I}}}-T_{\mathrm{f}}=\frac{TL(\lambda_2+L)}{L(2T+L)+2\lambda_2 T}-\frac{\lambda_2 L}{2(\lambda_2+L)} \tag{8-29}$$

$$K_{\mathrm{P}}=\frac{T_{\mathrm{I}}}{K(\lambda_2+L)}=\frac{L(2T+L)+2\lambda_2 T}{2K(\lambda_2+L)^2} \tag{8-30}$$

对于过程模型(Ⅱ)，有

$$T_{\mathrm{f}}=\frac{\lambda_2^2-L^2/2}{2\lambda_2+L} \tag{8-31}$$

$$T_{\mathrm{I}}=2T-T_{\mathrm{f}}=2T-\frac{\lambda_2^2-L^2/2}{2\lambda_2+L} \tag{8-32}$$

$$T_{\mathrm{D}}=\frac{T^2}{T_{\mathrm{I}}}-T_{\mathrm{f}}=\frac{T^2(2\lambda_2+L)}{2T(2\lambda_2+L)-(\lambda_2^2-L^2/2)}-\frac{\lambda_2^2-L^2/2}{2\lambda_2+L} \tag{8-33}$$

$$K_{\mathrm{P}}=\frac{T_{\mathrm{i}}}{K(2\lambda_2+L)}=\frac{2T(2\lambda_2+L)-(\lambda_2^2-L^2/2)}{K(2\lambda_2+L)^2} \tag{8-34}$$

对于过程模型(Ⅲ)，有

$$T_{\mathrm{f}}=\frac{\lambda_2^2-L^2/2}{2\lambda_2+L} \tag{8-35}$$

$$T_{\mathrm{I}}=T_1+T_2-T_{\mathrm{f}}=T_1+T_2-\frac{\lambda_2^2-L^2/2}{2\lambda_2+L} \tag{8-36}$$

$$T_{\mathrm{D}}=\frac{T_1T_2}{T_{\mathrm{I}}}-T_{\mathrm{f}}=\frac{T_1T_2(2\lambda_2+L)}{(T_1+T_2)(2\lambda_2+L)-(\lambda_2^2-L^2/2)}-\frac{\lambda_2^2-L^2/2}{2\lambda_2+L} \tag{8-37}$$

$$K_{\mathrm{P}}=\frac{T_{\mathrm{I}}}{K(2\lambda_2+L)}=\frac{(T_1+T_2)(2\lambda_2+L)-(\lambda_2^2-L^2/2)}{K(2\lambda_2+L)^2} \tag{8-38}$$

8.1.3 Smith 预估器的特点

对传统 PID 控制器、传统 Smith 预估器和双自由度 Smith 预估器进行一个比较，得到以下结论。

(1) 传统 PID 控制器不适合控制大时滞过程，这是控制界公认的结论。双自由度 Smith 预估器比传统 PID 控制器具有更好的控制性能及鲁棒性。

(2) 传统 Smith 预估器可以在标称情况下得到较好的设定值跟踪性能，而在参数摄动情况下，其鲁棒性和抗扰性较弱。双自由度 Smith 预估器在鲁棒性和抗扰性两方面明显优于传统 Smith 预估器。

(3) 双自由度 Smith 控制器参数整定简单。一旦过程模型被确定，只要调整 λ_1 和 λ_2，双自由度 Smith 控制器便能获得良好的控制效果，且可独立进行设定值跟踪响应和干扰衰减响应的调节，避免了传统 Smith 预估器主控制器的参数整定没有统一规则、几乎靠经验的缺点。同时，参数 λ_1 和 λ_2 自整定功能的引入进一步缩短了现场调试双自由度 Smith 控制器的工作量。

(4) 对传统 Smith 预估器而言，低响应速度并不一定能换取良好的鲁棒性和抗扰性。

8.2 Dahlin 算法

8.2.1 传统 Dahlin 算法

1. 问题的提出

传统 Dahlin 算法的设计源于对最小拍控制算法的改进。最小拍控制算法是要求闭环控制系统响应具有有限的调整时间、最小的上升时间和无稳态余差的差拍控制算法。当按设定值设计时，最小拍控制要求闭环控制系统输出信号以最少的拍数(即最少的采样周期)跟踪上设定值的变化，即要求响应速度最快。对于时滞系统，当设定值阶跃变化时，最小拍控制要求 $\dfrac{Y(z)}{R(z)}=z^{-(d+1)}$，相应于 $\dfrac{Y(s)}{R(s)}=\mathrm{e}^{-Ls}$，$L=dT_{\mathrm{s}}$，$T_{\mathrm{s}}$ 为采样周期。也就是说，要求从 $d+1$ 拍起，一步使输出信号达到设定值，这对大多数工业生产过程来说是相当高的要求。工业过程都存在惯性，很难在极短的一个采样周期内使系统输出信号达到设定值。实际上，生产过程要求输出信号的变化平稳一些，经过一个过渡过程平稳地达到设定值。基于这种思想，1968 年 Dahlin 提出一种控制算法，选取一个一阶惯性加纯滞后(FOPDT)环节作为要求的系统闭环传递函数，即当设定值阶跃变化时，输出信号经过延迟一段时间后，按指数曲线趋于设定值，这就是传统 Dahlin 算法的基本思想。

2. 控制器设计

设被控对象可用 FOPDT 环节模型来描述，而且 $L/T>1.0$，有

$$G_{31}(s)=\frac{K}{Ts+1}\mathrm{e}^{-Ls} \tag{8-39}$$

令 $G_{\mathrm{h}}(s)=\dfrac{1-\mathrm{e}^{-T_{\mathrm{s}}S}}{s}$ 为零阶保持器，T_{s} 为采样周期。对于传统 Dahlin 算法，其设计目标为 $\varPhi(s)=\dfrac{1}{T_{\mathrm{b}}s+1}\mathrm{e}^{-LS}$。其中，$\varPhi(s)$ 为闭环传递函数，T_{b} 为期望的闭环控制系统响应时间常数。令 $N=\mathrm{int}(L/T_{\mathrm{s}})$，即无分数时滞。那么，对式(8-39)取 Z 变换得

$$G(z)=Z[G_{\mathrm{h}}(s)G_{31}(s)]=\frac{Kz^{-N-1}(1-\mathrm{e}^{-T_{\mathrm{s}}/T})}{1-\mathrm{e}^{-T_{\mathrm{s}}/T}z^{-1}} \tag{8-40}$$

闭环传递函数 $\varPhi(z)$ 为

$$\varPhi(z)=Z[G_{\mathrm{h}}(s)\varPhi(s)]=\frac{z^{-N-1}(1-\mathrm{e}^{-T_{\mathrm{s}}/T_{\mathrm{b}}})}{1-\mathrm{e}^{-T_{\mathrm{s}}/T_{\mathrm{b}}}z^{-1}} \tag{8-41}$$

控制器 $D(z)$ 为

$$D(z)=\frac{\varPhi(z)}{G(z)[1-\varPhi(z)]} \tag{8-42}$$

将式(8-40)和式(8-41)代入式(8-42)得

$$D(z)=\frac{(1-e_1z^{-1})(1-e_b)}{K(1-e_1)[1-e_bz^{-1}-(1-e_b)z^{-N-1}]} \tag{8-43}$$

式中，e_1 为 $e^{-T_s/T}$；e_b 为 e^{-T_s/T_b}。

若被控对象为二阶惯性加纯滞后(SOPDT)环节，根据类似的设计过程，可以得到相应的传统 Dahlin 控制器，在此不再详细描述。

传统 Dahlin 算法的控制参数是闭环控制系统响应时间常数 T_b，它决定着闭环控制系统响应速度，可作为闭环控制系统的整定参数。当 T_b 大时，闭环控制系统响应慢，闭环控制系统响应曲线比较平滑；当 T_b 小时，闭环控制系统响应较快，但会产生振荡现象。同时，在参数摄动情况下，T_b 也能反映闭环控制系统的鲁棒性。当 T_b 取值较大使得 $e_b=e^{-T_s/T_b}$ 接近于 1 时，系统能获得高的鲁棒性，但闭环控制系统响应会变得相当迟钝；当 T_b 取值较小使得 $e_b=e^{-T_s/T_b}$ 接近于 0 时，能改变闭环控制系统响应特性，但系统对于过程模型误差的敏感性增加。

8.2.2 具有分数时滞的 Dahlin 算法

无分数时滞的 Dahlin 控制器结构简单，但在离散化时忽略了时滞的小数部分，即 $N=\text{int}(L/T_s)$，这就带来了一定的误差。更加实用的控制器是具有分数时滞的 Dahlin 控制器。不妨令 $L=(N+\varDelta)T_s$，N 为正整数，$0\leqslant\varDelta<1$，也就是说具有分数时滞。那么系统的闭环极点将发生变化，系统响应便会偏离所期望的特性。

分析式(8-43)可知，时滞的变化只影响 z^{-N-1} 项，并不引起其他参数的改变。当 $\varDelta=0$ 时，N 不变；当 $\varDelta=1$ 时，N 增加 1；那么，当 $\varDelta$ 在 0 和 1 之间变化时，$D(z)$ 一定与 z^{-N-1} 和 z^{-N-2} 有某种联系。因此，可通过权系数 γ_1 和 γ_2 来建立这种内在关系。

令

$$D(z,\varDelta)=\frac{(1-e_1z^{-1})(1-e_b)}{K(1-e_1)[1-e_bz^{-1}-(1-e_b)(\gamma_1z^{-N-1}+\gamma_2z^{-N-2})]} \tag{8-44}$$

因为 $G_h(s)G_{31}(s)=\dfrac{1-e^{-T_ss}}{s}\dfrac{K}{Ts+1}e^{-NT_ss}e^{-\varDelta T_ss}$，通过广义 Z 变换可得式(8-39)对应的脉冲传递函数 $G(z,\varDelta)$ 为

$$\begin{aligned}G(z,\varDelta)&=Z[G_h(s)G_{31}(s)]\\&=K(1-z^{-1})z^{-N}Z\left[\frac{1}{s(Ts+1)}e^{-\varDelta T_ss}\right]=K(1-z^{-1})z^{-N}Z_m\left[\frac{1}{s(Ts+1)}e^{-(1-m)T_ss}\right]\end{aligned} \tag{8-45}$$

式中，Z_m 为广义 Z 变换；m 为 $1-\varDelta$。将式(8-44)和式(8-45)代入闭环控制系统特征方程 $1+D(z,\varDelta)G(z,\varDelta)=0$，得

$$(1-e_1)(1-e_bz^{-1})+(1-e_b)[1-e_1^{(1-\varDelta)}-\gamma_1(1-e_1)]z^{-N-1}+(1-e_b)[\gamma_2(e_1-1)+e_1(e_1^{-\varDelta}-1)]z^{-N-2}=0$$

若使闭环控制系统保持唯一不变的极点 $z=e_b$，则必有

$$1-e_1^{1-\varDelta}-(1-e_1)\gamma_1=0 \tag{8-46}$$

$$(e_1-1)\gamma_2+e_1(e_1^{-\varDelta}-1)=0 \tag{8-47}$$

联立式(8-46)和式(8-47)，得 $\gamma_1=(e_1^{-1}-e_1^{-\varDelta})/(e_1^{-1}-1)$，$\gamma_2=(e_1^{-\varDelta}-1)/(e_1^{-1}-1)$，$\gamma_1+\gamma_2=1$。

令

$$\gamma=\gamma_2=\frac{e_1^{-\varDelta}-1}{e_1^{-1}-1} \tag{8-48}$$

则 $\gamma_1 = 1-\gamma$。显然，γ 是 $\varDelta$、T_s 和 T 的函数。因为 $\dfrac{\partial \gamma}{\partial \varDelta} = \dfrac{T_s}{T}\dfrac{e_1^{\varDelta}}{e_1^{-1}-1} > 0$，$\dfrac{\partial^2 \gamma}{\partial \varDelta^2} = \left(\dfrac{T_s}{T}\right)^2 \dfrac{e_1^{-\varDelta}}{e_1^{-1}-1} > 0$，所以 γ 是单调增加的。将 γ 分子、分母按泰勒级数展开得

$$\gamma = \left[\frac{T}{T_1}\varDelta + \frac{1}{2}\left(\frac{T}{T_1}\right)^2 \varDelta^2 + \frac{1}{3!}\left(\frac{T}{T_1}\right)^3 \varDelta^3 + \cdots\right] \Bigg/ \left[\frac{T}{T_1} + \frac{1}{2}\left(\frac{T}{T_1}\right)^2 + \frac{1}{3!}\left(\frac{T}{T_1}\right)^3 \cdots\right]$$

当 T_s/T 较小时，可忽略高次项，则有 $\gamma = \varDelta$。于是分数时滞 Dahlin 算法控制器为

$$D(z,\varDelta) = \begin{cases} \dfrac{(1-e_1 z^{-1})(1-e_b)}{K(1-e_1)\{1-e_b z^{-1} - (1-e_b)[(1-\gamma)z^{-N-1} + \gamma z^{-N-2}]\}}, & \gamma = \dfrac{e_1^{-\varDelta}-1}{e_1^{-1}-1} \\ \dfrac{(1-e_1 z^{-1})(1-e_b)}{K(1-e_1)\{1-e_b z^{-1} - (1-e_b)[(1-\varDelta)z^{-N-1} + \varDelta z^{-N-2}]\}}, & \dfrac{T_s}{T}\text{较小} \end{cases} \tag{8-49}$$

可以看出，当 $\varDelta = 0$ 或 1 时，具有分数时滞的 Dahlin 控制器便成为无分数时滞（传统）的 Dahlin 控制器。因此，传统 Dahlin 控制器是本章改进型 Dahlin 控制器的一种特殊情况。由式(8-49)可知，γ 表征了分数时滞的影响及过程滞后因素，可以作为一个在线整定参数来补偿过程模型中未建模部分或参数的摄动，使过程模型更接近于实际过程，从而获得更加理想的控制效果。

8.3 内模控制方法

内部模型控制（Internal Model Control，IMC）是 Brosilow 和 Tong 于 1978 在 Smith 预估器的基础上导出的，以后又由 Garcia 和 Morari 在典型的 SISO 系统框图的基础上提出的一种统一的基本控制结构，简称内模控制。

8.3.1 传统内模控制

1. 一般结构

传统 IMC 一般传递函数结构框图如图 8-6 所示。其中，$G(s)$ 为被控对象，$G_M(s)$ 为过程模型，$C_I(s)$ 为内模控制器，$C_F(s)$ 为反馈滤波器，$C_R(s)$ 为参考输入滤波器。若 $C_R(s) = C_F(s)$，再令 $C(s) = C_I(s)C_F(s)$，则图 8-6 便转换为图 8-7。

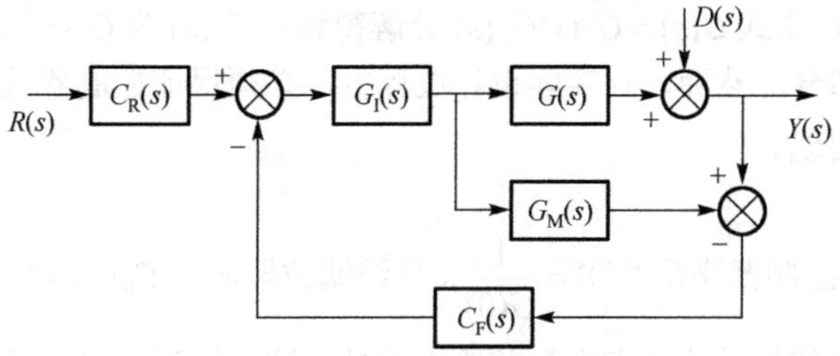

图 8-6　传统 IMC 一般传递函数结构框图

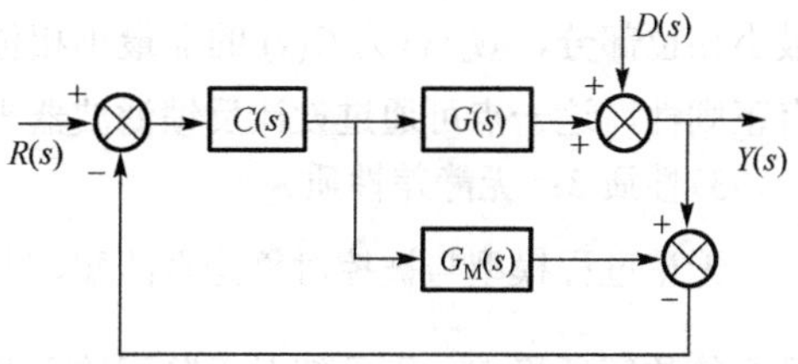

图 8-7　传统 IMC 简化传递函数结构框图

2. 基本性质

由图 8-7 可知：

$$Y(s) = \frac{G(s)C(s)}{1+C(s)(G(s)-G_M(s))}R(s) + \frac{1-G_M(s)C(s)}{1+C(s)(G(s)-G_M(s))}D(s) \tag{8-50}$$

当过程模型准确时，即 $G(s)=G_M(s)$ 时，式(8-50)可写为

$$Y(s)=G(s)C(s)R(s)+[1-G_M(s)C(s)]D(s) \tag{8-51}$$

因此，由 $R(s)$ 到 $Y(s)$ 的设定值输入传递函数只取决于 IMC 结构中的前向通道。

令

$$F_o(s)=C(s)G(s) \tag{8-52}$$

在过程模型准确时的稳定性分析实际上只涉及 IMC 结构的开环(前向通道)稳定性，而 IMC 结构的闭环稳定性则是指过程模型失配时整个系统的鲁棒性。具体说来，IMC 结构有下述三个基本性质。

1)性质 1：对偶稳定性

当过程模型准确时，整个系统稳定的条件是被控对象 $G(s)$ 和控制器 $C(s)$ 同时稳定。此性质可由式(8-52)得到。由式(8-50)可知闭环控制系统特征方程为 $1+C(s)(G(s)-G_M(s))=0$，即

$$\frac{1}{C(s)G(s)}+1-\frac{G_M(s)}{G(s)}=0 \tag{8-53}$$

如果过程模型准确，即 $G_M(s)=G(s)$，则式(8-53)变成

$$\frac{1}{C(s)G(s)}=0 \tag{8-54}$$

因此，内模控制系统稳定的充要条件是式(8-53)的根全部位于 S 平面的左半平面。若被控对象 $G(s)$ 是稳定的，则其特征方程 $\frac{1}{C(s)}=0$ 的根应全部位于 S 平面的左半平面。同样，若控制器 $C(s)$ 是稳定的，则其特征方程 $\frac{1}{G(s)}=0$ 的根应全部位于 S 平面的左半平面。另外，由式(8-53)可以看出，内模控制系统特征方程的根由两部分组成：$\frac{1}{C(s)}=0$ 的根和 $\frac{1}{G(s)}=0$ 的根。因此在过程模型准确的条件下，当控制器 $C(s)$ 和被控对象 $G(s)$ 都稳定时，内模控制系统一定闭环稳定。

如果系统的开环稳定，只要控制器稳定且过程模型准确，就可保证系统的闭环稳定；即使控制器是非线性的，只要控制器的输入信号和输出信号稳定，也能使系统的闭环稳定。如果系统的开环不稳定，可先设计一个反馈控制使其稳定，然后再采用内模控制。

2)性质 2：完全控制器

在被控对象稳定且过程模型准确的前提下，若取控制器为 $C(s)=1/G_-(s)$，则系统对镇定或跟踪控制都具有最小方差输出信号。其中，$G_-(s)$ 由式 $G(s)=G_-(s)G_+(s)$ 分解得到，$G_-(s)$ 为 $G(s)$ 的最小相位部分，$G_+(s)$ 为 $G(s)$ 的非最小相位部分。然而，在实际设计过程中，必须保证控制器具有正则性，这一点可通过设计反馈滤波器来实现。

3)性质 3：无静差性质

无论过程模型与被控对象是否匹配，只要控制器满足 $C(0)=\frac{1}{G(0)}$，反馈滤波器满足 $C_F(0)=1$，且系统的闭环稳定，则系统对于阶跃输入和常值扰动均不存在静差输出信号。这一性质可以由式(8-50)和终值定理直接得到。

由图 8-6 可以看出，在 IMC 结构中，其实际输出信号与过程模型输出信号的误差不是被直接反馈的，而是通过反馈滤波器 $C_F(s)$ 反馈的，而且 $C_F(s)$ 只有在过程模型失配或有干扰引起输出信号的误差时才起作用。因此，它对系统的闭环鲁棒性和抗扰性有着至关重要的影响。反馈滤波器的选择必须充分考虑无静差、抗干扰性、过程模型失配时的鲁棒性等方面的要求。

3．传统 IMC 设计

对于图 8-7，传统 IMC 设计过程可总结为

(1)令

$$G_{\mathrm{M}}(s)=G_{\mathrm{M}-}(s)G_{\mathrm{M}+}(s) \tag{8-55}$$

式中，$G_{\mathrm{M}-}(s)$和$G_{\mathrm{M}+}(s)$分别为$G_{\mathrm{M}}(s)$的最小相位部分和非最小相位部分。

(2)令

$$C(s)=G_{\mathrm{M}-}^{-1}(s)F(s) \tag{8-56}$$

式中，$F(s)$为 IMC 滤波器。$F(s)$的选取必须满足$G_{\mathrm{M}+}(0)F(0)=1$且保证$C(s)$具有正则性，其最简形式为

$$F(s)=K_{\mathrm{F}}/(\tau s+1)^n \tag{8-57}$$

式中，K_{F}为滤波增益；τ为滤波时间常数；n为非负整数，其取值须保证$C(s)$具有正则性。

当过程模型准确时，可得

$$Y(s)=G_{\mathrm{M}+}(s)F(s)R(s)+[1-G_{\mathrm{M}+}(s)F(s)]D(s) \tag{8-58}$$

由式(8-57)和(8-58)可知，反馈滤波器$F(s)$的滤波时间常数τ的选取要折中考虑设定值响应和干扰响应，这是传统 IMC 的缺点之一。

4．控制结构转换

在上述传统 IMC 的设计过程中可以发现，内模控制器$C(s)$包含过程模型的部分相。这里若令这些相为$G_{\mathrm{M0}}(s)$，并且令图 8-6 中的$C_1(s)=\dfrac{G_{\mathrm{C}}(s)}{1+G_{\mathrm{C}}(s)G_{\mathrm{M0}}(s)}$，则图 8-6 可以转换为图 8-8。Garcia 和 Morari 指出，对于传统 IMC，可以导出各种不同功能的控制形式。

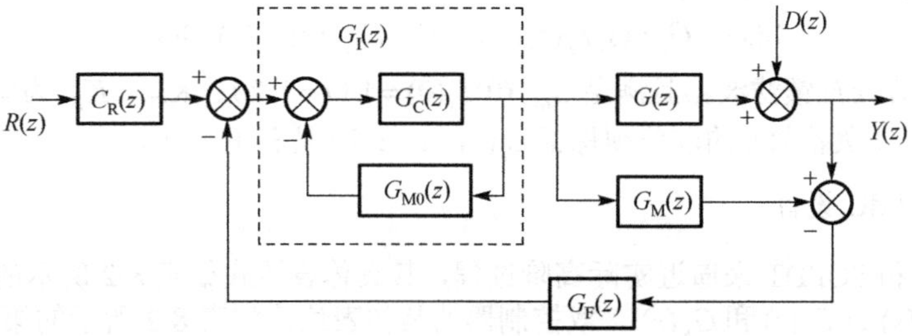

图 8-8　传统 IMC 更一般传递函数结构框图

(1) PID 控制。当取$C_{\mathrm{F}}(z)=C_{\mathrm{R}}(z)=1$，$G_{\mathrm{M}}(z)=G_{\mathrm{M0}}(z)$，$G_{\mathrm{C}}(z)$为 PID 控制器。

(2) Smith 预估器。当取$C_{\mathrm{F}}(z)=C_{\mathrm{R}}(z)=1$，$G_{\mathrm{M}}(z)=z^{-d}G_{\mathrm{M0}}(z)$，$G_{\mathrm{C}}(z)$为 Smith 预估器。

(3) 确定性线性二次型最优反馈控制。当取$C_{\mathrm{F}}(z)$为专门的滤波器，$C_{\mathrm{R}}(z)$为设定值补偿器，$G_{\mathrm{M}}(z)=G_{\mathrm{M0}}(z)$，$G_{\mathrm{C}}(z)$为比例调节器。

(4) 模型算法控制(MAC)。当取$C_{\mathrm{F}}(z)=C_{\mathrm{R}}(z)$为参考轨迹，$G_{\mathrm{C}}(z)=z^{-1}G_{\mathrm{M}}^{-1}(z)$为一步向前预测控制器。

(5) 动态矩阵控制(DMC)。当取$C_{\mathrm{F}}(z)=C_{\mathrm{R}}(z)=1$，$G_{\mathrm{C}}(z)=z^{-1}G_{\mathrm{M}}^{-1}(z)$为动态矩阵控制器。

这就沟通了内模控制、Smith 预估器和预测控制之间的联系，意味着这些控制器对大时滞过程都具有较好的控制效果。

8.3.2 双自由度内模控制

1. 结构和性质

为克服上面提到的传统 IMC 的缺点，这里讨论一种双自由度内模控制(IMC)用于对大时滞过程的控制。如图 8-9 所示，$C_1(s)$ 为设定值跟踪控制器，$C_2(s)$ 为干扰衰减控制器。

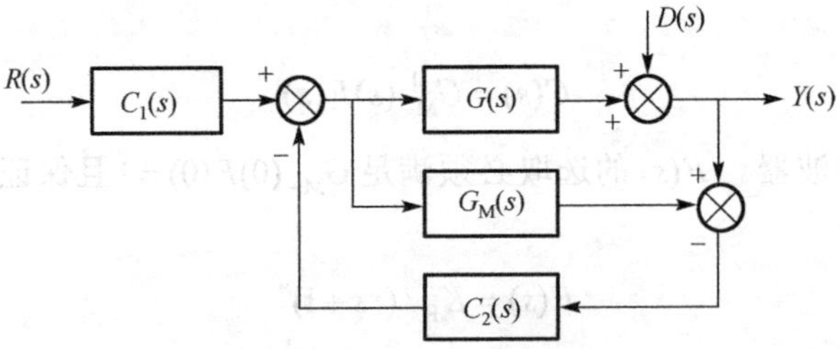

图 8-9 双自由度 IMC 传递函数结构框图

定理 1：设双自由度 IMC 采用图 8-9 所示结构，若 $G_M(s)=G(s)$，则 $C_1(s)$ 和 $C_2(s)$ 的控制作用完全分离。

定理 2：若双自由度 IMC 采用图 8-9 所示结构，则传统 IMC 是双自由度 IMC 的一种特例。

由定理 1 和定理 2 可知，当过程模型准确时，可独立地设计控制器 $C_1(s)$ 和 $C_2(s)$，以同时获得良好的设定值跟踪性能和干扰衰减性能，而且可以按照传统 IMC 设计思路来设计双自由度 IMC。因此，由式(8-56)和式(8-57)可得

$$C_1(s)=G_{M-}^{-1}(s)F_1(s),\ C_2(s)=G_{M-}^{-1}(s)F_2(s) \tag{8-59}$$

其中：

$$F_1(s)=K_{F1}/(\tau_1 s+1)^n,\ F_2(s)=K_{F2}/(\tau_2 s+1)^n \tag{8-60}$$

当过程模型准确时，利用式(8-58)可得

$$Y(s)=G_{M+}(s)F_1(s)R(s)+[1-G_{M+}(s)F_2(s)]D(s) \tag{8-61}$$

式中，$F_1(s)$ 和 $F_1(s)$ 为反馈滤波器且满足 $G_{M+}(0)F_i(0)=1$（$i=1,2$）；K_{F1}、K_{F2} 为滤波增益；τ_1、τ_2 为滤波时间常数。非负整数 n 的取值须保证 $C_i(s)$（$i=1,2$）具有正则性。

2. 双自由度 IMC 设计

采用 FOPDT 和 SOPDT 来逼近实际高阶过程，其具体表达式如表 8-2 所示的第一列，并分别记为 $G_{31}(s)$、$G_{32}(s)$、$G_4(s)$ 和 $G_S(s)$。双控制器的具体表达式如表 8-2 所示的第二列和第三列。

表 8-2 双自由度 IMC 表达式

过程模型 $G_M(s)$	设定值跟踪控制器 $C_1(s)$	干扰衰减控制器 $C_2(s)$
$G_{31}(s)=\dfrac{K}{Ts+1}e^{-Ls}$	$\dfrac{Ts+1}{K(\tau_1 s+1)}$	$\dfrac{Ts+1}{K(\tau_2 s+1)}$
$G_{32}(s)=\dfrac{K}{(Ts+1)^2}e^{-Ls}$	$\dfrac{(Ts+1)^2}{K(\tau_1 s+1)^2}$	$\dfrac{(Ts+1)^2}{K(\tau_2 s+1)^2}$
$G_4(s)=\dfrac{K}{(T_1 s+1)(T_2 s+1)}e^{-Ls}$	$\dfrac{(T_1 s+1)(T_2 s+1)}{K(\tau_1 s+1)^2}$	$\dfrac{(T_1 s+1)(T_2 s+1)}{K(\tau_2 s+1)^2}$
$G_S(s)=\dfrac{1}{as^2+bs+c}e^{-Ls}$	$\dfrac{as^2+bs+c}{(\tau_1 s+1)^2}$	$\dfrac{as^2+bs+c}{(\tau_2 s+1)^2}$

当过程模型准确时，将表 8-2 中的 $C_1(s)$ 和 $C_2(s)$ 分别代入图 8-9 中，若 $G_{\mathrm{M}}(s)$ 为 $G_{31}(s)$，有

$$Y(s)=\frac{1}{\tau_1 s+1}\mathrm{e}^{-Ls}R(s)+\left(1-\frac{1}{\tau_2 s+1}\mathrm{e}^{-Ls}\right)D(s) \tag{8-62}$$

若 $G_{\mathrm{M}}(s)=G_{31}(s)$ 为 $G_{32}(s)$、$G_4(s)$ 或 $G_S(s)$，有

$$Y(s)=\frac{1}{(\tau_1 s+1)^2}\mathrm{e}^{-Ls}R(s)+\left(1-\frac{1}{(\tau_2 s+1)^2}\mathrm{e}^{-Ls}\right)D(s) \tag{8-63}$$

其中，滤波时间常数 τ_1、τ_2 为两个可调参数，分别调节设定值跟踪响应和干扰衰减响应。τ_1 的选取要折中考虑系统响应速度和稳定性。如果增大 τ_1，系统响应速度变慢，稳定性增强；如果减小 τ_1，系统响应速度变快，稳定性减弱。当 τ_1 趋于 0 时，系统的设定值响应趋于最优。τ_2 的选取要折中考虑干扰衰减性和鲁棒性。如果增大 τ_2，系统干扰衰减性变弱，鲁棒性增强；如果减小 τ_2，系统干扰衰减性变强，但鲁棒性减弱。当 τ_2 趋于 0 时，系统干扰衰减性趋于最优。

8.4 预测控制的产生和发展

预测控制的基本思想产生于 20 世纪 60 年代。直到 1978 年 Richalet 关于 IDCOM 的论文、1979 年 Culter 和 Ramaker 关于动态矩阵控制的论文及 1987 年 Clarke 关于广义预测控制的论文发表之后，人们才在预测控制领域进行了大量研究工作。而今，许多国内外专家、学者在预测控制方面提出了比较完善的预测控制理论。

预测控制作为一类新型计算机控制算法，一经问世便在各种复杂的工业过程中得到应用，显示出了强大的生命力，其应用领域如今已扩展到诸如化工、石油、冶金、国防、电力、机械、轻工等各工业部门。它突破传统控制思想的束缚，采用了具有三大特征的预测模型、滚动优化、反馈校正控制策略，获取了更多的系统运行状态信息，因而使得控制效果和鲁棒性得以提高。

预测控制的早期研究主要侧重于理论方面，并取得一定的进展。例如，采用内模控制结构的分析方法为预测控制的运行机制、动/静态性能、稳定性和鲁棒性的研究提供方便；运用内模控制结构的分析方法可以寻求出各类预测控制算法的共性，建立它们的统一形式，以便对预测控制进行进一步分析和研究。近几年，预测控制的研究已经突破了早期的研究框架，摆脱了单调的算法研究模式，开始了与极点配置、鲁棒控制、自适应控制、解耦控制、精确线性化及非线性控制相结合的一类先进控制策略研究。随着智能控制技术的发展，预测控制也将朝着智能化方向发展，如神经网络预测控制、模糊预测控制、自学习预测控制及遗传算法预测控制等，并将人工智能及大系统递阶原理等引入预测控制中，构成多层智能预测控制模式，由此更进一步增强预测控制处理复杂对象、复杂任务、复杂环境的能力，大大拓展了预测控制综合目标和应用领域。

虽然预测控制诞生的历史不长，但却得到了迅猛的发展。预测控制成功之处在于其突破了传统的控制模式，并具有以下特点。

(1) 预测控制能够根据被控系统的历史信息及选定的未来输入信号来预测其未来输出信号，没有传统控制中对过程模型结构的严格要求，不用深入了解系统内部机理，建模方便。

(2) 预测控制采用有限时域滚动优化策略，能在线反复优化目标，得到的虽是一个次优解，却顾及了过程模型失配、时变和干扰等引起的不确定性，鲁棒性及稳定性较好。

(3) 在不增加理论难度的情况下，滚动优化能够方便地处理各种约束条件，可以推广应用于如大时滞、非最小相位及非线性系统中，可获得较好的控制效果。

预测控制算法虽然比较复杂，但是在实施运算过程中并不涉及控制理论中常用的矩阵和线性

方程组，便于工业实现。此外，与传统 PID 控制算法相比，这种控制算法能够获得更好的控制质量。根据过程模型形式、优化策略及校正措施的不同，形成各种预测控制算法，主要有模型算法控制(Model Algorithm Control，MAC)、动态矩阵控制(Dynamic Matrix Control，DMC)、广义预测控制(Global Predictive Control，GPC)等算法。

8.4.1 预测控制基本原理

预测控制是指利用动态的过程模型预测其未来输出信号，通过在未来时域上优化过程的输出信号来计算最佳控制的输入信号的一种算法。预测控制策略基本包含预测模型、滚动优化和反馈校正。

1. 预测模型

预测控制是一种基于过程模型的算法，但并不注重过程模型的具体形式，而是注重过程模型功能，即根据过程的历史信息和未来输入信号来预测其未来输出信号。因而，像状态方程、传递函数这类传统的过程模型均可用来作为预测模型。对于线性稳定系统，其基于阶跃响应和脉冲响应的非参数过程模型也可作为预测模型。对于非线性系统和分布参数系统的过程模型，只要具备上述功能要求，也可作为预测模型使用。

预测模型具有表达系统未来动态行为的功能，这样就可以利用预测模型为预测控制进行优化操作提供先验知识，进而获取某种控制序列(输入信号)，使得被控对象的输出信号变化在未来时刻达到期望的目标。

2. 滚动优化

预测控制还具备在线优化功能，这种优化控制是通过对某种性能指标的最优化来确定未来的控制作用的。优化的性能指标涉及系统未来的行为。例如，被控对象的输出信号与期望的参考轨迹在未来采样点上的方差达到最小，或者要求控制能量达到最小。

预测控制优化不是采用一成不变的全局优化目标，而是采用有限时域滚动优化策略。在任意一个采样时刻，优化性能指标只包含从该时刻到未来有限时域，而在下一个采样时刻，优化时域同步前移。因此，在每个时刻，预测控制都有一个相对于该时刻的优化性能指标，优化过程不是一次离线进行的，而是在线反复进行的，这也是滚动优化的含义。虽然预测控制只能获取全局的次优解，但滚动优化的实施却能够在过程模型失配、系统不确定性等情况下及时进行相应的弥补，始终把新的优化建立在实际的基础上，从而能够保持实际控制的最优化。

3. 反馈校正

在预测控制算法进行滚动优化时，由于预测模型只是对于过程动态特性的一个粗略描述，忽略实际系统中存在的时变、过程模型失配、非线性、干扰等因素，因而预测模型的输出信号不可能与实际情况相吻合，这就要采取补偿措施，或者在线修正基础模型。滚动优化建立在反馈校正的基础上，才具备有现实意义。

预测控制在通过优化运算确定未来控制序列后，并不全部实施这些控制作用，而只实施本时刻的控制作用，到下一时刻时，首先检测被控对象的输出信号，并利用这个实时信息对预测输出信号进行校正，然后重新进行新的优化运算。

8.4.2 预测控制统一数学描述

对于如下系统：

$$\begin{cases}\boldsymbol{x}[k+1]=f(\boldsymbol{x}[k],\boldsymbol{u}[k],k)\\ \boldsymbol{y}[k]=h(\boldsymbol{x}[k],k)\\ \boldsymbol{x}[0]=x_0\sim P(x_0)\end{cases} \tag{8-64}$$

在每个采样时刻，预测控制在线求解有限时域开环最优控制问题为

$$\min V_k=\min\sum_{i=1}^{P}L_i(x[k+i\,|\,k],u[k+i-1\,|\,k]) \tag{8-65}$$

或

$$\min V_k=\min\sum_{i=1}^{P}L_i(y[k+i\,|\,k],u[k+i\,|\,k]) \tag{8-66}$$

满足：

$$\begin{cases}\boldsymbol{x}[k+1]-f(\boldsymbol{x}[k],\boldsymbol{u}[k],k)=0\\ \boldsymbol{y}[k]-h(\boldsymbol{x}[k],k)=0\\ l(\boldsymbol{x}[k],\boldsymbol{u}[k])=0\\ c(\boldsymbol{x}[k],\boldsymbol{u}[k])\geqslant 0\end{cases} \tag{8-67}$$

式中，V_k 为优化目标函数；f 为预测模型；$\boldsymbol{x}[k]$ 为估计状态轨迹；h 为计算的预测输出信号；l、c 为采样时刻的等式和不等式约束；P 为预测时域；$\boldsymbol{u}(k)$ 为 k 时刻优化问题的计算控制序列。

在 k 时刻仅 $U(k)$ 的第一个控制量在时域 $[k,k+1]$ 上实施于被控对象，在下一时刻，预测时域、控制时域前移一步，以状态 $x[k+1]$ 为初始条件重新求解上述优化问题，形成滚动优化。预测控制结构框图如图 8-10 所示。

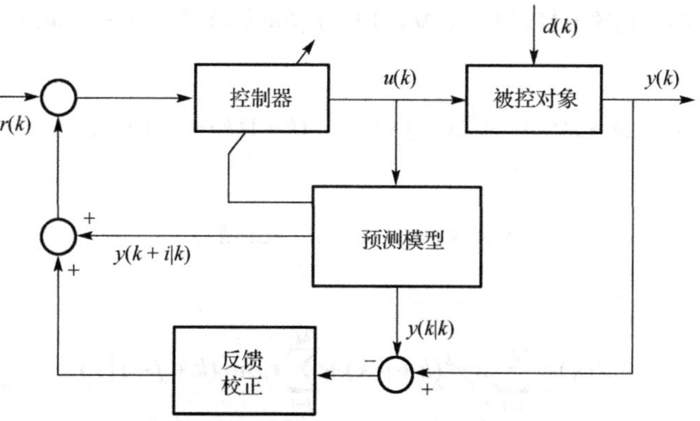

图 8-10　预测控制结构框图

8.4.3　DMC 模型

假设系统处于稳态，在单位阶跃输入信号 Δu 作用下，时不变单输入单输出稳定系统的输出信号为 $\{0,s_1,s_2,\cdots,s_N\}$，构成系统的完整模型，即 N 步后输出信号达到稳态，则任意输入信号下的系统输出信号为

$$y(k)=\sum_{l=1}^{N}s_l\Delta u(k-l)+s_N u(k-N-1) \tag{8-68}$$

式(8-68)一般只用于开环稳定对象。

对于m个输入r个输出(MIMO)系统，可得到如下的阶跃响应系数矩阵：

$$\boldsymbol{S}_l=\begin{bmatrix} s_{11l} & s_{12l} & \cdots & s_{1ml} \\ s_{21l} & s_{22l} & \cdots & s_{2ml} \\ \vdots & \vdots & \ddots & \vdots \\ s_{r1l} & s_{r2l} & \cdots & s_{rml} \end{bmatrix}$$

式中，s_{ijl} 为对第j个输入信号和第i个输出信号的第l个阶跃响应系数。

8.4.4 DMC 算法原理

设定现在和将来的输入信号增量为$\Delta u(k)$，$\Delta u(k+1|k),\cdots,\Delta u(k+M-1|k)$，可以预测系统未来的输出信号为$y(k+1|k),y(k+2|k),\cdots,y(k+P|k)$，$M\leqslant P\leqslant N$。输入信号增量可以通过优化问题获得，$M$个输入信号增量中仅只第一个值$\Delta u(k)$付诸实施。在下一个采样时刻，在新的输出信号增量基础上，控制时域向前滚动一步，重复上一个时刻同样的算法原理，实现有限时域滚动优化。

1．SISO 系统无约束 DMC

在此，从无约束的情况来推导 DMC 算法原理。

假设$y_0(k+i|k)$为当前和未来时刻控制作用不变时的输出信号预测值，则在当前和未来时刻控制作用发生变化时，未来P个时刻的输出信号预测值为

$$y(k+1|k)=y_0(k+1|k)+s_1\Delta u(k),$$

$$\vdots$$

$$y(k+M|k)=y_0(k+M|k)+s_M\Delta u(k)+s_{M-1}\Delta u(k+1|k)+\cdots+s_1\Delta u(k+M-1|k)$$

$$\vdots$$

$$y(k+P|k)=y_0(k+P|k)+s_P\Delta u(k)+s_{P-1}\Delta u(k+1|k)+\cdots+s_{P-M+1}\Delta u(k+M-1|k)$$

向量表示为

$$\tilde{y}(k|k)=\tilde{y}_0(k|k)+A\Delta\tilde{u}(k|k) \tag{8-69}$$

若最小化指标为

$$J(k)=\sum_{i=1}^{P}w_i e^2(k+i|k)+\sum_{j=1}^{M}r_j\Delta u^2(k+j-1|k) \tag{8-70}$$

若满足$\boldsymbol{A}^{\mathrm{T}}\boldsymbol{W}\boldsymbol{A}+\boldsymbol{R}$可逆，则可得

$$\Delta\tilde{\boldsymbol{u}}(k|k)=(\boldsymbol{A}^{\mathrm{T}}\boldsymbol{W}\boldsymbol{A}+\boldsymbol{R})^{-1}\boldsymbol{A}^{\mathrm{T}}\boldsymbol{W}\tilde{\boldsymbol{e}}_0(k) \tag{8-71}$$

其中，各向量为

$$\boldsymbol{W}=\mathrm{diag}\{w_1,w_2,\cdots,w_P\},\quad \boldsymbol{R}=\mathrm{diag}\{r_1,r_2,\cdots,r_M\}$$

$$\tilde{\boldsymbol{e}}_0(k)=\tilde{\boldsymbol{y}}_s(k)-\tilde{\boldsymbol{y}}_0(k|k)$$

$$\tilde{\boldsymbol{e}}_0(k)=[e_0(k+1),e_0(k+2),\cdots,e_0(k+P)]^{\mathrm{T}}$$

$$\tilde{\boldsymbol{y}}_{\mathrm{s}}(k)=[y_{\mathrm{s}}(k+1),y_{\mathrm{s}}(k+2),\cdots,y_{\mathrm{s}}(k+P)]^{\mathrm{T}}$$

式中，e_0 为当前时刻及以后控制作用不变时，由实测输出信号 $y(k)$ 和历史控制作用预测的未来时刻的跟踪误差值。

由 $\tilde{\boldsymbol{y}}_0(k|k)$ 的计算可知：

$$\tilde{\boldsymbol{y}}_0(k|k)=\tilde{\boldsymbol{y}}_0(k|k-1)+\boldsymbol{A}_1\Delta u(k-1)+\tilde{\boldsymbol{f}}\varepsilon(k) \tag{8-72}$$

其中：

$$\varepsilon(k)=y(k)-y(k|k-1)$$

$$y(k|k-1)=y_0(k|k-1)+s_1\Delta u(k-1)$$

$$\boldsymbol{A}_1=[s_2,s_3,\cdots,s_{P+1}]^{\mathrm{T}}$$

2. MIMO 系统无约束 DMC 算法

对于 m 个输入 r 个输出系统，其分析过程及算法步骤如下。

(1) 假设只有第 j 个输入信号变化，则第 i 个输出信号为

$$\tilde{\boldsymbol{y}}_{ij}(k|k)=\tilde{\boldsymbol{y}}_{ij0}(k|k)+\boldsymbol{A}_{ij}\Delta\tilde{\boldsymbol{u}}_j(k|k) \tag{8-73}$$

其中：

$$\tilde{\boldsymbol{y}}_{ij}(k|k)=[y_{ij}(k+1|k),y_{ij}(k+2|k),\cdots,y_{ij}(k+P|k)]^{\mathrm{T}}$$

$$\tilde{\boldsymbol{y}}_{ij0}(k|k)=[y_{ij0}(k+1|k),y_{ij0}(k+2|k),\cdots,y_{ij0}(k+P|k)]^{\mathrm{T}}$$

$$\Delta\tilde{\boldsymbol{u}}_j(k|k)=[\Delta u_j(k),\Delta u_j(k+1|k),\cdots,\Delta u_j(k-M+1|k)]^{\mathrm{T}}$$

$$\boldsymbol{A}_{ij}=\begin{bmatrix} s_{ij1} & 0 & \cdots & 0 \\ s_{ij2} & s_{ij1} & \cdots & 0 \\ \vdots & \vdots & \ddots & \vdots \\ s_{ij,M} & s_{ij,M-1} & \cdots & s_{ij,1} \\ \vdots & \vdots & \ddots & \vdots \\ s_{ij,P} & s_{ij,P-1} & \cdots & s_{ij,P-M+1} \end{bmatrix}$$

(2) 假设所有输入信号都可能变化，第 i 个输出信号由叠加原理可得

$$\tilde{\boldsymbol{y}}_i(k|k)=\tilde{\boldsymbol{y}}_{i0}(k|k)+\sum_{j=1}^{r}\boldsymbol{A}_{ij}\Delta\tilde{\boldsymbol{u}}_j(k|k) \tag{8-74}$$

其中：

$$\tilde{\boldsymbol{y}}_i(k|k)=[y_i(k+1|k),y_i(k+2|k),\cdots,y_i(k+P|k)]^{\mathrm{T}}$$

$$\tilde{\boldsymbol{y}}_{i0}(k|k)=[y_{i0}(k+1|k),y_{i0}(k+2|k),\cdots,y_{i0}(k+P|k)]^{\mathrm{T}}$$

(3) 对于所有输入信号、输出信号，可得

$$\boldsymbol{Y}(k|k)=\boldsymbol{Y}_0(k|k)+\tilde{\boldsymbol{A}}\Delta\boldsymbol{U}(k|k) \tag{8-75}$$

其中：

$$\boldsymbol{Y}(k|k)=[\tilde{y}_1(k|k)^{\mathrm{T}},\tilde{y}_2(k|k)^{\mathrm{T}},\cdots,\tilde{y}_r(k|k)^{\mathrm{T}}]^{\mathrm{T}}$$

$$\boldsymbol{Y}_0(k)=[\tilde{y}_{10}(k)^{\mathrm{T}},\tilde{y}_{20}(k)^{\mathrm{T}},\cdots,\tilde{y}_{r0}(k)^{\mathrm{T}}]^{\mathrm{T}}$$

$$\Delta U(k|k)=[\Delta\tilde{u}_1(k|k)^{\mathrm{T}},\Delta\tilde{u}_2(k|k)^{\mathrm{T}},\cdots,\Delta\tilde{u}_m(k|k)^{\mathrm{T}}]^{\mathrm{T}}$$

$$\tilde{A}=\begin{bmatrix} A_{11} & A_{12} & \cdots & A_{1m} \\ A_{21} & A_{22} & \cdots & A_{2m} \\ \vdots & \vdots & \ddots & \vdots \\ A_{r1} & A_{r2} & \cdots & A_{rm} \end{bmatrix}$$

优化指标为

$$J(k)=\|E(k|k)\|_{\tilde{W}}^2+\|\Delta U(k|k)\|_{\tilde{R}}^2 \tag{8-76}$$

如果 $\tilde{W}\geqslant 0,\tilde{R}\geqslant 0$ 且对称，则当 $\tilde{A}^{\mathrm{T}}\tilde{W}\tilde{A}+\tilde{R}$ 可逆时，优化结果为

$$\Delta U(k|k)=(\tilde{A}^{\mathrm{T}}\tilde{W}\tilde{A}+\tilde{R})\tilde{A}^{\mathrm{T}}\tilde{W}E_0(k) \tag{8-77}$$

在每个时刻 k，实施的控制量为

$$\Delta u(k)=DE_0(k) \tag{8-78}$$

其中：

$$D=L(\tilde{A}^{\mathrm{T}}\tilde{W}\tilde{A}+\tilde{R})^{-1}\tilde{A}^{\mathrm{T}}\tilde{W}$$

$$L=\begin{bmatrix} \theta & 0 & \cdots & 0 \\ 0 & \theta & \cdots & 0 \\ \vdots & \vdots & \ddots & \vdots \\ 0 & 0 & \cdots & \theta \end{bmatrix},\quad \theta=\begin{bmatrix} 1 & 0 & \cdots & 0 \end{bmatrix}$$

$\tilde{W}$、$\tilde{R}$ 可简单取为

$$\tilde{W}=\mathrm{diag}\{W_1,W_2,\cdots,W_r\},\ \tilde{R}=\mathrm{diag}\{R_1,R_2,\cdots,R_m\}$$

$$W_i=\mathrm{diag}\{w_i(1),w_i(2),\cdots,w_i(P)\},i\in\{1,\cdots,r\}$$

$$R_j=\mathrm{diag}\{r_j(1),r_j(2),\cdots,r_j(M)\},j\in\{1,\cdots,m\}$$

同时取 $\tilde{R}>0$，即可保证 $\tilde{A}^{\mathrm{T}}\tilde{W}\tilde{A}+\tilde{R}$ 可逆。

(4) 在初始时刻（$k=0$），系统处于稳态时，$y_{i0}(l|0)=y_i(0)$，$l=1,2,\cdots,P+1$。

在 $k>0$ 时，有

$$Y_0(k|k)=Y_0(k|k-1)+\tilde{A}_1\Delta U(k-1)+\tilde{F}\gamma(k) \tag{8-79}$$

其中：

$$Y_0(k|k-1)=[\tilde{y}_{10}(k|k-1)^{\mathrm{T}},\tilde{y}_{20}(k|k-1)^{\mathrm{T}},\cdots,\tilde{y}_{r0}(k|k-1)^{\mathrm{T}}]^{\mathrm{T}}$$

$$\tilde{y}_{i0}(k|k-1)=[y_{i0}(k+1|k-1),y_{i0}(k+2|k-1),\cdots,y_{i0}(k+P|k-1)^{\mathrm{T}}]^{\mathrm{T}}$$

$$\Delta U(k-1)=[\Delta u_1(k-1),\Delta u_2(k-1),\cdots,\Delta u_m(k-1)]^{\mathrm{T}}$$

$$\tilde{A}_1=\begin{bmatrix} A_{111} & A_{121} & \cdots & A_{1m1} \\ A_{211} & A_{221} & \cdots & A_{2m1} \\ \vdots & \vdots & \ddots & \vdots \\ A_{r11} & A_{r21} & \cdots & A_{rm1} \end{bmatrix},$$

$$A_{ij1}=[s_{ij2},s_{ij3},\cdots,s_{ij,P+1}]^{\mathrm{T}}$$

$$\tilde{F}=\begin{bmatrix}\tilde{f}_1 & 0 & \cdots & 0\\ 0 & \tilde{f}_2 & \cdots & 0\\ \vdots & \vdots & \ddots & \vdots\\ 0 & 0 & \cdots & \tilde{f}_r\end{bmatrix}$$

$$\tilde{f}_i=[f_{i1},f_{i2},\cdots,f_{iP}]^{\mathrm{T}}$$

$$\gamma(k)=[\varepsilon_1(k),\varepsilon_2(k),\cdots,\varepsilon_r(k)]^{\mathrm{T}}$$

$$\varepsilon_i(k)=y_i(k)-y_i(k|k-1)$$

$$y_i(k|k-1)=y_{i0}(k|k-1)+\sum_{j=1}^{r}s_{ij1}\Delta u_j(k-1)$$

8.4.5 约束的处理

1．输出信号幅值约束，即 $y_{i,\min}\leqslant y_i(k+l|k)\leqslant y_{i,\max}$

在每个优化时刻，输出信号预测值为 $Y(k|k)=Y_0(k|k)+\tilde{A}\Delta U(k|k)$，因而可使优化问题满足下列约束：

$$Y_{\min}\leqslant Y_0(k|K)+\tilde{A}\Delta U(k|k)\leqslant Y_{\max} \tag{8-80}$$

其中：

$$Y_{\min}=[\tilde{y}_{1,\min}^{\mathrm{T}},\tilde{y}_{2,\min}^{\mathrm{T}},\cdots,\tilde{y}_{r,\min}^{\mathrm{T}}]^{\mathrm{T}},\quad \tilde{y}_{i,\min}=[y_{i,\min},y_{i,\min},\cdots,y_{i,\min}]^{\mathrm{T}}\in\Re^{P}$$

$$Y_{\max}=[\tilde{y}_{1,\max}^{\mathrm{T}},\tilde{y}_{2,\max}^{\mathrm{T}},\cdots,\tilde{y}_{r,\max}^{\mathrm{T}}]^{\mathrm{T}},\quad \tilde{y}_{i,\max}=[y_{i,\max},y_{i,\max},\cdots,y_{i,\max}]^{\mathrm{T}}\in\Re^{P}$$

2．输入信号幅值约束，即 $u_{j,\min}\leqslant u_j(k+l|k)\leqslant u_{j,\max}$

在每个优化时刻，可使优化问题满足下列约束：

$$U_{\min}\leqslant B\Delta U(k|k)+\tilde{u}(k-1)\leqslant U_{\max} \tag{8-81}$$

其中：

$$U_{\min}=[\tilde{u}_{1,\min}^{\mathrm{T}},\tilde{u}_{2,\min}^{\mathrm{T}},\cdots,\tilde{u}_{m,\min}^{\mathrm{T}}]^{\mathrm{T}},\quad \tilde{u}_{j,\min}=[u_{j,\min},u_{j,\min},\cdots,u_{j,\min}]^{\mathrm{T}}\in\Re^{M}$$

$$U_{\max}=[\tilde{u}_{1,\max}^{\mathrm{T}},\tilde{u}_{2,\max}^{\mathrm{T}},\cdots,\tilde{u}_{m,\max}^{\mathrm{T}}]^{\mathrm{T}},\quad \tilde{u}_{j,\max}=[u_{j,\max},u_{j,\max},\cdots,u_{j,\max}]^{\mathrm{T}}\in\Re^{M}$$

$$B=diag\{B_0,B_0,\cdots,B_0\},$$

$$B_0=\begin{bmatrix}1 & 0 & 0 & \cdots & 0\\ 1 & 1 & 0 & \cdots & 0\\ 0 & 1 & 1 & \cdots & 0\\ \vdots & \vdots & \vdots & \cdots & 0\\ 0 & 0 & 0 & 1 & 1\end{bmatrix}\in\Re^{M\times M}$$

$$\tilde{u}(k-1)=[\tilde{u}_1(k-1)^{\mathrm{T}},\tilde{u}_2(k-1)^{\mathrm{T}},\cdots,\tilde{u}_m(k-1)^{\mathrm{T}}]^{\mathrm{T}}$$

$$\tilde{u}_j(k-1)=[u_j(k-1),u_j(k-1),\cdots,u_j(k-1)]^{\mathrm{T}}\in\Re^{M}$$

3．输入信号变化速率约束，即 $\Delta u_{j,\min} \leqslant \Delta u_j(k+l\,|\,k) \leqslant \Delta u_{j,\max}$

在每个优化时刻，可使优化问题满足下列约束：

$$\Delta \boldsymbol{U}_{\min} \leqslant \Delta \boldsymbol{U}(k\,|\,k) \leqslant \Delta \boldsymbol{U}_{\max} \tag{8-82}$$

其中：

$$\Delta \boldsymbol{U}_{\min} = [\Delta \tilde{\boldsymbol{u}}_{1,\min}^{\mathrm{T}}, \Delta \tilde{\boldsymbol{u}}_{2,\min}^{\mathrm{T}}, \cdots, \Delta \tilde{\boldsymbol{u}}_{m,\min}^{\mathrm{T}}]^{\mathrm{T}}, \quad \Delta \tilde{\boldsymbol{u}}_{j,\min} = [\Delta u_{j,\min}, \Delta u_{j,\min}, \cdots, \Delta u_{j,\min}]^{\mathrm{T}} \in \Re^M$$

$$\Delta \boldsymbol{U}_{\max} = [\Delta \tilde{\boldsymbol{u}}_{1,\max}^{\mathrm{T}}, \Delta \tilde{\boldsymbol{u}}_{2,\max}^{\mathrm{T}}, \cdots, \Delta \tilde{\boldsymbol{u}}_{m,\max}^{\mathrm{T}}]^{\mathrm{T}}, \quad \Delta \tilde{\boldsymbol{u}}_{j,\max} = [\Delta u_{j,\max}, \Delta u_{j,\max}, \cdots, \Delta u_{j,\max}]^{\mathrm{T}} \in \Re^M$$

8.4.6 DMC 算法控制参数的调整与设计

在预测控制器运行过程中，合理的选取或调整预测控制器参数，对于改善控制系统的闭环性能、稳定性和鲁棒性效果明显。

1．采样时间 T 的选取

采样时间 T 与预测模型时域 N 相互关联，并且会影响预测时域 P。如果 T 太大，则抗干扰差；如果 T 太小，则加重计算负担。

对于 m 个输入 r 个输出系统，若将各子模型取为一阶惯性环节加纯滞后环节，即

$$\frac{y_i(s)}{u_j(s)} = \frac{k_{ij}\mathrm{e}^{-\theta_{ij}s}}{\tau_{ij}s+1} \qquad (i=1,\cdots r; j=1,\cdots,m) \tag{8-83}$$

则采样周期选为

$$\begin{cases} T_{ij} = \max(0.1\tau_{ij}, 0.5\theta_{ij}) \\ T = \min(T_{ij}) \end{cases} \tag{8-84}$$

2．预测模型时域 N 与预测时域 P 的选取

预测模型时域 N 的选取应该充分大，这样便可以使得预测模型的截断误差控制在容许的范围内，其选取只对预测模型的准确性有影响，而不会直接影响优化计算的复杂性。预测时域 P 的选取取决于采样时间，预测时域 P 较大不会显著提高控制性能，但是可以提高系统的闭环稳定性。因此，预测时域 P 的选取应该尽可能包含过去的控制作用的稳态，也就是取到超过被控过程的开环调节时间，即

$$P = N = \max\left(\frac{5\tau_{ij}}{T} + k_{ij}\right) \tag{8-85}$$

3．控制时域 M 的选取

控制时域也可调，M 越大则控制器优化的自由度越多，可以改善控制系统性能，均化控制目标。针对一阶惯性环节近似模型，$M \times T$ 应大于使得多变量系统中最慢响应子模型达到稳态值 60% 的时间，即

$$M = \max\left(\frac{\tau_{ij}}{T} + k_{ij}\right) \qquad (i=1,\cdots,r; j=1,\cdots,m) \tag{8-86}$$

4．输出反馈误差校正系数

输出反馈误差校正系数的选取与上述参数无关。该系数在 DMC 中可以直接被调节，仅在被控对象受到未知干扰或存在过程模型失配造成预测输出信号与实际输出信号不一致时才起作用，当然可以通过对输出反馈通道进行滤波处理以消除高频干扰。

5. 被控变量权重 λ_i

被控变量权重是指被控变量的优化指标在总优化指标中所占的比重。此值通常由用户根据过程特性选择，一般不作为 DMC 的主要调节参数。

6. 控制增量权重 w_j

控制增量权重增大，会使得系统闭环响应过于缓慢，但如果没有控制增量权重的作用，可能会导致控制的作用剧烈而引起振荡。也就是说，控制增量权重对系统闭环响应有重要影响，可作为 DMC 的主要调节参量。

8.5 时滞过程的 GPC

8.5.1 时滞过程的描述

时滞过程的描述如下：

$$A(q^{-1})y(t)=B(q^{-1})u(t-k)+\frac{T(q^{-1})}{\varDelta}\xi(t) \tag{8-87}$$

式中，t 为当前采样时刻；q^{-1} 为延迟因子；$\varDelta=1-q^{-1}$；$k\geqslant 1$，为传输延迟。式(8-87)中的各系数多项式为

$$A(q^{-1})=1+a_1q^{-1}+\cdots+a_{n-1}q^{-n+1}$$

$$B(q^{-1})=b_0+b_1q^{-1}+\cdots+b_{n-1}q^{-n+1}$$

$$T(q^{-1})\varDelta=1+t_1q^{-1}+\cdots+t_nq^{-n}$$

为了使得系统控制器具有模型跟随能力，引入输出信号滤波函数：

$$\psi(t)=P(q^{-1})y(t)=\frac{P_n(q^{-1})}{P_d(q^{-1})}y(t) \tag{8-88}$$

其中，具有单位稳态增益的传递函数 $P(q^{-1})$ 定义为

$$P_n(q^{-1})=c_0+c_1q^{-1}+\cdots+c_nq^{-n},\qquad P_d(q^{-1})=1+d_1q^{-1}+\cdots+d_dq^{-d} \tag{8-89}$$

广义预测控制器结构框图如图 8-11 所示。

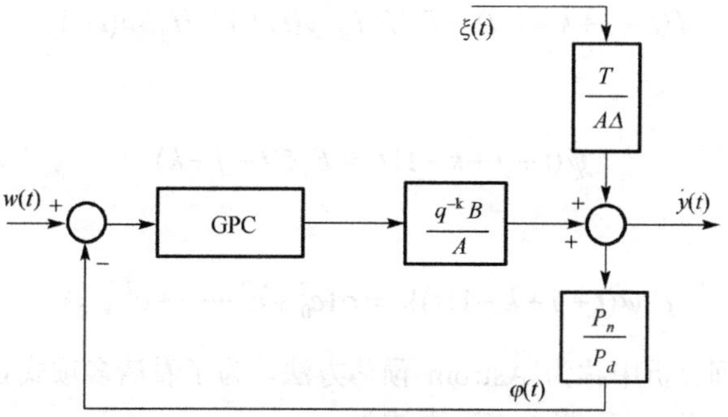

图 8-11 广义预测控制器结构框图

8.5.2 时滞过程输出信号的最优线性预估

为了求解最优控制问题，引入线性最小方差预估器，以便计算获取被控对象在未来时刻的输

出信号预测值。最优线性方差预估器的最小化目标函数定义为

$$J_1 = E\{\tilde{\psi}(t+j+k-1|t)\}^2, \qquad j=1,2,\cdots \tag{8-90}$$

式中，E 为已知直到(且包括)当前时刻 t 的输出信号测量值的条件数学期望值；$k \geqslant 1$，为传输时滞。估计误差定义为

$$\tilde{\psi}(t+j+k-1|t) = \psi(t+j+k-1) - \hat{\psi}(t+j+k-1|t), \qquad j=1,2,\cdots$$

而 $\hat{\psi}(t+j+k-1|t)$ 是基于直到(且包含)当前 t 时刻所有信息对未来(即 $t+j-1$ 时刻)滤波输出(或称为整形输出)信号 ψ 的预测值。针对式(8-87)，通过求解 Diophantine 方程：

$$\begin{cases} TP_n = E_j A\Delta P_d + q^{-j-k+1}F_j \\ E_j B = TG_j + q^{-j}H_j \end{cases} \tag{8-91}$$

可以推导出被控对象在未来时刻的输出信号为

$$\psi(t+j+k-1) = G_j\Delta u(t+j-1) + T^{-1}F_jP_d^{-1}y(t) + T^{-1}H_j\Delta u(t-1) + E_j\xi(t+j+k-1)$$

其中

$$G_j = g_0 + g_1q^{-1} + \cdots + g_{j-1}q^{-j+1}, \qquad E_j = e_0 + e_1q^{-1} + \cdots + e_{j+k-2}q^{-j-k+2}.$$

如果同时知道未来时刻输入序列的值 $\{u(t),u(t+1),\cdots,u(t+j)\}$，就可计算未来 $t+j+k-1$ 时刻输出信号的最优预估值，然而未来控制量是根据即时的反馈信息求得的，这依赖于未来时刻的随机扰动。为此，可将式(8-91)代入式(8-90)，得

$$\begin{aligned} J_1 = E\{\tilde{\psi}(t+j+k-1|t)\}^2 &= E\{E_j\xi(t+j+k-1)\}^2 \\ &+ \{G_j\Delta u(t+j-1) + T^{-1}F_jP_d^{-1}y(t) + T^{-1}H_j\Delta u(t-1) - \hat{\psi}(t+j+k-1|t)\}^2 \end{aligned}$$

其中，等号右边第一项与未来扰动有关，此项不可控，为使 J_1 最小化，被控对象输出信号的最优预测值应表示为

$$\hat{\psi}(t+j+k-1|t) = G_j\Delta u(t+j-1) + f(t+j+k-1|t) \tag{8-92}$$

令 $f(t+j+k-1|t)$ 为被控对象输出信号的自由响应预测值，则有

$$f(t+j+k-1|t) = T^{-1}F_jP_d^{-1}y(t) + T^{-1}H_j\Delta u(t-1) \tag{8-93}$$

显然，预测误差表示为

$$\tilde{\psi}(t+j+k-1|t) = E_j\xi(t+j+k) \tag{8-94}$$

而方差表示为

$$E\{\tilde{\psi}(t+j+k-1|t)\}^2 = \sigma(e_0^2 + e_1^2 + \cdots + e_{j+k-2}^2)$$

式(8-92)在时间序列分析中称为 Astrom 预估方法。为了看清多项式 G_j 的物理意义，合并式(8-91)中两个方程以消去 E_j，G_j 将可重新表述为

$$G_j = \frac{B}{A\Delta}\frac{P_n}{P_n} - q^{-j}\left(q^{-k+1}\frac{F_jB}{A\Delta P_d} - H_j\right)/T \tag{8-95}$$

考虑到 G_j 的阶为 $j-1$，$j>1,\ k>-1$，由式(8-95)可以看出，多项式 G_j 包含传递函数

$BP_n / A\Delta P_d$ 的前 j 个 Markov 系数值 $\{g_i, i=0,\cdots,j-1\}$，因而这些系数可以经由 $BP_n / A\Delta P_d$ 的脉冲响应测试或 BP_n / AP_d 的阶跃响应测试获得。

8.5.3 时滞过程的广义预测控制器设计

广义预测控制器的控制规律一般可描述为

$$J_2 = E\left\{\sum_{i=N_1}^{N_2}\mu_i[\psi(t+i)-w(t+i)]^2+\sum_{i=1}^{N_u}\lambda_i[\Delta u(t+i-1)]^2 \mid t\right\} \tag{8-96}$$

式中，μ_i、λ_i 为时变加权函数；$[N_1,N_2]$ 为预测时域，$N_2 \geqslant N_1 \geqslant k$；$N_u$ 为控制时域；$N_u \leqslant N_2-N_1+1$，并且满足 $\{\Delta u(t+i)=0, i\geqslant N_u\}$。

根据式(8-92)，可得

$$\hat{\boldsymbol{\psi}} = \boldsymbol{G}\Delta\boldsymbol{u}+\boldsymbol{f} \tag{8-97}$$

其中：

$$\boldsymbol{G}=\begin{bmatrix} g_{N_1-k} & \cdots & 0 \\ g_{N_1-k+1} & \cdots & 0 \\ \vdots & & \vdots \\ g_{N_2-k} & \cdots & g_{N_2-k-N_u+1}\end{bmatrix}$$

$$\boldsymbol{\psi}^{\mathrm{T}} = [\hat{\psi}(T+N_1 \mid t), \hat{\psi}(t+N_1+1\mid t),\cdots,\hat{\psi}(t+N_2\mid t)]$$

$$\Delta\boldsymbol{u}^{\mathrm{T}} = [\Delta u(t),\Delta u(t+1),\cdots,\Delta u(t+N_u-1)]$$

$$\boldsymbol{f} = [f(t+N_1\mid t), f(t+N_1+1\mid t),\cdots,f(t+N_2\mid t)]$$

同时，令参考设定值向量为

$$\boldsymbol{w}^{\mathrm{T}} = [w(t+N_1), w(t+N_1+1),\cdots,w(t+N_2)],$$

正定矩阵 $\boldsymbol{Q}$ 及半正定矩阵 $\boldsymbol{R}$ 分别为

$$\boldsymbol{Q}=diag\{\mu_{N_1},\cdots,\mu_{N_2}\}, \qquad \boldsymbol{R}=diag\{\lambda_1,\cdots,\lambda_{N_u}\}$$

则式(8-96)的目标函数 J_2 可以进一步写作：

$$J_2 = E\{(\boldsymbol{\psi}-\boldsymbol{w})^{\mathrm{T}}\boldsymbol{Q}(\boldsymbol{\psi}-\boldsymbol{w})+\Delta\boldsymbol{u}^{\mathrm{T}}\boldsymbol{R}\Delta\boldsymbol{u}\mid t\} = E\{(\hat{\boldsymbol{\psi}}-\boldsymbol{w}+\boldsymbol{\varepsilon})^{\mathrm{T}}\boldsymbol{Q}(\hat{\boldsymbol{\psi}}-\boldsymbol{w}+\boldsymbol{\varepsilon})+\Delta\boldsymbol{u}^{\mathrm{T}}\boldsymbol{R}\Delta\boldsymbol{u}\mid t\}$$

其中，$\boldsymbol{\varepsilon}=\boldsymbol{\psi}-\hat{\boldsymbol{\psi}}$，预测误差 ε 包含了 $\{\xi(t)\}$ 的未来值。同时，假设参考设定值与扰动信号也是相互独立的，因此 J_2 又可写作：

$$J_2 = E\{(\hat{\boldsymbol{\psi}}-\boldsymbol{w})^{\mathrm{T}}\boldsymbol{Q}(\hat{\boldsymbol{\psi}}-\boldsymbol{w})+\Delta\boldsymbol{u}^{\mathrm{T}}\boldsymbol{R}\Delta\boldsymbol{u}+\boldsymbol{\varepsilon}^{\mathrm{T}}\boldsymbol{Q}\boldsymbol{\varepsilon}\mid t\}$$

将上式中前两项记作 J_3，最后一项不进入最小化过程，可得

$$\begin{aligned} J_3 &= (\hat{\boldsymbol{\psi}}-\boldsymbol{w})^{\mathrm{T}}\boldsymbol{Q}(\hat{\boldsymbol{\psi}}-\boldsymbol{w})+\Delta\boldsymbol{u}^{\mathrm{T}}\boldsymbol{R}\Delta\boldsymbol{u} \\ &= \Delta\boldsymbol{u}^{\mathrm{T}}(\boldsymbol{G}^{\mathrm{T}}\boldsymbol{Q}\boldsymbol{G}+\boldsymbol{R})\Delta\boldsymbol{u}+2\Delta\boldsymbol{u}^{\mathrm{T}}(\boldsymbol{G}^{\mathrm{T}}\boldsymbol{Q}(\boldsymbol{f}-\boldsymbol{w}))+(\boldsymbol{f}-\boldsymbol{w})^{T}\boldsymbol{Q}(\boldsymbol{f}-\boldsymbol{w}) \end{aligned} \tag{8-98}$$

从上面分析可知，式(8-96) J_2 的最小化问题转化为式(8-98)的 J_3 确定性最优问题，这可以通过取零梯度给出最优控制表达式，即

$$\Delta\boldsymbol{u} = -(\boldsymbol{G}^{\mathrm{T}}\boldsymbol{Q}\boldsymbol{G}+\boldsymbol{R})^{-1}\boldsymbol{G}^{\mathrm{T}}\boldsymbol{Q}(\boldsymbol{f}-\boldsymbol{w})) \tag{8-99}$$

虽然式(8-99)中给出了未来一段时域控制增量序列值，但为了保证在每个采样周期内都能实现实时在线反馈校正，仅将当前 t 时刻的控制分量 $\Delta u(t)$ 输出即可。每个控制周期重复式(8-99)的计算过程，形成一种滚动时域的优化控制策略。实施滚动优化的输出预测时域为 $[t+N_1, t+N_2]$，控制时域为 $[t, t+N_u-1]$。针对式(8-99)，对广义预测控制器的控制规律分析如下。

1．广义预测控制器的阶次

根据式(8-99)，广义预测控制器的阶次由自由响应向量 $\boldsymbol{f}$ 决定。由式(8-93)可以看出，自由响应向量 $\boldsymbol{f}$ 的阶次除了与设计参数 $T(q^{-1})$、$P(q^{-1})$ 有关之外，还与多项式 F_j、H_j 的阶次有关。F_j、H_j 的阶次为

$$\deg(F_j)=\max(\deg(A)+\deg(P_d), \quad \deg(T)+\deg(P_n)-j-k)$$

$$\deg(H_j)=\max(\deg(B)+k-2, \quad \deg(T)-1)$$

可以看出，广义预测控制器的阶次只由设计多项式 $T(q^{-1})$、$P(q^{-1})$ 及 $q^{-k}B/A$ 的阶次决定，不会随着预测时域的增大而增大。当取 $T(q^{-1})=1, P(q^{-1})=1$ 时，可得

$$f(t+j-k\,|\,t)=F_j y(t)+H_j\Delta u(t-1) \tag{8-100}$$

此时，有

$$\deg(F_j)=\deg(A), \qquad \deg(H_j)=\deg(B)+k-2$$

因此，该控制器的阶次将只决定于过程模型的阶次。

2．广义预测控制器的控制规律与最小方差的控制规律之间的关系

当取 $N_1=k,\ N_2-N_1+1=N_u$，且 $\boldsymbol{R}=0$ 时，$\boldsymbol{G}$ 成为方的下三角矩阵，目标函数此时变为

$$J_4=E\{(\boldsymbol{G}\Delta\boldsymbol{u}+\boldsymbol{f}-\boldsymbol{w})^{\mathrm{T}}\boldsymbol{Q}(\boldsymbol{G}\Delta\boldsymbol{u}+\boldsymbol{f}-\boldsymbol{w})\,|\,t\}$$

如果延时 k 的大小可被准确测知，则系数矩阵 $\boldsymbol{G}$ 可逆，根据式(8-99)，有

$$\Delta\boldsymbol{u}=\boldsymbol{G}^{-1}(\boldsymbol{w}-\boldsymbol{f}) \tag{8-101}$$

此时，$J_{4\min}=0$。可以看出，此时广义预测控制器的控制规律退化为一步预测的最小方差的控制规律：

$$\Delta u(t)=\frac{w(t+k)-f(t+k\,|\,t)}{g_0} \tag{8-102}$$

其中，$f(t+k\,|\,t)$ 由式(8-93)给出。

根据式(8-91)求得 H_j，并令 j=1 且代入式(8-102)，注意 $G_1=g_0=b_0$，整理后可得输出反馈控制器的输出信号为

$$u(t)=\frac{TP_d w(t+k)-F_1 y(t)}{\Delta E_1 BP_d} \tag{8-103}$$

或者写为实用化形式：

$$u(t)=\frac{1}{c_0 b_0}\{TP_d w(t+k)-F_1 y(t)+(c_0 b_0-E_1 BP_d\Delta u(t)\}$$

式中，c_0 为多项式 P_n 的首项系数，由式(8-89)定义。

由此可以看出，对于非最小相位对象，1/B 会导致不稳定的零极点对消，最终使系统出现不

稳定。相比之下，广义预测控制的多步预测比最小方差控制的单步预测扩大了预测时域范围，相应改善了系统的鲁棒性和稳定性。

3．广义预测控制器的控制规律与广义最小方差的控制规律之间的关系

当取 $N_1 = N_2 = k$，$N_u = 1$，并且 $\boldsymbol{R} = \lambda$ 时，系数矩阵 $\boldsymbol{G} = g_0 = b_0$，根据式(8-96)，目标函数 J_2 变为

$$J_5 = E\{[\psi(t+k) - w(t+k)]^2 + \lambda[\Delta u(t)]^2 \mid t\}$$

根据式(8-99)，有

$$\Delta u(t) = \frac{w(t+k) - f(t+k \mid t)}{b_0 + \lambda / b_0} \tag{8-104}$$

类似地，可以得出：

$$\Delta u(t) = \frac{TP_d w(t+k) - F_1 y(t)}{E_1 BP_d + \lambda TP_d / b_0} \tag{8-105}$$

式(8-105)即为广义最小方差控制器。在特殊情况下，当 $\lambda = 0$ 时，对比式(8-103)与式(8-105)，(8-105)可以看出两者实质是相同的，即为标准的最小方差控制器。

从上面的分析可知，广义预测控制算法区别于其他控制算法的主要特征可概括为：采用了 CARIMA 模型，而不是 CARMA 模型；可在大于被控对象纯滞后的有限时域内进行长程预测；递推求解 Diophantine 方程；目标函数采用加权的控制增量作用；选取大于控制时域之后的控制增量为零，即控制时域之后的加权因子无穷大。

第9章　新型控制系统基础

当前，新型控制系统随着现代控制理论的发展，逐步发展为基于智能控制的新兴学科领域。智能控制系统是实现某种控制任务的一种智能系统。所谓智能系统是指具备一定智能行为的系统。具体来说，若对于一个问题的激励输入信号，系统具备一定的智能行为，即产生合适的求解问题的响应，这样的系统便称为智能控制系统。

萨里迪斯给出了另一种智能控制系统的定义：通过驱动自主智能机来实现其目标而无须操作人员参与的系统称为智能控制系统。这里所说的智能机指的是能够在结构化或非结构化、熟悉或不熟悉的环境中，自主地或有人参与地执行拟人任务的机器。萨里迪斯给出的这个定义仍然比较抽象。下面给出一个通俗但并不严格的智能控制系统的定义：在一个控制系统中，如果控制器完成了分不清是机器还是人完成的任务，这样的系统称为智能控制系统。

9.1　智能控制的研究对象与复杂系统

智能控制是控制理论发展的高级阶段。它主要用来解决那些用传统方法难以解决的复杂系统的控制问题。智能控制系统包括智能机器人系统、计算机集成制造系统(CIMS)、复杂的工业过程控制系统、航天航空控制系统、社会经济管理系统、交通运输系统、环保及能源系统等。具体地说，智能控制的研究对象具备以下一些特点。

1．不确定性的模型

传统控制是基于模型的控制，这里的模型包括控制对象和干扰模型。对于传统控制，通常认为模型已知或经过辨识可以得到。智能控制的研究对象通常存在严重的不确定性。这里所说的模型不确定性包含两种情况：一是模型未知或知之甚少；二是模型的结构和参数可能在很大范围内变化。无论哪种情况的模型，传统方法都难于对它们进行控制，而这正是智能控制所要研究解决的问题。

2．高度的非线性

在传统控制理论中，线性系统理论比较成熟。对于具有高度非线性的控制对象，虽然也有一些非线性控制方法，但总地来说，非线性控制理论还很不成熟，而且方法比较复杂。采用智能控制的方法往往可以较好地解决非线性系统的控制问题。

3．复杂的任务要求

在传统控制系统中，由于控制任务或者是要求输出量为定值(调节系统)，或者是要求输出量跟随期望的运动轨迹(跟踪系统)变化，因此控制任务的要求比较单一。对于智能控制系统，任务的要求往往比较复杂。例如，在智能机器人系统中，要求系统对一个复杂的任务具有自行规划和决策的能力，有自动躲避障碍运动到期望目标位置的能力。再如，在复杂的工业过程控制系统中，除了要求对各被控物理量实现定值调节外，还要求能实现整个系统的自动启/停、故障的自动诊断及紧急情况的自动处理等功能。

把具备上述三个特点的系统称为复杂系统。

9.2 智能控制系统的特点

1. 学习功能

关于什么是学习，人们尚有许多争议。萨里迪斯给出了学习系统的一个定义：一个系统，如果能对一个过程或其环境的未知特征所固有的信息进行学习，并将得到的经验用于进一步的估计、分类、决策或控制，从而使系统的性能得到改善，那么该系统就称为学习系统。

具有学习功能的控制系统又称学习控制系统。学习控制系统可看成智能控制系统的一种。智能控制系统的学习功能可能有低有高，低层次的学习功能主要包括对控制对象参数的学习，高层次的学习则包括知识的更新和遗忘。

2. 适应功能

这里所说的适应功能比传统的自适应控制中的适应功能具有更广泛的含义。它包括更高层次的适应性。正如前面已经提到的，智能控制系统中的智能行为实质上是一种从输入信号到输出信号之间的映射关系。该智能行为被看成不依赖模型的自适应估计，因此智能控制系统具有很好的适应性能。当智能控制系统的输入信号不是已经学习过的例子时，智能控制系统由于具有插补功能，因而可给出合适的输出信号。甚至当智能控制系统中某些部分出现故障时，智能控制系统也能够正常的工作。如果智能控制系统具有更高程度的智能，还能自动找出故障甚至具备自修复的功能，从而体现了更强的适应性。

3. 组织功能

组织功能指的是对于复杂的任务和分散的传感信息具有自行组织和协调的功能。该组织功能也表现为智能控制系统具有相应的主动性和灵活性，即智能控制系统可以在任务要求的范围内自行决策、主动地采取行动；而当出现多目标冲突时，在一定的限制下，智能控制系统可有权自行裁决。

9.3 现代智能控制理论

智能控制是多学科的交叉领域。有的人认为，智能控制是人工智能与自动控制的交叉领域。也有的人认为，智能控制是人工智能、运筹学和自动控制三者的交叉领域。还有的人认为，智能控制是系统论、信息论、计算机科学、人类工程学等的交叉领域。

智能控制迄今尚未建立起完整的理论体系，因此要系统地讨论其理论内容为时尚早。下面仅就目前明确的几种类型的智能控制系统所包含的理论内容加以简要介绍。

1. 自适应、自组织和自学习控制

自适应、自组织和自学习控制是传统控制向纵深发展的高级阶段。学习功能、适应功能和组织功能是智能控制系统最主要的特点。因此，自适应、自组织和自学习控制系统可看成较初级的智能控制系统。

自适应控制和自组织控制本质上并没有什么差别。自适应控制主要描述系统的行为，而自组织控制主要描述系统的内部结构。萨里迪斯给出的自组织控制的定义：在系统运行过程中，通过观测过程的输入信号和输出信号所获得的信息，能够逐渐减小过程参数的先验不确定性，从而达到对系统的有效控制。自组织控制可由两种方法来实现：一种是给出明显的辨识来减小动力学所固有的不确定性；另一种则是设法减小与改进系统性能直接相关的不确定性。这后一种情形，可

以被认为是隐含着进行系统辨识的，这是因为所积累的关于过程的信息，可由控制器直接予以应用而不经过中间的模型。这两类自组织控制代表了两种不同的设计方法。

如果通过观测过程的输入和输出信号所获得的信息，能够减小过程参数的先验不确定性，则将该自组织控制称为参数自适应、自组织控制；若减小的是与改进系统性能直接相关的不确定性，则将该自组织控制称为品质自适应、自组织控制。参数自适应、自组织控制结构框图如图 9-1 所示。品质自适应、自组织控制结构框图如图 9-2 所示。在现有的许多文献中，参数自适应、自组织控制系统又称自校正控制系统，而品质自适应、自组织控制系统又称模型参考自适应控制系统。

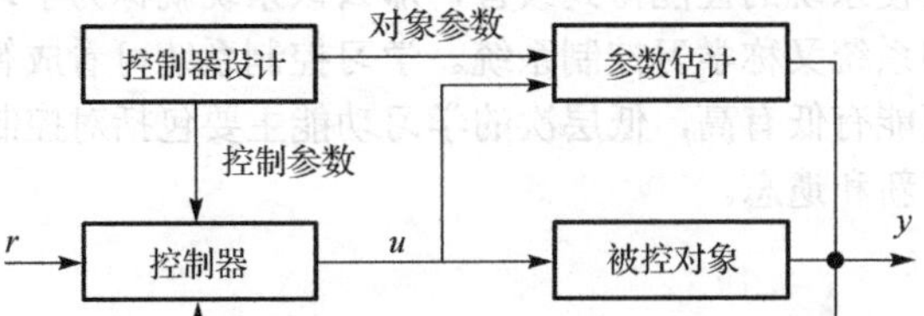

图 9-1　参数自适应、自组织控制结构框图

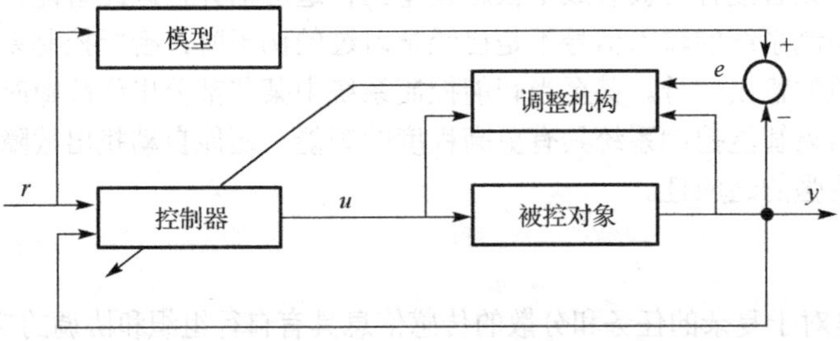

图 9-2　品质自适应、自组织控制结构框图

学习控制系统是指能对一个过程或其环境的未知特征所固有的信息进行学习，并用其学得的信息控制一个具有本知特征过程的系统。一种学习控制系统结构框图如图 9-3 所示。研究学习控制的最常用的方法有模式分类、再励学习、贝叶斯估计、随机逼近、随机自动机模型、模糊自动机模型、语言学方法。

还有一种主要基于人工智能方法的学习控制系统，称为人工智能学习控制系统。它主要借助于人工智能的学习原理和方法，通过不断获取新的知识来逐步改变系统的性能，其结构框图如图 9-4 所示。其中，知识库环节主要用来存储知识，并具有知识更新的功能；学习环节具有采集环境信息、接受监督指导、进行学习推理和修改知识库功能；执行环节主要利用知识库的知识，进行识别、决策并采取相应行动；监督环节主要进行性能评价、监督学习环节及控制选例环节；选例环节主要从环境中选取有典型意义的事例或样本，作为系统的训练集或学习对象。

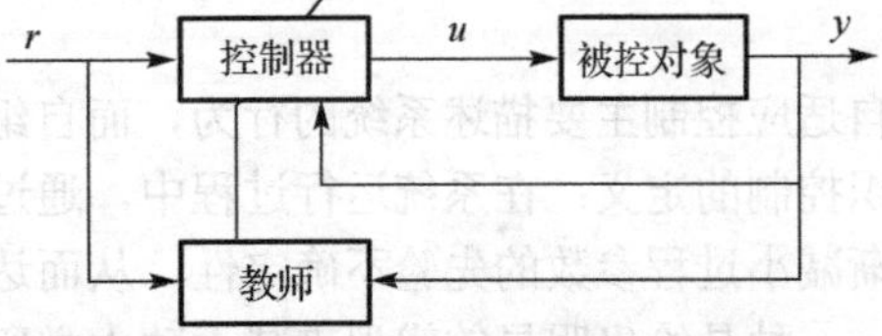

图 9-3　一种学习控制系统结构框图

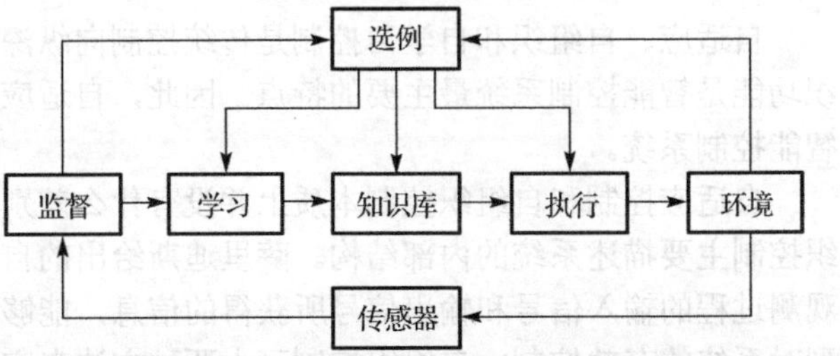

图 9-4　人工智能学习控制系统结构框图

另外一种基于重复性的学习控制系统，其结构框图如图 9-5 所示。其中，u_k 是第 k 次运动的控制量；y_k 是实际输出信号，y_d 是期望的输出信号。经过学习控制算法 $u_{k+1}=u_k+f(e_k)$ 的多次重复运算后，在 u_k 的作用下系统能够产生期望的输出信号。这里的主要问题是学习控制算法的收敛性问题。

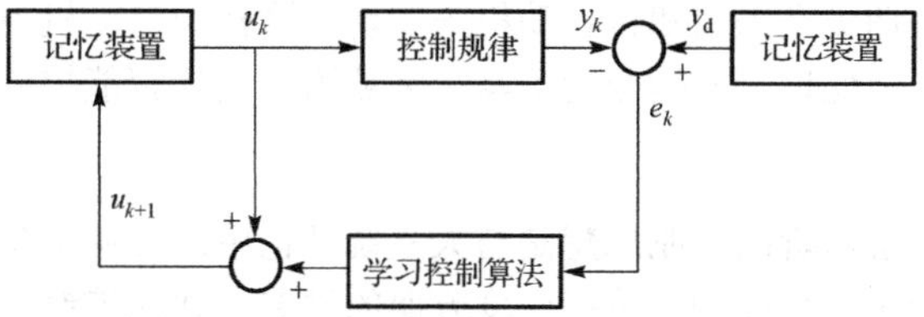

图 9-5　重复性学习控制系统结构框图

2. 知识工程

作为智能控制系统的一个重要分支的专家控制系统及人工智能学习控制系统均离不开知识的表示、知识的运用、知识的获取和更新等。这些正是知识工程的主要问题。因此，知识工程也是智能控制理论中的一项重要内容。

广义地讲，设计控制系统便是有效地组织和运用知识的过程。控制器则是运用知识进行推理决策、产生控制作用的装置。控制器的功能一般由计算机完成。对于传统的控制，对控制对象模型及性能的要求可以看成用数值表示的知识。控制算法则是运用知识进行决策计算，以产生所需的控制作用。在智能控制系统中，有一部分知识是数值类型的知识；更主要的知识是一些经验、规则，是用符号形式来表示的。在这种情况下，设计控制器便是如何获取知识，如何运用知识进行推理、决策以产生有效的控制的过程。在学习控制系统中，还有一个如何更新知识以实现学习的功能。

3. 熵

在分层递阶智能控制系统中，萨里迪斯提出用熵作为整个系统的一个性能量度。因为分层递阶智能控制系统在不同的层次以不同的形式包含了运动的不确定性，而熵正是采用概率模型时不确定性的一个量度。设计分层递阶智能控制系统就是在自上而下精确度渐增、智能逐减的分层递阶智能控制系统中，寻求正确的决策和控制序列以使整个系统的总熵极小的过程。可见，熵在分层递阶智能控制系统的分析和设计中起着十分重要的作用。

4. Petri 网

Petri 网是新近发展起来的一种既是图形也是数学的建模工具。它主要用来描述和研究信息处理系统。这些系统往往具有并发性、异步性、分布性和不确定性等特点。Petri 网的应用领域很广。Petri 网可用于性能评价、通信协议、柔性制造系统、离散事件系统、形式语言、多处理机系统、决策模型等领域。因此，Petri 网非常适用于在分层递阶智能控制系统中作为协调级的解析模型。利用该模型可以比较容易地将协调级中各模块之间的连接关系描述清楚。利用该模型也可以比较容易地处理在协调过程中所碰到的并发活动和冲突仲裁等问题。同时，利用该模型既可以进行定性分析，也可以进行定量分析，这是其他方法所难以做到的。

5. 人—机系统

人—机结合的控制系统(简称人—机系统)也是一种智能控制系统。人—机系统的研究主要包括：一是研究人作为人—机系统中的一个部件的特性，进而研究整个人—机系统的行为；二是研究在人—机系统中如何构造仿人的特性，从而实现无人参与的仿人智能控制；三是研究人—机各自特性，将人的高层决策能力与计算机的快速响应能力相结合，充分发挥各自的优越性，有效地构造出人—机结合的智能控制系统。

6. 形式语言与自动机

通过形式语言与自动机，可以实现分层递阶智能控制系统中组织级和协调级的功能。在萨里迪斯的早期工作中，组织级由一种语言翻译器来实现，将输入的定性指令映射为下层协调级可以执行的另外一种语言。协调级则采用随机自动机来实现。这样的自动机也等价于一种形式语言。

形式语言和自动机作为处理符号指令的工具，常被用于设计智能控制系统的上层结构。

7. 大系统理论

智能控制系统中的分层递阶的控制思想是与大系统理论中的分层递阶和分解协调的思想一脉相承的。虽然大系统理论是传统控制理论在广度方面的发展，智能控制理论是传统控制理论在纵深方面的发展，但两者仍有许多方面是相通的。因此，可以将大系统理论的某些思想应用到智能控制系统的设计中。

8. 神经网络理论

神经网络是介于符号推理与数值计算之间的一种数学工具。它具有很好的适应能力和学习能力，适合用作智能控制的工具。从本质上看，神经网络是一种不依赖模型的自适应函数估计器。如果给神经网络设定一个输入信号，它就可以得到一个输出信号。但它并不依赖于模型，即它并不用知道输出信号和输入信号之间存在着怎样的数学关系。通常的函数估计器是依赖于数学模型的，这是函数估计器与神经网络的一个根本区别。当给神经网络设定的输入信号并不是原来训练的输入信号时，神经网络也能给出合适的输出信号，即它具有插值功能或适应功能。在一定意义上，也可将专家控制系统看成不依赖模型的估计器。专家控制系统将条件映射为相应的动作，并不依赖于模型。在这一点上，专家控制系统与神经网络有共同之处。但是，专家控制系统采用的是符号处理方法，不适用于数值的方法，也不能用硬件方法来实现。符号系统虽然也是随时间改变的，但是它没有导数，不是一个动力学系统。当给符号系统设定的输入信号不是预先设计的情况时，符号系统不能给出合适的输出信号，因而它不具备适应功能。在专家控制系统中，知识明显地被表示为规则；在神经网络中，知识通过学习例子而分布地被存储在网络中。正是由于这一点，神经网络具有很好的容错能力。当神经网络的个别处理单元损坏时，对神经网络的整体行为只有很小的影响，而不会影响整个系统的正常工作。神经网络还特别适合用来进行模式分类，因而它可用于基于模式分类的学习控制。

神经网络也是一种可以训练的非线性动力学系统，因而呈现非线性动力学系统的许多特性，如李雅普诺夫稳定性、平衡点、极限环、平衡吸引子、混沌现象等。这些也都是在用神经网络组成智能控制系统时必须研究的特性。

9. 模糊集合理论

自 1965 年扎德提出了模糊集合的概念以来，模糊集合理论发展十分迅速，并在许多领域中获得了应用。它在控制中的应用尤为引人注目。由于模糊控制主要是模仿人的控制经验而不是依赖于控制对象的模型，因此模糊控制器实现了人的某些智能。模糊控制也是一种智能控制。

模糊集合理论是介于逻辑计算与数值计算之间的一种数学工具。它形式上是利用规则进行逻辑推理，但其逻辑取值可在 0 与 1 之间连续变化，并采用数值的方法而非符号的方法进行处理。符号处理方法可以直截了当地用规则来表示结构性的知识，但却不能直接使用数值计算的工具，因而也不能用大规模集成电路来实现人工智能系统。模糊系统可以用数值的方法来表示结构性知识，因而可以用大规模集成电路来实现人工智能系统。

与神经网络一样，模糊系统也可看成一种不依赖于模型的自适应估计器，即当给其设定一个输入信号，它便可得到一个合适的输出信号。它主要依赖于模糊规则和模糊变量的隶属度函数，而无须知道输出信号和输入信号之间的数学依存关系。

模糊系统也是一种可以训练的非线性动力学系统，因而也要研究如稳定性等问题。

10．优化理论

在学习控制系统中，常常通过对系统性能的评判和优化来修改系统的结构和参数。在神经网络控制中，常常是根据使某种代价函数极小来选择网络的连接权系数。在分层递阶控制系统中，也是通过使系统的总熵最小来实现系统的优化设计。因此，优化理论是智能控制理论的一个主要内容。

在优化理论中，新近发展了一种遗传算法(Genetic Algorithm，GA)。它是一种全局随机寻优算法。它模仿生物进化的过程，来逐步达到最好的结果。它将在智能控制中发挥重要的作用。

9.4　智能控制发展概况

到了20世纪60年代，自动控制理论和技术的发展已渐趋成熟，而人工智能还只是个诞生不久的新兴技术。1966年，门德尔首先主张将人工智能用于飞船控制系统的设计。1971年，著名学者傅京逊从发展学习控制的角度首次正式提出智能控制这个新兴的学科领域。傅京逊列举了以下几种智能控制系统的例子。

1．人作为控制器的控制系统

如图9-6所示，人控制器包含在闭环控制回路内。由于人具有识别、决策、控制等功能，因此对于不同的控制任务及不同的对象和环境情况，具有自学习、自适应和自组织的功能，自动采用不同的控制策略以适应不同的情况。显然，这样的控制系统属于智能控制系统。

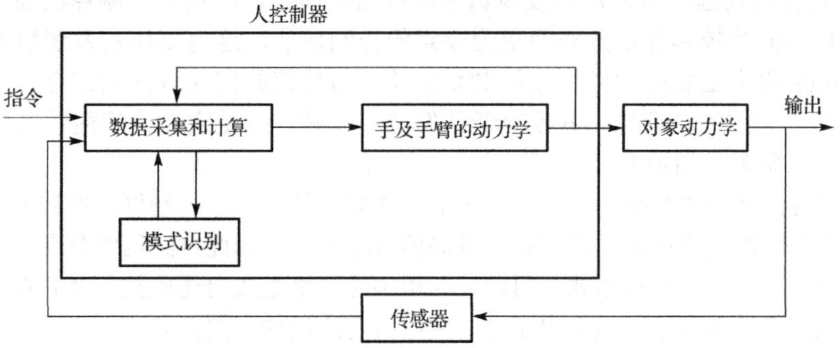

图9-6　人作为控制器的控制系统结构框图

2．人—机结合作为控制器的控制系统

在这样的控制系统中，机器(主要是计算机)完成那些连续进行的需要快速计算的常规控制任务。人则主要完成任务分配、决策、监控等任务。人—机结合作为控制器的控制系统结构框图如图9-7所示。人—机结合作为控制器的控制系统是另外一种类型的智能控制系统。

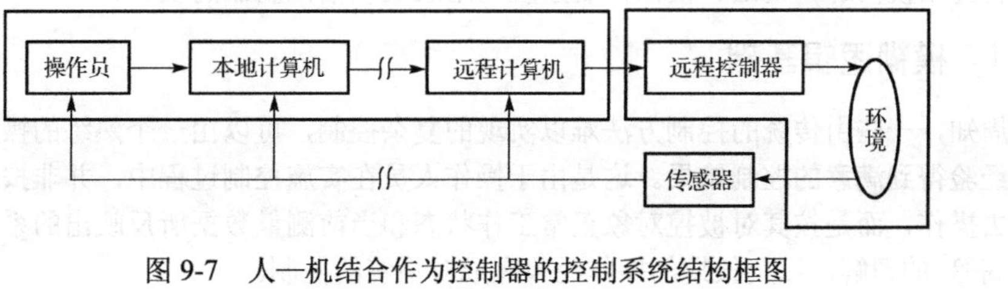

图9-7　人—机结合作为控制器的控制系统结构框图

3. 无人参与的智能控制系统

以上两种类型的智能控制系统均有人参与。许多智能控制的任务是由人完成的。我们更感兴趣的是如何将前面由人完成的那些功能变为由机器来完成，从而设计出无人参与的智能控制系统。一个最典型的例子是自主机器人。

傅京逊列举了以上三种智能控制系统的例子。其中，第三种情况即是人们所希望的无人参与的智能控制系统。对于复杂的环境和复杂的任务，如何将人工智能技术中较少依赖模型的问题求解方法与常规的控制方法相结合，这正是智能控制所要解决的问题。

萨里迪斯从控制理论发展的观点，论述了从通常的反馈控制到最优控制、随机控制，再到自适应控制、自学习控制、自组织控制，并最终向智能控制这个更高阶段发展的过程。他首次提出了分层递阶智能控制结构形式。萨里迪斯等人对智能控制系统的三级结构进行了明确的分工和定义，讨论了每一级的实现方法，建造了一个智能机器人的实验系统，并对每一级定义了熵的计算方法，证明了在执行级的最优控制等价于使某种熵最小的控制方法。在最新的工作中，萨里迪斯等人采用神经元网络中的 Boltzmann 机来实现组织级的功能，利用 Petri 网作为工具来实现协调级的功能。总之，萨里迪斯等人为智能控制学科的建立和发展做出了重要贡献，尤其是他们在分层递阶智能控制的理论和实践方面坚持不懈地做了大量的工作。分层递阶智能控制理论已成为智能控制理论中一个相对比较成熟的重要分支。

在智能控制的发展过程中，K.J.Astrom 将人工智能中的专家控制系统技术引入控制系统中，组成了另外一种类型的智能控制系统。在实际的控制系统中，核心的控制算法只是其中的一部分，还有许多其他的逻辑控制。例如，对于一个 PID 调节器来说，必须考虑操作员接口、手动与自动的平滑切换、参数突然改变所引起的过渡过程、执行部件的非线性影响、积分环节引起的大摆动现象、上/下限报警等问题，可采用启发逻辑来解决这些问题。即使在控制算法部分，也可针对不同的情况采用不同的控制算法来获得更为满意的控制性能，这也要用启发逻辑来实现这样的转换。K.J.Astrom 将人工智能中的专家控制系统技术与传统的控制方法相结合，并吸取了这两者的长处。虽然专家控制在理论上并没有新的发展和突破，但是它作为智能控制的一种形式，在实际中有着很广阔的应用前景。

近年来，神经网络的研究得到了越来越多的关注和重视。由于神经网络在许多方面试图模拟人脑的功能，而且神经网络控制并不依赖于准确的数学模型，因此神经网络具有自适应和自学习的功能，是智能控制的一种典型形式。目前，利用神经网络组成自适应控制及它在机器人中的应用研究方面均取得了很多成果，显示出了神经网络具有广泛的应用前景。

模糊控制是另一类智能控制的形式。人具有模糊决策和推理的功能，模糊控制正是试图模仿人的这种功能。1965 年，扎德首先提出了模糊集理论，为模糊控制奠定了基础。在其后的 20 年中已有很多模糊控制在实际中获得应用成功的例子。

智能控制作为一门新兴学科，现在还只是处于它的发展初期，还没有形成完整的理论体系。

9.5 模 糊 控 制

本节将介绍模糊逻辑基础、模糊控制系统的组成及模糊控制器的设计。

9.5.1 模糊逻辑基础

众所周知，一些由传统的控制方法难以实现的复杂控制，可以由一个熟练的操作人员凭着丰富的实践经验得到满意的控制结果。这是由于操作人员在实施控制过程中，并非按着一个精确的数学模型去操作，而是按其对被控对象正常工作状态和当前测量数据所反映出的系统状态(偏低、正常、偏高等)的理解，以及长期的操作经验完成对系统的控制。

总结操作人员手动控制过程如下。

(1)系统的精确测量值反映到大脑中。

(2)参照系统的正常范围在大脑中将测量值转化为模糊值(低、正常、高)，并依据系统工作特性进行推理做出控制决策(如调节阀开度的增大或减小)。

(3)将控制决策转化为明确的控制值(操作幅度)实现对系统的控制。

显然，操作人员手动控制过程中存在着一个模糊推理决策的过程，正是这个过程使得操作人员实现了对复杂被控对象及动作过程的理想控制。而模糊控制理论正是吸收了人脑这种推理特点。

利用模糊数学的方法描述人类对事物的分析过程，是将人类的实践经验加以整理，总结出一套拟人化的、定性的、不确定的工程控制规则而形成的一种智能控制方法和理论。对应于传统的控制方法，它具有无须知道被控对象的数学模型、构造容易、鲁棒性好、易于被人们所接受等特点。近十几来中得到了广泛深入的研究和应用。

在现实世界中，各种事物大体上可分为以下两大类。

第一类是有明确的内涵和外延的事物，如男人、女人，气体、团体等。这类事务具有明确边界，如果用某个属性集合对其进行分类，则某个体属于且仅属于一个确定的集合。

第二类是不具有明确边界的事物，如青年人、中年人、老年人、温度的高低等。同样地，如果用某个属性集合对其进行分类时，无法将其中的某个体明确地划归为某个特定集合中，而这种不具有明确边界的模糊事物在科学领域中随处可见。对于这类事物，现代技术中一般应用模糊数学的方法对其进行描述，利用模糊矩阵和模糊逻辑推导方法对其进行科学处理。

1．模糊集合定义

在经典集合论中，任意一个元素与集合之间只有“属于”和“不属于”两种关系，且二者必居其一，而绝对不允许模棱两可的情况存在。因此，应用经典集合论能够对上面提到的具有明确边界的第一类事物做出理想的分类及处理。但是，经典集合论对于上述的不具有明确边界的第二类事物的处理就显得力不从心了。相应地，模糊集合及其规则提供了处理第二类事物的框架技术。

定义 1　模糊集合：论域U中的模糊集合F用一个在区间[0,1]上取值的隶属度函数μ_F来表示，有

$$\mu_F : U = [0,1] \tag{9-1}$$

$\mu_F(u) = 1$，u完全属于F

$\mu_F(u) = 0$，u完全不属于F

$0 < \mu_F < 1$，u部分属于F

此处，μ_F是用来表示u属于F的程度，则定义于U中的模糊集合F可表示为

$$F = \{u, \mu_F(u) | u \in U\} \tag{9-2}$$

式中，u为模糊集合的元素。

定义1表明，模糊集合是利用隶属度函数μ_F将经典集合中的“完全属于”和“完全不属于”的分类方法扩展到应用在[0,1]中连续变化的值描述元素对集合的属于程度的分类方式。可以说，应用模糊集合的描述和处理技术，将使现实世界中的一些模糊事物和概念得到满意的分类及处理。现代控制领域中的模糊控制技术就是以模糊集合论为数学基础的。

2．模糊集合的表示方法

对于论域U上的模糊集合F，通常采用下面四种表达方式。

1) Zadeh 表示法

当U为离散有限域$\{u_1, u_2, \cdots, u_n\}$时，按照 Zadeh 表示法，有

$$F=\frac{F(u_1)}{u_1}+\frac{F(u_2)}{u_2}+\cdots+\frac{F(u_3)}{u_3} \tag{9-3}$$

注意，式中$\frac{F(u_i)}{u_i}$并不代表“分式”，而是表示元素u_i对于模糊集合F的隶属度函数$\mu_F(u_i)$和元素u_i本身的对应关系。同样，“+”号也不表示“加法”运算，而是表示在论域U上，组成模糊集合F的全体元素$u_i(i=1,2,\cdots,n)$间排序与整体间的关系。

2）矢量表示法

如果单独地将论域U中的元素$u_i(i=1,2,\cdots,n)$所对应的隶属度函数$\mu_F(u_i)$，按序写成矢量形式来表示模糊子集，则模糊集合可表示为

$$F=\left[F(u_1),F(u_2),\cdots,F(u_n)\right] \tag{9-4}$$

应当注意的是，在矢量表示法中隶属度函数为0的项不能被省略，必须依次将其列入。

3）序偶表示法

若将论域U中的元素u_i与其对应的隶属度函数$\mu_F(u_i)$组成序偶$<u_i,\mu_F(u_i)>$，则F表示为

$$F=\{<u_1,\mu_F(u_1)>,<u_2,\mu_F(u_2)>,\cdots,<u_n,\mu_F(u_n)>\} \tag{9-5}$$

4）函数描述法

根据模糊集合的定义，论域U上的模糊子集完全可以由隶属度函数$\mu_F(u_i)$来表征，而隶属度函数$\mu_F(u_i)$表示元素u_i对F的从属程度。这与清晰集合中的特征函数表示方法一样，可以用隶属度函数曲线来表示一个模糊子集。

例1 论域$U=\{u_1,u_2,u_3,u_4,u_5\}$中定义的模糊集合$F$为

① Zadeh表示法：$F=\frac{0.3}{u_1}+\frac{0.5}{u_2}+\frac{1.0}{u_3}+\frac{0.7}{u_4}+\frac{0.4}{u_5}$；

② 矢量表示法：$F=(0.3,0.5,1.0,0.7,0.4)$；

③ 序偶表示法：$F=\{<u_1,0.3>,<u_2,0.5>,<u_3,1.0>,<u_4,0.7>,<u_5,0.4>\}$。

3．模糊集合的运算

对于模糊集合，元素和集合之间不存在属于和不属于的明确关系，但是集合与集合之间还是存在相等、包含，以及与经典集合论一样的集合运算，如并、交、补等。

定义2 设A、B是论域U的模糊集，若对任意一个$u\in U$都有$B(u)\leqslant A(u)$，则称B是A的一个子集，记作$B\subseteq A$。若对任意一个$u\in U$都有$B(u)=A(u)$，则称B等于A，记作$B=A$。

模糊集合的运算与经典集合的运算相似，都是利用集合中的特征函数或隶属度函数来定义类似的操作。设A、B为U中两个模糊子集，隶属度函数分别为μ_A和μ_B，则模糊集合中的并、交、补等运算可以按以下方式定义。

定义3 并$(A\cup B)$的隶属度函数$\mu_{A\cup B}$对所有$u\in U$被逐点定义为取大运算，即

$$\mu_{A\cup B}=\mu_A(u)\vee\mu_B(u) \tag{9-6}$$

式中，符号“$\vee$”为取极大值运算。

定义4 交$(A\cap B)$的隶属度函数$\mu_{A\cap B}$对所有$u\in U$被逐点定义为取小运算，即

$$\mu_{A\cap B}=\mu_A(u)\wedge\mu_B(u) \tag{9-7}$$

式中，符号“$\wedge$”为取极小值运算。

定义5 A的补隶属度函数$\mu_{\bar{A}}$对所有$u\in U$被逐点定义为

$$\mu_{\bar{A}}=1-\mu_A(u) \tag{9-8}$$

例2 设论域$U=\{u_1,u_2,u_3,u_4,u_5\}$中的两个模糊子集为

$$A=\frac{0.6}{u_1}+\frac{0.5}{u_2}+\frac{1.0}{u_3}+\frac{0.4}{u_4}+\frac{0.3}{u_5},\quad B=\frac{0.5}{u_1}+\frac{0.6}{u_2}+\frac{0.3}{u_3}+\frac{0.4}{u_4}+\frac{0.7}{u_5}$$

则

$$A\cup B=\frac{0.6\vee 0.5}{u_1}+\frac{0.5\vee 0.6}{u_2}+\frac{1.0\vee 0.3}{u_3}+\frac{0.4\vee 0.4}{u_4}+\frac{0.3\vee 0.7}{u_5}=\frac{0.6}{u_1}+\frac{0.6}{u_2}+\frac{1.0}{u_3}+\frac{0.4}{u_4}+\frac{0.7}{u_5}$$

$$A\cap B=\frac{0.6\wedge 0.5}{u_1}+\frac{0.5\wedge 0.6}{u_2}+\frac{1.0\wedge 0.3}{u_3}+\frac{0.4\wedge 0.4}{u_4}+\frac{0.3\wedge 0.7}{u_5}=\frac{0.5}{u_1}+\frac{0.5}{u_2}+\frac{0.3}{u_3}+\frac{0.4}{u_4}+\frac{0.3}{u_5}$$

模糊集合的并、交、补运算的基本性质与经典集合的并、交、补运算基本性质的根本区别在于模糊集合并、交、补运算不满足互补律，即

$$(A\cap\overline{A})\neq\varPhi,(A\cup\overline{A})\neq U \tag{9-9}$$

其原因是模糊集合没有明确的外延，因而其补集也没有明确的外延，从而 A 与 $\overline{A}$ 存在重叠的区域，则有交集不为空集 ϕ，并集也不为全集 U。

例 3　$A(u)=0.6$, 则 $\overline{A}(u)=0.4,(A\cap\overline{A})(u)=0.6\wedge 0.4=0.4\neq 0,(A\cup\overline{A})(u)=0.6\vee 0.4=0.6\neq U$。

4．隶属度函数

模糊集合是用隶属度函数描述的。可以说，隶属度函数是模糊集合的基础，在模糊集合论中占有极其重要的地位。因此，在模糊集合论的应用中，确定一个合适的隶属度函数是一个关键问题。但是，现实事物的模糊性及其不确定性的不同决定了找到一种统一的确定隶属度函数的方法是不现实的。这里，仅给出确定隶属度函数的一些基本原则及几种常规隶属度函数。

确定隶属度函数的基本原则如下。

(1) 表示隶属度函数的模糊集合必须是凸模糊集合。

(2) 应适当选取衡量变量的隶属度函数的个数，但所取隶属度函数通常应是对称的。

(3) 隶属度函数要符合有些常识性顺序。

(4) 域中的每个点应该至少属于一个隶属度函数的区域，同时，至多应属于不越过两个隶属度函数的区域。

(5) 域中的同一个点，不应使两个隶属度函数同时达到最大值。

总之，隶属度函数选择没有一个绝对的标准，而是因人及对象特性而异，即在模糊问题处理时，随着处理任务、对象的性质不同可选择不同的隶属度函数形式。常用隶属度函数如图 9-8 所示。

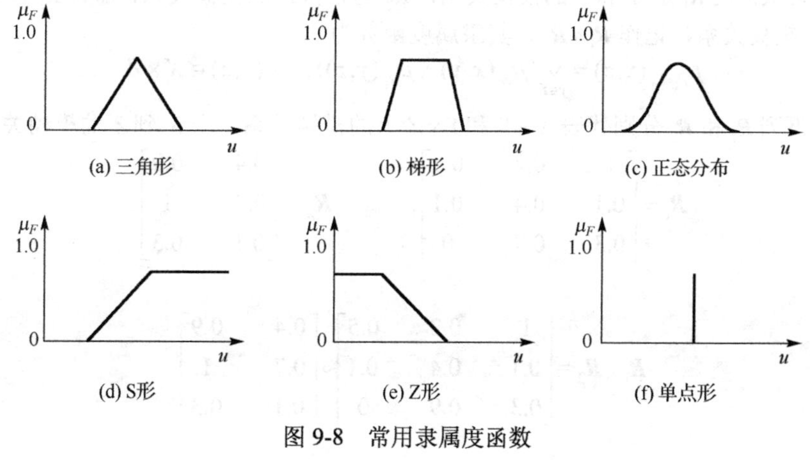

图 9-8　常用隶属度函数

5. 模糊关系与模糊推理

关系是客观世界存在的普遍现象。在控制工程中，对控制器的输入量与输出量、被控量与操纵量、被控量与扰动量等关系的认识和描述正是建立控制系统的信息依据。

模糊关系是模糊数学的重要组成部分，是模糊控制中逻辑推理的基础。特别是当论域有限时，模糊关系可以用模糊矩阵描述，这为模糊关系的运算带来了极大的方便。

1) 模糊关系

定义 6 模糊关系：设 $A\times B$ 是集合 A 和 B 的直积，以 $A\times B$ 为论域定义的模糊集合 $\boldsymbol{R}$ 称为 A 和 B 的模糊关系。

当 A 和 B 皆为有限的离散集合时，A 和 B 的模糊集合关系 $\boldsymbol{R}$ 可用矩阵表示，称为模糊关系矩阵，即

$$\boldsymbol{R}_{A\times B}=(r_{ij})_{m\times n}=\left[\mu_R(a_i,b_j)\right]_{m\times n}\quad (i=1,2,\cdots m,j=1,2,\cdots,n) \tag{9-10}$$

式中，$\mu_R(a_i,b_j)$ 是序偶 (a_i,b_j) 的隶属度函数，它的大小反应了 (a_i,b_j) 具有关系 $\boldsymbol{R}$ 的程度。

例 4 设 X 为横轴，Y 为纵轴，直积 $X\times Y$ 即整个平面。模糊关系“x 远大于 y”的隶属度函数确定为

$$\mu_R(x,y)=\begin{cases}0, & x\leqslant y\\ \dfrac{1}{1+\dfrac{100}{(x-y)^2}}, & x>y\end{cases}$$

在 X 中取 10, 20, 40, 80 四个点，在 Y 中取 10, 20, 30, 40 四个点，则模糊关系矩阵为

$$\boldsymbol{R}=\begin{bmatrix}0 & 0 & 0 & 0\\ 0.5 & 0 & 0 & 0\\ 0.9 & 0.8 & 0.5 & 0\\ 0.98 & 0.97 & 0.96 & 0.94\end{bmatrix}$$

模糊矩阵 $\boldsymbol{R}$ 描述了“x 远大于 y”模糊关系；当 $x=40$，$y=20$ 时，“x 远大于 y”的程度为 0.8。

对于有些系统，存在着如“IF A THEN B”“IF B THEN C”这种多重推理关系。为了解决多重模糊推理的输入量和输出量的关系，引入模糊关系的合成概念。

定义 7 合成：设 $\boldsymbol{R}_1$ 是 X 和 Y 的模糊关系，$\boldsymbol{R}_2$ 是 Y 和 Z 的模糊关系，那么 $\boldsymbol{R}_1$ 和 $\boldsymbol{R}_2$ 的合成是 X 到 Z 的一个模糊关系，记作 $\boldsymbol{R}_1\circ\boldsymbol{R}_2$，其隶属度函数为

$$\mu_{R_1\circ R_2}(x,z)=\bigvee_{y\in Y}\{\mu_{R_1}(x,y)\wedge\mu_{R_2}(y,z)\},\quad \forall(x,z)\in X\times Z \tag{9-11}$$

例 5 令下列 $\boldsymbol{R}_1$ 和 $\boldsymbol{R}_2$ 分别代表 $X\times Y$ 和 $Y\times Z$ 上的模糊关系，求 X 到 Z 的模糊关系。

已知

$$\boldsymbol{R}_1=\begin{bmatrix}1 & 0.2 & 0.5\\ 0.1 & 0.4 & 0.1\\ 0.3 & 0.9 & 0\end{bmatrix},\qquad \boldsymbol{R}_2=\begin{bmatrix}0.4 & 0.9\\ 0.7 & 1\\ 0.1 & 0.3\end{bmatrix}$$

则

$$\boldsymbol{R}_1\circ\boldsymbol{R}_2=\begin{bmatrix}1 & 0.2 & 0.5\\ 0.1 & 0.4 & 0.1\\ 0.3 & 0.9 & 0\end{bmatrix}\circ\begin{bmatrix}0.4 & 0.9\\ 0.7 & 1\\ 0.1 & 0.3\end{bmatrix}$$

$$=\begin{bmatrix} \vee(0.4,0.2,0.1) & \vee(0.9,0.2,0.3) \\ \vee(0.1,0.4,0.1) & \vee(0.1,0.4,0.1) \\ \vee(0.3,0.7,0) & \vee(0.3,0.9,0) \end{bmatrix}=\begin{bmatrix} 0.4 & 0.9 \\ 0.4 & 0.4 \\ 0.7 & 0.9 \end{bmatrix}$$

2) 模糊推理

推理是根据已知条件，按照一定的法则、关系推断结果的思维过程。模糊推理是一种依据模糊关系的近似推理。

模糊推理在具体应用中，根据模糊关系的不同取法有着多种推理方法，其中较常用的有 Zadeh 法，其基本原理：

设 A 是 U 上的模糊集合，B 是 V 上的模糊集合，模糊蕴含关系“若 A 则 B ”用 $A \to B$ 表示，则 $A \to B$ 是 $U \times V$ 上的模糊关系，即

$$\boldsymbol{R} = A \to B = (A \wedge B) \vee (1-A) \tag{9-12}$$

确定了上面的模糊关系后，即可据此实施模糊推理。

例 6 设论域 $X = Y = \{1,2,3,4,5\}$，X、Y 上的模糊子集“大”“小”“较小”分别定义为

$$\text{“大”}=\frac{0.4}{3}+\frac{0.7}{4}+\frac{1}{5},\quad \text{“小”}=\frac{1}{1}+\frac{0.7}{2}+\frac{0.3}{3},\quad \text{“较小”}=\frac{1}{1}+\frac{0.6}{2}+\frac{0.4}{3}+\frac{0.2}{4}$$

若 x 为“小”，则 y 为“大”。当 x 为“较小”时，y 为什么？

解 已知：

$\mu_{\text{小}}(x)=[1 \quad 0.7 \quad 0.3 \quad 0 \quad 0]$

$\mu_{\text{大}}=[0 \quad 0 \quad 0.4 \quad 0.7 \quad 1]$

$$\mu_{\text{较小}}(x)=[1 \quad 0.6 \quad 0.4 \quad 0.2 \quad 0]$$

由 Zadeh 法 $\mu_{\text{小}\to\text{大}}(x)=[\mu_{\text{小}}(x)\wedge\mu_{\text{大}}(y)]\vee[1-\mu_{\text{小}}(x)]$ 可推得关系矩阵 $\boldsymbol{R}_{zd}$ 为

$$\boldsymbol{R}_{zd}=\begin{bmatrix} 0 & 0 & 0.4 & 0.7 & 1 \\ 0.3 & 0.3 & 0.4 & 0.7 & 0.7 \\ 0.6 & 0.6 & 0.6 & 0.6 & 0.6 \\ 1 & 1 & 1 & 1 & 1 \\ 1 & 1 & 1 & 1 & 1 \end{bmatrix}$$

由 $\mu_{\text{较大}}(y)=\mu_{\text{较小}}(x)\circ\boldsymbol{R}_{zd}$，有

$$[1 \quad 0.6 \quad 0.4 \quad 0.2 \quad 0]\circ\begin{bmatrix} 0 & 0 & 0.4 & 0.7 & 1 \\ 0.3 & 0.3 & 0.4 & 0.7 & 0.7 \\ 0.6 & 0.6 & 0.6 & 0.6 & 0.6 \\ 1 & 1 & 1 & 1 & 1 \\ 1 & 1 & 1 & 1 & 1 \end{bmatrix}$$

$$=[0.4 \quad 0.4 \quad 0.4 \quad 0.7 \quad 1]$$

则 x 为“较小”时的推理结果为

$$\mu_{\text{较大}}(y)=\frac{0.4}{1}+\frac{0.4}{2}+\frac{0.4}{3}+\frac{0.7}{4}+\frac{1}{5}$$

可见，此推理结果与人类的思维推理是一致的。

根据模糊确定方式的不同，模糊推理形式很多，较典型的除 Zadeh 法外，还有 Mamdani 法、Baldwin 法、Yager 法等。

9.5.2 模糊控制系统的组成

1. 模糊控制系统

模糊控制系统是一种应用模糊集合、模糊语言变量和模糊逻辑推理知识，模拟人的模糊思维方法，对复杂系统实行控制的一种智能控制系统。对于一类缺乏精确数字模型的被控对象的控制问题也可以依据系统的模糊关系，利用模糊条件语句写出控制规则，设计出较理想的控制系统。模糊控制系统结构框图如图 9-9 所示。模糊控制系统与其他控制系统的主要区别仅在于控制器。模糊控制器是以模糊数学、模糊语言形式的知识表示和模糊逻辑推理为基础，采用计算机控制技术构成的。

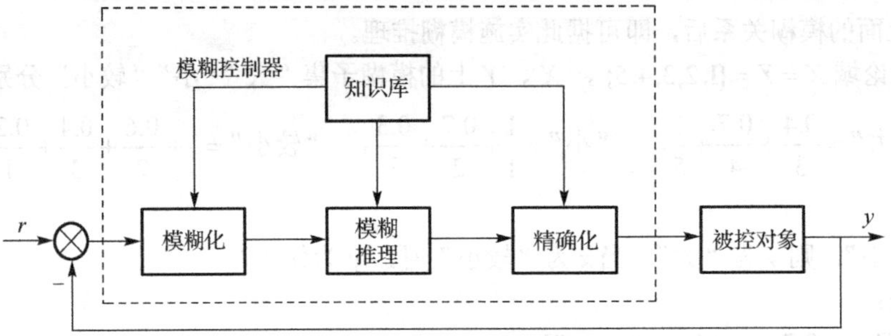

图 9-9 模糊控制系统结构框图

2. 模糊控制器

如图 9-9 所示，模糊控制器主要由模糊化、模糊推理、精确化三个功能模块和知识库构成。模糊控制系统的设计问题实际上就是模糊控制器的设计问题。

1) 模糊化功能模块

模糊化功能模块的作用是将精确的输入量转换成模糊化量。输入量的模糊化是通过论域的隶属度函数实现的。例如，某变量 x_i 的模糊化结果在论域中由三角形函数的隶属度函数所定义，如图 9-10 所示。该输入量对应的模糊集合隶属度函数的值分别为 0.3 和 0.7，借助于 Zadeh 法可表述为

$$F(x_i)=\frac{0.3}{\mathrm{ZE}}+\frac{0.7}{\mathrm{PS}}$$

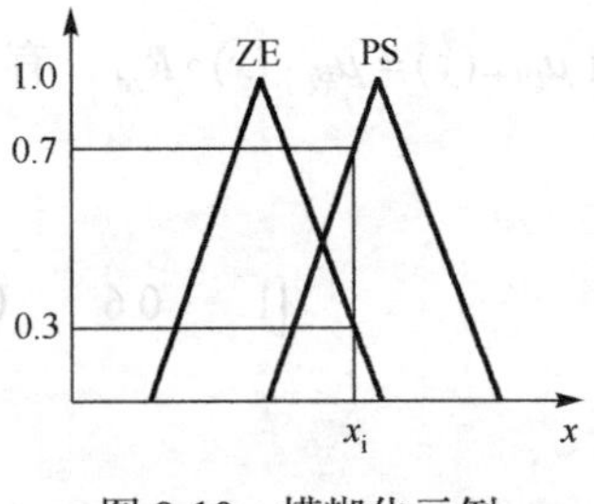

图 9-10 模糊化示例

为了保证在论域内所有的输入量都能与一个模糊子集相对应，要求在模糊化设计时应保证模糊子集的数目和范围必须遍及整个论域。

2) 知识库

知识库主要由数据库和规则库两部分组成。

(1) 数据库。

数据库提供了论域中必要的定义。它主要规定了模糊空间的量化等级、量化方式、比例因子及各模糊子集的隶属度函数等。

例如，对于某个控制过程，数据库中设定模糊空间的量化等级为 NB (负大)、NS (负小)、ZE (零)、PS (正小)、PB (正大) 五级，量化方式为均匀线性方式，隶属度函数取三角函数，论

域为–2～+2，如图 9-11 所示。

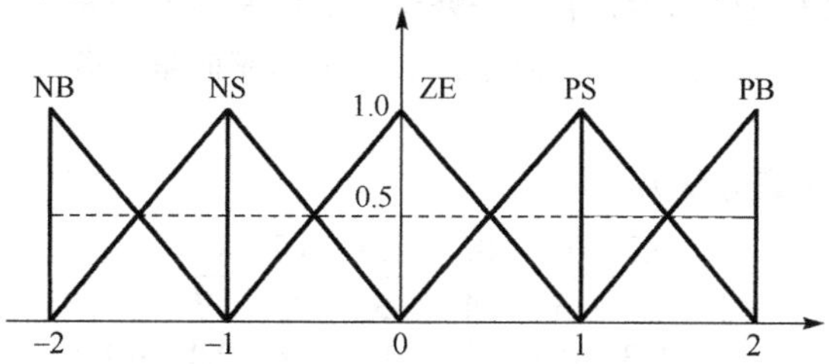

图 9-11　模糊空间的量化等级

图 9-11 的量化结果如表 9-1 所示。

表 9-1　图 9-11 的量化结果

量 化 等 级	NB	NS	ZE	PS	PB
变 化 范 围	–1～–2	–2～0	–1～1	0～2	1～2

关于数据库有两点注意事项。

① 模糊空间的量化等级数目的多少决定了控制性能的粗略程度及控制规则数目的多少。模糊空间的量化等级数目越多，控制越精确、灵敏，同时也导致了规则数目的大幅增加。同样，量化方式也直接影响控制性能，应根据具体过程要求来确定。

② 应注意数据库的完备性。即对于任意的输入量均能找到一个模糊子集，使该输入量对于该模糊子集的隶属度函数不少于 ε（称为该模糊控制器满足 ε 完备性），如图 9-11 所示的 ε 为 0.5。

(2) 规则库。

规则库包含着用模糊语言变量表示的一系列控制规则，是由一系列“IF　THEN”型的模糊条件句所构成，其基本形式为

R_1：如果 x 是 A_1 且 y 是 B_1　则 z 是 C_1

R_2：如果 x 是 A_2 且 y 是 B_2　则 z 是

⋮

R_n：如果 x 是 A_n 且 y 是 B_n　则 z 是 C_n

R_i：如果 x 是 A_i 且 y 是 B_i　则 $z = f(x,\cdots,y)$

在实际操作中，模糊控制器根据系统状态，查找满足条件的控制规则，按一定的方式计算出模糊量，通过模糊量对被控对象施行控制动作。

模糊控制规则是实施模糊推理和控制的重要依据。获得和建立适当的模糊控制规则是十分重要的。模糊控制是一种以人的思维方式为基础的拟人控制，因此，规则库的建立主要依据为专家经验、控制工程知识，操作人员的实际控制过程等，这些经验与知识很容易写成条件式构成模糊控制规则。

3) 模糊推理功能模块

推理功能模块是模糊控制的核心。它利用知识库的信息和模糊运算方法，模拟人的推理决策的思想方法，在一定的输入条件下激活相应的控制规则，给出适当的模糊控制输出量。

4) 精确化功能模块

模糊控制器通过精确化功能模块得到的是一个模糊量，是一组具有多个隶属度函数值的模糊向量，而控制系统执行的输入量应是一个确定的值。因此，在模糊控制应用中，必须通过精确化功能模块将模糊控制器的模糊输出量转化成一个确定值。常用的精确化方法有以下两种。

(1)最大隶属度法。

若输出量模糊集合的隶属度函数只有一个峰值，则取隶属度函数的最大值为精确值，选取模糊子集中隶属度函数最大值的元素作为控制量。若输出模糊向量中有多个最大值，则取这些元素的平均值作为控制量。

例 7 已知两个模糊子集分别为

$$U_1=\frac{0.1}{2}+\frac{0.4}{3}+\frac{0.7}{4}+\frac{1.0}{5}+\frac{0.7}{6}+\frac{0.3}{7}$$

$$U_2=\frac{0.3}{-4}+\frac{0.8}{-3}+\frac{1}{-2}+\frac{1}{-1}+\frac{0.8}{0}+\frac{0.3}{1}+\frac{0.1}{2}$$

求相应精确控制量 u_{10} 和 u_{20}。

解 根据最大隶属度法，很容易求得

$$u_{10}=\mathrm{d}f(z_1)=5$$

$$u_{20}=\mathrm{d}f(z_2)=\frac{-2-1}{2}=-1.5$$

最大隶属度法的优点是计算简单，但由于该法利用的信息量较少，会引起一定的控制偏差，一般应用于控制精确度要求不高的场合。

(2)重心法。

重心法是取模糊隶属度函数曲线与横坐标围成的面积的中心为模糊推理功能模块输出的精确值，对于具有 n 个量化等级的离散域，有

$$u_0=\frac{\sum_{i=1}^{n}u_i\mu_{c'}(u_i)}{\sum_{i=1}^{n}\mu_{c'}(u_i)}$$

式中，u_0 为精确化输出量；u_i 为输入量；μ 为模糊集合隶属度函数。

例 8 题设条件同例 7，用重心法计算精确值 u_{10} 和 u_{20} 如下

$$u_{10}=\frac{0.1\times2+0.4\times3+0.7\times4+1\times5+0.7\times6+0.3\times7}{0.1+0.4+0.7+1+0.7+0.3}=4.84$$

$$u_{20}=\frac{0.3\times(-4)+0.8\times(-3)+1\times(-2)+1\times(-1)+0.8\times0+0.3\times1+0.1\times2}{0.3+0.8+1+1+0.8+0.3+0.1}=-1.42$$

模糊量的精确化方法还有中位法、左大法、右大法等，精确化功能模块应视实际情况选择合适的方法。

9.5.3 模糊控制器的设计

1. 模糊控制器的设计步骤

模糊控制器的设计不依赖于被控对象的数学模型，没有一个统一的标准形式。由前面介绍的模糊控制器的组成，可以总结出如下的模糊控制器指导性设计步骤。

1)定义输入/输出量

确定输入/输出量是模糊控制器设计的首要工作。模糊控制器可分为单输入单输出及多输入多输出两种形式。多输入多输出模糊控制器的设计是一个十分复杂的系统设计问题，目前尚没有一套完整的理论来指导其设计工作。对于单输入单输出模糊控制器，又可以分为一维控制器、二维

控制器及多维控制器。模糊控制器结构框图如图 9-12 所示。

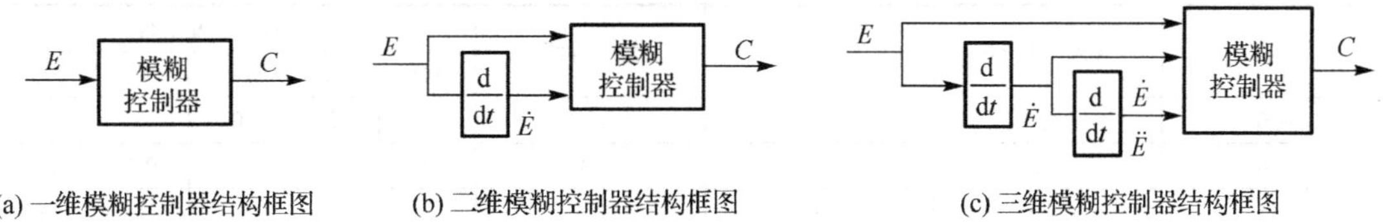

图 9-12 模糊控制器结构框图

一般来说，模糊控制器的维数越高，其控制精确度越高，同时也导致了控制器规则越复杂，控制算法的实现越困难。所以，目前广泛应用的是二维控制器。

2) 定义所有变量的模糊化条件

根据受控系统的实际情况，决定输入量的测量范围和输出量的控制范围，以进一步确定每个变量的论域；安排每个变量的语言值及其对应的隶属度函数。

3) 设计模糊控制规则库

这是一个把专家知识和熟练操作工的经验转换为用语言表达的模糊控制规则的过程。

4) 设计模糊推理结构

这一部分可以通过计算机或单片机上的不同推理算法的软件程序来实现，也可以通过专门设计的模糊推理硬件集成电路芯片来实现。

5) 选择精确化策略的方法

为了得到确切的控制值，就必须对模糊推理获得的模糊输出量进行转换，这个过程称为精确化计算。这实际上就是要在一组输出量中找到一个有代表性的值。

2. 设计举例

以某温度系统为例说明模糊控制器的设计。

1) 确定输入/输出量

模糊控制器选用温度系统的实际温度 T 与设定温度 T_d 的偏差 e 及其变化 de 作为输入量，把送到执行器的控制量 u 作为输出量，这样就构成一个二维模糊控制器，如图 9-13 所示。

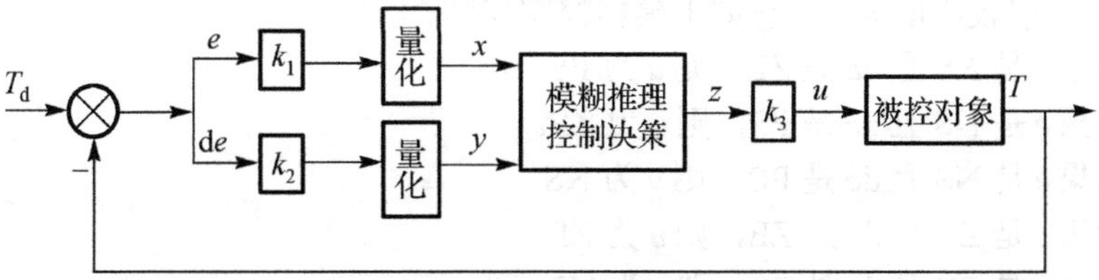

图 9-13 温度系统的二维模糊控制器结构框图

2) 定义模糊化条件

首先，取三个语言变量的量化等级都为 9 级，即 $x,y,z=\{-4,-3,-2,\ \ -1,0,1,2,3,4\}$。偏差 e 的论域为 $[-50,50]$；偏差变化 de 的论域为 $[-150,150]$；输出量 u 的论域为 $[-64,64]$。则各比例因子为

$$k_1=4/50=2/25,\quad k_2=4/150=2/75,\quad k_3=64/4$$

其次，确定各语言变量论域内模糊子集的个数。本例中都取五个模糊子集，即 PB, PS, ZE, NS, NB。各语言变量模糊子集通过隶属度函数来定义。为了提高稳态点控制精确度，这里采用非线性量化方式。模糊集的隶属度函数如表 9-2 所示。

表 9-2 模糊集的隶属度函数

偏差 e	偏差变化 de	输出量 u	量化等级	相关的隶属度函数				
				PB	PS	ZE	NS	NB
−50	−150	−64	−4	0	0	0	0	1
−30	−90	−16	−3	0	0	0	0.4	0.35
−15	−30	−4	−2	0	0	0	1	0
−5	−10	−2	−1	0	0	0.2	0.4	0
0	0	0	0	0	0	1	0	0
5	10	2	1	0	0.4	0.2	0	0
15	30	4	2	0	1	0	0	0
30	90	16	3	0.35	0.4	0	0	0
50	150	64	4	1	0	0	0	0

3) 模糊控制规则的确定

模糊控制规则实际上是将操作员的控制经验加以总结而得出一条条模糊条件语句的集合。确定模糊控制规则的原则是必须保证模糊控制器的输出量使系统输出响应的动、静态特性达到最佳。系统输出响应曲线如图 9-14 所示。

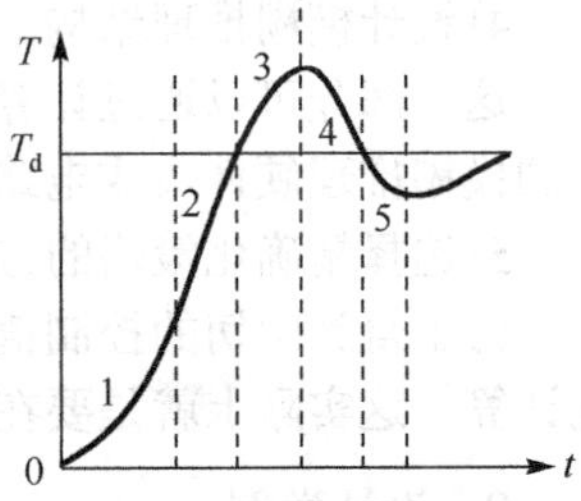

图 9-14 系统输出响应曲线

考虑 e 为负的情况。当 e 为负大 (NB) 时，即系统输出响应曲线的第 1 段。此时，无论 de 为何值，为了消除 e 应使 u 加大。所以，u 应取正大 (PB)，并有如下模糊控制规则。

规则 1 如果 e 是 NB 且 de 是 PB，则 u 为 PB。

规则 2 如果 e 是 NB 且 de 是 PS，则 u 为 PB。

规则 3 如果 e 是 NB 且 de 是 ZE，则 u 为 PB。

规则 4 如果 e 是 NB 且 de 是 NS，则 u 为 PB。

当 e 为负小或零时，主要矛盾转化为系统的稳定性问题。为了防止超调量过大并使系统尽快稳定，就要根据 de 来确定 u 的变化。若 de 为正，表明 e 有减小的趋势，即系统输出响应曲线的第 2 段。所以，可取较小的 u，并有如下模糊控制规则。

规则 5 如果 e 是 NS 且 de 是 ZE，则 u 为 PS。

规则 6 如果 e 是 NS 且 de 是 PS，则 u 为 ZE。

规则 7 如果 e 是 NS 且 de 是 PB，则 u 为 NS。

规则 8 如果 e 是 ZE 且 de 是 ZE，则 u 为 ZE。

规则 9 如果 e 是 ZE 且 de 是 PS，则 u 为 NS。

规则 10 如果 e 是 ZE 且 de 是 PB，则 u 为 NB。

当 de 为负时，有增大的趋势，即系统输出响应曲线的第 5 段。这时，应使 u 增加，并有如下模糊控制规则。

规则 11 如果 e 是 NS 且 de 是 NS，则 u 为 PS。

规则 12 如果 e 是 NS 且 de 是 NB，则 u 为 PB。

规则 13 如果 e 是 ZE 且 de 是 NB，则 u 为 PS。

规则 14 如果 e 是 ZE 且 de 是 NB，则 u 为 PS。

根据系统工作的特点，当 e 和 de 同时变号时，u 的变化也应变号。模糊控制规则表如表 9-3 所示。

表 9-3　模糊控制规则表

de	u				
	e 是 NB	*e* 是 NS	*e* 是 ZE	*e* 是 PS	*e* 是 PB
NB	—	PB	PB	PS	NB
NS	PB	PS	PS	ZE	NB
ZN	PB	PS	ZE	NS	NB
PS	PB	ZN	NS	NS	NB
PB	PB	NS	NB	NB	—

根据模糊控制规则，合理地选用模糊推理机制和精确化方法，并编制必要的软件即可完成模糊控制器的设计。

表 9-4　模糊控制表

e_i	u_{ij}								
	$de_j=-4$	$de_j=-3$	$de_j=-2$	$de_j=-1$	$de_j=0$	$de_j=1$	$de_j=2$	$de_j=3$	$de_j=4$
–4	4	3	3	2	2	3	0	0	0
–3	3	3	3	2	2	2	0	0	0
–2	3	3	2	2	1	1	0	–1	–2
–1	3	2	2	1	1	0	–1	–1	–2
0	2	2	1	1	0	–1	–1	–2	–2
1	2	1	1	0	–1	–1	–2	–2	–3
2	1	1	0	–1	–1	–2	–2	-3	–3
3	0	0	0	–1	–2	–2	–3	–3	–3
4	0	0	0	–1	–2	–2	–3	–3	4

模糊控制表是最简单的模糊控制器之一，如表 9-4 所示。通过查询该表，可找到当前时刻模糊控制器的输入量量化值(如 *e*, d*e* 量化值)所对应的控制量，并作为模糊控制器的最终输出量，从而达到快速实时控制。

由于模糊控制表是离线进行的，因此它丝毫没有影响模糊控制器实时运行的速度。一旦模糊控制表建立起来，模糊逻辑推理控制的算法就是简单的查表法，其运算速度是相当快的，完全能满足实时控制的要求。

9.6　神经网络控制

随着神经网络系统理论和应用的研究，神经网络控制已成为智能控制的一个重要分支领域。

9.6.1　神经网络基本概念

1. 人工神经元模型

人工神经网络是由模拟生物神经元的人工神经元相互连接而成的。典型的人工神经元模型如图 9-15 所示，它是神经网络的基本处理单元。该神经元模型的输入和输出关系可描述为

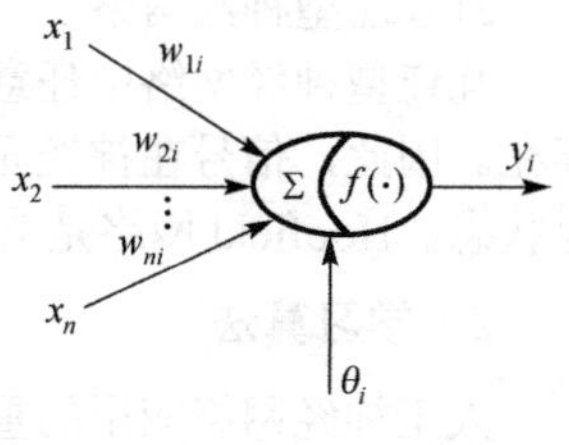

图 9-15　典型的人工神经元模型

$$s_i=\sum_{j=1}^{n}\omega_{ji}x_j-\theta_i=\sum_{j=0}^{n}\omega_{ji}x_j \tag{9-13}$$

$$\omega_{0i}=-\theta i_i,\quad x_0=1$$

$$y_i=f(s_i)$$

式中，θ_i 为阈值；ω_{ji} 表示从神经元 j 到神经元 i 的连接权值；$f(\cdot)$ 为变换函数。变换函数 $f(\cdot)$ 可为线性函数或非线性函数。常见的变换函数曲线及数学表达式如图 9-16 所示。

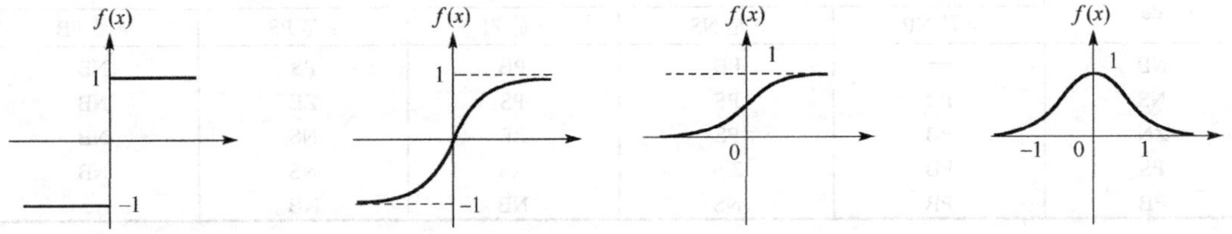

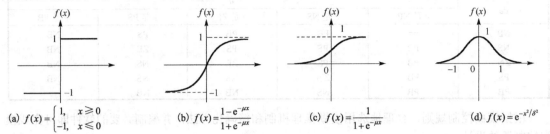

(a) $f(x)=\begin{cases}1, & x\geqslant 0\\ -1, & x\leqslant 0\end{cases}$ (b) $f(x)=\dfrac{1-e^{-\mu x}}{1+e^{-\mu x}}$ (c) $f(x)=\dfrac{1}{1+e^{-\mu x}}$ (d) $f(x)=e^{-x^2/\delta^2}$

图 9-16 常见的变换函数曲线及数学表达式

2．人工神经网络

人工神经网络是通过大量人工神经元的相互连接组成的复杂网络。它模拟人脑细胞的分布式工作特点和自组织功能，具有很强的并行处理、自适应性、自学习和非线性映射等功能。基于人工神经网络的控制是一种基本上不依赖于模型的控制方法。神经网络控制具有下列特点。

(1) 快速并行处理功能。

(2) 自学习功能。

(3) 适用于高度不确定性和非线性的控制系统。

9.6.2 神经网络模型和学习方法分类

1．网络模型

神经网络是由大量的神经元广泛互连而构成的网络。每个神经元在网络中构成一个节点，接受多个节点的输出信号，并将自己的状态输出到其他节点。根据所构成网络拓扑结构的不同，神经网络可分成前向网络和互连型网络两大类。

1) 前向(馈)网络

前馈网络由输入层，中间层(隐含层)和输出层组成。每层的神经元只接受前一层神经元的输出信号，并将其输出到下一层。这是神经网络中的一种典型结构。这种网络结构简单，属静态非线性映射系统，通过简单非线性处理单元的复合映射，可获得复杂的非线性处理能力。

前馈网络具有很强的分类及模式识别能力。典型的前馈网络有感知器网络、BP 网络、RBF 网络等。

2) 互连型神经网络

互连型神经网络中任意两个神经元之间都可能连接，即网络的输入节点及输出节点均有影响存在。因此，信号在神经元之间反复传递，各神经元的状态要经过若干次变化，逐渐趋于某个稳定状态。Hopfield 网络是典型的互连型神经网络。

2．学习算法

人工神经网络应用的重要前提条件是使网络具有相当的智能水平，而这个智能特性是通过网络学习来实现的。

神经网络的学习是指通过一定的算法实现对神经元间结合强度(权值)的调整，从而使其达到具有记忆、识别、分类、信息处理和问题优化求解等功能。目前，针对神经网络的学习已开发出多种实用且有效的学习方式及相应算法，如有教师学习、无教师学习和再励学习等方式。

(1) 在有教师学习方式中，给定一组输入数据下的网络输出信号与设定的期望输出信号（教师数据）进行比较，通过两者差异调整网络的权值，最终的训练结果使其差异达到设定的范围内。

(2) 在无教师学习方式中，率先设定一套学习机则，学习系统按照环境提供数据的某些统计规律及事先设定的规则自动调整权值，使网络具有某种特定功能。

(3) 再厉学习方式是介于上述两者学习方式之间的一种学习方式。在这种学习中，环境将对网络的输出信号给出评价信息(奖或罚)，学习系统将通过这些信息调整权值，改善自身特性。

9.6.3 典型神经网络模型

1. BP 网络

BP 网络是一种采用误差反向传播学习方法的单向传播多层次前馈网络。BP 网络结构如图 9-17 所示。

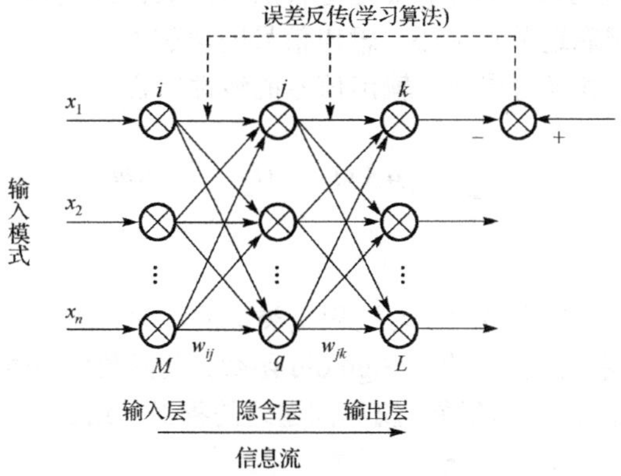

图 9-17 BP 网络结构

BP 网络学习方式是有教师学习方式。其学习过程由正向传播过程和反向传播过程组成。在正向传播过程中，输入信号自输入层通过隐含层传向输出层，每层的神经元仅影响下一层神经元状态。而在输出层不能得到期望输出信号时，则实行反向传播，将误差信号沿原通路返回，并将误差信号分配到各神经元，进而通过修改各层神经元的权值，使误差信号最小。BP 网络各神经元采用的激发函数是 Sigmoid 函数，即

$$f(x)=\frac{1}{1+\mathrm{e}^{-(x-\theta)}} \tag{9-14}$$

式中，θ 为偏值或阈值。

可以证明，一个三层 BP 网络，通过对教师信号的学习，当改变网络参数时，可在任意 ε 平方误差内逼近任意非线性函数。BP 网络在模式识别、系统辨识、优化计算、预测和自适应控制领域有着较为广泛的应用。

2. RBF 网络

径向基函数神经网络又称 RBF (Radial Basis Function) 网络，其网络结构也是三层结构，如图 9-18 所示。

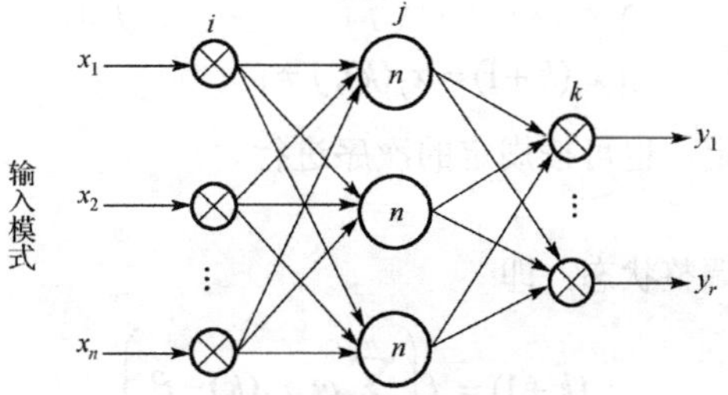

图 9-18 RBF 网络结构

RBF 网络是一种局部逼近的神经网络。它对于输入空间的某个局部区域只有少数几个连接权值影响网络输出信号。因此，它具有学习速度较快的特点。

RBF 网络隐含层节点(称为 RBF 节点)由像高斯函数的作用函数构成，输出节点通常是如下所示的高斯函数：

$$\mu_j(x)=\sum_{j=1}^{n}\mathrm{e}^{\frac{(x-c_j)^2}{\sigma_j^2}}\quad (j=1,2,\cdots n)\tag{9-15}$$

式中，μ 是第 j 个隐含层节点的输出信号，$x=(x_1,x_2,\cdots,x_n)^T$，是输出样本；C_j 是高斯函数的中心值；σ_j 是第 j 个高斯函数的尺度因子；n 是隐含层节点数。由式(9-15)可知，节点的输出信号范围为 0～1，且输入样本越靠近节点中心，输出信号的值越大。

RBF 网络的输出信号是其隐含层节点输出信号的线性组合，即

$$y_i=\sum_{j=1}^{n}\omega_{ij}\mu_j(x)\qquad (i=1,2,\cdots,m)\tag{9-16}$$

式中，m 为输出层节点数。

RBF 网络的学习过程与 BP 网络的学习过程是类似的。两者的主要差别在于各自使用不同的作用函数，BP 网络中隐含层节点使用的是 Sigmoid 函数，其函数值在输入空间中无限大的范围为零值。而 RBF 网络中使用的是高斯函数，属局部逼近的神经网络。

3．Hopfield 网络

Hopfield 网络属于反馈网络，具有连续型和离散型两种类型。离散型 Hopfield 网络结构如图 9-19 所示。它是一个单层网络，共有 n 个神经元节点。每个节点输出端均连接到其他神经元的输入端。各节点没有自反馈。每个节点都附有一个阈值 θ_j。ω_{ij} 是神经元 i 与神经元 j 间的连接权值。对于每个神经元节点有

$$\begin{cases}s_i=\sum_{j=1}^{n}\omega_{ij}x_j-\theta_i\\ x_i=f(s_i)\end{cases}\tag{9-17}$$

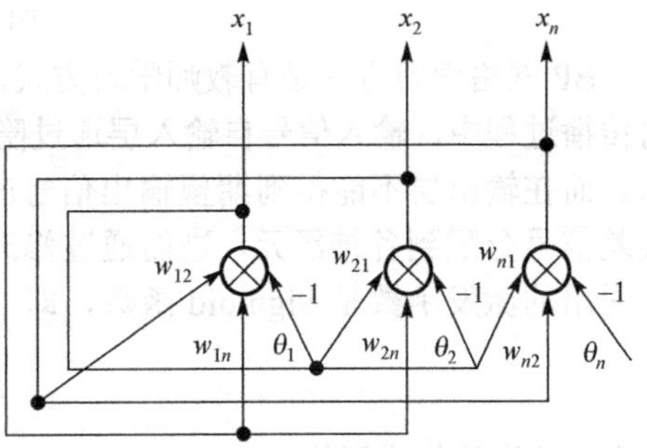

图 9-19　离散型 Hopfield 网络结构

整个离散型 Hopfield 网络有如下两种工作方式。

1) 异步方式

每次只有一个神经元节点进行状态的调整计算，其他节点的状态均保持不变，即

$$\begin{cases}x_i(k+1)=f\left(\sum_{j=1}^{n}\omega_{ij}x_j(k)-\theta_i\right)\\ x_j(k+1)=x_j(k),j\neq i\end{cases}\tag{9-18}$$

其调整次序可以随机选定，也可按规定的次序进行。

2) 同步方式

所有的神经元节点同时调整状态，即

$$x_i(k+1)=f\left(\sum_{j=1}^{n}\omega_{ij}x_j(k)-\theta_i\right)\tag{9-19}$$

上述同步计算方式也写成如下的矩阵形式：

$$\boldsymbol{X}(k+1)=f(\boldsymbol{W}\boldsymbol{X}(k)-\boldsymbol{\theta})=\boldsymbol{F}(s) \tag{9-20}$$

式中，$\boldsymbol{X}=[x_1,x_2,\cdots,x_n]^{\mathrm{T}}$ 和 $\boldsymbol{\theta}=[\theta_1,\theta_2,\cdots,\theta_n]^{\mathrm{T}}$ 是向量；$\boldsymbol{W}$ 是由 ω_{ij} 所组成的 $n\times n$ 矩阵。

$$\boldsymbol{F}(s)=[f(s_1),f(s_2),\cdots,f(s_n)]^{\mathrm{T}}$$

是向量函数，其中：

$$f(s)=\begin{cases}1, & s\geqslant 0\\ -1, & s<0\end{cases}$$

离散 Hopfield 网络实际上是一个离散的非线性动力学系统。因此，如果系统是稳定的，则它可以从一个初态收敛到一个稳定状态；若系统是不稳定的，由于节点输出 1 或–1 两种状态，因而系统不可能出现无限发散，只可能出现限幅的自持振荡或极限环。

9.6.4 神经网络控制

由于神经网络在运行上具有明显的并行性及本质上是非线性等性质，在网络构成及学习上有较好的自组织、自学习、自适应能力。因此，神经网络在模式识别与图像处理、预测与管理、通信、故障诊断等方面得到了很有意义的研究和应用。

神经网络在模式识别和非线性系统辨识方面的特性在神经网络控制中得到了较好的体现。典型的神经网络控制应用主要有如下几种。

1. 监督控制

一些复杂的生产过程，由于其输入和输出关系非常复杂，具有很强的非线性、大滞后、时变性和不确定性，难以建立在被控对象数学模型基础上的传统控制回路。然而有经验的操作人员对生产状态进行监督，不时地修正控制指令，则可实现有效控制。如此，利用神经网络学习控制行为，即可建立起一个有效的神经网络监督控制回路。此时，神经网络的输入信号是被控系统的历史的输入量，而其输出信号是当前的控制量。神经网络监督控制结构框图如图 9-20 所示。

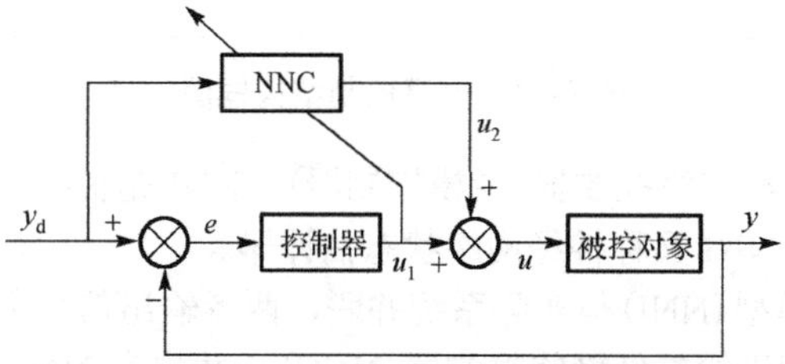

图 9-20 神经网络监督控制结构框图

从图 9-20 中可以看出，神经网络监督控制实际就是建立人工控制方式的模型，经过学习，神经网络将记忆人工控制方式的动态特性，具备人工控制相应的功能。在其接收到传感器送来的信号后，将输出与人工控制相似的控制量。

2. 直接逆控制

直接逆控制实际上是利用动态系统的逆函数模型作为控制器的控制。

假定动态系统可由下列非线性差分方程表示：

$$y(k+1)=f[y(k),y(k-1),\cdots,y(k-n+1),u(k),u(k-1),\cdots,u(k-m+1)] \tag{9-21}$$

设函数 f 可逆，即有

$$u(k) = f^{-1}[y(k+1), y(k), \cdots, y(k-n+1), u(k-1), u(k-2), \cdots, u(k-m+1)] \tag{9-22}$$

此式即为动态系统的逆模型。注意：对于时刻k来说，$y(k+1)$是一个周期后的未来值，是未知的，但在计算上可用$k+1$时刻的期望值$y_d(k=1)$来代替，从而求出当前的控制值$u(k)$。

直接逆控制就是将被控对象的神经网络逆模型直接与被控对象串联起来，利用$f^{-1}(\cdot)$作为控制器，输入$k+1$时刻系统的期望输出值，实现理想控制。

由上面的叙述可知，该法的可用性很大程度上取决于逆模型的准确程度。由于缺乏反馈，简单连接的直接逆控制对于被控对象的时变性、扰动等非常敏感，鲁棒性很差，因此一般应使其具有在线学习能力，即逆模型的连接权值必须能够在线修正。

直接逆控制结构框图如图 9-21 所示。NN1 和 NN2 具有完全相同的网络结构，并采用相同学习方法，而$u(k)$和$u_n(k)$的$e(t)$进一步修正网络权值，实现网络的在线学习。当然，NN2 也可由其他的更一般的评价函数来代替。

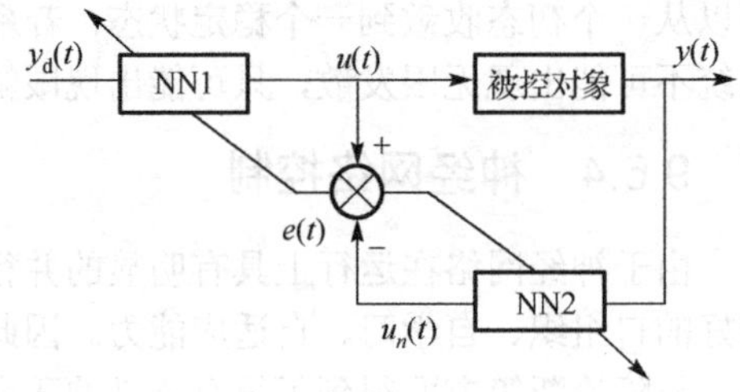

图 9-21　直接逆控制结构框图

3．内模控制

内模控制是一种采用被控对象的内部模型和反馈修正的预测控制，有较强的鲁棒性及方便的在线调整功能，是非线性控制的一种重要的方法。

内模控制结构框图如图 9-22 所示。

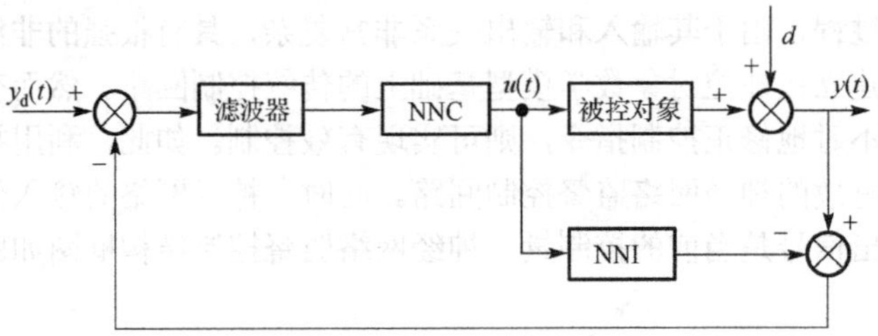

图 9-22　内模控制结构框图

图 9-22 中，NNC 为神经网络控制器（逆模控制器）；NNI 是被控对象的正向模型，用于充分逼近被控对象的动态特征。NNI 又称神经网络状态估计器。

在内模控制中，正向模型（NNI）与实际系统并联，两者输出信号之差被用作反馈信号。此反馈信号经线性滤波器处理后送给神经网络控制器（NNC），并作为 NNC 在线学习的信息。在内模控制中，当 NNI 能够完全准确地表达被控对象的输入和输出关系，并且不考虑扰动时，反馈信号等于 0，系统等效于直接逆模控制。当由于模型不准确等原因$y \neq y_d$时，由于负反馈的存在仍可使y接近于y_d。因此，内模控制有较好的鲁棒性，同时保持了直接逆模控制的优点，是一种较好的控制方案。

4．神经网络预测控制

神经网络预测控制结构框图如图 9-23 所示。其中，神经网络预测器建立了非线性被控对象的预测模型，并可在线学习修正。利用此预测模型就可以自由控制$u(t)$，预报出被控制系统在将来一段时间范围内输出值：

$$y(t+j|t), \quad j = N_1, N_1+1, \cdots, N_2$$

式中，N_1、N_2分别为最小与最大输出预报水平，反映了所考虑的跟踪误差和控制增量的时间范围。

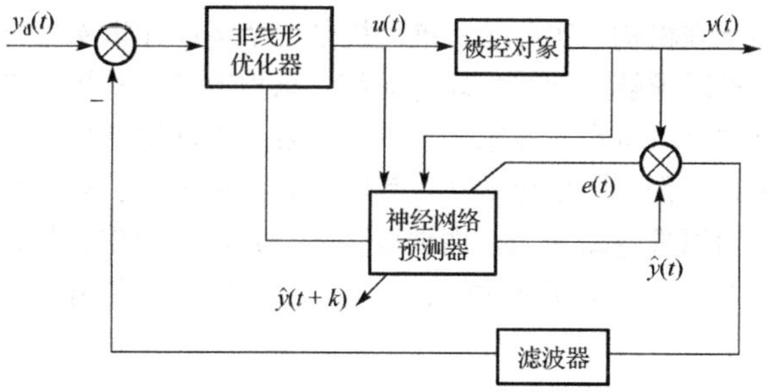

图 9-23 神经网络预测控制结构框图

由于这里的非线性优化器实际上是一个优化算法，因此可以利用动态反馈网络来实现这一算法，并进一步构成动态网络预测器。

9.7 专家控制系统

专家控制是指将专家系统的理论和方法与控制理论和方法相结合，应用专家的智能技术指导工程控制，使得工程控制达到专家级控制水平的一种控制方法。专家控制也是智能控制的一个重要分支。

9.7.1 专家系统构成及特点

1. 专家系统的基本构成

专家系统是一种基于知识的系统。在专家系统中，存有大量关于某个领域的专家水平的知识和经验。它使用人类的知识和解决问题的方法去求解和处理该领域的各种问题，尤其是对于无算法解问题和经常要在不完全、不确定的知识信息基础上做出结论的问题的解决等方面表现出了其知识应用的优越性和有效性。

专家系统的主要功能取决于大量的知识及合理、完备的智能推理机构。一般来说，专家系统是一个包含着知识和推理的智能计算机程序系统。专家系统基本结构如图 9-24 所示。

知识库是知识的存储器。它主要由规则库和数据库两部分构成。其中规则库存储着作为专家经验的判断性知识，用于问题的推理和求解。常见的知识表示方法主要有：逻辑因果图，产生式规则，框架理论，语义网络等。尤以产生式规则使用最多。而数据库用于存储表征应用对象的特性、状态、求解目标、中间状态等数据，供推理和解释机构使用。

知识库通过“知识获取”机构与领域专家相联系，实现知识库的修正更新，知识条目的测试、精炼等对知识库的操作。

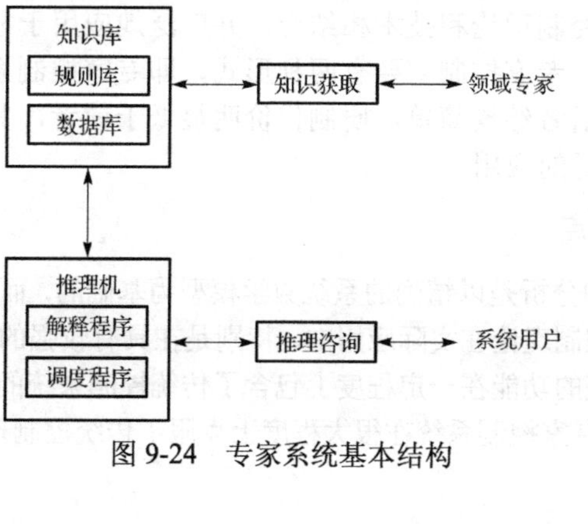

图 9-24 专家系统基本结构

推理机是专家系统的推理机构。实际上，推理机是一个运用知识库提供的知识，基于某种适用的问题求解模型进行自动推理求解的计算机软件系统，承担着控制并执行专家推理的过程。推理机的具体构造根据特定问题的领域特点、专家系统中知识表示方法等特性而确定。一般来说，这个软件系统主要由解释程序和调度程序两部分构成。其中，解释程序用于检测和解释知识库中的相应规则，决定如何使用判断性知识推导新知识。而调度程序则判断并决定各知识规则的应用次序。

推理机通过人—机接口与系统用户相联系，通过人-机接口接受用户的提问，并向用户提供问题求解结论及推理过程。

2. 专家系统的特点及分类

专家系统是利用计算机内存储的相应知识，模拟人类专家的推理决策过程，求解复杂问题的人工智能处理系统。专家系统具有以下的基本特征。

1)具有专家水平的知识信息处理系统

知识库内存储的知识是领域专家的专业知识和实际操作经验的总结和概括；推理机依据知识的表示和知识推理确定问题的求解途径并制定决策求解问题。专家系统在对于传统方法不易解决的问题的求解中能够表现出专家的技能及技巧。

2)对问题求解具有高度灵活性

专家系统的两个重要组成部分-知识库和推理机是相互独立又相互作用的，这种构造形式使得知识的扩充和更新灵活方便。当系统运行时，推理机可根据具体问题的不同特点灵活地选择相应知识构成求解方案，具有较灵活的适应性。

3)启发式和透明的求解过程

专家系统求解问题是能够运用人类专家的知识对不确定或不精确问题进行启发式的搜索和试探性的推理，同时能够向用户显示其推理依据和过程。

4)具有一定的复杂性和难度

人类的知识大多是模糊的和不完全的，这为知识的归纳、表示造成了一定的困难，也带来了知识获取的瓶颈问题；另外，专家系统在问题求解中不存在确定的求解方法和途径，在客观上造成了构造专家系统的复杂性。

由于专家系统方法在解决问题方面表现出的实用性和有效性，人们已经开发出了适用于各领域的多种专家系统。从解决问题的性质，专家系统可分为诊断型、预测型、决策型、设计型和控制型几大类。在此仅对控制型专家系统加以介绍。

9.7.2 专家控制系统构成及原理

到目前为止，专家控制并没有一个明确的公认定义。粗略地说，专家控制将专家系统的设计规范和运行机制与传统控制理论和技术相结合，并广泛地应用于故障诊断、各种工业过程控制和设计的智能控制系统。专家控制主要有两种形式，即专家控制系统和专家式控制器。前者结构复杂，研制代价高；后者结构简单，研制代价明显低于前者，其性能又能满足工业控制的一般要求，因而获得较广泛的应用。

1. 专家控制系统的特点

传统控制系统的设计和分析是以精确的系统数学模型为基础的，而实际系统一般难以获得精确的数学模型。这使得传统控制理论在实际应用中，特别是在具有较强的非线性对象上存在着相当的不适应性。而专家控制系统的功能在一定程度上包含了传统控制系统的功能，同时又具有专家级智能逻辑推理、决策等功能。专家控制系统在很大程度上克服了传统控制理论在实际应用中的局限性。

2．专家控制系统的构成及工作原理

1)专家控制系统的结构

专家控制系统的典型结构如图 9-25 所示。从图 9-25 可知，专家控制系统由知识库系统、数值算法库、和人—机接口三个并发运行的子过程构成。

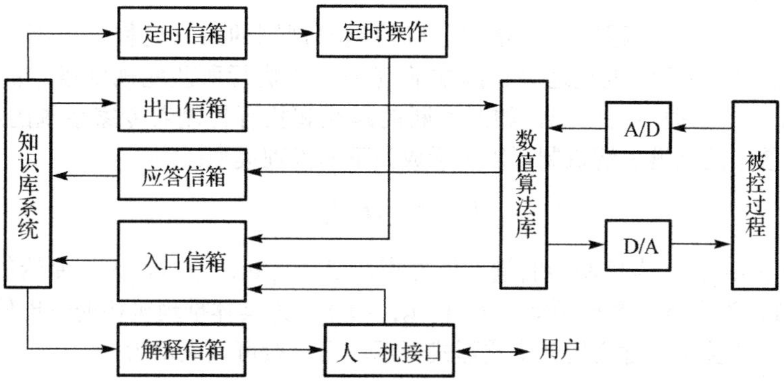

图 9-25 专家控制系统的典型结构

专家控制系统的控制器主要由数值算法和知识库系统两部分构成。其中，数值算法部分包含控制、辨识和监控三种算法，用于定量的解释和数值计算。而知识库系统包含定性的启发式知识，用于逻辑推理、对数值算法进行决策、协调和组织。知识库系统的推理、决策通过数值算法库作用于被控过程。

2)知识的表示

专家控制把控制系统视为基于知识的系统，该系统包含的知识信息如下：

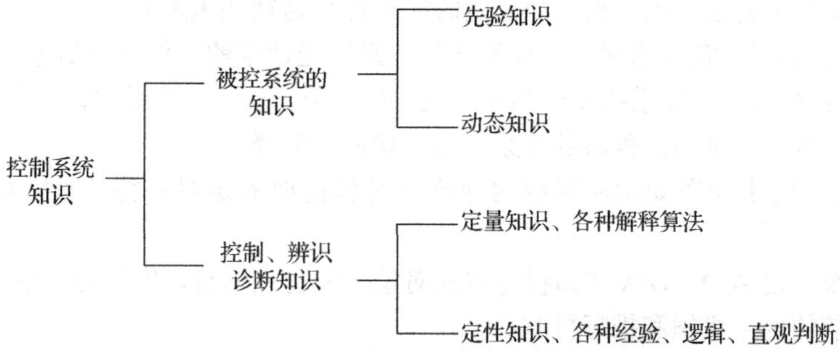

按照专家系统知识库的构造，有关控制的知识可以分类组织，形成数据库和规则库。

(1)数据库

数据库中主要包括事实、证据、假设和目标几部分。

事实：已知的静态数据，如传感器测量误差、报警阈值、被控对象或过程的单元组态等。

证据：测量到的动态数据，如传感器的测量输出值、仪器仪表的测试结果等。

假设：由事实和证据推导得到的中间状态，作为当前事实集合的补充，如通过各种算法推得的状态估计等。

目标：系统的性能目标，如稳定性要求、静态工作点的寻优、现有控制回路改进等。

(2)规则库

规则库中存放着专家系统中判断性知识集合及其组织结构。规则库一般常用产生式规则表示：

IF （单元条件）THEN （操作结论）

其中，单元条件即为事实、证据、假设和目标等各种数据项表示的前提条件；操作结论即为定性的推理结果。这里，推理结果是对原有控制局势知识条目的更新或对某种控制、估计算法的激活命令。这些产生式规则包括操作者的经验、可应用的控制与估计算法，以及系统监督、诊断等规则。

3) 专家控制系统的工作原理

专家控制系统的工作过程实际上是推理机控制着规则的执行过程。根据产生式规则的条件部分，推理机在规则库中重复地寻找匹配的规则，并执行所匹配规则规定的动作。接着按照新的信息进行下一个循环的匹配，如此不断的匹配和执行控制着专家系统的运行。

专家控制系统中的问题求解机制可以表示成如下的推理模型：

$$U = f(E, K, I)$$

式中，$U=(u_1,u_2,\cdots,u_m)$，为控制器的输出信号集；$E=(e_1,e_2,\cdots,e_n)$，为控制器的输入信号集；$K=(k_1,k_2,\cdots,k_P)$，为系统的数据项集；$I=(i_1,i_2,\cdots,i_n)$，为具体推理机构的输出信号集；f 为一种智能算子。若智能算子的含义用产生式形式表示，则一般可以表示为

$$\text{IF} \quad E \quad \text{and} \quad K \quad \text{THEN} \quad (\text{IF} \quad I \quad \text{THEN} \quad U)$$

即根据输入信息 E 和系统中的知识信息 K 进行推理，然后根据推理结果 I 确定相应的控制行为 U。

专家系统内部及与人—机接口之间的信息交流通过下列五个信箱进行。

(1) 输出信箱：将控制配置命令、控制算法的参数变更值及信息发送请求从知识库系统发往数值算法部分。

(3) 输入信箱：将算法执行结果、监测预报信号、对于信息发送请求的答案、用户命令及定时中断信号，分别从数值算法、人—机接口及定时操作部分送往知识库系统。

(3) 应答信箱：传送数值算法对知识库系统的信息发送请求的通信应答信号。

(4) 解释信箱：传送知识库系统发出的人—机通信结果，包括用户对知识库的编辑、查询、算法执行原因、推理依据、推理过程跟踪等系统运行状况的解释。

(5) 定时信箱：用于发送知识库系统内部推理过程需要的定时等待信号，以供定时操作部分处理。

专家控制系统通过 A/D、D/A 接口板与被控对象之间交换信息，实现控制任务。

4) 知识库系统的内部组织和推理机制

如图 9-26 所示，知识库系统主要由一组知识源、黑板结构和调度器三部分组成。

整个知识库系统是基于所谓的黑板结构进行问题求解的。

黑板结构是一种高度结构化的问题求解模型，用于实时问题求解。黑板结构能够决定什么时候使用知识、怎样使用知识，并规定了领域知识的组织方法。黑板结构包括知识源模型及数据库的层次结构等。

黑板结构是一个综合数据库。它存放、记录了包括事实、证据、假设和目标所说明的静态、动态数据。这些数据分别被不同的知识源所关注。通过知识源的访问，整个数据库起到在各个知识源之间信息传递的作用。通过数据源的推理，数据信息可以被增删、修改、更新。

数据源是与控制问题子任务有关的一些知识模块。可以将这些知识模块看成不同于任务领域的小专家。其中的几个部分具有如下功能。

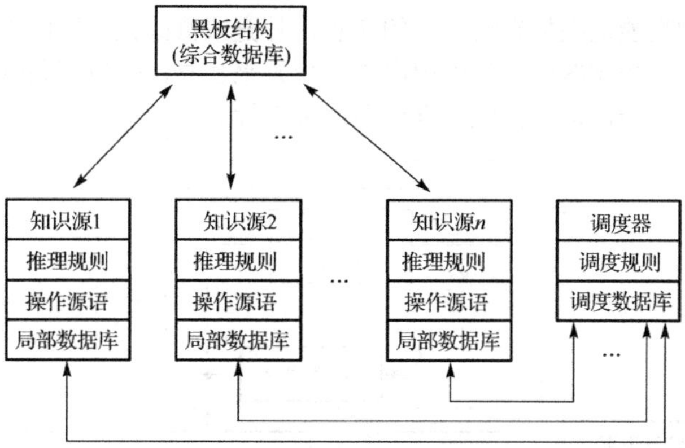

图 9-26　知识库系统

推理规则：采用 IF – THEN 产生式规则。单元条件部分是全局数据库或局部数据库中的状态描述；操作结论部分是对黑板结构信息或局部数据库内容的修改或添加。

局部数据库：存放与子系统相关的中间推理结果。

操作源语：一类是对全局或局部数据库内容的增添、删除和修改操作；另一类是对本知识源或其他知识源的控制操作，包括激活、中止和固定时间间隔等待或条件等待。

调度器的作用是根据黑板结构的变化激活适当的知识源，并形成有次序的调度序列。调度器中的数据库用框架形式记录着各个知识源的激活状态及等待激活的条件等信息。规则库包括了体现各种调度策略的产生式规则。整个调度器的工作所需要的时间信息(知识源等待激活、彼此中断等)由定时器操作部分提供。

9.7.3　专家控制器设计

根据专家控制系统在整个控制系统中的作用，可把专家控制系统分为直接专家控制系统和间接专家控制系统两种。专家系统直接作为控制器，向系统提供控制信号，对被控过程产生直接作用的专家控制系统称为直接专家控制系统，如图 9-27(a)。专家系统的输出信号间接地影响被控对象，如进行控制器参数在线整定、执行控制系统的指导、协调、监督作用的专家控制系统称为间接专家控制系统，如图 9-27(b)。专家控制器即为直接专家控制系统中的专家系统。

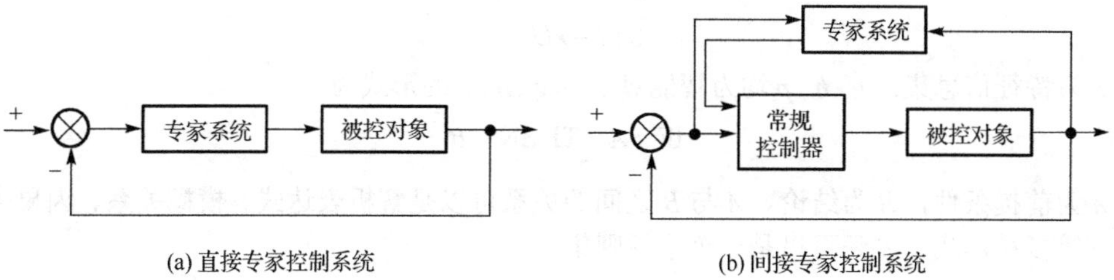

图 9-27　专家控制系统工作类型

1. 专家控制器设计

专家控制器通常由知识库、控制规则集、推理机和特征识别与信息处理模块四部分组成。一种工业专家控制器结构框图如图 9-28 所示。

经验数据库主要存储事实和经验，如被控对象的结构、类型，被控量变化范围，操纵量的调整范围及幅值，传感器的静态、动态特性参数及阈值，控制系统的性能指标或有关的经验公式等。

学习与适应装置的功能是根据在线获取的信息，补充或修改知识库的内容，改进系统性能，提高问题求解能力。专家控制器的知识库用产生式规则来建立，使得每条规则都可独立地被增删或修改，便于知识库的更新，提高知识组合应用的灵活性。

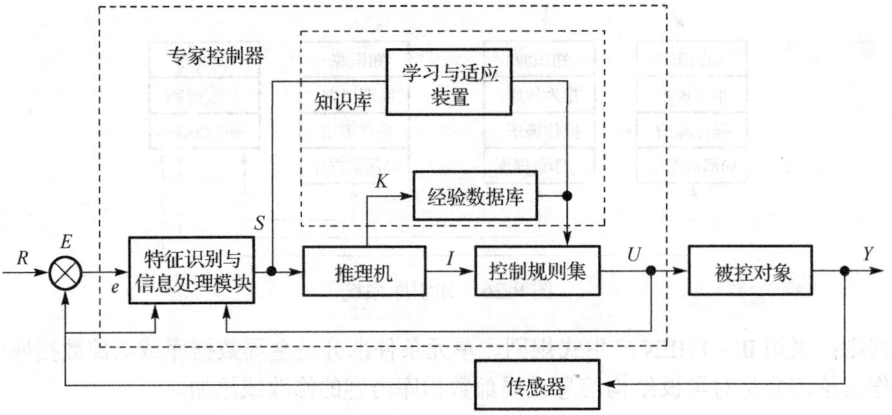

图 9-28　一种工业专家控制器结构框图

控制规则集是对被控对象的各种控制模式和经验的归纳总结。

推理机一般采用正向推理方法逐次判别各种规则的条件，执行相应的操作命令。

特征识别与信息处理模块则抽取被控对象动态过程的特征信息，识别系统特征状态，为控制决策和学习适应提供依据。

专家控制器的模型可表示为

$$U = f(E,K,I) \tag{9-23}$$

式中，U 为专家控制器的输出信号集；$E=(R,e,K,I)$，为专家控制器的输入信号集；I 为推理机的输出信号集；K 为经验知识集；f 为智能算子。f 为几个算子的复合运算，即

$$f = g\cdot h\cdot p \tag{9-24}$$

其中：

$$g: E \rightarrow S$$

$$h: S\times K \rightarrow I$$

$$p: I \rightarrow U$$

式中，S 为特征信息集；g，h，p 均为智能算子。g，h，p 的形式为

IF　A　THEN　B

其中，A 为前提条件，B 为结论。A 与 B 之间的关系可以是解析表达式、模糊关系、因果关系的经验规则等多种形式。B 还可以是一个子规则集。

2．设计举例

某间歇放热反应由液氨作为操纵量控制反应温度和反应压力。其工艺要求：在反应的某个阶段实施升温、升压操作，将反应温度由 65℃提升到 85℃，相应的反应压力由 0.7MPa 提升到 0.97MPa。反应压力上限报警为 1.1MPa，反应压力达到 1.2MPa 时安全调节阀动作。控制操作实践表明，该系统在升温、升压阶段，当反应温度、反应压力上升速率过快，达到工艺要求上限时，难于控制它们的上升趋势，会因超调量过大而发生危险；而当反应温度、反应压力上升速率过缓时，就会延长生产周期，同时将影响产品质量。由于该系统存在着极大的非线性特性，采用常规

控制难以获得理想控制结果。

1) 控制要求

(1) 在升温、升压阶段，分时、分段控制反应温度、反应压力上升速率。

(2) 兼顾反应温度、反应压力，随时自动变更反应温度、反应压力。

(3) 液氨调节阀开度不允许瞬间大幅度变化。

2) 专家控制器设计

图 9-29 为反应过程温度专家控制模型。

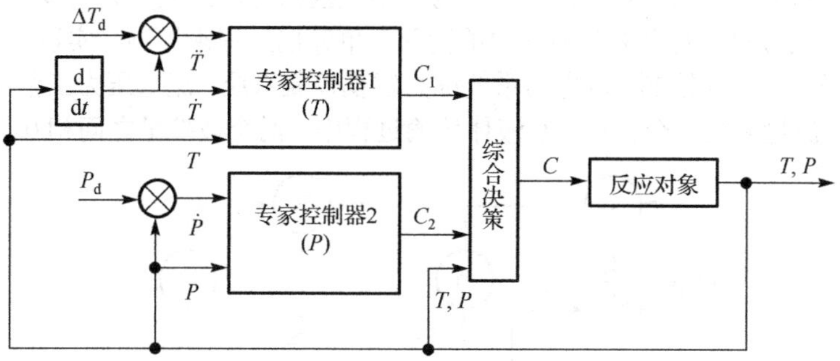

图 9-29　专家控制模型

(1) 输入量。根据系统控制要求，选择如下变量作为专家控制器的输入量。

时间变量：TIME

温度相关变量：T，$\dot{T}$（反应温度 T 一次导数），$\ddot{T}$（反应温度 T 二次导数）。

压力相关变量：P，$\dot{P}$（反应压力 P 一次导数）。

液氨液位变量：H。

(2) 控制规则库建立。根据系统运行规律及实际操作曲线，归纳工程师和熟练操作人员的经验知识，应用产生式规则建立控制规则库。控制规则库主要由温度控制规则、压力控制规则、联合决策规则三个子库组成。

(3) 推理决策采用两级决策。

一级　反应温度、反应压力控制决策：

$$\text{IF}\quad (\text{TIME}, T, \dot{T}, \ddot{T})\quad \text{THEN}\quad \text{OUT1}$$

$$\text{IF}\quad (TIME, P, \dot{P})\quad \text{THEN}\quad \text{OUT2}$$

二级　综合决策：

$$\text{IF}\quad (\text{TIME}, T, P, \text{OUT1}, \text{OUT2}, H)\quad \text{THEN}\quad \text{OUT3}$$

(4) 投运结果。所设计的专家控制器投入实时控制后获得了比较满意的控制效果。反应器的升温、升压曲线非常接近理想控制曲线，减小了超调量，并且使液氨液位的变化趋于平稳。

9.8　解耦控制系统

9.8.1　解耦控制

1．过程的耦合现象及其对控制性能的影响

在被控过程中，尤其是较为复杂的过程中，被控量不止一个，并且它们之间有着千丝万缕的

联系：有的很紧密，有的较为松散。这种物理量之间相互关联、相互影响与制约就是耦合。耦合的存在，使得控制问题变得错综复杂，控制的难度也增加了许多。在控制领域，将这类控制称为多输入—多输出耦合控制。与前面介绍的单输入—单输出控制相比，这类控制复杂很多。解耦控制就是用来解决这类控制问题的常见方法之一。

2．解耦控制系统

面对两个及两个以上的操纵量与被控量之间存在交错的联系与影响，通过一定的方法，使每个操纵量仅与其配对的一个被控量有联系，而与其他被控量无联系或联系很少，也就是将具有相互关联的多参数控制转化为几个彼此独立的单输入—单输出过程来控制，实现一个控制器只对一个相应的被控过程进行独立控制，这样的系统称为解耦控制系统。流量压力工艺流程如图 9-30 所示。管道的压力与流量同处一个管道，在液体传输过程中，两个被控量之间相互影响、互相耦合。

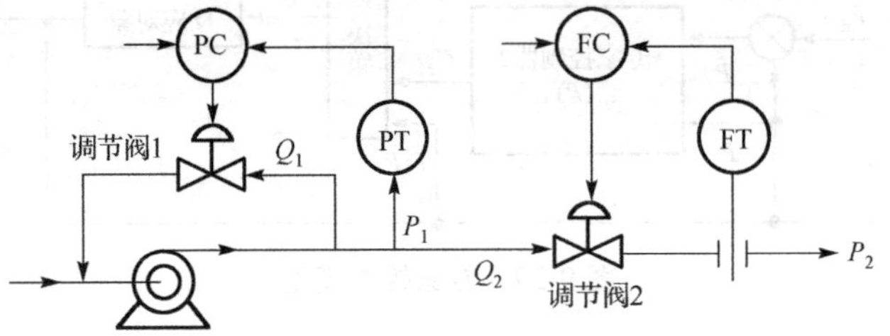

图 9-30　流量压力工艺流程

根据上述工艺，可以分析出该系统传递函数结构框图，如图 9-31 所示。

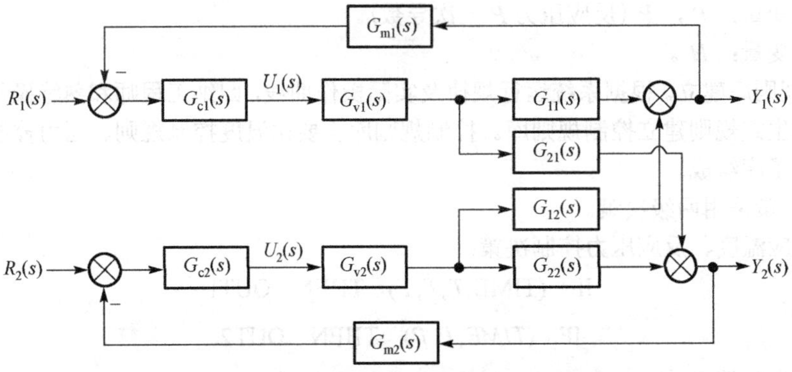

图 9-31　压力与流量耦合控制系统传递函数结构框图

具体来说，在图 9-31 所示的系统中，解耦控制系统就是设计某种形式的控制器，用以消除 $G_{21}(s)$ 和 $G_{12}(s)$ 支路的影响，让每个操纵量像单回路控制的一样，仅对其相应的被控量起作用，而不影响其他被控量。

同时还要考虑到，在调节过程中，静态和动态是一个过程的两种状态，其特性也不相同。在通常情况下，静态具有更重要的意义，对它的处理与求取也相对容易些。在大多数情况下，只考虑静态解耦就可收到明显的控制效果。但是并不因此而否定动态解耦的重要性，因为有些过程的动态解耦也非常重要，只是其控制机理相对较为复杂。

9.8.2　解耦控制系统的设计

通过解耦装置或解耦器，使任意一个操纵量的变化仅仅影响与它对应的被控量，而对其他回路的被控量无影响，最终将多变量且相互耦合的控制系统变为若干个彼此相互独立的单变量控制子系统。

1．解耦装置及其在系统中的作用

先看看一般意义的多变量控制系统的结构与表达式，在此基础上引出解耦装置，陈述其作用。

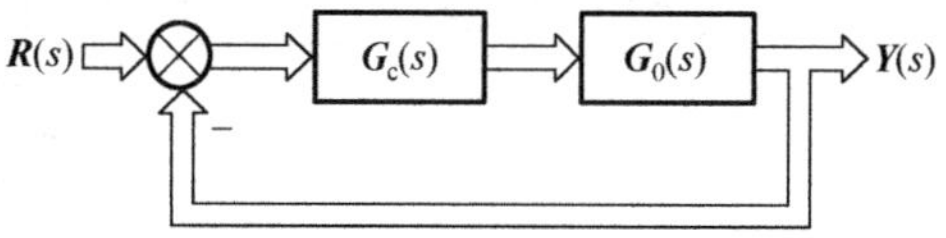

图 9-32　多变量控制系统传递函数结构框图

多变量控制系统传递函数结构框图如图9-32所示。其中，$\boldsymbol{G}_{\mathrm{c}}(s)$为控制器矩阵，$\boldsymbol{G}_0(s)$为广义过程矩阵，$\boldsymbol{R}(s)$为输入向量，$\boldsymbol{Y}(s)$为输出向量。

$$\boldsymbol{Y}(s)=[I+\boldsymbol{G}_0(s)\boldsymbol{G}_{\mathrm{c}}(s)]^{-1}\boldsymbol{G}_0(s)\boldsymbol{G}_{\mathrm{c}}(s)\boldsymbol{R}(s) \tag{9-25}$$

式中，I 为单位矩阵。系统的闭环传递函数矩阵为

$$\boldsymbol{G}_{\mathrm{B}}(s)=[I+\boldsymbol{G}_0(s)\boldsymbol{G}_{\mathrm{c}}(s)]^{-1}\boldsymbol{G}_0(s)\boldsymbol{G}_{\mathrm{c}}(s) \tag{9-26}$$

系统的开环传递函数矩阵为

$$\boldsymbol{G}_{\mathrm{K}}(s)=\boldsymbol{G}_0(s)\boldsymbol{G}_{\mathrm{c}}(s) \tag{9-27}$$

系统的闭环传递函数矩阵与开环传递函数矩阵之间的关系可以表征为

$$\boldsymbol{G}_{\mathrm{K}}(s)=\boldsymbol{G}_{\mathrm{B}}(s)[\boldsymbol{I}-\boldsymbol{G}_{\mathrm{B}}(s)]^{-1} \tag{9-28}$$

解耦的目的就是要使系统的闭环传递函数矩阵 $\boldsymbol{G}_{\mathrm{B}}(s)$为对角矩阵，从而使输入量与输出量之间变为一一对应关系，形成单回路控制。如果 $\boldsymbol{G}_{\mathrm{B}}(s)$为对角矩阵，由式(9-28)可知，系统的开环传递函数矩阵$\boldsymbol{G}_{\mathrm{K}}(s)$也应为对角矩阵。从式(9-27)来看，虽然$\boldsymbol{G}_{\mathrm{c}}(s)$可设计为对角矩阵，但$\boldsymbol{G}_0(s)$通常不是对角矩阵。所以，在 $\boldsymbol{G}_{\mathrm{c}}(s)$与 $\boldsymbol{G}_0(s)$之间，应设计一个解耦矩阵 $\boldsymbol{D}(s)$，使得 $\boldsymbol{G}_0(s)\boldsymbol{D}(s)$为对角矩阵，从而系统的开环传递函数矩阵也为对角矩阵。

使 $\boldsymbol{G}_0(s)$与$\boldsymbol{D}(s)$的乘积成为对角矩阵的方法不同，将导致多种解耦装置的设计出现。

2．对角矩阵法

现在的任务就是要设计一个解耦矩阵$\boldsymbol{D}(s)$，让$\boldsymbol{G}_0(s)$与$\boldsymbol{G}_0(s)\boldsymbol{D}(s)$成为对角矩阵，最终使$\boldsymbol{G}_{\mathrm{B}}(s)$成为对角矩阵，以达到解耦目的，即

$$\boldsymbol{G}_0(s)\boldsymbol{D}(s)=\mathrm{diag}\ \{G_{ii}(s)\}\quad i=1,2,3,\cdots,n \tag{9-29}$$

如果$\boldsymbol{G}_0(s)$是可逆的，则有解耦矩阵为

$$\boldsymbol{D}(s)=\boldsymbol{G}_0^{-1}(s)\ \mathrm{diag}\ \{G_{ii}(s)\}\quad i=1,2,3,\cdots,n \tag{9-30}$$

若以 2×2 过程为例，具体展开可得

$$\begin{bmatrix} D_{11}(s) & D_{12}(s) \\ D_{21}(s) & D_{22}(s) \end{bmatrix}=\begin{bmatrix} G_{11}(s) & G_{12}(s) \\ G_{21}(s) & G_{22}(s) \end{bmatrix}^{-1}\begin{bmatrix} G_{11}(s) & 0 \\ 0 & G_{22}(s) \end{bmatrix} \tag{9-31}$$

理论上，通过式(9-30)，若已知对被控对象函数矩阵$\boldsymbol{G}_0(s)$，则由式(9-30)可求得解耦矩阵$\boldsymbol{D}(s)$，该矩阵中的每个元素都可以通过矩阵算法求解出对应的表达式。事实上，由于多变量对象特性的复杂性，$\boldsymbol{D}(s)$的实现并不容易。两输入—输出解耦控制系统传递函数结构框图如图 9-33 所示。

3．单位矩阵法

单位矩阵法与对角矩阵法相似，只是 $\boldsymbol{G}_0(s)$与$\boldsymbol{D}(s)$的乘积为单位矩阵：

$$\boldsymbol{G}_0(s)\boldsymbol{D}(s)=I \tag{9-32}$$

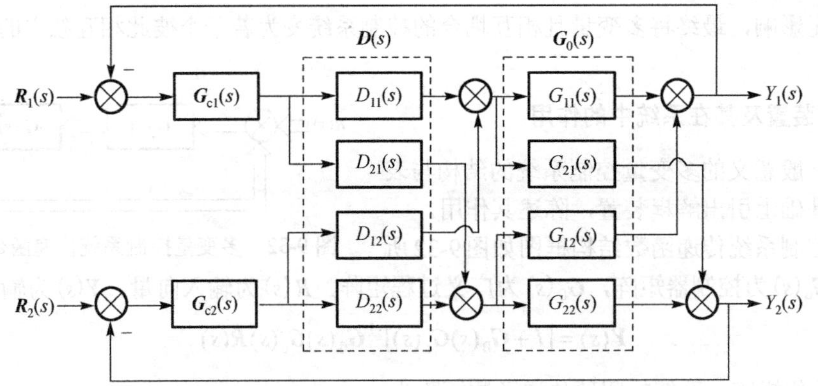

图 9-33　两输入—输出解耦控制系统传递函数结构框图

因此，解耦矩阵即为过程对象矩阵的逆矩阵，具体到 2×2 过程为

$$\begin{bmatrix} D_{11}(s) & D_{12}(s) \\ D_{21}(s) & D_{22}(s) \end{bmatrix} = \begin{bmatrix} G_{11}(s) & G_{12}(s) \\ G_{21}(s) & G_{22}(s) \end{bmatrix}^{-1} \tag{9-33}$$

4．前馈补偿法

前馈补偿法的思想是：操纵量对其他支路终端被控量的影响作为干扰对待，按照前馈补偿的方法消除其影响。例如，在 2×2 过程中，u_1 对 y_2、u_2 对 y_1 的交叉影响，按干扰处理。具体在设计前馈解耦装置时，在前面对角矩阵法解耦的基础上，对其稍加修改即可实现，如图 9-34 所示。

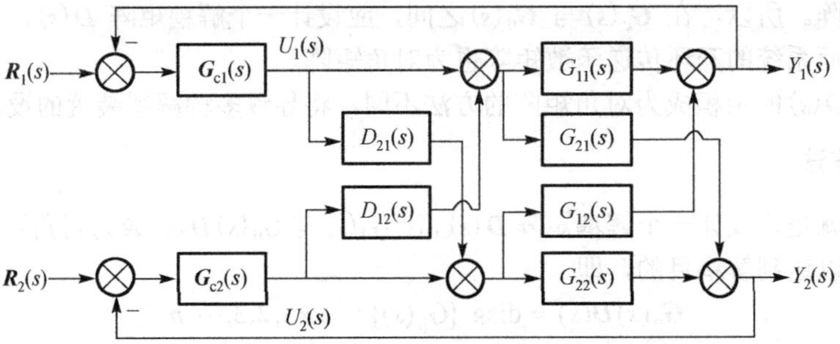

图 9-34　前馈补偿解耦控制系统传递函数结构框图

这里，设 $D_{11}(s)=D_{22}(s)=1$，而 $D_{12}(s)$ 和 $D_{22}(s)$ 按消除交叉影响进行设计，实现 $U_1(s)$ 对 $Y_2(s)$、$U_2(s)$ 对 $Y_1(s)$ 的解耦：

$$U_1(s)G_{21}(s)+U_1(s)D_{21}(s)G_{22}(s)=0\text{，}\quad U_2(s)G_{12}(s)+U_2(s)D_{12}(s)G_{11}(s)=0$$

则解耦传递函数为

$$D_{21}(s)=-\frac{G_{21}(s)}{G_{22}(s)}\text{，}\ D_{12}(s)=-\frac{G_{12}(s)}{G_{11}(s)}$$

按此设计前馈解耦环节，即可实现 $U_1(s)$ 对 $Y_1(s)$、$U_2(s)$ 对 $Y_2(s)$ 的单独控制。

9.8.3　两个相关的问题

在实际中，解耦控制由于受模型的不准确、耦合关系的复杂性、对多个被控量要求的不一致性，以及解耦成本等多方面的制约，使得解耦控制中的一些实际问题引人关注。

1. 部分解耦

部分解耦只对过程中的某些耦合进行解除。显然，部分解耦比全解耦的整体控制性能要差一些。在实际中，对不同被控量的要求是不同的。对于重要的被控量，为了保证控制质量，就要对该被控量进行解耦；而对于不重要的被控量，如果不实质性地影响控制性能，可不用对该被控量进行解耦。部分解耦既保证了重要的被控量的控制性能，又节省了控制成本，是比较实际而经济的做法。

2. 解耦系统的简化

随着产品质量和性能的提高，生产工艺也越来越复杂，过程数学模型的维数也越来越高，解耦装置实现起来越来越艰难。在保证控制效果的前提下，如果能对过程传递函数矩阵或解耦器进行适当的简化与处理，那么系统的实现就会变得容易些。

1) 对过程传递函数矩阵的简化

如果在过程传递函数矩阵中，大的时间常数与小的时间常数相差 10 倍以上，则小的时间常数项可被忽略；如果几个时间常数相差不大，也可以将这几个时间常数取为中间值，这样就可以简化解耦器的结构，使系统实现起来比较方便。

2) 动态解耦简化为静态解耦

通过设计获得的解耦器通常都较为复杂，工程中一般将超前—滞后环节近似地当作动态解耦器。在实践中，用功能模块电路实现解耦并不是件容易的事，如果系统工作频率不宽，可考虑将动态解耦简化为静态解耦，这样就使解耦实现起来更容易。实践证明，用静态解耦也能获得不错的控制效果。

9.9 遗传算法

9.9.1 遗传算法概述

遗传算法是一种新发展起来的优化算法。遗传算法已经成为人们用来解决高度复杂问题的一个新思路和新方法。目前，遗传算法已被广泛应用于许多领域中，如函数优化、自动控制、图像识别、机器学习、人工神经网络、分子生物学、优化调度等领域。

遗传算法是基于自然选择和基因遗传学原理的搜索算法。它将“适者生存”这个基本的达尔文进化理论引入串结构，并且在串之间进行有组织但又随机的信息交换。伴随着该算法的运行，优良的品质被逐渐保留并加以组合，从而不断产生出更佳的个体。这个过程就如生物进化那样，好的特征被不断地继承下来，坏的特性被逐渐淘汰。新一代个体中包含着上一代个体的大量信息，新一代的个体不断地在总体特性上胜过旧的一代，从而使整个群体向前进化发展。

遗传算法的中心问题是鲁棒性。鲁棒性是指能在许多不同的环境中通过效率及功能之间的协调平衡以求生存的能力。遗传算法正是吸取了自然生物系统“适者生存”的进化原理，从而能够提供一个在复杂空间中进行鲁棒搜索的方法。遗传算法具有计算简单及功能强的特点，基本上不用对搜索空间进行限制性的假设(如连续、导数存在及单峰等)。

常规的寻优方法主要有解析法、枚举法和随机法等。

(1) 解析法是研究最多的一种寻优方法，一般又可分为间接法和直接法。间接法是通过让目标函数的梯度为零，进而求解一组非线性方程来寻求局部极值。直接法是按照梯度信息最陡的方向逐次运动来寻求局部极值，即通常所称的爬山法。上述两种方法的主要缺点：一是它们只能寻找局部极值而非全局的极值；二是它们要求目标函数是连续光滑的，并且需要导数信息。这两个缺点，使得解析法的鲁棒性较差。

⑵ 枚举法可以克服上述解析法的两个缺点，既可以寻找到全局的极值，又不需要目标函数是连续光滑的。它的最大缺点是计算效率太低，对于一个实际问题，常常由于太大的搜索空间而不能将所有的情况都搜索到。即使很著名的动态规划方法(它本质上也属于枚举法)，对于中等规模和适度复杂性的问题，也常常无能为力。

⑶ 鉴于上述两种寻优方法的严重缺陷，随机法受到人们的青睐。随机法可以在搜索空间中随机地漫游并随时记录下所取得的最好结果。出于效率的考虑，随机法搜索到一定程度便终止，而所得结果一般尚不是最优值。本质上，随机法仍然是一种枚举法。

⑷ 遗传算法虽然也用到了随机技术，但不同于上述的随机法。它通过对参数空间编码并用随机选择作为工具来引导搜索过程向着更高效的方向发展。目前，流行的另外一种称为“模拟退火”的算法也具有类似的特点，即借助于随机技术来引导搜索过程至能量的极小状态。

总的说来，遗传算法比其他寻优方法的优点是鲁棒性比较好。遗传算法的特点可以归纳为以下几点。

⑴ 遗传算法是对参数的编码进行操作，而不是对参数本身进行操作。

⑵ 遗传算法是从许多初始点开始并行操作，而不是从一个点开始进行操作。遗传算法可以有效防止搜索过程收敛于局部最优解，而且有较大的可能求得全部最优解。

⑶ 遗传算法通过目标函数来计算适配值，而不需要其他的推导和附属信息，从而对问题的依赖性较小。

⑷ 遗传算法使用的是概率的转变规则，而不是确定性的规则。

⑸ 遗传算法在解空间内不是盲目地穷举或完全随机测试，而是一种启发式搜索，其搜索效率往往优于其他寻优方法。

⑹ 对于遗传算法，待寻优的函数基本无限制，既不要求连续，更不要求可微；既可是数学解析式所表达的显函数，又可是映射矩阵甚至是神经网络等隐函数。因而遗传算法的应用范围较广。

⑺ 遗传算法具有并行计算的特点，可通过大规模并行计算来提高计算速度。

⑻ 遗传算法更适合大规模复杂问题的优化。

9.9.2 遗传算法的工作原理

本节通过一个简单的例子，详细描述遗传算法的基本操作过程，并对遗传算法的原理进行分析，以清晰地展现遗传算法的特点。

1. 遗传算法的基本操作

设需要求解的优化问题为当自变量 x 在 0～31 之间取整数值时，寻找 $f(x)=x^2$ 函数的最大值。枚举法是将 x 取尽所有可能值，观察是否得到最大的目标函数值。尽管对如此简单的问题该方法是可靠的，但这是一种效率很低的方法。下面我们运用遗传算法来求解这个问题。

遗传算法的第一步是将 x 编码为有限长度的串。编码的方法很多，这里仅举一种简单易行的方法。针对本例中自变量的定义域，可以考虑采用二进制数来对其编码，这里恰好可用 5 位数来表示，例如，01010 对应 $x=10$，11111 对应 $x=31$。许多其他的优化方法是从定义域空间的某个单个点出发求解问题的，并且根据某些规则，按照一定的路线，进行点到点的顺序搜索，这对于多峰值问题的求解很容易陷入局部极值。遗传算法则是从一个种群(由若干个串组成，每个串对应一个自变量值)开始，不断地产生和测试新一代的种群。遗传算法一开始便扩大了搜索的范围，因而可期望较快地完成问题的求解。初始种群的生成往往是随机产生的。对于本例，若设种群大小为 4，即含有 4 个个体，则要按位随机生成 4 个 5 位二进制串。例如，我们可以通过掷硬币的方法来生成随机的串；也可以考虑通过计算机产生 0～1 之间均匀分布的随机数，然后规定在 0～0.5

之间随机数代表 0，在 0.5～1 之间的随机数代表 1。若用上述方法，随机生成的 4 个串为

01101
11000
01000
10011

这样便完成了遗传算法的准备工作。下面我们来介绍遗传算法的三个基本操作。

1）复制操作

复制操作是指个体串按照其适配值进行复制。本例中目标函数值即可用作适配值。直观地看，可以将目标函数考虑成为利润、功效等的量度。其值越大，越符合我们的需要。按照适配值进行串复制的含义是值越大的串，在下一代中将有更多的机会提供一个或多个子孙。这个操作步骤主要是模仿自然选择现象，将达尔文的适者生存理论运用于串的复制。此时，适配值相当于自然界中的一个生物为了生存所具备的各项能力的大小，并决定了该串是被复制还是被淘汰。

复制操作可以通过随机法来实现。可以考虑通过计算机产生 0～1 之间均匀分布的随机数，若某串的复制概率为 40%，则当产生的随机数在 0～0.4 之间时该串被复制，否则该串被淘汰。另外一种直观的方法是使用轮盘赌的转盘。群体中的每个当前串按照其适配值所占比例占据盘面上的一块区域。对应于本例，依照表 9-5 可以绘制出按适配值所占比例划分的轮盘，如图 9-35 所示。

表 9-5　种群的初始串及其对应的适配值

标　号	串	适　配　器	适配值所占比例（近似值）
1	01101	69	14.4%
2	11000	576	49.2%
3	01000	64	5.5%
4	10011	361	30.9%
总计		1170	100.0%

复制操作就是旋转轮盘 4 次，从而产生 4 个下一代的种群。在本例中，串 1 所占轮盘的比例为 14.4%。因此每转动一次轮盘，结果落入串 1 所占区域的概率也就是 0.144。可见对应大的适配值的串在下一代中将有较多的“子孙”。当一个串被选中进行复制时，此串将被完整地复制，然后将复制串添入匹配池。因此，旋转轮盘 4 次即产生出 4 个串。这 4 个串是上一代种群的复制，有的串可能被复制一次或多次，有的可能被淘汰。在本例中，经复制后的新种群为

01101
11000
11000
10011

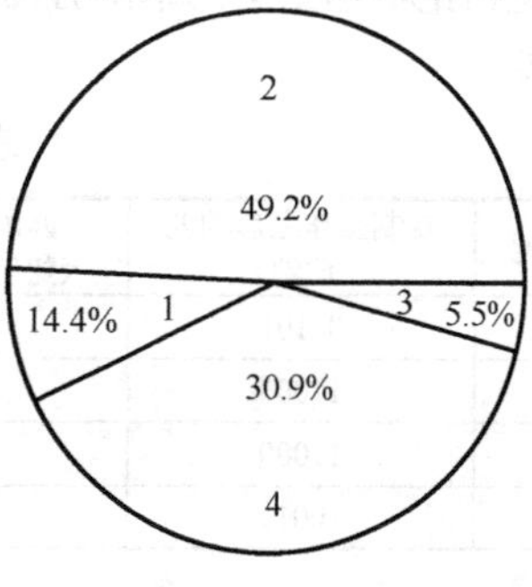

图 9-35　按适配值所占比例划分的轮盘

可见，这里串 1 被复制了一次，串 2 被复制了两次，串 3 被淘汰了，串 4 也被复制了一次。复制操作之前的各项数据如表 9-6 所示。

表 9-6　复制操作之前的各项数据

串　号	随机生成的初始种群	x 值	$f(x)=x^2$	选择复制的概率 $f_i/\sum f_i$	期望的复制数 $f_i/\bar{f}_i$	实际得到的复制数
1	01101	13	169	0.14	0.58	1

续表

串　号	随机生成的初始种群	x 值	$f(x)=x^2$	选择复制的概率 $f_i/\sum f_i$	期望的复制数 $f_i/\bar{f_i}$	实际得到的复制数
2	11000	24	576	0.49	1.94	2
3	01000	8	64	0.06	0.22	0
4	10011	19	362	0.31	1.23	1
总计			1170	1.00	4.00	4
平均			293	0.25	1.00	1
最大值			576	0.49	1.97	2

2）交叉操作

交叉操作可以分为两个步骤：第一步是将新复制产生的匹配池中的成员随机两两匹配；第二步是进行交叉繁殖。交叉操作的具体过程如下。

设两个串的长度均为l，则两个串的l个数字位之间的空隙标记为1，2，…，$l-1$。随机地从$[1,l-1]$中选取一个整数位置k，则将两个串中从位置k到串末尾的子串互相交换，而形成两个新串。在本例中，初始种群的两个个体为

$$A_1 = 01101$$

$$A_2 = 11000$$

假定从1到4间选取随机数，得到$k=4$，那么经过交叉操作之后得到的两个新串为

$$A_1' = 01100$$

$$A_2' = 11001$$

其中，新串A_1'和A_2'是由老串A_1和A_2将第5位进行交换后得到的。

复制操作之后的各项数据如表9-7所示。

由表9-7可见，交叉操作的具体步骤是：首先随机地将匹配池中的个体配对，即串1和串2配对，串3和串4配对。然后随机地选取交叉点的位置，串1和串2的交叉点为4，两者只交换最后一位，结果生成两个新串01100和11001；串3和串4的交叉点为2，结果生成两个新串11011和10000。

表9-7　复制操作之后的各项数据

串　号	复制操作之后的匹配池	匹配对象（随机选取）	交叉点（随机选取）	新　种　群	x　值	$f(x)=x^2$
1	01101	2	4	01100	12	144
2	11000	1	4	11001	25	625
3	11000	4	2	11011	27	729
4	10011	3	2	10000	16	256
总计						1754
平均值（近似值）						439
最大值						729

3）变异操作

变异操作是指以很小的概率随机地改变一个串位的值。例如，对于二进制串，可以将随机选取的串位由1变为0或由0变为1。变异概率通常是很小的，一般只有千分之几。这个操作相对于复制和交叉操作而言，是处于相对次要的地位，其目的是为了防止丢失一些有用的遗传因子。特别是

当种群中的个体，经遗传运算可能使某些串位的值失去多样性，从而可能失去检验有用遗传因子的机会时，变异操作可以起到恢复串位多样性的作用。在本例中，变异概率设为 0.001，则对于种群的总共 20 个串位，期望变异的串位数为 $20\times 0.001=0.02$(位)，所以本例中无串位值的改变。

从表 9-6 和表 9-7 可以看出，在经过一次复制、交叉和变异操作后，最优的和平均的目标函数值均有所提高。种群的平均适配值从 293 增至 439，最大的适配值从 576 增至 729。可见，每经过这样的一次遗传算法步骤，便朝着最优解方向前进了一步，只要这个过程一直进行下去，最终走向全局最优解，而每步的操作是非常简单的，而且对问题的依赖性很小。

2. 遗传算法的模式理论

前面我们通过一个简单的例子说明了按照遗传算法的操作步骤使得待寻优问题的性能朝着不断改进的方向发展。下面我们将进一步分析遗传算法的工作原理。

一般地，对于二进制串，在{0,1}字符串中间加入通配符“∗”即可生成所有可能模式。因此用{0,1,∗}可以构造出任意一种模式。一个模式与一个特定的串相匹配是指该模式中的 1 与串中的 1 相匹配，模式中的 0 与串中的 0 相匹配，模式中的∗可以匹配串中的 0 或 1。例如，模式 00∗00 匹配两个串：{00100,00000}；模式∗11∗0 匹配四个串：01100,01110,11100,11110。可以看出，定义模式使我们容易描述串的相似性。

对于前面例子中的 5 位字串，由于模式的每一位可取 0、1 或∗，因此总共有 $3^5=243$ 种模式。对一般的问题，若串的基为 k，长度为 l，则总共有 $(k+1)^l$ 种模式。可见，模式的数量要大于串的数量 k^l。一般地，一个串中包含 2^l 种模式。例如，串 11111 是 2^5 个模式的成员，可以与每个串位是 1 或∗的任意一种模式相匹配。因此，对于大小为 n 的种群则包含有 2^l 到 $n\times 2^l$ 种模式。

为了论述方便，而又不失一般性，我们下面只考虑二进制串。设一个 7 位二进制串可以用如下的符号来表示：

$$A=a_1a_2a_3a_4a_5a_6a_7$$

这里每个 a_i 代表一个二值特性（a_i 又称基因）。我们研究的对象是在时间 t 或第 t 代种群 $A(t)$ 中的个体 $A_j, j=1,2,\cdots,n$。任意一种模式 H 是由三字母集合 (0,1,∗) 生成的，其中∗是通配符。模式之间仍有一些明显差别。例如，模式 011∗1∗∗ 比模式 ∗∗∗∗∗0∗ 包含更加确定的相似特性；模式 1∗∗∗∗1∗比模式 1∗1∗∗∗∗跨越的长度要长。为此，我们引入两个模式的属性定义：模式次数和定义长度。一个模式 H 的次数由 $O(H)$ 表示，它等于模式中确定位置（对于二进制串，即 0 或 1 所在的位置）的个数。例如，若 $H=011{*}1{*}{*}$，则其次数为 4，记为 $O(H)=4$；若 $H={*}{*}{*}1{*}{*}{*}$，则 $O(H)=1$。模式 H 的长度定义为第一个和最后一个确定位置之间的距离，用符号 $\delta(H)$ 表示。例如，若 $H=011{*}1{*}{*}$，则其第一个确定位置是 1，最后一个确定位置是 5，所以 $\delta(H)=5-1=4$；若 $H={*}{*}{*}{*}{*}{*}0$，则 $\delta(H)=0$。

下面我们来分析遗传算法的几个重要操作对模式的影响。

1) 复制操作对模式的影响

设在给定的时间 t，种群 $A(t)$ 包含有 m 个特定模式 H，记为

$$m=m(H,t)$$

在复制操作过程中，$A(t)$ 中的任何一个串 A_j 以概率 $f_i/\sum f_i$ 被选中后被复制。因此，我们可以期望在复制操作完成后，在 $t+1$ 时刻，特定模式 H 的数量将变为

$$m(H,t+1)=m(H,t)nf(H)/\sum f_i=m(H,t)f(H)/\overline{f}$$

或写成

$$\frac{m(H,t+1)}{m(H,t)}=\frac{f(H)}{\overline{f}}$$

式中，$f(H)$ 为在时刻 t 对应于模式 H 的串的平均适配值；$\overline{f}=\sum f_i/n$，为整个种群的平均适配值。

可见，经过复制操作后，特定模式的数量将按照该模式的平均适配值与整个种群平均适配值的比值成比例地改变。换而言之，适配值高于种群平均适配值的模式在下一代中的数量将增加，而适配值低于平均适配值的模式在下一代中的数量将减少。另外，种群 A 的所有模式 H 的处理是并行进行的，即所有模式经复制操作后，均同时按照其平均适配值占总体平均适配值的比例进行增/减。所以，可以概括地说，复制操作对模式的影响是使得适配值高于平均适配值的模式数量增加，而适配值低于平均适配值的模式数量减少。

为了进一步分析适配值高于平均适配值的模式数量增长情况，设

$$f(H)=(1+c)\overline{f} \qquad c>0$$

则上面的方程可改写为如下的差分方程

$$m(H,t+1)=m(H,t)(1+c)$$

假定 c 为常数，可得

$$m(H,t)=m(H,0)(1+c)^t$$

可见，对于适配值高于平均适配值的模式数量将呈指数形式增长。

从对复制操作过程的分析可以看到，虽然复制操作过程成功地以并行方式控制着模式数量以指数形式增/减，但由于复制操作只是将某些高适配值个体全盘复制，或者丢弃某些低适配值个体，而决不会产生新的模式结构。

2) 交叉操作对模式的影响

交叉操作是串之间的有组织的而又随机的信息交换。交叉操作在创建新结构的同时，最低限度地破坏复制操作所选择的高适配值模式。为了观察交叉操作对模式的影响，下面考察一个 $l=7$ 的串及此串所包含的两个代表模式：

$$A=0111000$$

$$H_1=*1****0$$

$$H_2=***10**$$

首先回顾一下简单的交叉操作过程：先随机地选择一个匹配伙伴，再随机选取一个交叉点，然后互换相对应的片段。假定对上面给定的串，随机选取的交叉点为 3，则很容易看出它对两个模式 H_1 和 H_2 的影响。下面用分隔符“｜”标记交叉点：

$$A=011|1000$$

$$H_1=*1*|***0$$

$$H_2=***|10**$$

除非串 A 的匹配伙伴在模式的固定位置与 A 相同(我们忽略这种可能性)，模式 H_1 将被破坏，因为在位置 2 的“1”和在位置 7 的“0”将被分配至不同的后代个体中(这两个固定位置被代表交叉点的分隔符分在两边)。同样可以明显地看出，模式 H_2 将继续存在，因为位置 4 的“1”和位置 5 的“0”原封不动地进入到下一代的个体。虽然本例中的交叉点是随机选取的，但不难看出，

模式 H_1 比模式 H_2 更易被破坏。因为平均看来，交叉点更容易落在两个头尾确定点之间。若定量的分析，模式 H_1 的长度为 5，如果交叉点始终是随机地从 $l-1=7-1=6$ 个可能的位置选取的，那么很显然模式 H_1 被破坏的概率为

$$p_{\mathrm{d}}=\delta(H_1)/(l-1)=5/6$$

它存活的概率为

$$p_{\mathrm{s}}=1-p_{\mathrm{d}}=1/6$$

类似地，模式 H_2 的长度 $\delta(H_2)=1$，它被破坏的概率为 $p_{\mathrm{d}}=1/6$，它存活的概率为 $p_{\mathrm{s}}=1-p_{\mathrm{d}}=5/6$。推广到一般情况，可以计算出任何模式的交叉存活概率为

$$p_{\mathrm{s}}\geqslant 1-\frac{\delta(H)}{l-1}$$

在前面的讨论中我们均假设交叉的概率为 1，一般情况若设交叉的概率为 p_{c}，则上式变为

$$p_{\mathrm{s}}\geqslant 1-p_{\mathrm{c}}\frac{\delta(H)}{l-1}$$

若综合考虑复制和交叉操作的影响，特定模式 H 在下一代中的数量可用下式来估计

$$m(H,t+1)\geqslant m(H,t)\frac{f(H)}{\overline{f}}\left[1-p_{\mathrm{c}}\frac{\delta(H)}{l-1}\right]$$

可见，对于那些适配值高于平均适配值且具有短的长度模式将更多地出现在下一代中。

3) 变异操作对模式的影响

变异操作是对串中的单个位置以概率 p_{m} 进行随机替换。因而，变异操作可能破坏特定的模式。一个模式 H 要存活意味着它所有的确定位置都存活。由于单个位置的基因值存活概率为 $(1-p_{\mathrm{m}})$，而且由于每个变异的发生是统计独立的，所以一个特定模式仅当它的 $O(H)$ 个确定位置都存活时才存活，从而得到经变异操作后，特定模式的存活概率为 $(1-p_{\mathrm{m}})^{O(H)}$。

由于 $p_{\mathrm{m}}<<1$，所以特定模式的存活概率也可近似表示为

$$(1-p_{\mathrm{m}})^{O(H)}\approx 1-O(H)p_{\mathrm{m}}$$

综合考虑上述复制、交叉及变异操作，可得特定模式 H 的数量改变为

$$m(H,t+1)\geqslant m(H,t)\frac{f(H)}{\overline{f}}\left[1-p_{\mathrm{c}}\frac{\delta(H)}{l-1}\right](1-O(H)p_{\mathrm{m}})$$

上式也可近似表示为

$$m(H,t+1)\geqslant m(H,t)\frac{f(H)}{\overline{f}}\left[1-p_{\mathrm{c}}\frac{\delta(H)}{l-1}-O(H)p_{\mathrm{m}}\right]$$

其中，忽略了一项较小的交叉相乘项。

总之，对于那些短长度、低次数、适配值高于平均适配值的模式将在后代中呈指数级地增长。这个结论十分重要，通常将它称为遗传算法的模式理论。

根据遗传算法的模式理论，随着遗传算法的一代一代的进行，那些短的、低次数、高适配值的模式将越来越多，最后得到的串即这些模式的组合，因而可期望性能越来越得到改善，并最终趋向全局的最优点。

9.9.3 遗传算法的实现和改进

1. 遗传算法的实现

1) 问题的表示

对于一个实际的待优化的问题，首先要将其表示为适于遗传算法进行操作的二进制串，这一般包括以下几个步骤。

(1) 根据具体问题确定待寻优的参数。

(2) 确定每个参数的变化范围，并用一个二进制数来表示该参数。例如，若参数 a 的变化范围为 $[a_{min}, a_{max}]$，则用 m 位二进制串 b 表示的 a 为

$$a = a_{min} + \frac{b}{2^m - 1}(a_{max} - a_{min})$$

这时，参数范围的确定应覆盖全部的寻优空间。在满足精确度要求的情况下，尽量取小的 m，以尽量减小遗传算法计算的复杂性。

(3) 将所有表示参数的二进制串接起来组成一个长的二进制串。该串的每一位只有 0 或 1 两种取值。该串即为遗传算法可以操作的对象。

上面介绍的二进制编码为最常用的编码方式，实际上也可采用其他编码方式。

2) 初始种群的产生

产生初始种群的方法通常有两种。一种是完全随机的方法，如可用掷硬币或用随机数发生器来产生初始种群。设要操作的二进制串总共 p 位，则该二进制串最多可以有 2^p 种。设初始种群取 n 个样本 $(n \ll 2^p)$。若用掷硬币的方法可这样进行：连续掷 p 次硬币，若出现正面表示 1，出现背面表示 0，则得到一个 p 位的二进制串，即得到一个样本。如此重复 n 次即得到 n 个样本。若用随机数发生器的方法可这样进行：在 $0 \sim 2^p$ 之间随机地产生 n 个整数，则该 n 个整数所对应的二进制串即为要求的 n 个初始样本。

上述随机产生样本的方法适于对问题的解无任何先验知识的情况。对于具有某些先验知识的情况，可首先将这些先验知识转变为必须满足的一组要求，然后在满足这些要求的解中再随机地选取样本。这样选择初始种群可使遗传算法更快得到最优解。

3) 遗传算法的操作

标准遗传算法的操作流程图如图 9-36 所示。计算适配值可以看成遗传算法与优化问题之间的一个接口。遗传算法评价一个解的好坏，不是取决于它的解的结构，而是取决于相应于该解的适配值。适配值的计算可能很复杂也可能很简单，完全取决于实际问题本身。对于有些实际问题，适配值可以通过一个数学解析公式计算出来；而对于有些实际问题，则可能不存在这样的数学解析式，适配值是要通过一系列基于规则的步骤才能求得的，或者在某些情况是上述两种方法的结合求得的。当某些限制条件非常重要时，可在设计问题表示时预先排除这些情况，也可以在适配值中对它们赋予特定的罚函数。

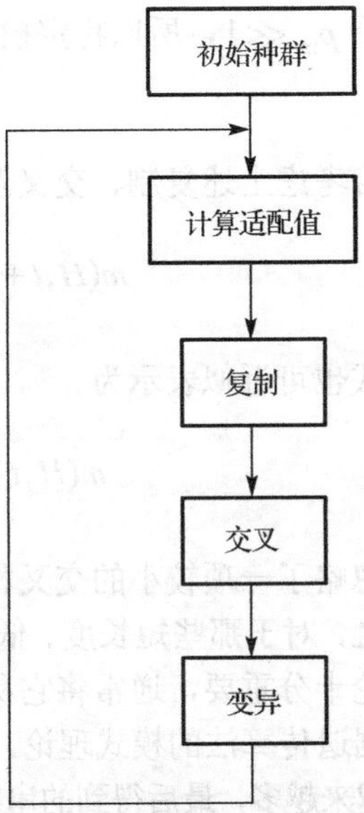

图 9-36 标准遗传算法的操作流程图

复制操作的目的是产生更多的高适配值的个体。复制操作对尽快收敛到优化解具有很大的影响，但是为了到达

全局的最优解，必须防止过早收敛。因此，在复制操作过程中也要尽量保持样本的多样性。前面所介绍的转轮盘的复制方法是选择复制概率正比于目标函数值(这时目标函数值等于适配值)的，因此称为比例选择法或随机选择法。这种方法可使收敛变得比较快，但当个体适配值相差很大时，有可能损失样本的多样性而出现过早收敛的问题。针对此问题，提出了另外一种方法，该方法按目标函数值的大小排序，重新计算适配值，再按适配值的大小比例选择复制概率，因此将该方法称为基于排序的选择法。例如，若得到 n 个样本的目标函数值 J_i，并将它们按大小排序：$J_1 < J_2 < \cdots < J_n$，然后计算适配值为

$$f_i = kr_i/n \quad i = 1,2,\cdots,n$$

式中，r_i 为次序号；k 为用来控制适配值之间差别的常数。若 J_i 表示代价函数，即 J_i 越小性能越好，则可取适配值为

$$f_i = k(n-r_i)/n \quad i = 1,2,\cdots,n$$

以上的选取是使得适配值按序号数线性变化的。若要求适配值按某种非线性关系变化，也可取某适配值为序号数的某种非线性关系，如 $f_i = \exp(kr_i/n)$ 或 $f_i = \exp[k(n-r_i)/n]$。可见，基于排序的选择法是基于目标函数的排序而不是目标函数本身的大小，因而避免了适配值差别太大而导致样本的多样性损失太多。

对于交叉操作，前面介绍了最简单的一种方法即单点交叉，交叉点是随机选取的。此外，还有其他一些交叉操作的方法。下面介绍一种掩码交叉的方法。这里掩码是指长度与被操作的个体串相等的二进制位串，其每一位的 0 或 1 代表着特殊的含义。若某位为 0，则进行交叉的两个(父母)串的对应位的值不变，即不进行交换。而当某位为 1 时，则两个(父母)串的对应位进行交换，如下面的例子。

父母串 1：001111

父母串 2：111100

掩码：010101

子女串 1：011110

子女串 2：101101

不难看出，对于前面描述过的单点交叉，相当于掩码为 0…01…1；类似地，我们很容易定义两点交叉，其对应的掩码为 0…01…10…0。

变异操作是作用于单个串的。它以很小的概率随机地改变一个串位的值。其目的是为了防止丢失一些有用的遗传模式，增加样本的多样性。

标准的遗传算法通常包含上述三个基本操作：复制、交叉和变异。但对于某些优化问题，如布局问题、旅行商问题等，有时还引入附加的反转操作。它也作用于单个串，在串中随机地选择两个点，然后再将这两个点之间子串加以反转，如下面的例子。

老串：10⋮1100⋮11101

新串：10⋮0011⋮11101

4)遗传算法中的参数选择

在具体实现遗传算法的过程中，尚有一些参数要被事先选择。它们包括初始种群的大小 n、交叉概率 p_c、变异概率 p_m，有时还包括反转概率 p_i。这些参数对遗传算法的性能都有很重要的影响。一般说来，选择较大数目的初始种群可以同时处理更多的解，因而容易找到全局的最优解；其缺点是增加了每次迭代所需要的时间。

交叉概率的选择决定了交叉操作的频率。频率越高，可以越快地收敛到最有希望的最优解区域；但是太高的频率也可能导致收敛于一个解。

变异概率通常只取较小的数值，一般为 0.001～0.1。若选取高的变异概率，一方面可以增加样本模式的多样性，另一方面可能引起不稳定。但是若选取太小的变异概率，则可能难于找到全局的最优解。

自从遗传算法产生以来，研究人员从未停止过对遗传算法进行改进的探索。下面重点介绍一种改进的遗传算法。

2．遗传算法的改进

1) 自适应变异

如果双亲的基因非常相近，那么所产生的后代相对于双亲也必然比较接近。这样对遗传算法的性能改善也必然较少。这种现象类似于"近亲繁殖"。所以，群体基因模式的单一性不仅减慢进化历程，而且可能导致进化停滞，过早地收敛于局部的极值解。Darrel Wnitly 提出了一种如下的自适应变异的方法。在交叉之前，以海明距离测定双亲基因码的差异，根据测定值决定后代的变异概率 p_m。若双亲的差异较小，则选取较大的变异概率 p_m。通过这种方法，当群体中的个体过于趋于一致时，可以通过变异的增加来提高群体的多样性，也即增强了遗传算法维持全局搜索的能力；反之，当群体已具备较强的多样性时，则减少变异，从而不致破坏优良的个体。

2) 部分替换法

设 P_G 为上一代进化到下一代时被替换的个体的比例，则按此比例，部分个体被新的个体所取代，而其余部分的个体则直接进入下一代。P_G 越大，进化得越快，但遗传算法的稳定性和收敛性将受到影响；而 P_G 越小，遗传算法的稳定性较好，但进化速度将变慢。可见，应该寻求运行速度与稳定性、收敛性之间的协调平衡。

3) 优秀个体保护法

优秀个体保护方法是使每代中一定数量的最优个体直接进入下一代的。这样可以防止优秀个体由于复制、交叉或变异操作中的偶然因素而被破坏掉。这是增强遗传算法稳定性和收敛性的有效方法，但同时也可能使遗传算法陷入局部的极值范围。

4) 移民算法

移民算法是为了加速淘汰差的个体及引入个体多样性的目的而提出的。移民算法步骤是用交叉操作产生出的个体替换上一代中适配值低的个体，继而按移民的比例引入新的外来个体来替换新一代中适配值低的个体。这种方法的主要特点是不断地促进每一代的平均适配值的提高。但由于低适配值的个体很难被保存至下一代，而这些低适配值的个体中也可能包含着一些重要的基因模式块，所以这种方法在引入移民增加个体多样性的同时，由于抛弃低适配值的个体又减少了个体的多样性。

5) 分布式遗传算法

分布式遗传算法将一个总的群体分成若干子群，而各子群将具有略微不同的基因模式。各子群各自的遗传过程具有相对的独立性和封闭性，因而进化的方向也略有差异，从而保证了搜索的充分性及收敛结果的全局最优性。另外，各子群在各子群之间又以一定的比率定期地进行优良个体的迁移，即每个子群将其中最优的几个个体轮流送到其他子群中。这样做的目的是期望使各子群能共享优良的基因模式，以防止某些子群向局部最优方向收敛。

分布式遗传算法模拟了生物进化过程中的基因隔离和基因迁移，即各子群之间既有相关的封闭性，又有必要的交流和沟通。研究表明，在总的种群个数相同的情况下，分布式遗传算法可以得到比单一种群遗传算法更好的效果。不难看出，这里的分布式遗传算法与前面的移民算法具有类似的特点。

根据前面所述遗传算法的模式理论，模式在遗传算法中起着十分关键的作用。在改进的遗传算法中，N 个遗传算法中的每一个在经过一段时间后均可以获得位于个体串上一些特定位置的优良模式。通过高层遗传算法的操作，可以获得包含不同种类的优良模式的新个体，从而为它们提供了更加平等的竞争机会。该改进的遗传算法与并行或分布式遗传算法相比，在上一层上的个体交换是一个突破，它不用人为地控制应交流什么样的个体，也不用人为地指定处理器将传送出的个体送往哪一个处理器，或者从哪一个处理器接收个体。这样，改进的遗传算法不但在每个处理器上运行着遗传算法，同时对各处理器不断生成的新种群进行着高一层的遗传算法的运算和控制。

第 10 章　集散控制系统

回顾自动化技术发展的历史，可以看到它与生产过程本身的发展密切相关。自动化技术经历了一个从简单形式到复杂形式、从局部自动化到全局自动化、从知识自动化到信息自动化、从低级智能到高级智能的发展过程。20 世纪 70 年代初，受生产过程控制和管理要求的驱动及 3C(Computer, Communication, Control)技术的影响，过程控制系统朝着直接数字控制系统(Direct Digital Control, DDC)到以“危险分散”为基本设计思想的集散控制系统(Distributed Control System, DCS)，再到目前的现场总线控制系统(Fieldbus Control System, FCS)的方向发展。本章基于集散控制系统的一些基本知识，重点描述常用的集散控制系统应用。

10.1　集散控制系统概述

集散控制系统又称分布式控制系统，是以微处理器为基础的集中分散型控制系统，根据分级设计的基本思想，实现功能上分离，位置上分散，以达到“分散控制为主，集中管理为辅”的控制目的。目前，集散控制系统已在工业控制领域得到了广泛应用。越来越多的仪表和控制工程师已经认识到集散控制系统必将成为过程工业自动控制的主流。在计算机集成制造系统(Computer Integrated Manufacturing System, CIMS)或计算机集成作业系统(Computer Integrated Production System，CIPS)中，集散控制系统将成为主角，并发挥其优势。随着计算机技术和网络技术的发展，系统的开放性不仅能使不同制造厂商的集散控制系统产品互联，方便地进行数据交换，而且也使得第三方软件可以方便地在现有的集散控制系统上应用。目前，我国已引进不同型号集散控制系统的数量多达几百套，同时也有自行研发的集散控制系统，应用领域遍及石化、轻化、冶金、建材、纺织、制药等各行各业。

10.1.1　集散控制系统的组成

尽管集散控制系统的种类和制造厂商繁多(如 Siemens, Honeywell, Tayler, Foxboro, Yokogawa，AB, ABB 等公司)，集散控制系统软、硬件功能不断完善和加强，但从系统的结构分析，集散控制系统都是由过程控制站、操作站和通信系统三部分组成，如图 10-1 所示。

1．过程控制站

过程控制站由分散过程控制装置组成，是集散控制系统与生产过程之间的界面。它的主要功能是将分散的生产过程的各种过程变量通过分散过程控制装置转化为操作监视的数据，而操作的各种信息也通过分散过程控制装置送到执行机构。分散过程控制装置能够进行模拟量与数字量的相互转换，完成控制算法的各种运算，对输入量与输出量进行有关的软件滤波及其他的一些运算。分散过程控制装置的结构具有如下特征。

1) 能够适应恶劣的工业生产过程环境

分散过程控制装置的一部分设备要安装在现场所处的恶劣环境，因此要求分散过程控制装置能够适应环境的温度、湿度变化，电网电压波动的变化，工业环境中的电磁干扰的影响及环境介质的影响。

2) 能够实现分散控制

分散过程控制装置能够把地域分散的过程控制装置分散控制。它把监视和控制分离，把危险分散，使得系统的可靠性提高。

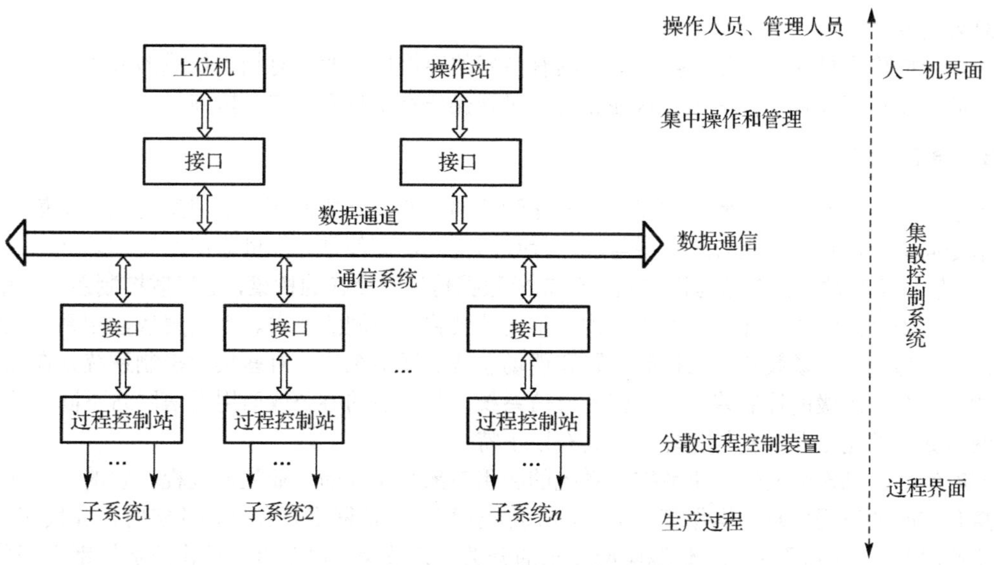

图 10-1　集散控制系统的基本组成

3) 具有实时性

分散过程控制装置直接与过程进行联系，为了准确反映过程参数的变化，应具有实时性强的特点。从装置来看，它要有快的时钟频率、足够的字长。从软件来看，它运算的程序应精练、实时和多任务作业。

4) 具有独立性

相对整个集散控制系统，分散过程装置应具有较强的独立性。在上一级设备出现故障或与上一级通信失败的情况下，它还能正常运行，从而使过程控制和操作得以进行。因此，对它的可靠性要求也相对更高。

目前，分散过程控制装置由多回路控制器、多功能控制器、可编程序控制器及数据采集装置等组成。它相当于现场控制级和过程控制装置级，实现与过程的连接。

2. 操作站

操作站即操作管理装置，由操作台、管理机和外部设备(如打印机、复印机)等组成，是操作人员与集散控制系统之间的界面，相当于车间操作管理级和全厂优化和调度管理级，实现人—机界面。它的主要功能是集中各分散过程控制装置送来的信息，通过监视和操作，把操作和命令下送各分散控制装置。这些信息用于分析、研究、打印、存储并作为确定生产计划、调度的依据。操作站的基本特征如下。

1) 信息量大

操作站要汇总各分散过程控制装置的信息及下送的信息。对此，从硬件来看，它具有较大的存储容量，允许有较多的显示画面。从软件来看，它应采用数据库、压缩技术、分布式数据库技术及并行处理技术等。

2) 易操作性

操作人员、管理人员通过操作站直接与系统联系，如通过 CRT、打印机等装置了解过程运行情况并发出指令。因此，除了部分现场手动操作设备外，操作人员和管理人员都通过操作站提供的输入设备，如键盘、鼠标、跟踪球标等来操作设备的运行。为此，操作站应具有易操作性。

3)容错性好

为防止操作人员的误操作，操作站应具有良好的容错性，即只有相当权威的人员才能对它操作。为此，要对其设置硬件密钥、软件加密，对误操作不予响应等安全措施。

3．通信系统

集散控制系统要达到分散控制和集中操作管理的目的，就要使下一层信息向上一层集中，上一层指令向下一层传送，级与级或层与层进行数据交换，这都靠计算机通信网络(即通信系统)来完成。通信系统是过程控制站与操作站之间完成数据传递和交换的桥梁，是集散控制系统的中枢。通信系统常采用总线型、环型等网络结构，不同的装置有不同的要求。有些集散控制系统在过程控制站内又增加了现场装置级的控制装置和现场总线的通信系统，有些集散控制系统则在操作站内增加了综合管理级的控制装置和相应的通信系统。与一般的办公或商用通信网络不同，计算机通信网络完成的是工业控制与管理，并具有以下特点。

实时性好，动态响应快。集散控制系统的应用对象是实际的工业生产过程。它的主要数据通信信息是实时的过程信息和操作管理信息。所以，计算机通信网络要有良好的实时性和快速响应，一般响应时间在 0.01s 至 0.5s。快速响应要求的开关、调节阀或电动机的动作或运转都在毫秒级，高优先级信息对计算机通信网络存取时间也不超过 10ms。

可靠性高。对于计算机通信网络来说，任何暂时中断和故障都会造成巨大的损失。为此，相应的计算机通信网络应该有极高的可靠性。通常，集散控制系统采用冗余技术，如双网备份方式。当发送站发出信息后的规定时间内未收到接收站的响应时，除了采用重发等差错控制外，也采用立即切入备用通信系统的方法，以提高可靠性。

适应恶劣的工业现场环境。集散控制系统运行于工业环境中，计算机通信网络必须能适应各种电磁干扰、电源干扰、雷击干扰等恶劣的工业现场环境，而现场总线更是直接敷设在工业现场。因此，集散控制系统采用的计算机通信网络应该具有强抗扰性，例如，采用宽带调制技术，减少低频干扰；采用光电隔离技术，减少电磁干扰；采用差错控制技术，降低数据传输的误码率等。

开放系统互联和互操作性。大多数的集散控制系统的计算机通信网络是有各自专利的。为了便于用户的使用，要实现不同厂家的集散控制系统互相通信(开放)，以及网络通信协议的标准化。国际标准化组织提出一个开放系统互联(Open System Interconnection, OSI)体系结构，定义了异种计算机链接在一起的结构框架，并采用网桥实现互联。

开放系统互联体系结构使其他网络的优级软件能够很方便地在系统所提供的平台上运行，能够在数据互通基础上协同工作、共享资源，使系统的互操作性、信息资源管理的灵活性和更大的可选择性得到增强。

自 1975 年美国 Honeywell 公司推出第一套集散控制系统 TDC2000 以来，集散控制系统已经经历了三代。目前，集散控制系统主要有以下特点。

标准化的通信网络。作为开放系统的网络要符合标准的通信协议和规程。集散控制系统已采用的国际通信标准有 IEEE802 局部网络通信标准、过程控制数据通信协议和制造自动化协议。这些标准使集散控制系统具有强的可操作性，可以互联、共享系统资源、运行第三方软件等。

通用的软、硬件。早期的集散控制系统厂家为了技术保密而自行设计生产，各集散控制系统间不能互联，用户要储备大量备品、备件。目前，各集散控制系统厂家纷纷采用专业厂家的标准化、通用化、系列化、商品化的产品。例如，在硬件方面，实现了机架、板件的标准化，降低了系统的价格，大大减轻了用户备品、备件的压力；在软件方面，集散控制系统已经被移植到 Windows NT 网络平台，加速了集散控制系统功能软件的开发，使其功能更加完善和加强。

完善的控制功能。集散控制系统依靠运算单元和控制单元的灵活组态，可实现多样化的控制策略，如 PID 系列算法、串级、比值、均匀、前馈、选择、解耦、Smith 预估等常规控制，以及状态反馈、预测控制、智能控制等高级控制算法。

安全性能进一步提高。集散控制系统除采用高可靠性的软、硬件，以及通信网络、控制站等冗余措施外，还使用了故障检测与诊断工程软件以对生产工况进行监测，从而及早发现故障，及时采取措施，进一步提高了生产的安全性。

10.1.2 集散控制系统发展概况

集散控制系统发展大体可分为三个阶段：以分散控制为主的第一阶段、以全系统信息管理为主的第二阶段及以更加完善的通信管理和更加丰富的控制软件为主的第三阶段。

1．第一阶段（1975—1980 年）

微处理器的发展导致第一代集散控制系统的产生。该系统以实现分散控制为主，技术特点表现如下。

(1) 采用以微处理器为基础的过程控制单元以实现分散控制，并有各种控制功能要求的算法，通过组态独立完成回路控制；具有自诊断功能，在硬件制造和软件设计中应用可靠性技术；在信号处理时，采取抗干扰措施。

(2) 将带 CRT 显示器的操作站与过程控制单元分离，实现集中监视、集中操作，系统信息综合管理与现场控制相分离，这就是人们俗称的“集中分散综合控制系统”——集散控制系统的由来。

(3) 采用较先进的冗余通信系统，用同轴电缆作为传输媒质，将过程控制站的信息送到操作站和上位计算机，从而实现了分散控制和集中管理。

这个时期的典型产品有 TDC2000（Honeywell 公司）、MOD3（Taylor 公司）、Spectrom（Froxboro 公司）、Centum（Yokogawa 公司）、Teleperm M（Siemens 公司）和 P-4000（Kenter 公司）等。

2．第二阶段（1980—1985 年）

局域网络技术的发展导致以全系统信息管理为主的第二代集散控制系统的产生。同第一代集散控制系统相比，第二代集散控制系统一个显著变化是：数据通信系统由主从式的星型网络结构转变为效率更高的对等式总线型网络结构或环型网络结构。其技术特点表现如下。

(1) 随着世界市场需求的变化，畅销产品的换代周期越来越短，单纯以连续过程控制为主的过程控制单元已不适应市场需求。市场要求过程控制单元增加批量控制功能和顺序控制功能，从而推出多功能过程控制单元。

(2) 随着产品竞争越来越激烈，迫使其生产厂家必须提高产品质量、品种，降低成本，故要求优化管理和质量管理。在操作站及过程控制单元采用 16 位微处理器，使得系统性能增强，工厂级数据向过程级分散。

(3) 随着生产过程要求控制系统的规模多样化，老企业的控制系统改造项目越来越多，要求强化系统的功能，通过软件扩展和组织规模不同的系统。例如，TDC3000 在其局部控制网络上挂接了历史模块、应用模块和计算机模块等，使系统功能增强。

(4) 随着计算机局域网络（Local Area Network, LAN）技术的发展，市场要求集散控制系统强化全系统信息管理，加强通信系统功能，实现系统无主站的 n:n 通信，以使网络上各设备处于“平等”的地位。通信系统功能的完善与进步，更有利于控制站、操作站、可编程序控制器和计算机互联，便于多机资源共享和分散控制。

这个时期的典型产品有 TDC3000（Honeywell 公司）、MOD300（Taylor 公司）、Network-90（Bailey 公司）、WDPF（西屋公司）和 Master（ABB 公司）等。

3．第三阶段（1985 年以后）

开放系统的发展使集散控制系统进入了第三代。第三代集散控制系统采用局部网络技术和国际标准化组织的开放系统互联(OSI)体系结构，克服了第二代集散控制系统在应用过程中难于互联多种不同标准而形成的“自动化孤岛”的问题。第三代集散控制系统技术特点表现如下。

(1)尽管第二代集散控制系统产品的技术水平已经相当高，但各厂商推出的产品为了竞争、保护自身的利益而采用专用网络(又称封闭系统)。当企业采用多个厂家设备、多种系统时，要实现全企业管理，必须使通信网络开放互联，采用局域网络标准化。第三代集散控制系统的主要改变是采用符合国际标准组织的开放系统互联体系结构，如工厂自动化协议(Manufacture Automation Protocal, MAP)。

(2)为了满足不同用户要求，适应中、小规模的连续、间歇、批量操作的生产装置及电气传动控制的需要，各制造厂家又开发了中、小规模的集散控制系统，受到用户欢迎。

(3)操作站采用了32位微处理器，使系统信息处理量迅速扩大，处理加工信息的质量明显提高。操作站采用触摸式屏幕、转球式光标跟踪器及鼠标器，运用窗口技术及智能显示技术，使操作人员的操作完全图形化，操作画面显示的响应速度加快，操作画面上还开有各种超级窗口，便于操作和指导，完全实现CRT化操作。

(4)操作系统软件通常采用实时多用户、多任务的操作系统。该操作系统符合国际上通用标准，可以支持Basic语言、Fortran语言、C语言、梯形逻辑语言和一些专用控制语言。组态软件提供了输入/输出、选择、计算、逻辑、转换、报警、限幅、顺序、控制等软件模块。利用这些模块可连成各种不同回路。组态采用方便的菜单或填空方式。控制算法软件近百种，能够实现连续控制、顺序控制和梯形逻辑控制，还能实现PID参数自整定和自适应控制等。操作站配有作图、数据库管理、报表生成、质量管理曲线生成、文件传递、文件变换、数字变换等软件。系统软件更加丰富和完善。

可以说，集散控制系统是高新技术发展的产物。它的发展也推动了高新技术的发展。集散控制系统将向着两个方向发展。一个是向着大型化的CIMS和CIPS的方向发展。一般的CIMS可划分为六级子系统：第一级为现场级，包括各种现场设备，如传感器和执行机构；第二级为设备控制级，接收各种参数的检测信号，按照要求的控制规律实现各种操作控制；第三级过程控制级，完成各种数学模型的建立、过程数据的采集处理。这三级属于生产控制级，又称EIC综合控制系统(电气控制、仪表控制和计算机系统)，是狭义上的集散控制系统。由此向上的四、五、六级分别为在线作业管理级、计划和业务管理级和长期经营规划管理级，即常说的管理信息系统(Management Information System, MIS)。另一个是向着小型及微型化、现场变送器智能化、现场总线标准化的方向发展，也就是FCS。FCS的主机将采用开放结构的工作站，系统的通信网络将是开放系统的网络，系统软件引入应用的专家系统与人工智能等方面会进一步完善。集散控制系统更加适应各种工业控制与管理的需要，将会取得更好的技术经济效益。

10.1.3 集散控制系统的技术要点

集散控制系统因其一些优良特性而被广泛应用，成为过程控制的主流。与常规模拟仪表相比，它具有连接方便，采用软连接方法进行连接，容易改变；显示方式灵活，显示内容多样；数据存储量大等优点。与计算机集中控制系统比较，它具有操作监督方便、危险分散、功能分散等优点。它始终围绕着功能结构灵活的分散性和安全运行维护的可靠性紧跟时代的发展而成为前沿技术。其主要技术特征表现在分级递阶结构、分散控制、局域通信网络和高可靠性四个方面。

1. 分级递阶结构

采用这种结构是从系统工程出发，考虑系统的功能分散、危险分散，提高可靠性，强化系统应用灵活性，降低投资成本，便于维修和技术更新及系统最优化选择而得出的。

集散控制系统的分级递阶结构如图10-2所示。它在垂直方向和水平方向都是分级的。最简单的集散控制系统至少在垂直方向上分为二级：操作管理级和过程控制级。在水平方向上各过程控制级之间是相互协调的分级，它们把现场数据向上送达操作管理级，同时接受操作管理级的下发指令，各个水平级之间也进行数据交换。

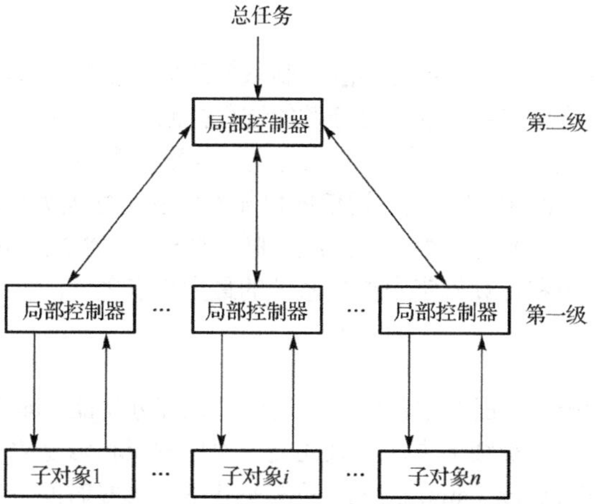

(a) 横向协调分工示意图

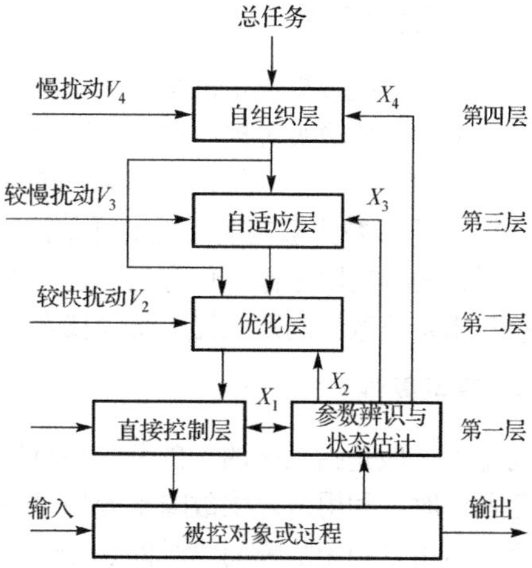

(b) 纵向分层的垂直分解图

图 10-2　集散控制系统的分级递阶结构

集散控制系统的规模越大，系统的垂直和水平级的范围也越广。常见的 CIMS 是集散控制系统的一种垂直方向和水平方向的扩展。从广义的角度讲，CIMS 是在管理级扩展的集散系统，它把操作的优化、自学习和自适应的各垂直级与集散控制系统集成起来，把计划、销售、管理和控制等各水平级综合在一起，因而有了新的内容和含义。目前，大多集散控制系统的管理级仅限于操作管理，但从系统构成来看，分级递阶是其基本特征。

分级递阶系统的优点是：各个分级具有各自的分工范围，相互之间有协调。通常，这种协调是通过上一分级来完成的，如图 10-2(a)所示。上下各分级的关系通常是：下面的分级把该级及其下层的分级数据送到上一级，由上一级根据生产的要求进行协调，并给出相应的指令(即数据)，通过数据通信系统把数据送到下层的有关分级。

包括集散控制系统在内的 CIMS 或 CIPS 在垂直方向上可分为四层，如图 10-2(b)所示。第一层为直接控制层，根据上层决策直接控制被控对象或过程。从高级控制出发的参数辨识与状态估计也属于第一层任务。第二层为优化层，根据上层给定的目标函数与约束条件或依据系统辨识的数学模型得出优化控制策略，对直接控制层的给定点进行设定或整定控制器(如 PID)参数。第三层为自适应层，根据运行经验，补偿工况变化对控制规律的影响，以及元器件老化等因素的影响，始终维持系统处于最佳或最优运行状态。第四层为自组织层，其任务是决策、计划管理、调度与协调，根据系统的总任务或总目标，规定各级任务并决策协调各级的任务。

2. 分散控制

分散的含义不单是分散控制，还包含了其他意义，如人员分散、地域分散、功能分散、危险分散和操作分散等。分散的目的是克服集中控制危险集中、可靠性低的缺点。

分散的基础是被分散的系统是各自独立的自治系统。分级递阶结构就是各自完成各自功能，相互协调，各种条件相互制约。在集散系统中，分散内涵是十分广泛的，包括分散数据库、分散控制功能、分散通信、分散供电、分散负荷等。系统的分散是相互协调的分散，又称分布。因此，在分散中有集中的数据管理、集中的控制目标、集中的通信管理等，以对分散进行协调和管理。各个分散的自治系统是在统一集中管理和协调下各自分散工作的。

集散控制系统的分散控制具有非常丰富的功能软件包，它能提供控制运算模块、控制程序软件包、过程监视软件包、显示程序包、信息检索和打印程序包等。

3．局域通信网络

集散控制系统数据通信网络是典型的局域通信网络。当今的集散控制系统都采用工业局域网络技术进行通信，传输实时控制信息，进行全系统信息综合管理，对分散的过程控制单元、人—机接口单元进行控制、操作和管理。信息传输速率可达 5～10Mbit/s，响应时间仅为数百微秒，误码率低于 10^{-10}。大多数集散控制系统的通信网络采用光纤传输媒质，通信的可靠性和安全性大大提高，而且其通信协议向国际标准化方向前进，达到国际标准化组织开放系统互联模型标准。采用先进局域网络技术是集散控制系统优于常规仪表控制系统和计算机集中控制系统的最大特点之一。

4．高可靠性

可靠性一般是指系统的一部分(单机)发生故障时，能否继续维持系统全部或部分功能，即当部分发生故障时，利用未发生故障部分仍可使系统运行继续下去，并且还能迅速地发现和修复故障。可靠性通常用平均无故障间隔时间(Mean Time Between Failure, MTBF)和平均故障修复时间(Mean Time to Repair, MTTR)来表征。高可靠性是集散控制系统发展的关键，没有可靠性就没有集散控制系统。目前，大多数集散控制系统的 MTBF 达 5 万小时，超过 5.5 年，而 MTTR 一般只有 5min。

为了保证可靠性，要采用分散结构设计及硬件优化设计。把系统整体设计分解为若干子系统模块，如控制器模块、历史数据模块、打印模块、报警模块等，软件设计各自独立，又资源共享。电路优化设计采用大规模和超大规模的集成电路芯片，尽可能减少焊接点，还可以使系统在发生局部故障时能降级控制，直到手动操作。

为了保证可靠性，要采用另一个不可缺少的技术——冗余技术。冗余技术也是集散控制系统的特点之一。集散控制系统中各级人—机接口、控制单元、过程接口、电源、I/O 接口等都采用冗余化配置，冗余度为双重冗余和多重化(n∶1)冗余。信息处理器、通信接口、内部通信总线、系统通信网络都采用冗余化措施，以保证高可靠性。另外，系统内还设有故障诊断、自检专家系统。一个简单的故障诊断专家系统流程图如图 10-3 所示。

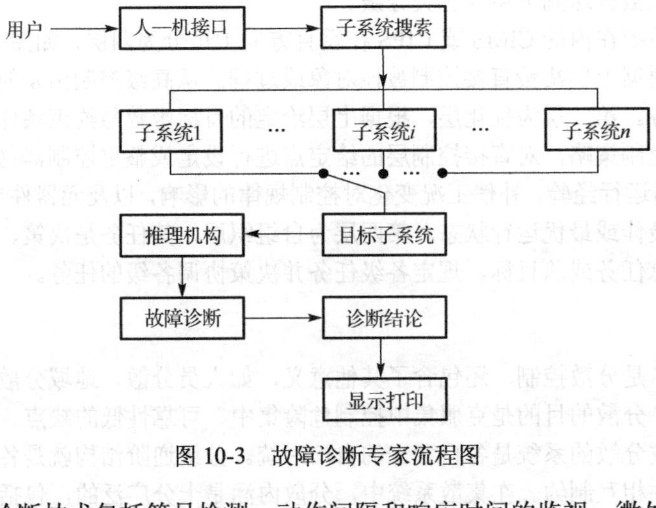

图 10-3　故障诊断专家流程图

故障自检、自诊断技术包括符号检测、动作间隔和响应时间的监视，微处理器及接口和通道的诊断。故障信息的积累和故障判断技术将人工智能知识引入系统故障识别，利用专家知识、经验和思维方式合理地做出各种判断和决策。

此外，采用标准化软件也可以提高软件运行的可靠性。目前，新一代集散控制系统在硬件上大多采用 32 位或 64 位 CPU 芯片，软件上则采用著名的多用户分时操作系统，如 UNIX, XENIX, Linux，以及 Windows 编辑技术软件和关系数据库等。随着系统开放性的增强，还可以移植其他软件公司的优秀软件。

10.1.4 集散控制系统结构

根据分散过程控制装置、集中操作和管理装置及通信系统的不同结构，集散控制系统结构大致可分为以下几类。

1. 模块化控制站+与 MAP 兼容的宽带、载带局域网+信息综合管理系统

这是一类最新结构的集散控制系统，通过宽带和载带网络，可在很广的地域内应用。通过现场总线，系统可与现场智能仪表通信和操作，从而形成真正的开放互连、具有互操作性的系统。这是第三代集散控制系统的典型结构，也是当今集散控制系统的主流结构。TDC3000 系统，I/A 系统和 CENTUM-XL 系统皆属此类。

2. 分散过程控制站+局域网+信息管理系统

这是第二代集散控制系统的典型结构，由于采用局域网技术，使其通信性能提高，联网能力增强。

3. 分散过程控制站+高速数据公路+操作站+上位机

这是第一代集散控制系统的典型结构。例如，TDC2000 系统，经过对操作站、过程控制站、通信系统性能的改进和扩展，其系统的性能已有较大提高。

4. PLC+通信系统+操作管理站

这是一种在制造业广泛应用的集散控制系统结构，尤其适用于有大量顺序控制的工业生产过程。集散控制系统制造商为使 DCS 能适应顺序控制实时性强的特点，现已有不少产品可以下挂各种厂家的 PLC，组成 PLC+DCS 的形式，应用于有实时要求的顺序控制和较多回路的连续控制场合。

5. 单回路控制器+通信系统+操作管理站

这是一种适用于中、小企业的小型集散控制系统结构。它用单回路控制器(或双回路、四回路控制器)作为盘装仪表，信息的监视通过操作管理站或仪表面板来完成，有较大灵活性和较高性价比。

以上介绍的是集散控制系统制造厂家五类专利产品的结构类型。不管哪一种结构类型，集散控制系统都应具有三大基本组成，只是具体产品的硬件组成和软件有所不同，形成各自特色，以其自身优势占领着国际市场。

10.2 MACS 介绍

MACS(Meet All Customer's Satisfaction)是北京和利时公司开发的分层分布式的大型综合控制系统，用以完成大、中型分布式控制、大型数据采集监控，具有数据采集、控制运算、控制输出、设备和状态监视、报警监视、远程通信、实时数据处理和显示、历史数据管理、日志记录、事故顺序识别、事故追忆、图形显示、控制调节、报表打印、高级计算，以及所有这些信息的组态、调试、打印、下装、诊断等功能。该系统采用了目前世界上先进的现场总线技术(ProfiBus-DP 总线)，对控制系统实施计算机监控，具有可靠性高、适用性强等优点，是一个完善、经济、可靠的控制系统。

10.2.1 MACS 的技术特点

MACS 广泛应用于电力、石化、冶金、造纸等行业，为工厂自动控制和企业管理提供全面解决方案。MACS 的技术特点表现为以下几个方面。

1．高可靠性措施

MACS 采用了多种措施来保证系统的可靠性，其中最重要的是广泛采用了冗余技术，主要包括以下冗余技术。

冗余系统网络。通信网络的双冗余设计使得在其中任意一条网络失效时通信系统仍能正常工作。

冗余操作员站。操作员站可多重配置，各站之间互为冗余备份。

冗余现场控制站。主控制器 CPU 模板、I/O 模板和电源等均可在站内实现冗余配置，保证在控制系统一旦出现故障的情况下进行无扰动切换。

MACS 所有 I/O 模板均采用智能化设计，使系统的控制功能分散到板级，体现了危险分散的思想；实现了板级状态自检和故障诊断；所有现场信号全部隔离；现场控制站内所有模板均可带电插拔。另外，MACS 的系统设计、开发和生产过程严格遵循国际 ISO9001（质量保证体系）标准，从而在设计和生产上保证了系统的可靠性。

2．引入现场总线技术

MACS 的一大特点是现场总线技术的采用。在系统设计时，将传统 DCS 中主控模块和 I/O 模块之间的并行总线连接变为串行的现场总线连接。选用可靠性高、抗扰能力强、通信速率快的控制局域网（Control Area Network, CAN）作为控制网络，将现场控制级的设备进一步分散化。现场设备的隔离更加彻底，大大提高了系统的可靠性和可维护性。

3．开放式系统设计

MACS 设计充分考虑了系统的开放性。系统的操作员站和工程师站采用了标准的工业 PC，但系统组态软件却建立在中文 Windows 环境下。MACS 的系统网络采用了符合 IEEE802.4 标准的 ArcNet。MACS 提供了与多种 PLC（如 Modicon、Siemens 和 OMRON 等公司的 PLC）、单回路/多回路调节器、智能仪表、远程终端 RTU 及智能电子设备接口的通用通信站；提供了与标准以太网连接的网关设备，以形成 DCS 和 MIS 之间的数据通路，成为企业级的管理控制一体化系统；提供了符合 IEEE 1131-3 标准的组态语言，包括功能块图（Functional Block Diagram, FBD）、梯形图（Ladder Diagram, LAD）、结构化文本（Structured Text, ST）等。

4．友好的中文操作平台

MACS 提供了一个完全汉化的操作平台，技术人员只需简单的培训便能对应用系统进行组态生成，操作人员经过简单培训就能熟练地对系统进行各种操作。MACS 具有全汉化的组态软件、清晰的组态思想、基于 Windows 窗口技术的操作界面，使用户自己可以生成应用系统，便于用户充分掌握系统的全部功能。MACS 全面汉化的在线操作软件，使操作人员按提示菜单就可通过汉字触摸键盘、鼠标、轨迹球或触摸屏等进行各种控制操作。

5．灵活的系统配置

MACS 采用了多层网络的更高程度的分布式结构，因此系统的配置方式也更加灵活方便，可以适应从小到大各种规模的系统配置。MACS 控制规模从几十点到几千点，既可用于工业锅炉、化肥、制药、小型窑炉等小型装置的控制，也可用于电力、石油、化工、冶金、造纸等行业中的中型装置和一些联合装置的控制。MACS 通过网关(Gateway)设备连接系统网络和管理网络，可以构成大型系统，以适应工厂、企业级的总体控制和管理，如 MIS、MES(管理执行系统)、ERP(企业资源规划)等。

MACS 的现场控制站不仅可以挂接在系统网络上，还可以连接远程通信通道。如果将 MACS 的现场控制站的系统网络接口板换成带有 Modem 的串行接口板，就可以构成远程控制站。多个远程控制站通过挂接在 MACS 的系统网络上的通信站进行远程连接，便构成了地域分布型的控制系统。

6．方便的维修手段

MACS 实现了板级故障诊断技术，并可随时在操作员站上显示各站、各个模板的运行状态，便于现场人员尽早发现系统中存在的故障。现场控制站中各个模板上均有运行状态指示灯，打开机柜就可以看到各模板的运行情况。如有故障，则故障灯可以指示具体位置。所有模板(包括电源、CPU、各 I/O 模板等)均可带电直接插拔。如果系统采用冗余配置，则运行板和备份板可以实现自动无扰动切换。在更换故障板时，对回路无影响。

10.2.2 MACS 硬件体系

MACS 硬件体系结构如图 10-4 所示。它是由网络、网关、通信站、现场控制站、服务器、工程师站、操作员站、高级计算机等组成。

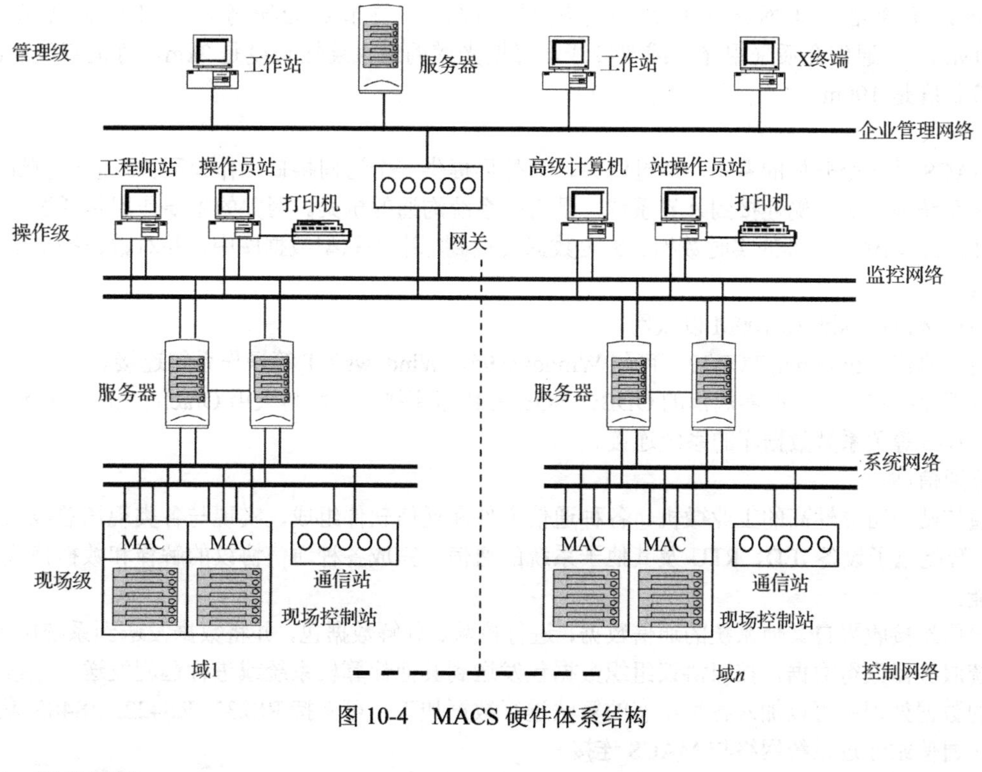

图 10-4　MACS 硬件体系结构

1．通信系统

通信系统由网络、通信站和网关组成。

1)网络

MACS 网络由上到下分为监控网络、系统网络和控制网络三个层次。

(1) 监控网络。

监控网络由 100M 高速冗余以太网络构成，用于系统服务器与工程师站、操作员站、高级计算机的连接，完成工程师站的数据下载，操作员站、高级计算机的在线数据通信。

(2) 系统网络。

系统网络由 100M 以太网构成，用于系统服务器与现场控制站、通信站的连接，完成现场控制站、通信站的数据下装，服务器与现场控制站、通信站之间的实时数据通信。

(3) 控制网络。

控制网络由 CAN 总线或 Profibus-DP 总线构成，用来实现过程 I/O 模块与现场控制站主控单元的通信，完成实时输入/输出数据的传送。Profibus-DP 总线是专门为自动控制系统与设备级分散 I/O 之间进行通信而设计的，既可满足高速传输，又有简单实用、经济性强等特点。

Profibus-DP 总线符合 EN50170 标准，拓扑结构为总线式，在总线两端有有源总线端接器，最大节点数为 126，其中每个分段上最多可接 22 个节点，各段可通过中继器相连；数据传输速率为 9.6kbit/s～12Mbit/s，与每段距离有关。当距离在 100m 内时可达 12Mbit/s(同一系统中的全部设备必须选用同一个数据传输速率)。通信介质采用屏蔽双绞线或光纤。

CAN2.0A 协议的网络采用可靠性高的双冗余结构，应用时可以保证在任何一条网络失效的情况下都不影响系统通信。该网络拓扑结构为星型结构，中央节点为服务器。

MACS 网络采用可靠性高的双冗余结构，应用时可以保证在任何一条网络失效的情况下都不影响系统通信。该网络拓扑结构为星型结构，中央节点为服务器。其数据传输速率为 100Mbit/s，通信介质采用光纤或双绞线，每根光缆的最大连接长度是 2km，每根双绞线的最大连接长度是 100m。

2) 网关

MACS 是一个开放的系统，通过网关，为外界提供一个访问接口。作为网关，它一侧连接到 MACS 系统内，另一侧连接到外界系统，是内外系统沟通的桥梁。网关的主要作用是通过内部网关软件，将 MACS 内部的实时数据、历史数据转换到标准关系型数据库中，并对数据提供数据库访问接口。

硬件接口：标准 10/100M 以太网

通信协议：Ethernet, TCP/IP，可与 Windows 95、Windows NT 等操作系统连接。

数据库接口：提供业界规范的 ODBC, SQL 等数据库接口，可与采用 Oracle, Informix, Sybase, SQL Server 等关系型数据库的系统连接。

3) 通信站

通信站由可靠性高的工业微机、各种通信卡件和通信软件组成，实现与各类现场总线仪表、PLC、智能电子设备 IED、RTU 及其他子系统的通信，完成各种通信协议的解释和数据格式转换等功能。

通信站接收来自其他系统的通信数据，进行校验、分解数据包，并将数据发送到系统服务器；从系统服务器取得数据，按照协议组织数据包发送到其他计算机系统或进行远程发送。在接收和发送的数据处理中可以加入各种组态的算法进行数据加工。可支持 RS232, RS422, RS485 等通信线路。通信站通过系统网络与 MACS 连接。

2．现场控制站(分散过程控制装置)

现场控制站是 MACS 实现数据采集和过程控制的重要站点，主要完成数据采集、工程单位变换、控制和连锁算法、控制输出、将数据和诊断结果传送到服务器等功能。它由电源单元、主控单元、智能 I/O 单元和专用机柜四部分组成。现场控制站内部采用了分布式的结构，与系统网络相连接的是现场控制站的主控单元，可冗余配置；主控单元通过控制网络与各个智能 I/O 单元实现连接。现场控制站的内部结构如图 10-5 所示。

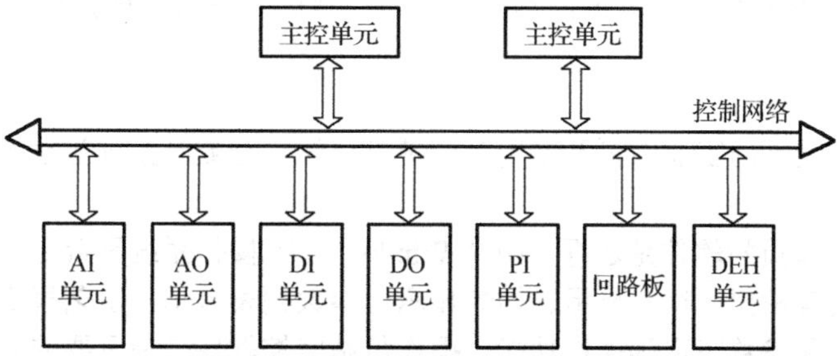

图 10-5　现场控制站的内部结构

电源单元是一种开关电源，体积小，重量轻，变换效率高，为 MACS 现场控制站的 I/O 模块提供 24V 直流电源。电源单元具有完善的保护电路，输入部分模块采用可熔断保险丝进行过电流保护；采用防雷击保护管进行过电压保护，输出部分使用自恢复保险丝防止输出过电流损坏输出级器件，使用压敏电阻进行输出过电压保护。

主控单元为单元式模块化结构，具备较强的数据处理能力和网络通信能力，是 MACS 现场控制站的核心单元。主控单元能够支持冗余的双网结构(以太网)，并通过以太网与 MACS 的服务器相连；还具有 Profibus-DP 现场总线接口，与 MACS 的 I/O 模块通信。主控单元自身为冗余设计，以提高系统的可靠性。

在主控单元和智能 I/O 单元上，分别固化了实时控制软件和 I/O 单元运行软件。

主控单元实时控制软件为基于 QNX 实时操作系统的实时控制软件，主要完成以下功能。

(1)信号转换与处理：对功能模板采集上来的数据进行线性或非线性化转换。

(2)控制运算：以组态规定的周期完成连续控制运算、梯形逻辑运算和计算公式运算。MACS 提供了多种时间基准值，有 50ms, 100ms, 200ms, 250ms, 500ms 和 1000ms 几种，控制周期是基准值的任意整数倍。

(3)通信：通过系统网络与服务器通信，接收工程师站的初始下载数据和在线增量下载数据，以及操作员在线修改的数据；周期性地将模拟量数据和开关量状态变化数据发送到服务器；通过控制网络向 I/O 模板传送初始化数据和控制输出数据，并接收 I/O 模板采集的数据和报告的状态。

(4)其他：具有自诊断、无扰动切换、带电插拔等功能。

I/O 单元软件固化在 MACS 的智能 I/O 单元中。I/O 单元软件可完成数据的输入、输出处理及输出数据正确性的判定，同时可实现与主控单元的数据交换(初始化数据、自检状态信息等)。

3. 集中管理装置

集中管理装置由工程师站、操作员站、高级计算机和服务器组成。

1)工程师站

工程师站由高档微机和各种组态工具软件组成，主要用来完成以下几部分功能。

(1)组态：完成数据库、图形、控制算法、报表、事故库的组态。

(2)外参数配置：简化历史库、事故追忆、变量组定义等。

(3)设备组态：实现应用系统的操作员站、服务器、现场控制站及过程 I/O 模块的配置等。

(4)数据下装和增量下装：将组态后的数据下载到服务器、现场控制站、操作员站，在线运行时，还可通过增量下载的形式修改数据库和控制算法。

(5) 离线查询：对存档数据的查询。

工程师站配有 MACSTM 组态软件包，运行在中文 Windows NT 操作系统平台上。该软件包中有 8 个全汉字的工具软件或子系统，具有方便、一致的人—机界面，供用户实现应用系统的组态。

2) 操作员站

操作员站由可靠性高的工业微机及专用工业键盘、轨迹球或触摸屏等设备和人—机界面等专用软件组成。

MACS 专用的操作员站软件是运行在中文 Windows NT 操作系统平台上的实时监控软件。该软件包含的任务主要有模拟流程图显示、趋势显示、参数列表显示、工艺报警显示、日志和事件查询显示及控制调节和参数整定等操作功能。操作员站监控软件是最重要的人—机界面，支持专用工业键盘、轨迹球或触摸屏等外部设备。该软件主要完成如下功能。

(1) 图形显示和会话：该软件可以通过多种途径切换到各个画面，画面的切换时间和刷新时间为 1s。在一幅流程图上可显示立体图形和动态对象，可重叠开窗口，并实现会话操作；可滚动显示大幅面流程图等。

(2) 控制调节：该软件可进入各种回路调节窗口，修改设定值、切换控制方式和整定回路参数等。

(3) 成组趋势显示：该软件包括模拟量成组趋势显示和开关量成组趋势显示两种，允许操作员在线定义任意点的趋势显示。一幅趋势画面可显示多条曲线，可纵向放大、平移曲线，可列出曲线上每个点的值。

(4) 工艺报警显示：该软件以跟踪方式显示报警列表信息，报警可以按 4 种级别分类，不同的级别以不同的颜色显示，报警信息可以分别按点名、工艺系统名、报警级和时间段查询。系统按报警属性进行分类显示，如工艺报警信息显示、超量程报警信息显示、开关量抖动信息显示、禁止/强制点一览显示等。

(5) 日志显示：该软件按时间顺序跟踪显示工艺设备发生的报警信息、系统设备故障信息和操作记录信息，并可按全日志、SOE 日志、简化日志、试验系统日志、设备故障日志和操作记录日志进行分类查询，对每种类型还可按点名、工艺系统名、报警级和时间段等进行历史查询。

(6) 参数列表：可以按工艺系统、系统定义成组和自定义组等进行模拟量和开关量的参数列表。

(7) 打印：用来完成系统服务器提交的图形或文本的打印任务。系统运行在 Windows NT 操作系统平台上，以 Microsoft Excel 报表制作软件为基础，配以专门的动态数据定义组态平台，接收服务器打印命令和数据，将相应内容送到打印机上，以完成各种实时库、历史库数据的统计报表。

3) 高级计算机

高级计算机不仅可以实现优化计算、分析数据、运行自行设计软件包等功能，还可以通过与数据库和历史库的数据访问接口功能来取得和改变系统运行的数据和状态。它由可靠性高的工业微机或高性能工作站组成，是配有各种专用数据处理、数据分析或高级控制算法软件的具有用户可编程环境的计算机。

4) 服务器

服务器由高档微机或服务器构成，是完成实时数据库管理和存取、历史数据库管理和存取、文件存取服务、数据处理、系统装载等功能的计算机。服务器可冗余配置。它主要负责对域内系统数据的集中管理和监视，包括报警、日志、SOE、事故追忆等事件的捕捉和记录管理，并为域内其他各站的数据请求(包括实时数据、事件信息和历史记录)提供服务和为其他域的数据请求提供服务。运行系统以服务器为中心，完成所有功能。服务器还提供二次数据处理和历史数据管理和存档功能。

一个大型系统可由多组服务器组成，由此将系统划分成多个域，每个域可由独立的服务器、系统网络和多个现场控制站组成，完成相对独立的采集和控制功能。域有域名，域内数据单独组态和管理，域间数据可以重名。各个域可以共享监控网络和工程师站。操作员站和高级计算机等可通过域名登录到不同的域进行操作。数据按域独立组态，域间数据可以由域间引用或域间通信组态进行定义，并通过监控网络相互引用。

10.2.3 MACS 软件体系

MACS 的软件体系分为组态软件、实时监控软件及现场控制站软件三大部分，如图 10-6 所示。三部分软件分别运行于系统的不同层次的硬件平台上，并通过系统网络及网络通信软件彼此互相配合、互为协调，交换各种数据及管理、控制信息，完成整个 DCS 的各种功能。

1. 组态软件

MACS 提供了极富特色的全方位的组态软件。该软件继承了国内外知名 DCS 组态软件的传统，吸取了基于 PC-Windows 环境的工控组态软件灵活、易操作、界面友好等特点，从而为用户提供了一个灵活、方便、全面的工程平台，以实现用户的各种控制策略。

MACS 组态软件集成在一块工程师半导体卡中，运行在系统的工程师站上。在没有工程师站的系统中，在操作员站上插入一块工程师半导体卡也可运行这套软件。MACS 组态软件具有全面、先进和方便的特点。组态软件主要包括工位数据库组态、图形组态、历史数据库及趋势组态、控制及算法组态、汉字报表组态、事故追忆组态、逻辑控制组态等。整个组态软件运行在 MS-Windows 图形界面下，各组态功能分别在各个窗口中实现，用户通过简单的 CAD 式绘图、填表、文本输入等操作，即可完成对应用系统的组态工作。组态工作完成后，通过系统网络将组态生成的各种数据自动下载到系统中的各操作站及 I/O 现场控制站。这些站点依据接收到的组态信息，即可分散实现各种控制、监视、调节和管理功能。

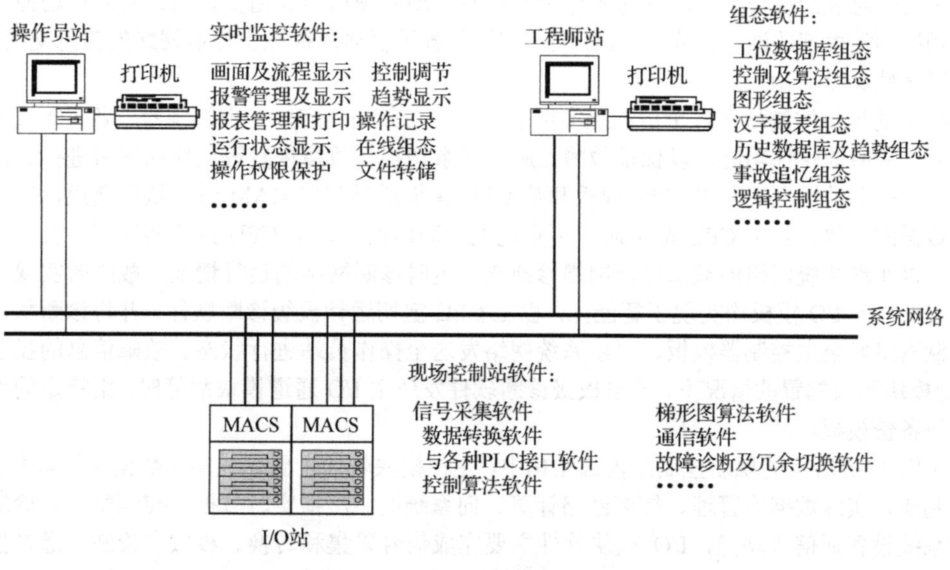

图 10-6 MACS 系统软件体系

2. 实时监控软件

MACS 实时监控软件运行在一套高效的实时多任务操作系统下。此实时多任务操作系统为基于优先级调度的强占式操作系统，各功能模块依据其功能的轻重缓急被赋予不同的优先级，再辅以对突发中断事件的实时处理，因而能有效地利用 CPU 资源，使各功能模块协调地并发进行。

MACS 实时监控软件集成在操作员站半导体卡上，操作员通过专用薄膜键盘及轨迹球或触摸屏操作各种功能。其具体功能包括画面及流程显示、控制调节、趋势显示、报警管理及显示、报表管理和打印、运行状态显示、在线组态、操作权限保护、操作记录、在线控制策略调试、系统时钟修改、文件转储等。

3. 现场控制站软件

现场控制站是整个 MACS 的核心部件，对现场信息的采集、各种控制策略的实现都在现场控制站上完成。为保证现场控制站的高可靠性运行，除在硬件上采取一系列保护措施外，在软件上也开发了相应的保护功能，如主控制器及 I/O 通道插件的故障诊断、冗余配置下的板级切换、故障恢复、定时数据保存等。各种采集、运算和控制策略程序代码都固化在控制站半导体卡或 I/O 智能插件上的 EPROM 中，中间数据则保留在带电保护的 RAM 中，从而保证软件的高可靠性运行及现场数据的保护。

现场控制站软件的主要功能可总结为信号采集控制功能、通信功能和可靠性保障功能。

1) 采集、控制功能

工程师组态时生成的各种控制策略及工位数据库等，经网络实时下载到现场控制站及其中的各 I/O 智能插件中，在这里进行现场各物理信号的采集、工程量转换、控制策略（如多种形式的 PID 调节、Smith 预估器、比值控制、解耦控制、四则运算、乘方开方运算、指数对数运算、诸如选择器比较器定时器等的辅助运算、梯形图算法等）的实现、与现场各智能仪表及 PLC 等的接口等功能。

2) 通信功能

现场控制站的通信分为两大部分，一是经由系统网络与上位操作员站及工程师站的通信，各种现场采集信息发给操作员站，同时操作员站针对现场的操作指令由操作员站发向现场控制站；二是现场控制站内部的通信，完成 CPU 主控制器与各过程通道板经由控制网络的信息交换。

3) 可靠性保障功能

MACS 的现场控制站在各个层次上实现了冗余，与此相适应，在主控制器、各 I/O 通道模板上都配置了相应的软件功能，以保证故障诊断、冗余切换、故障恢复等动作的正常进行。在主控制器双重化配置的情况下，主 CPU 模板和从 CPU 模板通过双口 RAM 进行数据交换，以随时保持信息数据的一致，当主 CPU 故障时，可实现无扰动切换；每个 CPU 控制器控制两套系统网络控制器，以实现系统网络的双重化，网络诊断软件定时诊断网络的运行情况，故障时实现向备份网络的切换；各 I/O 模板均实现了智能化，板上 CPU 定期运行板级诊断软件，并将诊断状态信息经由控制网络发至主控制器模板，再由系统网络发送至操作员站进行状态、故障信息的显示；在 I/O 通道模块冗余配置的情况下，一旦板级诊断软件发现主 I/O 通道模块故障时，由特定的切换电路切换至备份模板。

对于图 10-5 所示的现场控制站内部结构中，主控模块软件主要完成实时数据工程量变换、报警条件判断、实时数据库管理、控制回路计算、向系统网络广播实时数据、控制站级自诊断、与现场非系统设备通信等功能，I/O 模块软件主要完成信号采集和转换、板级自诊断、通过控制网络与主控模块通信等功能。

4. 对外通信及接口软件

通信站和网关完成 MACS 对外的通信。通信站是 MACS 与其他现场设备相连接，进行数据交换的转接站。该站可通过 RS232 及 RS422/485 串行通信口进行数据通信，支持 Modbus 通信协议及其他协议，或者通过其他专用通道与外部设备进行通信。通信点的各类信息可在工程师站上组态实现。挂接设备包括各种类型的PLC、支持串口通信的智能仪表及其他可提供串口通信的计算机系统。

网关用于实现MACS系统DCS网络与厂级生产MIS网的连接，并将DCS数据传送到MIS网中，供全厂各职能部门对生产数据进行监视和统计分析，完善生产管理、库存管理、生产计划及市场分析工作，为实现全厂生产管理一体化提供基础。支持TCP/IP网络协议以及由基于Novell操作系统构成的网络系统。

10.3 PCS7介绍

PCS7是西门子较为成熟的过程控制系统，为过程工业现代化、低成本、面向未来的解决方案提供了开放的开发平台。现代化的设计和体系结构保证了应用系统的高效率设计和经济运行，内容包括规划、工程实施、培训、运行、维护及未来的扩展等。PCS7具有过程控制系统的所有特性和功能，辅以最新的西门子技术，可以非常方便地满足所有对性能、可靠性、简单性、运行安全性等方面的需求。基于全集成自动化的概念，PCS7不仅能实现过程领域的控制任务，还适用于这些领域所有辅助过程的完全自动化。因此，PCS7是一种实现生产企业完全自动化的标准平台，将企业所有过程高效率地、全范围地集成到完整的企业环境中来。PCS7为造纸工业提供全面的自动化解决方案，可以最大限度地减少纸机停机时间、备品和接口，为工厂提供智能化服务。

10.3.1 PCS7的技术特点

PCS7将制造工业用的基于PLC自动化解决方案的优点(如低成本的硬件和适宜的分级系统)与过程工业用的基于过程控制系统的优点(如可靠的过程控制、用户友好的操作员控制及监视、功能强大的工程工具)相结合,采用标准的西门子部件进行配置,构成一个功能强大的过程控制系统。其技术特点表现为以下几个方面。

1. 统一协调的完整体系

作为现代化的过程控制系统，PCS7可为用户提供一个集成化的完整系统。从工程实施到实际运行，PCS7保证了过程控制系统的主要需求都能被实现。这些需求包括：简单安全的过程控制、方便的操作和操作可视化、强大的高速的统一的全系统范围的工程、现场总线集成、用于批量过程的灵活的解决方案、开放性系统。PCS7提供的典型功能有定义工程的启动、面向工艺的运行策略、I&C报警概念、访问保护/控制和操作权限、“生命标记”(Sign of Life)监控和诊断系统、时钟同步、完整的控制系统功能模块库、来自CAD/CAE系统的项目数据的导入/导出函数、用于批量过程Batch Flexible的软件包(遵循ISA S88.01标准)。

2. 横向集成

使用标准的西门子部件可以实现一种具备如下优点的过程控制系统：低硬件成本，模块化设计和良好的可扩展性，程序的高质量和稳定性，简单、快速定义和选择系统部件，库存备件少，成本低，扩展系统所需备件的交货时间极短，在全球范围内都能采购和获得支持。作为支持全集成自动化的过程控制系统，PCS7提供了数据存储、通信和配置的三重统一性。西门子的自动化与驱动部门提供了各种类型的产品，PCS7可以采用各种不同部件进行扩展。

3．纵向集成

纵向集成包括两个方面：与全公司范围的信息网络集成，现场仪表与系统集成。PCS7 兼容诸如以太网、TCP/IP、OPC、COM、DCOM、@aGlance、SAP、R3/PP-PI 等与运行管理和数据交换相关的国际标准，保证了 PCS7 与公司级信息网络的完美集成。在公司范围内，PCS7 可以保证各种应用随时随地访问过程数据。这些应用包括：管理信息系统、管理执行系统、企业资源规划、先进过程控制、过程优化软件包、资产管理和信息管理。PCS7 为连接 SAP/R3 的 PP-PI 模块提供了 SAP 认证接口，该接口将 SAP/R3 和 PCS7 的软件包 Batch Flexible 相连，用于间歇过程的配方控制自动化。PCS7 服务器和相应的客户机结合，支持用户在任何地方通过 Intranet 或 Internet 在线监控生产过程。

4．现场系统集成

无论工厂配备的是传统设备还是智能现场设备（如 HART 设备），或者是更高级的基于总线的现场设备，PCS7 都能将它们集成到过程控制系统中去。通过 Profibus-DP/PA（符合 IEC 61158 国际标准）连接，可以使基于总线的现场设备实现冗余。两步设计的 DP/PA 使得工厂在使用大量现场设备时没有任何限制或不会损失任何性能。在 Profibus-PA 网段中，可以挂接 Ex 区域现场设备、具有 Ex 模块的传统现场设备和 HART 设备。西门子过程设备管理器（Process Device Manager, PDM）也可集成在 PCS7 工程系统中，它能够在工厂总线上通过控制器直接对现场设备（Profibus 或 HART 设备）进行参数设置或诊断。

由于采用了如 Profibus、HART 这样的通信标准，控制系统对其他供应商的产品具有开放性，简单的执行器和传感器也可以通过自动化系统（Automation System, AS）接口连接到系统中。

5．灵活性和开放性

作为一个面向过程的建立在西门子部件基础上的过程控制系统，PCS7 的软件系统表现出很强的灵活性与开放性。用户可以实现各种任务，如根据项目和工厂的要求，选择各种功能强大的自动化系统；逐步采用分布式和集中式 I/O 模块；采用客户机/服务器结构，将运行和监控从单用户系统扩展到多用户系统；通过增加各种软、硬件来扩展操作员站的功能。PCS7 的开放性体现在各个层次上，除在设计和通信方面具有开放性之外，还支持应用程序的编程和数据传输接口，图形、文本和数据的导入和导出（如从 CAD/CAE 应用程序中导入和导出数据）。

10.3.2 PCS7 的硬件体系

尽管 PCS7 的功能非常强大，但作为一种面向过程的集散控制系统，具有 DCS 的典型特征，其硬件体系也主要由分散过程控制装置、集中管理操作系统和通信网络三大块组成。PCS7 系统结构示意图如图 10-7 所示。

1．分散过程控制装置

PCS7 自动化系统的分散过程控制装置主要由 S7-400 PLC 自动化系统和分布式 I/O 模块组成。

S7-400 PLC 自动化系统是 PCS7 自动化系统的可靠而功能强大的设备基础。它不但可以完成复杂的控制任务，还可以作为一个系统部件通过网络与操作员站和工程师站相连接。可以利用 Profibus 总线和工业以太网系统总线进行联网。每个自动化系统的分布式 I/O 模块最多可以连接 5 个 Profibus-DP 线路。自动化系统中央单元为解决 I&C 任务提供所需的全部功能，它们是由 S7-400 系统中选出的部件组成的经过了运行和测试的高性能自动化系统，最多可用多达 6 种不同的中央单元，每种中央单元在价格和性能上都非常适宜于各自不同的工作条件。

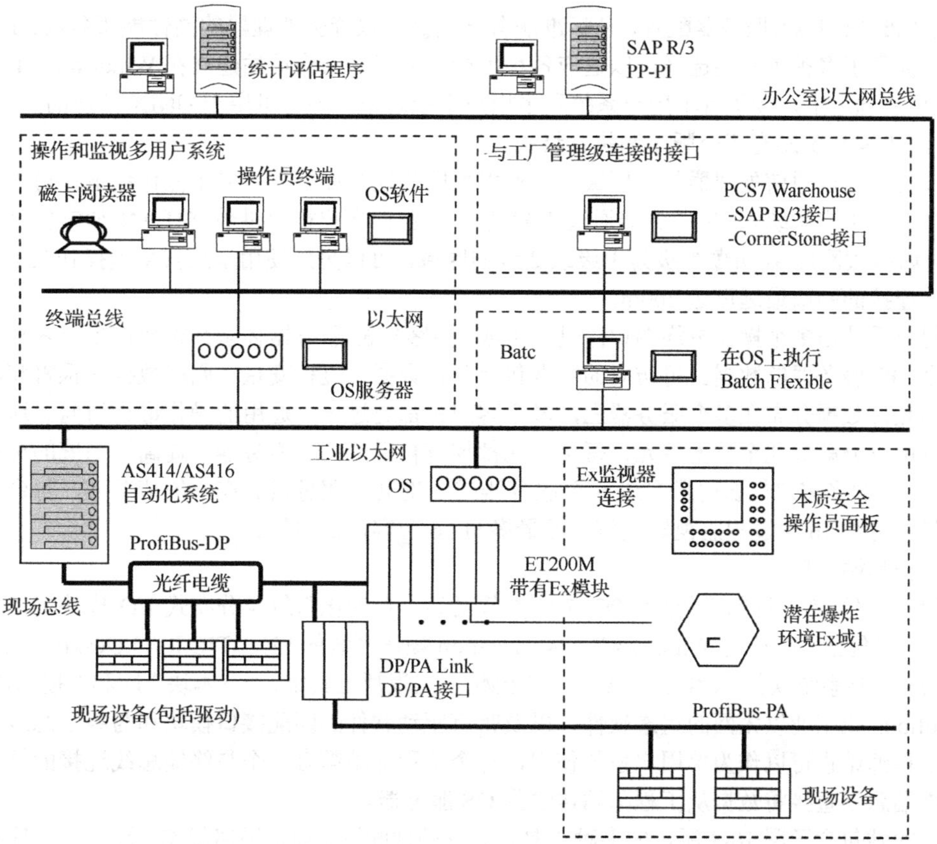

图 10-7　PCS7 系统结构示意图

分布式 I/O 模块插入 ET200M 分布式 I/O 站内，通过 Profibus-DP 现场总线连接到中央单元。这就使分布式 I/O 模块既可集中在电子组件室，也可分散地放在分离的开关间。自动化系统、分布式 I/O 模块及智能现场设备之间的数据，经过现场总线，以最小的安装工作进行传输。ET200M 分布式 I/O 站及符合 Profibus 标准的所有现场设备都可经过 Profibus-DP 现场总线连接。这些现场设备包括 SIPOS 执行机构、SIMOVERT 可变速驱动器、SIMOCODE 电动机保护和控制器、SIPART DR19 或 DR21 小型控制器，以及其他制造厂家的 Profibus 现场设备。上述现场设备也可连接执行机构传感器接口(ASI)。AS 接口是一根电缆，它用来直接连接简单的双态传感器和执行机构。

2. 操作管理站

PCS7 过程控制系统的操作管理站包括操作员站(OS)和工程师站(ES)。

1)操作员站(OS)

PCS7 为系统运行和监控提供了灵活多样的操作员站。以安装有相应控制软件的 PC 为基础，可以作为一个完整的单元进行预组态、预安装和测试。作为“过程窗口”，操作员站可供操作人员从事操作、维护和监视。操作人员能够在标准的、面向应用的显示器上跟踪过程活动，修改批顺序，编辑实际值，或者与过程通信。在操作员站上也可以得到报警和操作员提示。

由于采用了 PC 技术，操作员站可以提供支持 Windows NT 操作系统的硬件平台。同时，为适应工业或办公环境提供了优良性能和灵活设计(如架装和立式的机箱设计)。从单用户系统(单工作站）到分布式客户机/服务器配置，从标准服务器到拥有双奔腾处理器的高性能服务器，PCS7 为操作员站提供了多种不同的选择，以适应各种可能的应用。操作员站建立在 Windows NT 环境下的 WinCC 基础之上，除了有单用户系统和多用户系统之外，还有可用于 UNIX 环境的操作员站。Windows NT 操作员站有多个版本和执行级别。

操作员站通过通信处理器与工厂级的工业以太网相连。如果需要多个操作通道，可以同时并行运行多个单用户系统。OS 服务器通过 LAN（局域网）向客户机提供数据（LAN 通常独立于工厂级总线，如以太网）。在防爆等级为 1 级或 2 级的区域，可以另外使用本质安全型操作员面板，与操作员站连接的距离最远可达 200m。

多用户系统由多个操作员终端（客户机）组成。多客户机/服务器体系结构允许多个客户机同时访问几个 OS 服务器的数据。可访问的数据包括项目数据、过程变量、归档数据、报警和消息。这种结构允许数据分布在多个服务器上，多个客户机都通过一个通用的操作进行访问。这样，一个工厂就可以分解成几个技术单元，每个单元都拥有自己的 OS 服务器，提高了系统的可用性。PCS7 所支持的多客户机访问最多达 6 个服务器或 6 对冗余服务器。在一般情况下，每台或每对服务器最多可与 16 台过程监视器通信，即最多与 16 台客户机通信。

2）工程师站（ES）

工程师站（又称工程师系统）为 PCS7 的操作员站、自动化系统及分布式 I/O 模块提供全厂范围的编程。它包括一个带有 Windows NT Workstation 操作系统的 SIMATIC RI45 Desktop 工业 PC，增加了 OS 控制系统软件、OS 工程软件、S7/PMC、工程师工具集、“基本块”库和“技术块”库，用于 Profibus 或工业以太网的组态软件，以及带有驱动软件的匹配接口模块和与终端总线连接的接口。工程师站也可以作为单用户系统使用，每个工程师站都有一个与终端总线连接的接口，可以通过终端总线直接将数据从工程师站传输到 OS 服务器。

工程师站包含了图 10-8 所示的多种工具，具有硬件配置、通信网络组态、连续和顺序过程运行组态、操作和监控策略设计、批量过程配方的产生等用途。工程师站是开放的，项目数据可以从 CAD/CAE 工具导入，也可以输出到上述工具中。预定义块同满足工艺人员需求的配置工具一起使用，可帮助工艺人员和产品工程师在他们最熟悉的环境中进行规划和配置。典型的自动化部件，如电动机、调节阀、PID 控制器等都被封装成软件对象，只要按照过程情况将它们连接起来就可以完成组态。这种连接全部在图形模式下完成，简单、迅速且清楚。即使没有编程知识，工艺人员也可以很容易地完成这些操作。

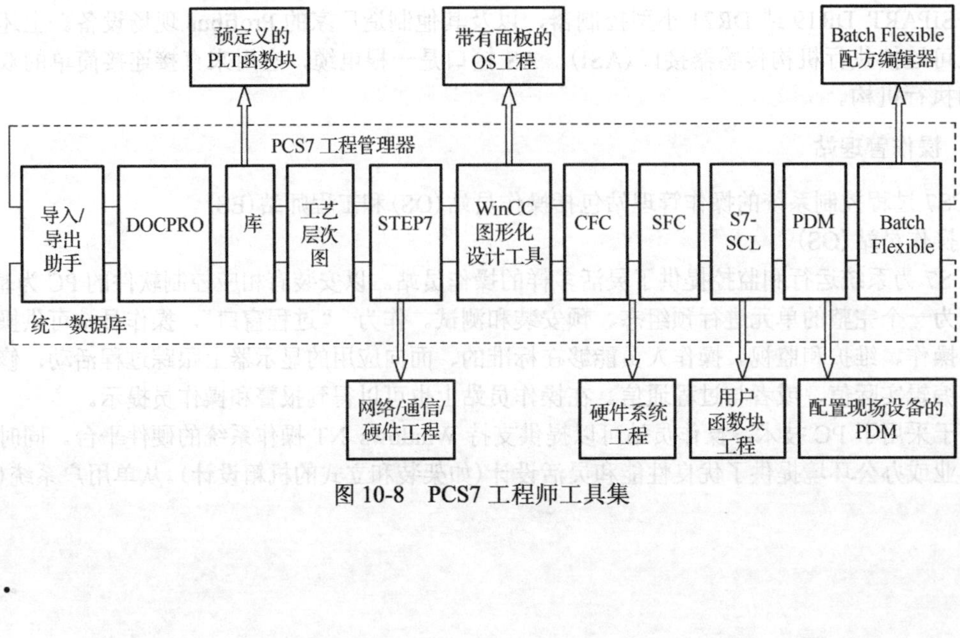

图 10-8　PCS7 工程师工具集

工程系统的统一数据库保证了数据一旦被导入，就可以提供给系统中所有的工具使用。独立于部件的全厂范围的组态节省了大量的工程时间和成本，具体优点为：通用的数据库和相互兼容的工具在很大程度上防止了多重导入和可能的错误；使用工艺分级配置，工厂可以按照功能的不同进行组态；用户只要处理所选择的与过程任务一致的对象；使用来自 CAE 工具的工艺数据，使预先配置好的数据可以自动重复使用。

3．通信系统

PCS7 的通信系统包括系统总线和现场总线。

系统总线是系统的主干，用来连接过程控制系统（自动化系统、工程师站、操作员站）的所有部件，使它们之间能彼此通信。系统总线以工业以太网、Profibus 或 MPI 为基础。MPI 互连的优点是结构简单，端口管理与布线容易，装置连接成本低，适用于小型工厂，在互连的 MPI 系统中，最多可运行 31 个站点。Profibus 用于中、大型工厂的系统总线，满足高性能的要求，最多可连接 127 个站点，最大数据传输速率为 9.6kbit/s 至 10Mbit/s。工业以太网作为工厂总线，主要用于大型工厂，是高性能的 PCS7 系统总线，最多可接 1000 个站点，最大数据传输速率为 10Mbit/s（最新的快速以太网的数据传输速率可达 100Mbit/s）。基本通信以太网作为小型系统的一种标准配置，在不需要通信处理器的条件下就可以支持工业以太网。为满足中、大型工厂的需要，在 PCS7 中采用了最新的快速以太网技术，100Mbit/s 的高通信速率（兼容 10Mbit/s 以太网）、交换网络、可靠的冗余光纤环等技术都用于其中。

现场总线用于连接自动化系统和分布式 I/O 模块及智能现场设备。在 PCS7 中，采用标准化的 Profibus-DP/PA 现场总线连接 I/O 模块和现场设备。该总线遵循 IEC 61158 国际标准，Profibus-PA 现场总线还支持基于总线的现场设备在潜在易爆环境中的连接。ET200M 分布式 I/O 站及符合 Profibus 标准的所有现场设备都可经过 Profibus-DP 现场总线连接，几乎不需要额外的安装工作就可使数据在自动化系统、分布式外设和智能现场装置间交换。

10.3.3 PCS7 的软件体系

1．操作员站控制系统软件

操作员站控制系统软件提供了典型的 I&C 操作员站的基本数据和函数。其标准的图形用户界面采用了非常清楚的结构化设计，操作员不仅可以获得过程视图，而且可以在不同工艺过程的视图之间交叉浏览。各种过程事件都能迅速地被发现，操作员可以及时反应，简单地完成必要的操作处理，从而保证安全的运行。操作员面板中也可以包含窗口，使得诸如电子表格的标准办公应用程序也可以同时运行。采用了世界通用的数据/接口标准，包括 OPC、OCX、ODBC 及 WEB 访问函数，即使是非常特殊的需求，PCS7 中也能满足。操作员站控制系统软件包主要包括下述软件。

1) Split Screen Wizard

它是一种助理程序，用于在交互模式下设置应用特定的用户接口、屏幕分辨率和多通道模式。如果采用一种可选的多 VGA 图形卡，多通道模式最多可以同时支持 4 个屏幕。

2) Picture Tree Manager

它用于支持对图形层次的形象化配置。在过程控制中，操作员可以在多个画面之间进行翻卷操作。

3) Sign-of-life Function

它用于监控所有通过工厂总线连接的子系统，以保证系统正确运行。在图形化的工厂组态显示屏上，显示了被监控的总线站及它们各自的运行状态。

4) Message Wizard

它用于产生各种 I&C 消息，包括新列表、旧列表、非活动列表、运行列表、I&C 列表和历史。可以通过 Message Wizard 配置系统，采用一个可选的信号模块控制外部信号源，最多可以控制 3 个不同的信号源。

5) Curve Wizard

它用于在线交互模式下选择和显示曲线组。

6) Clock Synchronization

它用于处理连接到总线上的所有自动化系统的时钟，并使之同步。

7) Storage 选件

为保证长期的数据存储，可以使用这个选件自动导出操作员站记录的数据。这些数据包括报表、消息和测量值归档。数据的自动导出可以按照一定的时间周期或可选择的数据设置级别来执行。

8) 多 VGA 图形卡

当一台操作员终端上需要几个操作通道时，使用多 VGA 图形卡在一台终端上可以最多配置 4 台过程监控器。

9) Chipcard reader

通过此磁卡读卡器可以实现对操作员站的访问控制。在操作员站上设置不同的访问级别，通过磁卡来决定访问者的权限。在非常关键的车间中，还可以使用额外的口令(如电子签名)来加强访问保护。

10) Messenger & Guardian

它用于在过程显示器上显示摄像机拍摄的图像，可以通过图形用户接口发送或者接收数据。

11) SFC Visualization

通过此可选组件，可在操作员站上进行顺序控制组态。在一幅总括性的显示图上，操作员可以打开步骤和转移图(Step and Transition)，显示步骤注释或者动态的步骤条件。

2. 工程师工具集

工程师站软件又称工程师工具集，图 10-9 概括了其中的具体工具软件。利用工程师工具集 V4.0 可将现有操作员站升级到工程系统。

1) STEP 7

它是西门子公司为 PCS7 系统提供的最基本的西门子 PLC 编程软件。STEP 7 的 SIMATIC Manager 是一种标准的西门子组态平台，用于实现完整的 PCS7 工程，对 PCS7 项目数据进行管理、归档和记录。它提供了用于配置自动化系统、I/O 部件和网络部件等的工具。项目在工艺分级(Technological Hierachy, TH)中从工艺的角度显示出来。项目的资源根据工艺结构分组，信息以面向实际工艺的方式显示，工艺人员对全部项目资源一目了然。在组态过程中创建的 TH 可用于在工艺显示结构中自动地衍生出显示分级，避免了重复工程。

2) SCL(结构化控制语言)

它是一种类似于 PASCAL 的高级语言，用于编制用户功能块程序和复杂的自动化应用程序，符合 IEC 1131-3 标准。

3) CFC(连续功能图)

它是一种面向过程的图形组态工具，利用 CFC 可将自动化解决方案直接转换成可执行的程序。系统预定义的不同的功能块，只需放在合适位置，组态参数，通过自动寻径和消息组态函数实现连接，集成报警配置并符合 IEC 1131-3 的全面测试和启动功能。此外，如其他 PCS7 软件部件一样，CFC 提供了广泛的测试和启动函数(IBS)。

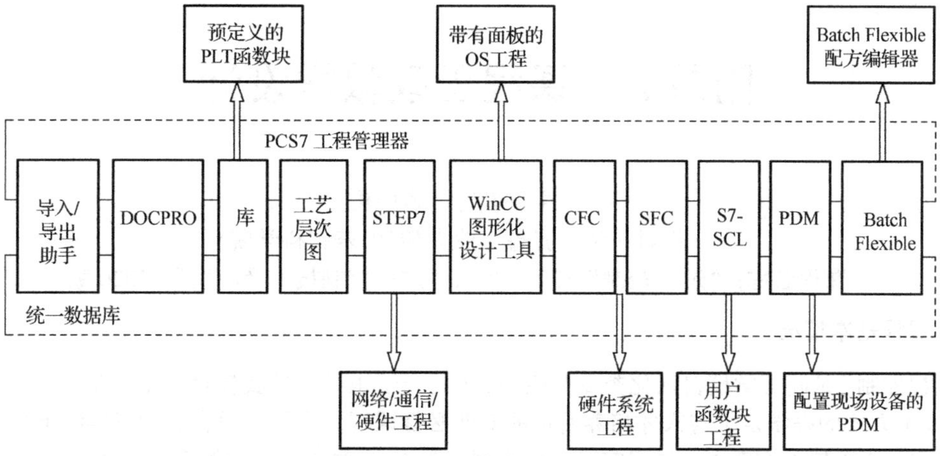

图 10-9　PCS7 工程师工具集

4) SFC(顺序功能图)

它是用于批量顺序过程的图形组态。顺序控制以一种非常简单的图形方式显示，通过“拖放”、“填空”等简单操作设置所需要的 CFC 功能块、连接步骤(Step)或者转移条件(Transition)。SFC 与 CFC 一起，是工厂配置的一种理想组合；SFC 与 WinCC 一起，为顺序控制的操作员控制和可视化提供了集成的解决方案。SFC 也提供了强大的测试和启动函数，以及简便的编辑函数。

5) 技术分级结构

它是对有技术分级视图的西门子管理程序的扩展。

6) 输入/输出助手

它用于与其他 CAD/GAM 系统的双向传输。

7) WinCC

它用于对图形、记录、档案、报文、曲线等的快速、用户友好的图形组态。

它是基于 Windows NT 的多功能操作系统，能快速高效的响应过程事件和报警，可以有效保证数据的可靠性。WinCC 人—机界面软件是各操作站操作按制和监控的基础。它能使 PC 成为高效能的监控系统。这种集成数据管理系统可以优化控制回路，并在调试过程中解决问题。

PCS7 是基于过程控制的全面综合的自动化解决方案。该系统除控制生产线之外，还可以监视和控制配套工厂，诸如电厂、水处理厂及完成工段的运行情况。在该系统上，操作人员可通过全厂一致的用户界面来控制和监视所有过程，随时得到全厂的重要信息。通过 MES(生产实施系统)、过程控制层及质量管理的标准软件模块，可以保证过程和生产规划之间数据流的一致性。这种新的标准系统从规划到生产运行及降低成本等各方面都能给企业生产以强有力的支持和保障，同时在增强系统性能方面有巨大的作用，并确保达到环保要求。

附录 A　课程思政教学设计

主讲教师：肖中俊
作者单位：齐鲁工业大学(山东省科学院)
课程名称："过程控制"（2017 版）、"过程控制技术及应用"（2020 版）

1．课程基本情况

"过程控制"是高等学校自动化类专业核心课程之一，也是支撑我校自动化专业培养应用型高级工程技术人才的办学定位与人才培养目标的专业必修课程。课程开设在大学三年级下学期。在 2017 版、2020 版培养方案中，加强实践教学比例，在 48 学时中，理论教学为 32 学时，实验教学为 16 学时。

本课程坚持"立德树人"根本，融入课程思政，使学生德才兼备，具备工业过程分析、检测仪表设计、执行仪表设计、控制仪表设计、典型过程控制系统设计的基本知识与解决复杂过程控制系统工程的应用能力，具备过程控制工程综合素养，能够利用学校轻化工自动化行业传统优势，在流程工业领域，从事过程控制系统分析、研究、设计、开发、测试、运维或管理工作，有能力成为项目负责人或在中、大型自动化工程项目中承担重要任务的应用型高级工程技术人才。

自"过程控制"课程于 1978 年开设以来，不断开拓创新，于 2011 年立项为校级精品课程。自 2015 年以来，齐鲁工业大学推动德融课堂建设，不断探索与完善课程思政，该课程获评为德融好教案、好课堂。2019 年，该课程被认定为山东省一流本科课程，关于 2020 年获评为超星平台"过程控制"课程思政示范课。

2．课程思政教学设计及内容

"过程控制"课程基于培养目标、内容供给、教学方法与手段、教学效果，实施课程思政教学理念、靶向课程思政设计、创新教学模式、课程思政评价的课程体系四分程，以互动式教学为主线，打开学生启发性思维模式，通过实物展示让同学身临其境，感受专业知识的魅力，以 BOPPPS 教学方法，将专业理论与技术通过游戏活动有机融入，引导学生"学中做、做中学"，以形成开放式互动课堂。将课程思政教学润物无声地融入专业知识讲授当中，将爱国主义、家国情怀、工匠精神、创新精神无缝对接于专业知识，以培养学生社会主义核心价值观。

"过程控制"课程基于工程认证 OBE 理念，建设进阶式课程内容体系，形成"3321"课程体系，即"三大内容模块、三条思政线，两个德智双学分课程体系，一个学生中心根本点"，配备自编系列教材，形成进阶式螺旋知识体系结构，服务于我校自动化专业培养轻化工特色的应用型高级工程技术专业人才的定位。

1)三大内容模块

"过程控制"课程内容涉及工业过程分析与建模、检测仪表工作原理与设计、执行仪表工作原理与设计、控制仪表工作原理与设计、典型过程控制系统与复杂过程控制系统设计等，所需基础知识多，知识结构复杂，知识理解难度大，因此应从学生学习与接受的角度出发，由简入难、循序渐进，形成仪表、自动化、控制系统三大内容模块。

其中，仪表内容模块以对象特性、检测仪表、执行仪表、控制仪表的认知与分析为基础；自动化内容模块以各型仪表的物理实现为基础，重点突出自动化理念，特别是控制器的核心设计；控制系统内容模块以仪表、自动化内容模块为先导完成技术综合与系统集成，并以典型过程、复杂过程为案例，实现技术综合应用

2)三条思政线

在课程培养目标定位的基础上，依托课程内容体系，形成贯穿课程教学始终的三条思政线：培养目标思政线、知识点思维导图思政线、项目集思政线。

(1)培养目标思政线。

培养目标思政线以学生“学”为中心，坚持知识目标、能力目标、素质目标的培养责任，使学生完成工业过程对象特性、仪表原理、控制原理、控制工程结构等基础知识学习，具备仪器仪表设计、分析与开发的能力，建立工程设计理念，具有科学伦理、工程伦理观念及大国工匠精神与家国情怀，成为一名合格乃至优秀的高水平工程师。

(2)知识点思维导图思政线。

知识点思维导图思政线围绕具体知识点，绘制知识树结构形式，嫁接思政点，并通过有机融入德育元素，培养学生智育与德育。

例如，在理解控制规律 PID 的含义时，融入相互配合共同协作的思想，体现“取长补短，共存共荣”的德融思想。

(3)项目集思政线。

以知识点为元，进行内容深度改造与升级，形成思政项目集。在每个章节中，优选 1～2 个核心知识点。每个知识点经过提炼后，以子项目或微项目的方式出现，按照提出问题、分析问题、解决问题、得出结论的思路实施知识点项目化。项目之间有机联系，德育点不重复、不做作、不牵强附会，覆盖学生素养各个方面，从而为以学生为中心的人本理念提供支撑，实现“三全育人”成效。

3)两个德智双学分课程体系

在三大内容模块和三条思政线的支撑下，形成智育为主、德育为辅的课程体系。

(1)智育课程体系：在课程递进式内容体系下，依据课程学时安排，可以有效地实施课程进度计划，完成知识目标、能力目标的培养，并初步完成学生成为“工程师”的素质培养。

(2)德育课程体系：在“立德树人”的教学过程中，采用润物细无声的教学方式，在三条思政线的指导下，利用知识载体传播德育内容。也就是说，在以知识传授的“智力”教育中，融入“美德”元素，形成“德智双学分”课程体系。

在整个课程的思政点挖掘中，通过上述德智双学分体系，形成一个贯穿课程所有章节的体系化“项链式”思政元素串，同时在每个小的章节知识点中，又随机融入了大约 70 余个思政元素点，形成思政的课程体系化、讲课随机化，润物无声地传递思政理念，赋能于专业课堂，塑造学生社会主义价值观、人生观、世界观。

3. 课程思政设计参考建议

课程思政设计参考建议如表 A-1 所示。

表 A-1　课程思政设计参考建议

序　号	教学内容	思政元素	融入方式	教学方法
1	课程体系概述	立德树人	讲解课程内容式、开放式图片、视频，激发学生学习兴趣 德智双学分课程体系串珍珠，让学生了解价值塑造	开放式互动教学法 “项链式”讲授法

续表

序　号	教学内容	思政元素	融入方式	教学方法
2	过程控制工程案例1(锅炉蒸汽控制系统)	科技创新	在讲解蒸汽锅炉控制系统时，融入新旧动能转换重大工程国家政策，阐述以控制优化的理念实现节能降耗、工程安全、创新理念等	案例教学法
3	过程控制工程案例2(污水PH控制系统)	家国情怀 工程伦理	代入污水控制系统案例，引入国家污水处理标准，植入“绿水青山”理念；培养学生具有以专业知识实现生态平衡与保护环境家国情怀	案例教学法
4	控制系统结构	抽象与具体的辩证统一	通过案例教学，掌握系统的分析与综合能力	PBL 逻辑分析法
5	中国现代控制发展史	家国情怀 爱国主义	将自动化发展史与新中国建设、一代伟人“工程控制论之父”钱学森的故事联系起来，进行爱国主义教育	历史代入讲授法
6	改革开放以来控制发展史	家国情怀 爱国主义	将改革开放以来的自动化发展展现出来，显现科技发展的奋斗史	历史代入讲授法
7	专业发展概貌	家国情怀	展现学校自动化专业发展、实验室特色资源平台，培养学生具有家校情怀	参观考察认知
8	自动控制系统	科技创新精神	将自动化生产与手工生产进行比较	亲身示范法
9	广义控制系统抽象	辩证思维	根据控制要求，将四环节控制系统转变为控制器的二环节控制模型，突出主次，把握主要矛盾与次要矛盾	讲授法
10	控制系统图形文字表示	个人修养	将表征图形符号的数字代码与语言规范、形象图形、外语单词结合起来，展现语言文字的魅力	互动式学习法
11	控制理论中的稳定判据	个人修养	复习“自动控制理论”课程中稳定性的判定理论与方法，温故而知新	PBL 教学法
12	系统过渡过程的分类	个人修养	针对控制系统动态过程的分类，分程四类，并根据过渡形式，进行归类，体现事物认知分类与聚敛、分析与综合	演示法
13	衰减比	传承创新	根据衰减比的定义与图示，对比二阶系统阻尼比异同，找寻两者相关性，完成知识传承与创新理解	类比记忆法
14	控制系统质量指标	辩证关系	表征控制系统的质量指标有很多，但要主次分明、相互联系	PBL 教学法
15	偏差性能指标	优化管理	引入惩罚函数，说明质量评价指标的优化设计理念	逻辑分析法
16	过程输入、输出关系	辩证关系	根据控制通道、干扰通道，输入、输出信号的对应关系，阐明内因、外因，现象与本质	逻辑分析法
17	数学建模的微分方程求解	人文素养	对比联想，电容充放电，电池充电，来源于生活，应用于生活，发现生活中的美	图形法，实践检验法
18	三要素法	社会主义核心价值观	表征系统特征的本质参数，引入自然本质属性、人的基本品质	类比法
19	积分时间常数	个人修养	通过积分来表示系统惯性特性，说明系统的缺陷，展现恰到好处和过犹不及的系统特性	逻辑分析法
20	传递函数拉普拉斯反变换	科技创新精神	将时域到复频域的数学表达与数学的逆结合起来求解数学问题，展现逆向思维分析问题	逆向设计法
21	传递函数表征	科技创新精神	由于时域特性分析复杂，改用复频域，说明数学工具的巨大优势	逻辑分析法
22	阶跃响应测定	科技创新精神	根据设定的输入信号，测量输出信号，通过外部信号，探索对象的本质特征，遵循科学规律	演示法

续表

序　　号	教学内容	思政元素	融入方式	教学方法
23	最小二乘法	科技创新精神	将数学矩阵理论、数学研究应用于控制应用	逻辑分析法
24	测量定义	工程伦理	根据测量的基本定义，介绍单位规范、工程标准、国际单位制等，并可与古代度量衡结合起来	类比阐述法
25	工业仪表分类	工程伦理	根据工业仪表分类标准，了解仪表的类型，并确定仪表信号的标准	示例法
26	压力表示方法	医疗健康	在表示压力时，引入防疫医用负压车，了解负压形式及其功能原理	案例法
27	压力表信号工作原理	科技创新精神	介绍通过机械结构的多级放大，介绍压力信号的传递与显示原理	逻辑分析法
28	霍尔效应	科学精神	讲述霍尔传记，借助科学故事，说明创新思维	故事教学法
29	信号变换公式	科学探索精神	了解信号变换的通式计算，掌握不同信号的表述，发现与探寻规律	观察与综合分析法
30	压力计选用规范	工程伦理	通过测量不同压力来选择压力计，引入化工压力检测规范，说明化工规范、工程安全的重要性	案例法
31	节流原理	辩证思维	通过图形分析阐述节流现象，揭示能量守恒定律	图示法
32	伯努利方程	科学创新精神	讲述伯努利传记，借助科学家故事，阐述伯努利方程	故事教学法
33	文丘里管	大国工匠精神	讲述文丘里传记，借助工程师故事，阐述文丘里管发明过程	故事教学法
34	转子流量计	人文素养	通过转子流量计 360°旋转过程的空间想象，培养空间思维、逻辑推理的能力	示例法
35	差压式液位变送器	大国工匠精神	通过蛟龙号承压估算，介绍液位的测量	案例法
36	迁移原理	辩证思维	通过液位测量中的三种迁移过程及原理分析，正确认识过程，消除负面影响	图示法
37	电容式物位传感器	人文素养	通过介绍位移变化转变为电容信号、电容变换转化为电流信号、非电信号转换为电信号，认识自然	逻辑分析法
38	超声波特性	科技创新精神	通过超声波的频率及波长分析，阐述超声的微观分析、宏观体现这一自然规律	案例法
39	温度计示教仪	理论实践统一	展示具体仪器仪表，了解其结构外观与功能，达到知行合一的目的	教具演示法
40	热电偶热电效应	科学创新精神	从材料电子属性分析电子微观过程，体现宏观现象，阐述现象与本质的关系	微观分析法
41	热电偶材料	科学创新精神	借助元素周期表，重新认知电子材料	图示法（元素周期表）
42	热电阻材料	个人价值观	通过铂金、金的材料认知,阐述其价值属性与社会属性，并介绍人的世界观	类比引入法
43	PID 概述	科学创新精神	介绍 PID 的发展历程	发散思维法
44	比例作用	辩证思维	通过示例，阐述比例环节的优缺点，并合理利用比例环节	示例法
45	积分作用	个人修养	通过示例说明积分作用、累积效应	示例法
46	PID 功能	团队精神	通过公式推导、逻辑分析，说明 PID 各部分作用，阐释取长补短、相互配合、共存共荣的思想	逻辑分析法
47	改进 PID	科技创新精神	通过项目导入，说明传统 PID 的缺陷，以及改进的必要性，阐释万变不离其宗、创新离不开本源的道理	项目式教学法

续表

序　号	教学内容	思政元素	融入方式	教学方法
48	离散 PID	个人价值观	通过公式推导、逻辑分析，介绍离散信息的发展，说明人生规划的重要性	逻辑推理法 类比法
49	执行器功能	家国情怀	通过对酿酒行业执行器的讲解，了解工业应用；并品尝学校自酿啤酒，讲述知名校友传记，培育自己奋斗的情怀	项目教学法 互动教学法
50	理想流量特性	人生价值观	通过介绍四种不同的控制阀流量特性与四种不同的阀芯结构有关，说明结构决定特性，阐释方向指导人生的道理	剖析法 对比法
51	流量系数计算及选型	工程伦理	在确定管道流量时，要选择配置合适的阀门，而阀门选型的重要参数是流量系数	项目式教学法
52	阀门定位器	工程伦理	通过实际项目引入，介绍阀门定位器的应用，阐释安全生产的重要性	项目式教学法
53	安全栅	工程伦理 责任担当	介绍安全栅的应用，培养安全意识	项目式教学法
54	控制系统设计思路	个人修养	从控制系统整体结构看系统设计思路，阐释大处谋篇，站位高远，小处着力，成效卓著的道理	图示法
55	控制系统被控变量选择思路	个人价值观	介绍控制系统设计的关键第一步，确定系统方案大基调，规避达克效应，阐释方向的重要性	项目式教学法
56	操纵变量选择	矛盾对立统一	通过介绍操纵变量的选择，阐述优选最佳方案的方法	案例教学法
57	微分环节	科学创新精神	通过介绍微分环节的物理实现，阐释善假于物的道理	案例教学法
58	控制规律选择	团结协作精神	通过各控制规律的优劣特点比较，以及相应曲线的变化分析，阐释取长补短的道理	图示法
59	控制系统负反馈	个人修养	将控制系统与学生的学习过程进行类比，加强学生学习的正、负反馈机制	类比法
60	项目教学说明方案设计过程	工程伦理 理论与实践统一	通过实际项目的锅炉液位控制、气象浮标控制等，介绍控制设计过程与流程	项目教学法
61	整定方法	理论与实践统一	理论为实践做指导，同时，需要实践才能更好把握理论，实践是检验真理的唯一标准	案例分析法
62	整定过程曲线分析	工匠精神	通过整定过程的图形分析，介绍如何有效快捷调整参数以使控制最优，阐释有理有据、严谨认真的重要性	图示法
63	串级控制系统结构	实践创新精神	通过锅炉案例分析，介绍如何改进单闭环控制的缺点阐释学中做、做中学的教学理念	案例分析法
64	主、副环结构	团队精神	通过串级控制系统结构分析，说明内环与外环之间的相互关系，以及各自在系统联调中的作用，阐释内外结合、相互配合的重要性	逻辑分析法
65	主、副环控制系统	社会主义核心价值观	介绍内环与外环控制的类型，以及内环的随动控制机理，阐释顺势而为、大有可为的道理	发散思维法
66	主、副环控制系统的选择	个人修养	介绍按顺序确定串级控制系统各环节、各单元的过程说明通过方法引导可以达到事半功倍的效果	逻辑分析法
67	均匀控制	个人价值观	通过介绍均匀控制定义，阐释处理事情要注重平衡艺术	案例分析法

续表

序　　号	教学内容	思政元素	融入方式	教学方法
68	前馈控制	个人修养	介绍前馈控制的由来及意义，并与反馈控制进行对比分析，说明应急预案及保障体系的重要性	对比分析法
69	复杂工程设计问题案例	爱国主义	通过图片展示、案例分析等方式，了解新中国科技成果	图示法 案例法
70	智能控制发展	科学家精神 爱国主义	通过讲述钱学森的故事及一代代自动化人的奋斗史，激发学生对专业的热爱之情	故事互动交流法

参考文献

[1] 厉玉鸣. 化工仪表及自动化[M].5 版. 北京：化学工业出版社，2011.

[2] 徐湘元. 过程控制技术及其应用[M]. 北京：清华大学出版社，2015.

[3] 王孟效，孙瑜，汤伟，张根宝. 制浆造纸过程测控系统及工程[M]. 北京：化学工业出版社，2003.

[4] 林德杰. 过程控制仪表及控制系统[M]. 北京：机械工业出版社，2009.

[5] 张宏建，黄志尧，周洪亮，冀海峰. 自动检测技术与装置[M]. 北京：化学工业出版社，2010.

[6] 胡寿松. 自动控制原理[M]. 北京：科学出版社，2017.

[7] 刘翠玲，黄建兵. 集散控制系统[M]. 北京：北京大学出版社，2013.

[8] 孙洪程，翁唯勤. 过程控制工程设计[M]. 2 版. 北京：化学工业出版社，2009.

[9] 王再英，刘淮霞，陈毅静. 过程控制系统与仪表[M]. 北京：机械工业出版社，2006.

[10] 俞金寿，何衍轻，邱宣振. 化工自控工程设计[M]. 上海：华东化工学院出版社，2005.

[11] 肖中俊. 抄纸过程智能控制策略研究[D]. 陕西科技大学博士研究生论文，2011.

[12] 刘星萍，肖中俊. 过程控制系统实践指导[M]. 北京：电子工业出版社，2017.

反侵权盗版声明